21 世纪全国高职高专计算机系列实用规划教材

SQL Server 数据库管理及应用技术教程与实训 (第 2 版)

主　编　杜兆将

副主编　李睿仙

内 容 简 介

本书内容丰富，实用性强，以“课程教学过程化考核系统”为案例贯穿全书。在使用本书进行教学时，可使用基于 Web 信息化系统进行过程化考核（系统功能包含平时上课考勤、平时在线作业提交与批阅、在线考试与批阅、成绩统计汇总等）。

本书共 12 章，主要介绍了 SQL Server 2008 R2 概述、T-SQL 编程基础、数据库与数据表、查询与视图等内容。

本书既适合高职高专、成人大专计算机等相关专业作为数据库原理与技术、SQL 数据库技术等课程的教材，也可以作为在职程序员和数据库管理员的自学或培训教材。

图书在版编目(CIP)数据

SQL Server 数据库管理及应用技术教程与实训/杜兆将主编. —2 版. —北京：北京大学出版社，2015.6
（21 世纪全国高职高专计算机系列实用规划教材）
ISBN 978-7-301-25830-9

Ⅰ. ①S… Ⅱ. ①杜… Ⅲ. ①关系数据库系统—高等职业教育—教材 Ⅳ. ①TP311.138

中国版本图书馆 CIP 数据核字（2015）第 097822 号

书　　名	SQL Server 数据库管理及应用技术教程与实训（第 2 版）
著作责任者	杜兆将　主编
策划编辑	李彦红
责任编辑	李瑞芳
标准书号	ISBN 978-7-301-25830-9
出版发行	北京大学出版社
地　　址	北京市海淀区成府路 205 号　100871
网　　址	http://www.pup.cn　新浪官方微博：@北京大学出版社
电子信箱	pup_6@163.com
电　　话	邮购部 62752015　发行部 62750672　编辑部 62750667
印 刷 者	三河市博文印刷有限公司
经 销 者	新华书店
	787 毫米 × 1092 毫米　16 开本　20 印张　468 千字
	2008 年 5 月第 1 版
	2015 年 6 月第 2 版　2015 年 6 月第 1 次印刷
定　　价	40.00 元

第2版前言

本书是在前版介绍数据库基本理论、数据存储检索、程序设计和数据库管理基础上，在基于 SQL Server 2008 R2 版本新增了 XML 数据处理、全文检索、分区存储、同义词、数据库快照、敏感数据加密解密、DDL 和登录触发器、空间数据类型、数据库邮件、文件流技术等实用新技术。

本书编写思路如下：

(1) 以学生为本，以培养学生就业技能为出发点与落脚点，力求让读者用最简单的方法、最少的时间学到最有用的数据库管理与开发技能。

(2) 遵循从实践到理论、从具体到抽象、从个别到一般的人类认识客观事物的方法，先提出问题，介绍解决问题的方法，归纳规律和总结概念，着重讲述“怎么做”，而不去纠缠“为什么做”。

(3) 融合了编者多年的数据库应用系统开发经验，基于数据库应用软件开发工作过程设计各章的教学目标或技能目标，大多数知识点采用例题引导、知识点归纳的顺序来介绍。

(4) 教学过程采用“教、学、做”三位一体的方法——教：操作演练、导例讲解、知识点总结；学：上机模仿例题、完成实训、完成习题；做：完成本书第 12 章综合案例。

本书采用纵向编排，特点如下：

(1) 书中所有案例的库、表、视图、字段、函数、存储过程、触发器及其语法格式等对象均采用汉字命名，使读者能更好地理解所举例的意义。

(2) 数据库理论知识点：将数据与数据库系统、关系及关系运算、实体-联系模型与数据完整性分解到第 3 章和第 5 章中讲解，先感性认识、后理性认识，先讲实现技术、后介绍理论知识点。

(3) 数据库管理技能点：将脱机与联机、分离与附加、备份与还原等分解到第 3、4、7 章中讲解，使读者先感性认识数据库，然后学习数据库的管理技能。

(4) 以“教学成绩管理系统”为案例贯穿第 3～11 章的“本章实训”。第 12 章的“本章实训”是实现“课程教学过程化考核系统”演示系统，使读者体会数据库、Web 服务器和客户端三层数据库应用系统的开发技能。

全书共分为六部分，共 12 章，第一部分介绍数据库理论知识点：数据与数据库系统、关系及关系运算、实体-联系模型与数据完整性（第 3、4、5 章），先讲实现技术，后介绍理论知识点。第二部分介绍数据库管理技能点：安装与配置、脱机与联机、分离与附加、备份与还原等（第 1、3、4、7 章）。第三部分讲解数据存储和检索，包括数据库和表（存储）、查询与视图（检索）、设计数据的完整性、索引与分区存储（加快检索）（第 3、4、5、6 章）；第四部分讲解程序设计，包括语言基础、自定义函数、存储过程、同义词，游标、事务、触发器、实用新功能（第 2、7、10、11 章）；第五部分讲解数据库安全性，包括安全访问、加密与解密（第 8、9 章）；第六部分给出了基于 Web 过程化考核系统的完整案例及其源代码（第 12 章）。

本书在第 2～11 章设计了 20 多个演练导例，配置了精致的 PPT 教学课件，力求使教师在

4～5课时完成示范教学，使学生在4～5课时完成上机实训。各章的课时分配建议列于下表中，可供使用本教材时参考。

章别	内　容	60课时		72课时		96课时		108课时	
		4课时/周×15周		4课时/周×18周		6课时/周×16周		6课时/周×18周	
		课堂	上机	课堂	上机	课堂	上机	课堂	上机
1	SQL Server 2008 R2概述	4	4	4	4	4	4	4	4
2	T-SQL编程基础	4	4	4	4	4	4	4	4
3	数据库与数据表	4	4	4	4	4	4	4	4
4	查询与视图	4	4	4	4	4	4	4	4
5	设计数据的完整性	4	4	4	4	4	4	4	4
6	索引与分区存储	4	4	4	4	4	4	4	4
7	函数、存储过程与同义词	4	4	4	4	4	4	4	4
8	数据库的安全访问	2	2	4	4	4	4	4	4
9	数据加密与解密	0	0	0	0	4	4	4	4
10	游标、事务与触发器	0	0	4	4	4	4	4	4
11	SQL Server实用新功能	0	0	0	0	4	4	4	4
12	基于Web过程化考核系统的实现	0	0	0	0	4	4	4	16
合　计		30	30	36	36	48	48	48	60

本书由山西传媒学院杜兆将担任主编，负责教材总体设计、案例软件编写调试、电子教案设计和全书的审核并编写第6、8、12章；唐山工业职业技术学院李睿仙担任副主编，负责对全书的审校工作，并编写第9、11章；参编人员有山西传媒学院任石青（编写第1章）、山西传媒学院史瑞芳（编写第2章）、山西经贸职业学院郭敬一（编写第3章）、山西经贸职业学院胡晓东（编写第4章）、山西经贸职业学院王永霞（编写第5章）、昆明冶金高等专科学校杨辉（编写第7章）、许昌学院熊德兰（编写第10章）。在此，对本书参编人员的辛勤劳动表示诚挚的感谢！

本书的支持网站，除北京大学出版社第六事业部网站(http://www.pup6.cn)外，主编的个人网站(http://www.duzhaojiang.cn)上也有在线课程教学过程化考核信息系统、SQL保留字背单词系统和相关教学大纲、教学进度表、电子课件、案例源代码等资料。主编的电子邮件地址是dzjiang@139.com，欢迎读者与我们交流。

由于编者水平有限，本书虽几经认真修改，但仍可能存在不妥之处，衷心希望广大师生、读者批评指正。

编　者

2015年1月

目　　录

教学目标

通过本章的学习，读者应认识 SQL Server 2008 R2 的 3 个常用工具，了解数据库系统的应用结构及本书应用实例“课程教学过程化考核系统”，还应掌握安装和配置 SQL Server 2008 R2 服务器的一般步骤。

教学要求

知识要点	能力要求	关联知识
SQL Server 2008 R2 概貌	(1) 了解 SQL Server 2008 R2 应用架构 (2) 了解 SQL Server 2008 R2 组成架构	.NET、Visual Studio、数据库引擎、集成服务、分析服务、报表服务
SQL Server 2008 R2 的常用工具	(1) 了解 SSMS 使用方法 (2) 了解 SQL Server 配置管理器使用方法 (3) 了解 SQL Server 联机丛书使用方法	SQL Server Management Studio、配置管理器、联机丛书
数据库系统的应用	(1) 了解从用户角度出发数据库系统的应用结构分类 (2) 了解本书应用实例“课程教学过程化考核系统”	单用户结构、主从式结构、客户/服务器结构、浏览器/服务器结构、分布式环境
SQL Server 安装与配置	(1) 掌握 SQL Server 2008 R2 的一般安装步骤 (2) 掌握 SQL Server 2008 R2 的端口配置和服务启停方法	身份验证模式、服务、IP 地址、TCP 端口

重点难点

- SQL Server 2008 R2 应用架构和组成架构
- SQL Server 2008 R2 的 3 种常用工具
- 数据库系统的应用结构分类
- SQL Server 2008 R2 的安装步骤
- SQL Server 2008 R2 的端口配置和服务启停方法

1.1 认识 SQL Server 2008 R2 概貌

1.1.1 SQL Server 2008 R2 应用架构

Microsoft SQL Server 2008 R2 提供完整的企业级技术与工具，以最低的成本获得最有价值的信息。它具有高性能、高可用性、高安全性，使用更多的高效管理与开发工具，利用自带的商业智能实现更为广泛深入的商业洞察。

Server 2008 R2 以.NET Framework 3.5 SP1、Visual Studio 2008、BizTalk Server(企业商务应用)、Office 为基础支撑，是一个包含关系数据库(RDBMS)、层次类型数据(XML、HierarchyId)、联机分析处理(OLAP)和文件流(FileStream)在内的数据管理平台，提供了查询、检索、集成、报表和分析等高效工具，广泛应用于基于移动设备和台式设备的分布式环境数据库应用，如图 1.1 所示。

1.1.2 SQL Server 2008 R2 组成架构

SQL Server 2008 R2 服务器由数据库引擎(基础)、分析服务、报表服务和集成服务 4 个服务器组件构成，如图 1.2 所示。

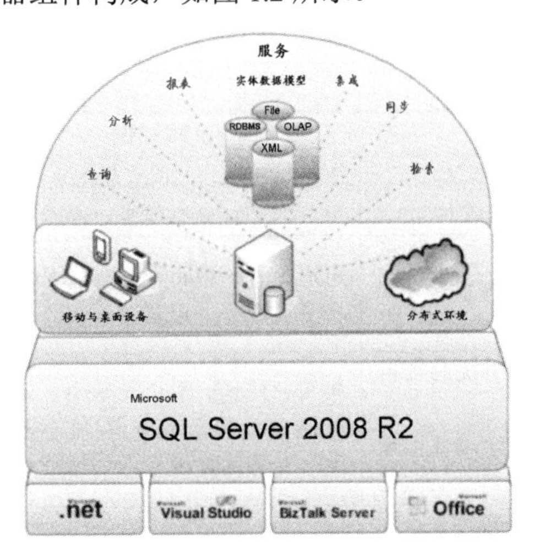

图 1.1 SQL Server 2008 R2 应用架构

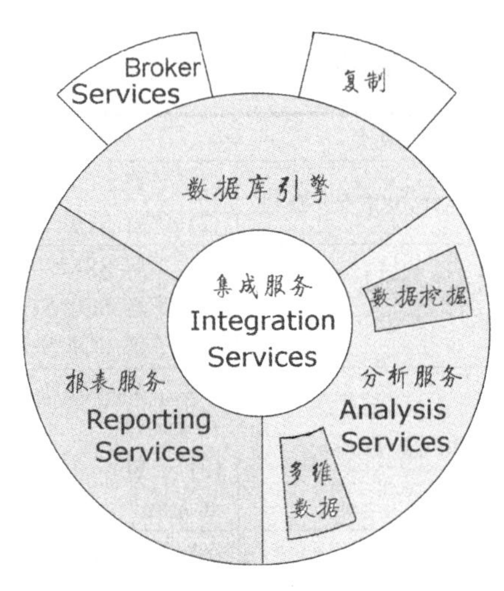

图 1.2 SQL Server 2008 R2 服务器组件

(1) 数据库引擎

存储、处理和保护数据(关系、XML 数据)的核心服务、复制、全文搜索等。

(2) 分析服务(Analysis Services)

创建和管理联机分析处理(OLAP)以及数据挖掘的工具。

(3) 报表服务(Reporting Services)

创建、管理和部署报表(表格、矩阵、图形和自由格式)的服务器和客户端组件。

(4) 集成服务(Integration Services)

用于移动、复制和转换数据的图形工具和可编程对象。

1.2　认识 SQL Server 2008 R2 管理工具

在已安装 SQL Server 2008 R2 软件的计算机上，单击【开始】【程序】【Microsoft SQL Server】命令可以看到应用程序组件。SQL Server 2008 R2 提供了一套管理工具和实用程序，可以用来设置和管理 SQL Server 2008 R2。这里介绍 SSMS(SQL Server Management Studio)、配置管理器、联机丛书 3 个最常用的工具和 SSMS 的分析、报表、集成 3 个商业智能应用方向、商业智能开发平台。

1.2.1　SQL Server Management Studio

在已安装 SQL Server 2008 R2 软件的计算机上，单击【开始】|【程序】|【Microsoft SQL Server 2008 R2】命令可以看到 SQL Server 2008 R2 的 SSMS、SQL Server 配置管理器、Reporting Services 配置管理器等管理工具，如图 1.3 所示。

图 1.3　SQL Server 2008 R2 主要工具

SSMS 是一个图形界面的集成管理工具，用于访问、配置、管理和开发 SQL Server 的组件，如图 1.4 所示。SSMS 程序名位于: C:\Program Files\Microsoft SQL Server\100\Tools\Binn\VSShell\Common7\IDE\Ssms.exe。

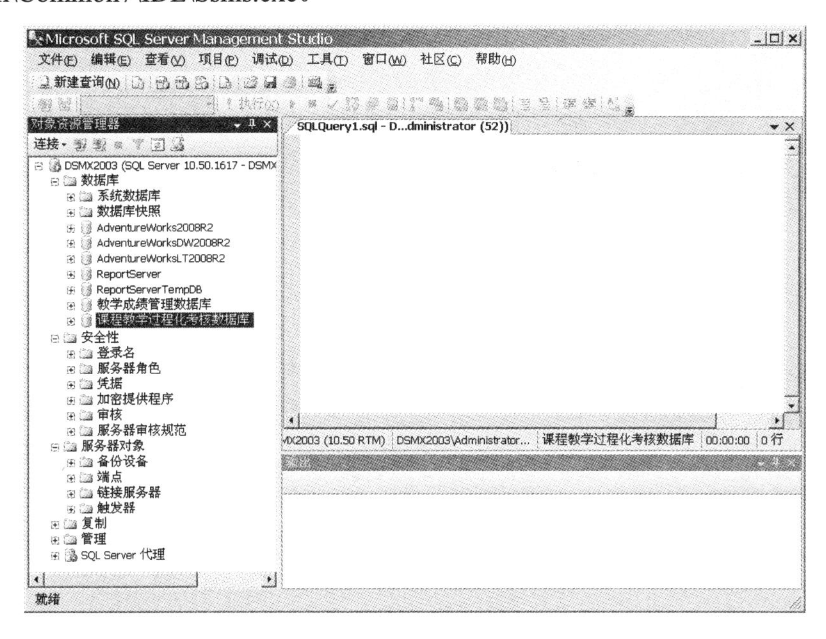

图 1.4　SSMS 界面

1.2.2 SQL Server 配置管理器

SQL Server 配置管理器为 SQL Server 服务、服务器协议、客户端协议和客户端别名提供基本配置管理，实际上是用 Server 2000 的企业管理器打开 SQLServerManager10.msc 文件：C:\WINDOWS\system32\mmc.exe /32 C:\WINDOWS\system32\SQLServerManager10.msc，如图 1.5 所示。

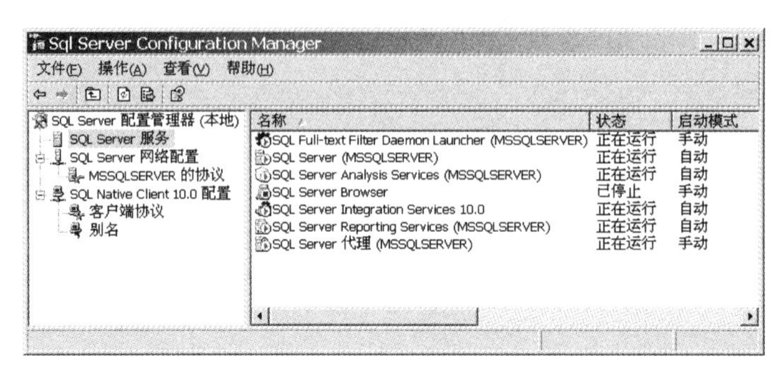

图 1.5 SQL Server 配置管理器

1.2.3 SQL Server 联机丛书

SQL Server 联机丛书介绍了关于 SQL Server 2008 R2 的相关技术文档和使用说明，包括一些示例，如图 1.6 所示，特别是图中 T-SQL(Transact-SQL)参考、XQuery 参考和 SQL Server 教程。SQL 联机帮助是一个非常重要的工具，是学习和使用 SQL Server 必不可少的工具。本书所述技能、知识点是数据库应用中最基本、最常用的技能或知识点，从使用频度角度来说可达到 80%左右，但从数量角度来说大约只占 SQL Server 全部技能或知识点的 20%左右，使用频度较小或更准确、更全面、更权威的技能、知识点要从 SQL Server 联机帮助甚至是百度、MSDN、TechNet、CSDN、ITeye 等网站搜索、查询。所以，熟练掌握从 SQL Server 联机帮助中查寻准确的概念解释、语法格式等知识的方法，对于学好、用好 SQL Server 非常重要。

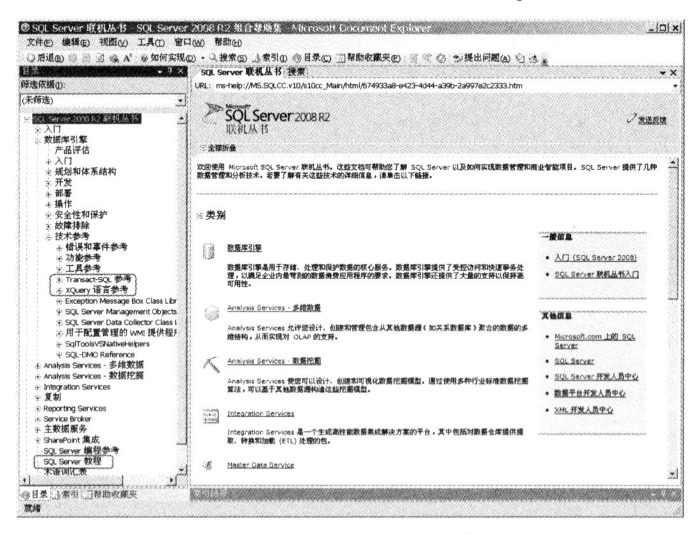

图 1.6 Server SQL 联机丛书

1.2.4　SSMS 的商业智能应用

SSMS 的商业智能应用主要有 SSAS(分析服务)、SSRS(报告服务)、SSIS(集成服务)及商业智能开发平台等。SSAS 为商业智能(Business Intelligence, BI)应用程序提供联机分析服务(OLAP)和数据挖掘功能。SSRS 提供支持 Web 的企业级报告功能，以便创建可以从多种数据源获取内容的报表，以多种格式发布报表并集中管理安全性和订阅。SSIS 可以从各种异构数据源中整合 BI 需要的业务数据，同时实现与商务智能流程的统一。

1. SQL Server 分析服务

分析服务为商业智能应用程序提供了联机分析处理(OLAP)和数据挖掘功能。分析服务允许开发人员设计、创建和管理包含从其他数据源(如关系数据库)聚合的数据的多维结构，以实现对 OLAP 的支持。对于数据挖掘应用程序，分析服务允许开发人员设计、创建和可视化处理那些通过使用各种行业标准数据的挖掘算法，以及根据其他数据源构造出来的数据挖掘模型(图 1.7)。

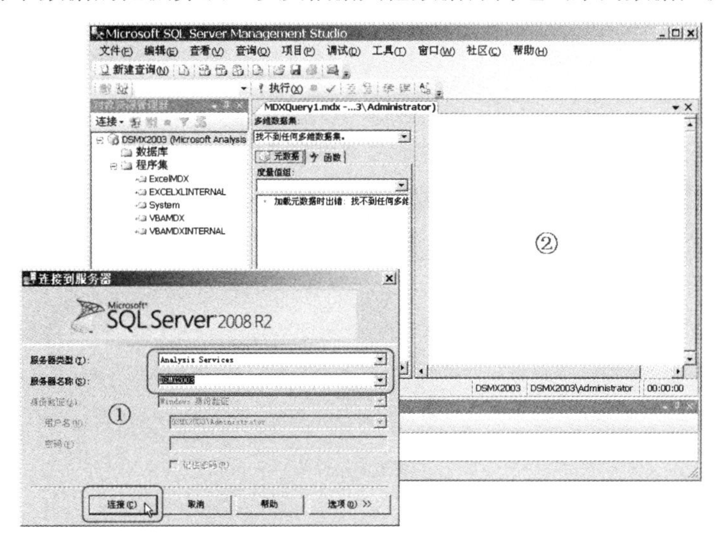

图 1.7　SSMS 的分析服务方向

2. SQL Server 报告服务

报告服务是基于服务器的报表平台，为各种数据源提供了完善的报表功能。Reporting Services 包含一整套可用于创建、管理和传送报表的工具并允许开发人员在自定义应用程序中集成或扩展数据和报表处理的应用程序编程接口(Application Programming Interface, API)。报告服务工具在 Microsoft Visual Studio 环境中工作，并与 SQL Server 工具和组件完全集成(图 1.8)。

3. SQL Server 集成服务

集成服务是用于数据集成和数据转换解决方案的平台，包含用于生成和调试包的图形工具和向导；用于执行工作流功能的任务，例如 FTP(File Transfer Protocol，文件传输协议)操作、SQL 语句执行和电子邮件消息处理；用于提取和加载数据的数据源和目标；用于清理、聚合、合并和复制数据的转换；用于管理集成服务包的集成服务；对 Integration Services 对象模型基于应用程序编程接口(API)进行编程。设计集成服务项目的主要任务就是定义控制流、数据流及事件处理程序(图 1.9)。

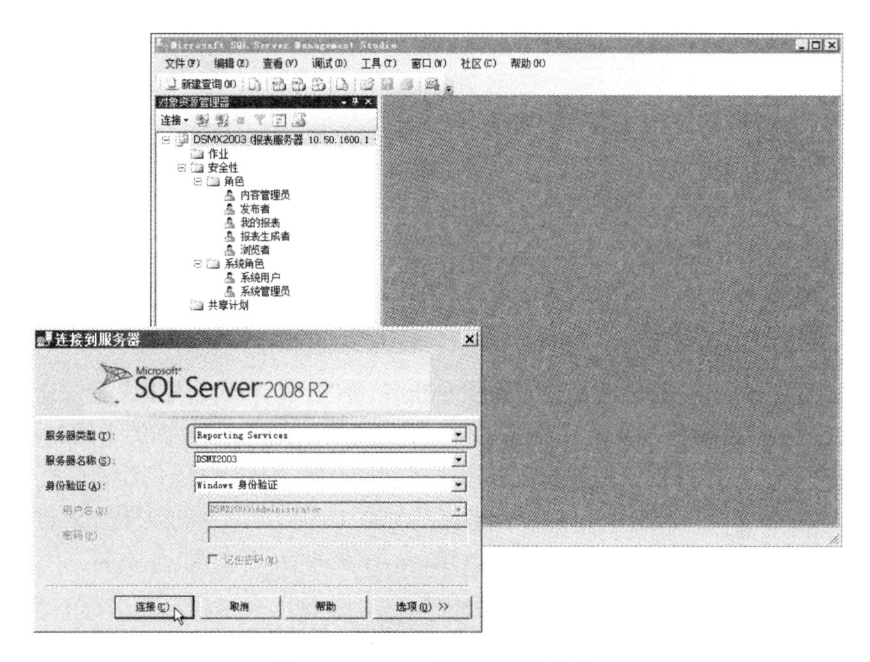

图 1.8 SSMS 的报告服务方向

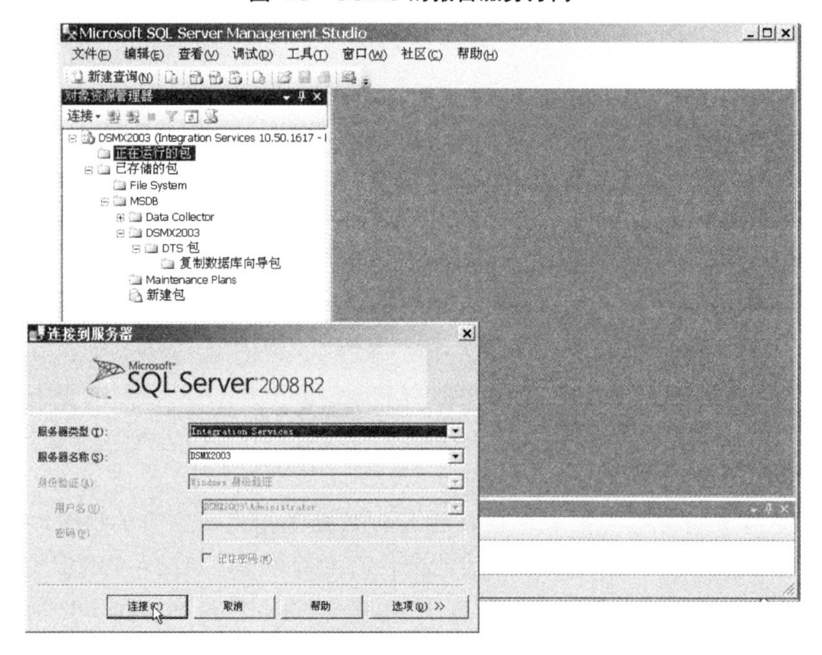

图 1.9 SSMS 的集成服务方向

4. 商业智能开发平台

SQL Server 商业智能开发平台(Business Intelligence Development Studio)是用于开发包括 Analysis Services、Reporting Services 和 Integration Services 项目的商业解决方案的开发环境，即 Visual Studio 2008 开发工具在分析服务、报表服务和集成服务项目的具体应用。每个项目类型都提供了用于创建商业智能解决方案所需对象的模板，并提供了用于处理这些对象的各种设计器、工具和向导(图 1.10)。

图 1.10　SQL Server 商业智能开发平台

另外，SQL Server 2008 R2 还提供了下列实用工具。

(1) 命令提示实用工具

命令行提示符界面，用于管理 SQL Server 对象各种命令行工具。

(2) SQL Server Profiler

图形用户界面，用于监视数据库引擎实例或分析服务实例。

(3) 数据库引擎优化顾问

图形用户界面，协助创建索引、索引视图和分区的最佳组合。

1.3　数据库系统的应用

1.3.1　数据库系统的应用结构

从最终用户角度来看，数据库系统的应用结构分为单用户结构、主从式结构、客户机/服务器结构和浏览器/服务器结构、分布式环境。

1. 单用户结构

单用户结构数据库系统是一种早期的最简单的数据库系统。在这种系统中，整个数据库系统(包括应用程序、DBMS、数据)都装在一台计算机上，由一个用户独占，不同机器之间不能共享数据。

2. 主从式结构

主从式结构是指一个主机带多个终端的多用户结构。在这种结构中，数据库系统(包括应用程序、DBMS、数据)集中存放在主机上，所有处理任务都由主机来完成，各个用户通过主机的终端并发地存取数据库，共享数据资源。

3. 客户机/服务器结构

主从式数据库系统中的主机和分布式数据库系统中的每个节点机是一个通用计算机，既执行 DBMS 功能又执行应用程序。随着工作站功能的增强和广泛使用，人们开始把 DBMS 功能和应用分开，网络中某个(些)节点上的计算机专门用于执行 DBMS 功能，称为数据库服务器(Server)，简称服务器；其他节点上的计算机安装 DBMS 的外围应用开发工具，支持用户的应用，称为客户机(Client)。C/S 结构(Client/Server 结构)的软件一般采用两层结构。前端是客户机，客户端应用软件程序接受用户请求、向数据库服务器提出请求；后端是服务器，即处理数据并将处理结果提交给客户端，并提供数据访问的安全控制、并发访问协调和数据完整性处理等操作。

C/S 结构在技术上很成熟，它的主要特点是交互性强、具有安全的存取模式、响应速度快、利于处理大量数据。但 C/S 结构的程序开发针对性强，变更不够灵活，每台客户机都需要安装客户端应用程序，维护和管理的难度较大，通常只局限于小型局域网，不利于扩展。

4. 浏览器/服务器结构

浏览器/服务器结构(Browser/Server 结构，B/S 结构)是随着 Internet 技术的兴起，对 C/S 结构的进行变化或者改进的结构。在这种结构下，前端是以 TCP/IP 协议为基础的 Web 浏览器，中间是 Web 服务器，后台是数据库服务器，形成所谓三层结构。用户界面完全通过 Web 浏览器实现，少部分数据处理在前端实现，中间数据处理在 Web 服务器端实现，主要数据处理在数据库服务器端实现。B/S 结构利用不断成熟和普及的浏览器技术实现原来需要复杂专用软件才能实现的强大功能，节约了开发成本，并降低了系统维护与升级的成本和工作量，是一种全新的软件系统构造技术。这种结构更成为当今应用软件的首选体系结构，微软的.NET 结构就是在这样一种背景下提出来的架构，Java 技术也是这种结构的成熟应用。

5. 分布式环境

分布式数据库系统是指数据在逻辑上是一个整体，但物理上数据库服务器分布在计算机网络特别是互联网或虚拟局域网中的多个不同节点上，每个节点的数据库服务器都有全局数据库的一份完整拷贝副本，同时具有自己局部的数据库，都可以独立存取处理局部数据库中的数据执行局部应用，也可以同时存取处理全局数据库中的数据执行全局应用。分布式环境的客户端设备包括桌面终端、平板电脑和智能手机；网络包括传统互联网和移动互联网络；用户界面包括命令行字符界面、桌面图形用户界面、互联网浏览器界面和富互联网应用(Rich Internet Applications, RIA)界面。

1.3.2 B/S 结构的“课程教学过程化考核系统”

为了便于教师有效地组织本课程的教学活动，便于学生亲身体会数据库中数据的共享性、安全性、应用，编者研制了基于 Web 浏览器、IIS Web 服务器、SQL Server 2008 R2 数据库的“课程教学过程化考核系统”富互联网应用：功能包括从开学第 1 堂课到结课考试、上报成绩表的整个教学过程中的上课考勤、平时作业、平时测验、期中考试、期末结课考试等环节；用户包括上课学生(含组长、课代表)和任课教师；作业、测验和考试包括选择题(单选或多选)、判断题、填空题、文字题、文件题、文图题(文字和上传图像)，其中选择题、判断题和填空题等客观题由系统自动批阅，文字题、文件题、文图题等主观题由小组组长、课代表和任课教师手工批阅。

本系统采用三层架构应用于互联网，支持多学校、多班级、多门课程的教学活动，运行在 http:www.duzhaojiang.cn 网站，学生注册界面、学生主界面、学生考核界面和成绩浏览界面如图 1.11～图 1.14 所示。

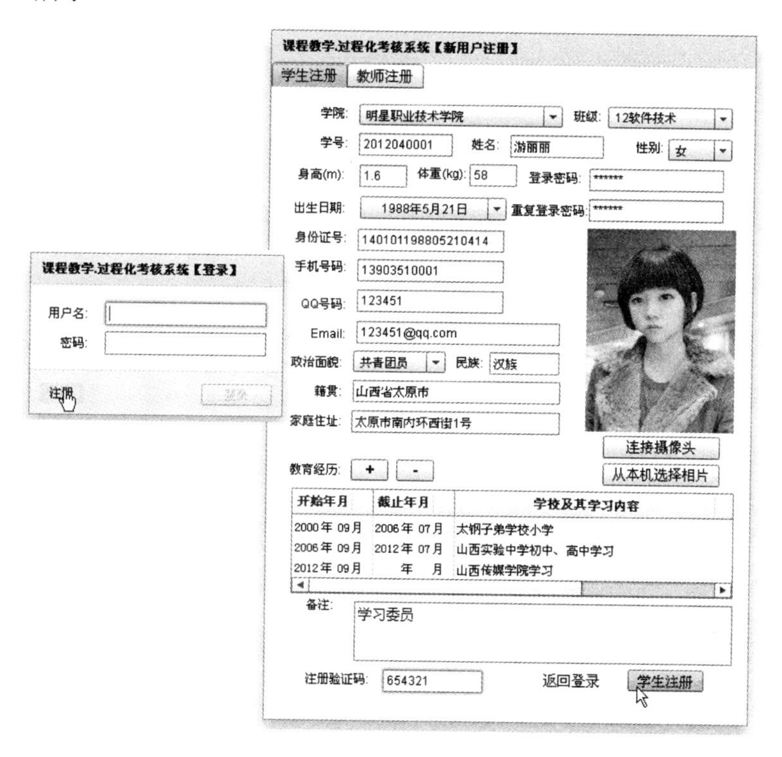

图 1.11 “课程教学过程化考核系统”学生注册界面

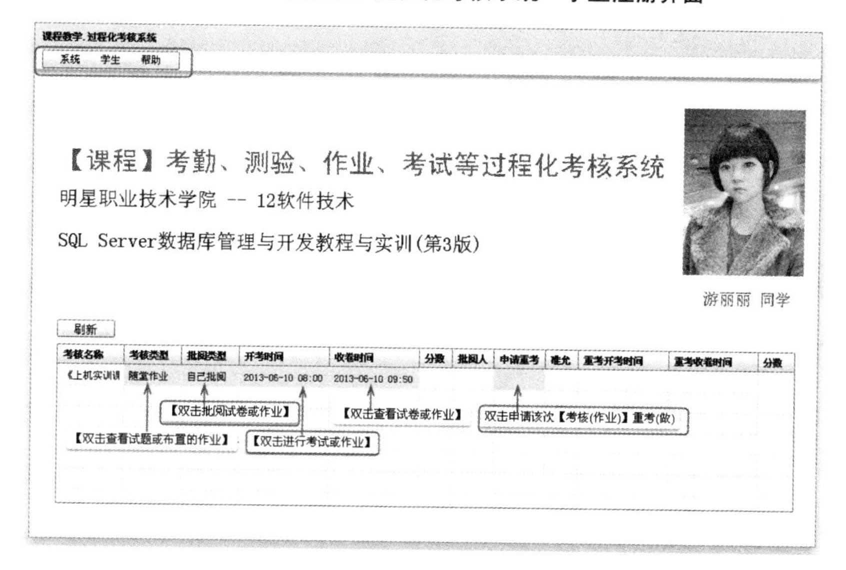

图 1.12 “课程教学过程化考核系统”学生主界面

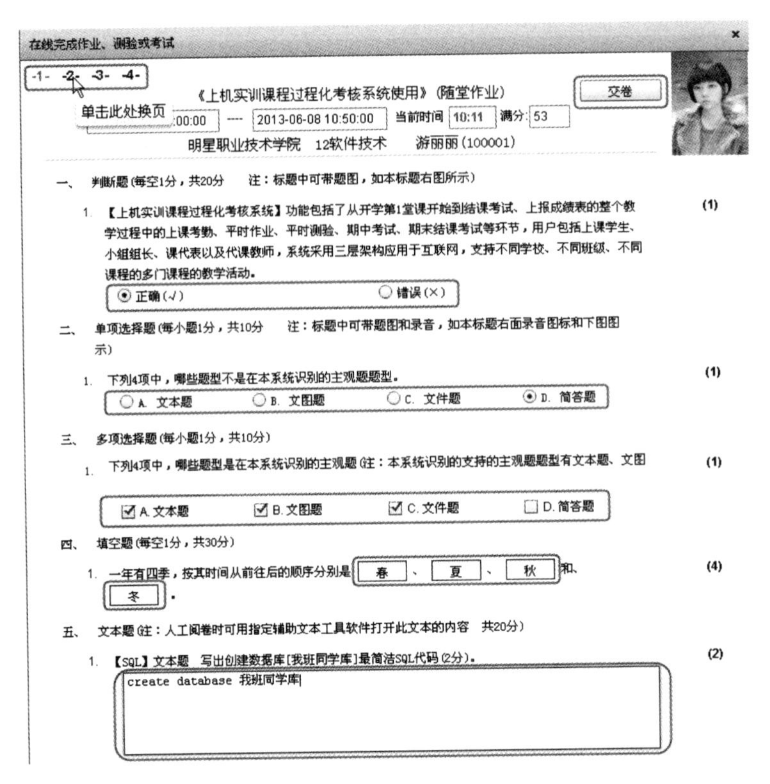

图 1.13 “课程教学过程化考核系统”学生作业、考试界面

图 1.14 “课程教学过程化考核系统”成绩浏览界面

1.4 阅读材料

1.4.1 SQL Server 历程

通常 Microsoft SQL Server 简称为 SQL Server，其发展历程开列如下。

1988 年，微软公司、Aston-Tate 公司参加到了 Sybase 公司的 SQL Server 系统开发中。

1990 年，微软公司希望将 SQL Server 移植到自己刚刚推出的 Windows NT 系统中。

1993 年，微软公司与 Sybase 公司在 SQL Server 系统方面的联合开发正式结束。

1995 年，微软公司成功地发布了 SQL Server 6.0 系统。

1996 年，微软公司发布了 SQL Server 6.5 系统。

1998 年，微软公司又成功地推出了 SQL Server 7.0 系统。

2000 年，微软公司迅速发布了与传统 SQL Server 有重大不同的 SQL Server 2000 系统。

2005 年，微软公司艰难地发布了 Server 2005 系统。

2008 年，微软公司发布了 SQL Server 2008 系统。

2010 年，微软公司发布了 SQL Server 2008 R2 系统，本书即基于 2008 R2 版。

2012 年，微软公司发布了 SQL Server 2012 系统。

1.4.2 SQL Server 2008 R2 版本

SQL Server 2008 R2 有服务器版和专业版两种类型，服务器版主要用于数据库应用系统的生产发布，专业版主要针对数据库应用系统的设计开发，其具体说明见表 1-1、表 1-2。

表 1-1 SQL Server 2008 R2 服务器版

版　　本	说　　明
数据中心版 (x86、x64、IA64)	Datacenter 建立在 Enterprise 基础之上，提供了高性能的数据平台，支持虚拟化和合并
企业版 (x86、x64、IA64)	Enterprise 提供了稳定的数据管理和商务智能平台，企业级应用
标准版 (x86、x64)	Standard 提供了全面的数据管理和商务智能平台，部门级应用，≤75 台

表 1-2 SQL Server 2008 R2 专业版

版　　本	说　　明
开发版 (x86、x64、IA64)	Developer 版包含 Datacenter 所有功能，但有许可限制，只能用作开发和测试系统，而不能用作生产服务器。可以升级 Developer 版用于生产服务器
工作组版 (x86、x64)	Workgroup 是运行分支位置数据库的理想选择，它提供一个可靠的数据管理和报告平台，其中包括安全的远程同步和管理功能
Web 版 (x86、x64)	对于为从小规模至大规模 Web 资产提供可扩展性和可管理性功能的 Web 宿主和网站来说，SQL Server Web 是一项总拥有成本较低的选择
Express(x86、x64)	Express 与 Visual Studio 集成，使开发人员可以轻松开发功能丰富、存储安全且部署快速的数据驱动应用程序。Express 免费提供，可无缝升级到更复杂的版本
Compact 3.5 (x86)	Compact 3.5 免费提供，是生成用于基于各种 Windows 平台的移动设备、桌面和 Web 客户端的独立和偶尔连接的应用程序的嵌入式数据库理想选择

1.4.3 主流数据库产品简介

目前，国际主导关系型数据库管理系统有 Oracle、DB2、SQL Server、MySQL、PostgreSQL、Access 和 SQLite 数据库（后两者不作介绍）等，国内主要有神通、达梦 DM、金仓 Kingbase 数据库。

(1) **Oracle**。Oracle 是由成立于 1977 年的 Oracle(甲骨文)公司开发的数据库管理系统，在数据库领域一直处于领先地位。Oracle 产品采用标准 SQL，可以安装在 70 多种不同的大、中、小型机上，可在 VMS、DOS、UNIX、Windows 等多种操作系统下运行，支持各种协议(TCP/IP、DECnet 等)，目前最新的版本是 11g。Oracle 产品及服务都是付费的，且价格不菲。

Oracle 数据库是世界上使用最广泛的关系数据库系统，面向全球中高端市场，服务于金融、电信、政府、大企业等高端用户。在国内，它已广泛应用于的政府部门、电信、邮政、公安、金融、保险、能源电力、交通、科教、石化、航空航天、民航等各行各业。

(2) **DB2**。DB2 是 IBM(International Business Machines Corporation，国际商业机器公司)开发的数据库管理系统，能在所有主流平台上运行(包括 Linux，UNIX，Windows)，目前最新的版本是 DB2 V10.5。DB2 产品及服务都是付费的，而且价格较高。DB2 产品成熟、功能完善、有 IBM 整体方案的优势，最适于海量数据，主要应用于大型应用系统。DB2 面向全球中高端市场，服务于金融、电信、政府、大企业等高端用户，在全球 500 家最大的企业中，几乎 85%以上使用 DB2 数据库服务器。

(3) **SQL Server**。MS SQL Server 是微软开发的数据库管理系统，是 Web 上最流行的用于存储数据的数据库，具有易操作、价格适中、技术人才充足等优点，目前最新版本是 SQL Server 2012。它只能运行在 Windows 操作系统，面向全球中低端市场，广泛用于政务、电力、企业、网站等中低端用户。

(4) **MySQL**。MySQL 是一个快速的、多线程、多用户和健壮的 SQL 数据库服务器，是最受欢迎的开源、免费 SQL 关系数据库管理系统。其开发者为瑞典 MySQL AB 公司，该公司于 2008 年 1 月 16 日被 Sun 公司收购，2009 年 4 月 20 日 Oracle 并购了 Sun，所以 MySQL 就成了 Oracle 的产品。

(5) **PostgreSQL**。PostgreSQL 是由加州大学伯克利分校计算机系开发的特性非常齐全的自由软件的对象关系数据库管理系统(Object-Relational DataBase Management System, ORDBMS)，其许多领先的概念在非常迟的时候才出现在商业数据库中。

(6) **Access**。Access 是微软开发的数据库管理系统，是微软 Office 的成员之一。在开发一些基于 IIS、ASP 小型 Web 应用程序时常用来存储数据。

(7) **SQLite**。SQLite 是一款嵌入式数据库管理系统，它包含在一个相对小的 C 库中，它占用资源非常低(只需要几百 K 的内存)。目前在很多嵌入式产品中(如手机、平板电脑等)使用了它。

(8) **神通数据库**。神通数据库由神舟通用公司自主研发，具有强大的国防背景。神通数据库在航天、军队领域得到了很好的应用。

(9) **达梦 DM 数据库**。它由成立于 2000 年的武汉达梦数据库有限公司(前身是华中科技大学数据库与多媒体研究所)自主研发，得到了国家各级政府的强力支持。

(10) **金仓 Kingbase 数据库**。它由北京人大金仓信息技术股份有限公司自主研发，与中国人民大学合作，一直跟随 PostgreSQL。

1.5 SQL Server 安装与配置

1.5.1 SQL Server 安装

在向导的帮助下，安装一个 SQL Server 2008 R2 数据库服务器基本上是选择默认值和单击【下一步】按钮，十分简单。但真正理解 SQL Server 安装时的选项含义要到学完本书时才能有较深的认识。真正安装一个能够承担成千上万人同时访问的 SQL Server 2008 R2 数据库服务器，还需要学习和查询很多知识。本节只是简单地介绍 SQL Server 2008 R2 安装的感性知识。

【演练 1.1】 SQL Server 2008 R2 软件安装。

(1) 以 Administrator Windows 管理员登录服务器，从安装介质中运行 SQL Server 2008 R2 软件包中的 setup.exe 文件，开始安装。

(2) 在【SQL Server 安装中心】界面，选择左侧窗格中的【安装】选项，单击【全新安装或向现有安装添加功能】命令，如图 1.15 所示。

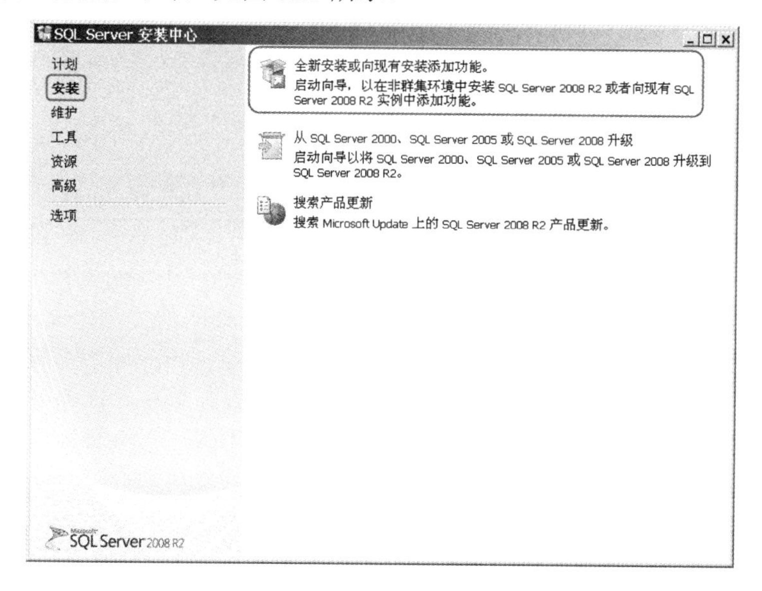

图 1.15 【SQL Server 安装中心-安装】界面

(3) 在【安装程序支持规则】界面，Windows 运行环境检测通过，单击【确定】按钮。

(4) 在【产品密钥】界面，输入产品密钥，单击【下一步】按钮

(5) 在【许可条款】界面，选中【我接收许可条款】单选按钮，单击【下一步】按钮。

(6) 在【安装程序支持文件】界面，单击【安装】按钮。

(7) 在【安装程序支持规则】界面，操作完成，显示“已通过：9、失败 0”，单击【下一步】按钮。

(8) 在【设置角色】界面，选择【SQL Server 功能安装】选项，单击【下一步】按钮。

(9) 在【功能选择】界面，根据实际情况选择相应的组件，如果不知道需要安装哪些组件，则单击【全选】按钮，设置或记录【共享功能目录】，单击【下一步】按钮。

(10) 在【安装规则】界面，规则检查显示“通过 6 项失败 0 项”，单击【下一步】按钮。

(11) 在【安装配置】界面，选择【默认实例】选项，设置并记录【实例 ID】和【实例根

目录】，单击【下一步】按钮。

(12) 在【磁盘空间要求】界面，显示安装所需的磁盘空间，单击【下一步】按钮。

(13) 在【服务器配置】界面，显示服务账户，单击【下一步】按钮。保证 SQL Server Database Engine 服务是 SYSTEM 权限，否则 SQL Server 服务器无法启动，单击【下一步】按钮，如图 1.16 所示。

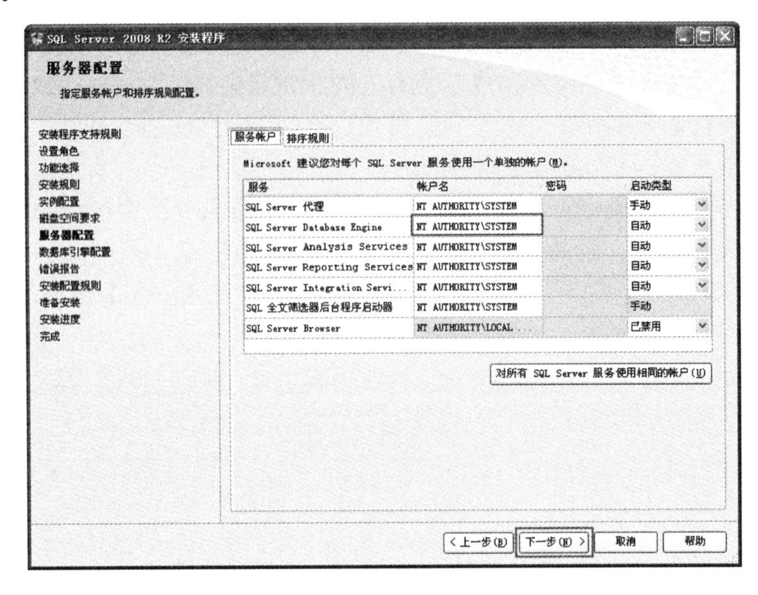

图 1.16 【服务器配置】界面

(14) 在【数据库引擎配置】界面，根据需求选择身份验证模式，建议【身份验证模式】勾选【混合模式】，设置并记录 sa 密码(不要设置得过于简单，不然服务器很容易被黑)，单击【添加当前用户】按钮，将当前 Windows 登录用户指定为 SQL Server 管理员，单击【下一步】按钮，如图 1.17 所示。

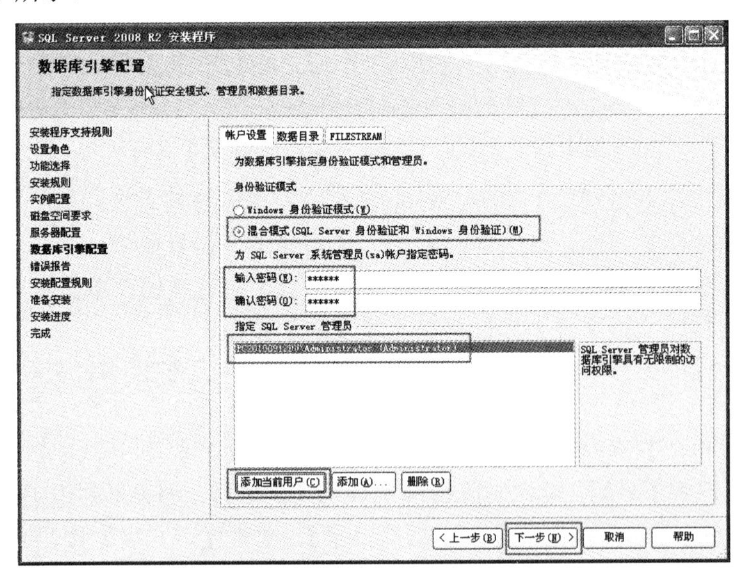

图 1.17 【数据库引擎配置】界面

(15) 在【Reporting Services 配置】界面，单击【添加当前用户】按钮，用于管理分析服务，单击【下一步】按钮。

(16) 在【Reporting Services 配置】界面，选中【安装本机模式默认配置】复选框，单击【下一步】按钮。

(17) 在【错误报告】界面，单击【下一步】按钮。

(18) 在【安装配置规则】界面，显示操作完成，已通过 6，失败 0，单击【下一步】按钮。

(19) 在【准备安装】界面，单击【安装】按钮，在【准备进度】界面显示安装进度，等待安装结果。

(20) 在【完成】界面，显示安装所需的磁盘空间，单击【关闭】按钮，如图 1.18 所示，看到该界面就代表安装成功了。

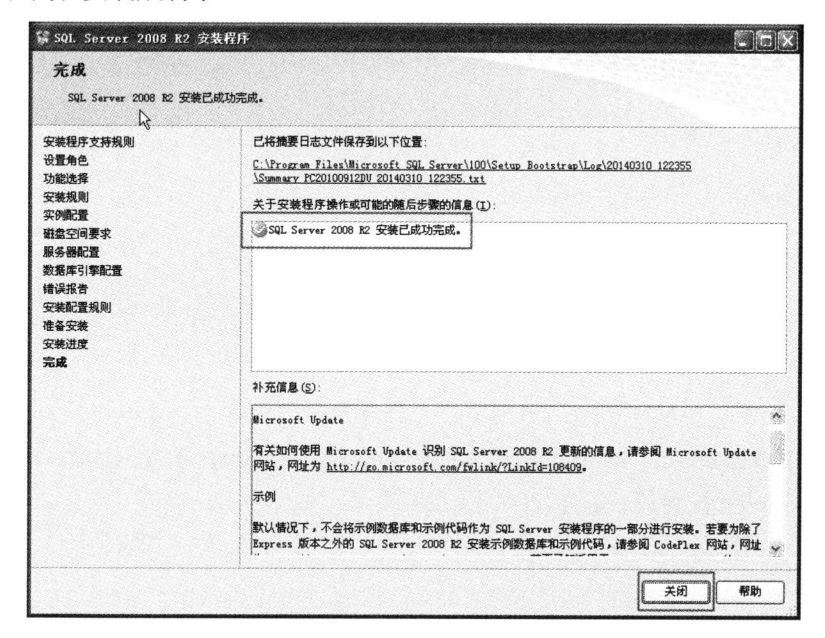

图 1.18　【SQL Server 安装完成】界面

【思考】SQL Server 2008 R2 身份验证模式有哪两种？SQL Server 服务器管理员的用户名是什么？图 1.16 中 SQL Server 2008 R2 界面显示的服务有哪些？

1.5.2　SQL Server 配置

【演练 1.2】SQL Server 2008 R2 端口配置和服务启停。

(1) 在安装 SQL Server 2008 R2 软件的计算机上，单击【开始】|【程序】|【Microsoft SQL Server 2008 R2】|【配置工具】|【SQL Server 配置管理器】命令，弹出【SQL Server 配置管理器】窗口，如图 1.19 所示。

(2) 在【SQL Server 配置管理器】窗口，单击【MSSQLSERVE 的协议】选项，查看 TCP/IP 的状态是否是已启用，双击【TCP/IP】选项，弹出【TCP/IP 属性】对话框，如图 1.20 所示。

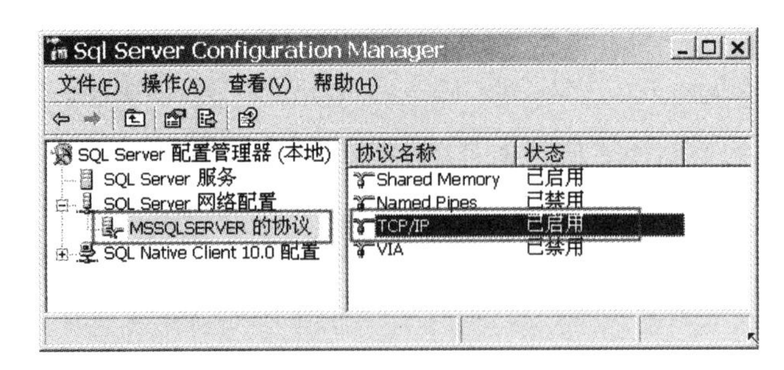

图 1.19 【SQL Server 配置管理器】窗口

(3) 在【TCP/IP 属性】对话框，单击【IP 地址】选项卡，保证 IPALL 里面的 TCP 端口是 1433，单击【确定】按钮返回。

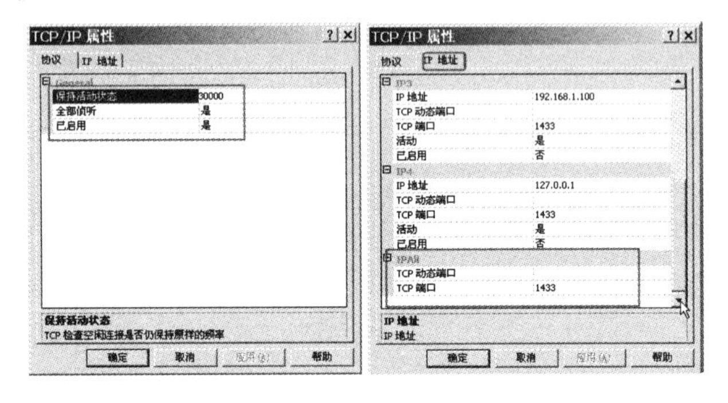

图 1.20 【TCP/IP 属性】对话框

(4) 在【SQL Server 配置管理器】窗口，单击【SQL Server 服务】选项，右击【SQL Server (MSSQLSERVE)】选项，在弹出的快捷菜单中单击【重新启动】命令，如图 1.21(a)所示，然后关闭【SQL Server 配置管理器】窗口。

(5) 在命令行输入“netstat –an”，如果找到有“0.0.0.0:1433”，就说明 SQL Server 在监听了，如图 1.21(b)所示。

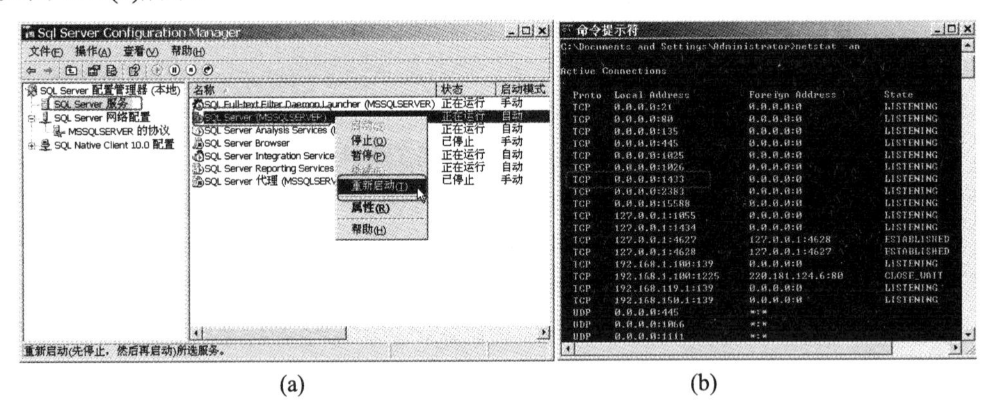

(a)　　　　(b)

图 1.21 重启【SQL Server 配置管理器】和查看端口监听

(6) 在桌面上，右击【我的电脑】图标，在弹出的快捷菜单中单击【管理】命令，弹出【计算机管理】窗口，如图 1.22 所示，单击【服务】选项，图中标示部分为 SQL Server 服务列表。

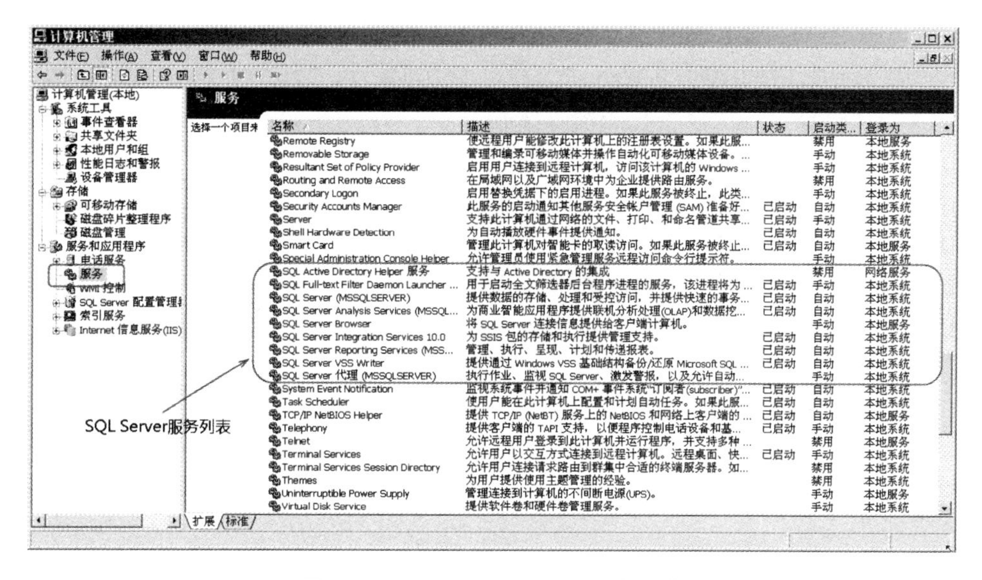

图 1.22 SQL Server 2008 服务列表

【思考】从 SQL Server 2008 R2 配置管理器可以启停的 SQL 服务有哪些？

1.6 本章小结

本章先介绍了 SQL Server 2008 R2 的 3 个常用工具、SSMS 的 3 个商业智能应用方向、商业智能开发平台、数据库系统的应用结构及本书应用实例“课程教学过程化考核系统”。再介绍了 SQL Server 的历史及目前主流数据库产品。最后介绍了 SQL Server 2008 R2 服务器安装和配置的一般步骤，使读者对 SQL Server 2008 R2 有了感性认识。对于安装和配置过程中各选项的含义，需要读者在后续章节中去学习、体会。

1.7 本章习题

1. 填空题

(1) SQL Server 2008 R2 服务器由数据库______、______服务、分析服务和报表服务 4 个服务器组件构成，其中以数据库______为基础，以______服务为中心。

(2) SQL Server 2008 R2 最常用的 3 个工具是_________、_________管理器和联机帮助。

(3) SQL Server ________________(SSMS)是一个图形界面的集成管理工具，用于访问、配置、管理和开发 SQL Server 的组件，其运行程序的文件名是___________。

(4) SQL_________介绍了关于 SQL Server 2008 R2 的相关技术文档和使用说明，包括一些示例，特别是______参考、_________参考和 SQL Server_______。

(5) SSMS 的商业智能应用主要有 SSAS(______服务)、SSRS(______服务)、SSIS(______服务)及商业智能开发平台等。

(6) 从最终用户角度来看，数据库系统的应用结构分为单用户结构、主从式结构、_____________结构和_____________结构、分布式环境。

(7) Browser/Server 结构的数据库应用系统的三层架构是：前端用户界面是通过客户端 Web________显示，中间是通过 Web________来访问，后台是________服务器做支持。本书应用实例“课程教学过程化考核系统”采用____________结构的____________ (Rich Internet Applications, RIA)。

(8) SQL Server 2008 R2 有_________版和_________版两种类型。

(9) SQL Server 2008 R2 身份验证模式有_________身份验证模式和_____模式(SQL Server 身份验证和 Windows 身份验证)两种，SQL Server 默认 TCP 端口是________。

(10) 目前，国际主导关系型数据库管理系统有_________、_________、_________、_________、PostgreSQL 和微软 Access 数据库、_________嵌入式数据库等。

(11) 在如图 1.16 所示的【数据库配置】界面中，SQL Server 2008 R2 的服务从上至下有 SQL Server ______、SQL Server Database ________、SQL Server Analysis Services、SQL Server __________ Services、SQL Server __________ Services、SQL __________后台程序启动器和 SQL Server Browser。

(12) 在如图 1.17 所示的【数据库引擎配置】界面中，SQL Server 服务器管理员的用户名是________。

2. 操作题

(1) 参照演练 1.1 安装 SQL Server 2008R2。安装完成后回答“安装完成”并打开 SSMS，用“Windows 身份验证”连接“数据库引擎”，截取并提交 SSMS 中左上角对象资源管理器部分(含服务器名称)的截图。

(2) 参照演练 1.2 浏览 SQL Server 2008R2 配置。完成后回答[已浏览配置信息]，截取并提交图 1. 20(b)所示的 IP 地址(含 TCP 端口号 1433)的截图。

(3) 参照图 1.11 注册个人信息并登录进入系统，没有提交照片的请在如图 1.12 所示的主界面单击【学生】【修改学生注册信息】菜单修改提供照片。完成后回答“注册完成”，截取并提交图 1.12 所示主界面中的照片和名字部分的截图。

第2章 T-SQL编程基础

教学目标

T-SQL是ANSI标准SQL数据库查询语言，是一种数据定义、操作和控制语言。SQL Server脚本语言的常量、变量、函数、表达式和语句是T-SQL编程的基础，熟练掌握本部分基础知识是进行数据库设计、维护和编程等工作的前提。

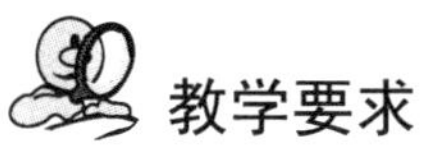

教学要求

知识要点	能力要求	关联知识
常量	整数、实数、货币、字符串、日期、XML等常量的表示方法	
变量	变量命名、类型声明及其赋值方法(declare、set、select)	
函数	(1) 实数取整、四舍五入 (2) 字符编码(ASCII、Unicode) (3) 字符串长度、字符串转换、求子字符串 (4) 当前时间、求某日期的年份(月份、日)、年龄(月龄、日龄)、求某日过几天(月/年)的日期、求某日几天/月/年前的日期 (5) 自定义标量函数	
表达式	(1) 日期与整数的算术运算 (2) 数值型字符串与数值的算术运算 (3) 字符串与字符串的连接运算 (4) 数值大小比较、字符串排列顺序前后的比较、相等比较运算	
流程控制语句	复合语句、判断语句、循环语句，特别是情况表达式(case)	

重点难点

- XML数据类型常量
- 自定义标量函数
- T-SQL语句调试：逗号、全角逗号、单引号、空格等书写

2.1 常量与数据类型

SQL 是结构化查询语言(Structure Query Language)的英文缩写，Transact-SQL(T-SQL)是由国际标准化组织(ISO)和美国国家标准学会(ANSI)发布的 SQL 标准中定义的语言的扩展。

2.1.1 常量

【导例 2.1】设一同学有如下特征，姓名：白云，性别：男，年龄：20 周岁，身高：1.78 米，体重：60.5 千克，出生日期：1988 年 5 月 21 日，出生地：山西长治，月薪期望：3000 元，教育经历：见下。在 SQL 程序中如何表示这些常量？

```
'白云'  ---- 姓名    '男'  ---- 性别    20  ---- 年龄    1.78  ---- 身高
 60.5  ---- 体重     '1988.05.21'    ---- 出生日期    '山西长治'  ---- 出生地
 $3000  ----  月薪期望
N'<教育经历>
<项目 开始年月="1995-09" 截止年月="2001-07" 学校及其学习内容="钢城小学读小学"/>
<项目 开始年月="2001-09" 截止年月="2007-06" 学校及其学习内容="钢城中学初高中"/>
</教育经历>'    ----    教育经历
```

【知识点】

常量也称为文字值或标量值，是表示一个特定数据值的符号。常量的值在程序运行过程中不会改变。常量包括整型常量、实型常量、字符串常量、日期型常量、货币型常量等。常量的格式取决于它所表示的值的数据类型，数据类型不同，常量也会有不同的表达方式。见表 2-1。

表 2-1 SQL 常量类型表

类　　型	说　　明	举　　例
整型常量	没有小数点和指数 E	60，20，–365
实型常量	decimal 或 numeric 带小数点常数，float 或 real 带指数 E 的常数	1.78、–200.25 +123E–3、–12E5
货币型常量	精确数值型数据，前缀$	$380.2
字符串常量	用单引号引起来	'白云'，'this is database'
双字节字符串常量	前缀 N 必须是大写 用单引号引起来	N'黑土'
XML 常量	成对标记的字符串	N'<学院 名称="传媒学院"> <系部 名称="制作系"/><系部 名称="编播系"/> <系部 名称="动画系"/></学院>'
日期时间型常量	用单引号(')引起来	'6/5/03', 'May 12 2008', '19491001', '2006.05.01 12:45:30' '2008.08.08', '20:00:00', '2008.08.08 20:00:00 +8'
二进制常量	前缀为 0x	0xAE、0x12Ef、0x69048AEFDD010E
全局唯一标识符	前缀为 0x 用单引号(')引起来	0x6F9619FF8B86D011B42D00C04FC964FF '6F9619FF– 8B86– D011– B42D – 00C04FC964FF'

2.1.2 数据类型

在 T-SQL 语言编程中，常量、变量、表中的列、函数的自变量与函数值、过程参数及返回代码、表达式等都具有数据类型，数据类型可分为精确数字(整数、位型、货币型、十进制)、近似数字、日期和时间、字符串、Unicode 字符串、二进制字符串和特殊数据类型。

【演练 2.1】 初识 SQL Server 2008 支持的数据类型。

打开 SSMS，展开“master”数据库，依次单击【可编程性】|【类型】|【系统数据类型】展开图标，该目录中的【精确数字】【近似数字】【日期和时间】【字符串】【Unicode 字符串】【二进制字符串】【其他数据类型】【CLR 数据类型】和【空间数据类型】显示 SQL Server 2008 支持的数据类型，如图 2.1 所示。

图 2.1 SQL Server 2008 R2 支持的数据类型

【知识点】

数据类型是指数据所代表信息的类型。Microsoft SQL Server 2008 中定义了 36 种数据类型，同时允许用户定义数据类型(详见第 5 章介绍)，下面列出其中一些系统数据类型，见表 2-2。

表 2-2 SQL 数据类型表

数据类型名称			性质说明	字节数
精确数字类型	整数	bigint	从-2^{63}～$2^{63}-1$(-922×10^{16}～922×10^{16})的整型数据	8
		int	从-2^{31}～$2^{31}-1$ (−21 亿～21 亿)的整型数据	4
		smallint	从-2^{15}～$2^{15}-1$ (−32768～32767)的整型数据	2
		tinyint	从 0～255 的整型数据	1
	位型	bit	由 0 和 1 组成，用来表示真、假	1/8
	货币	money	-922×10^{12}～922×10^{12}，精确到万分之一货币单位	8
		smallmoney	存储从−214748.3648～214748.3647，精确到万分之一	4
	十进制	decimal	$-10^{38}+1$~$10^{38}-1$，最大位数 38 位	5、9、13 或 17
		numeric		

续表

数据类型名称			性质说明	字节数
近似数值		float	-1.79×10^{308}～-2.23×10^{-308}、0、2.23×10^{-308}～1.79×10^{308}的浮点数，最多 15 位有效数字	8(15 位有效数字)
		real	-3.40×10^{38}～-1.18×10^{-38}、0、1.18×10^{-38}～3.40×10^{38}的浮点数，最多 7 位有效数字	4(7 位数字)
日期时间		date	0001-01-01～9999-12-31，精确到天	3
		time	00:00:00.0000000~23:59:59.9999999，精确到 100 纳秒	5
		datetime	1753.1.1～9999.12.31，00:00:00.000～23:59:59.999，舍入到.000、.003 或.007 秒 3 个增量	8
		smalldatetime	存储从 1900.01.01～2079.12.31，精确到分钟	4
		datetime2	日期:0001.01.01～9999.12.31，时间：00:00:00.0000000~23:59:59.9999999，精确到 100 纳秒	8,7(5,4),6(3)
		datetimeoffset	日期 0001.01.01～9999.12.31，时间 00:00:00～23:59:59.9999999 时区偏移量：-14:00 到+14:00	10
字符类	字符类型	char[(n)]	固定长度的单字节字符数据，最长 8000 个字符	最长 8000
		varchar[(n)]	varchar[(n)]变长单字节字符数据，最长 8000	最长 8000
		varchar[(max)]	varchar[(max)]变长单字节字符数据，$1\sim2^{31}-1$ 个字符	$2^{31}-1$
		text[(n)]	可变长度的单字节字符数据，最长 $2^{31}-1$ 个字符	
字符类	Unicode	nchar [(n)]	固定长度的双字节字符数据，最长 4000 个字符	最长 8000
		nvarchar[(n)]	可变长度的双字节字符数据，最长 4000 个字符	最长 8000
		nvarchar[(max)]	可变长度的双字节字符数据，最长 $1\sim2^{31}-1$ 个字符	
		ntext[(n)]	可变长度的双字节字符数据，最长 $2^{30}-1$ 个字符	
二进制		binary[(n)]	固定长度的 n(默认 1)字节二进制数据$(1<n<8000)$	最长 8000
		varbinary[(n)]	可变长度的 n(默认 1)字节二进制数据$(1<n<8000)$	最长 8000
		varbinary[(max)]	可变长度的二进制数据$(1\sim2^{31}-1)$个字节	
		image	可变长度的二进制数据	
CLR 类型		hierarchyid	用于层次化数据的存储	最长 892
空间类型		geometry	用于存储平面空间数据(平面坐标系中的数据)	
		geography	用于存储地理空间数据	
其他类型		XML	用来存储 XML 文档和片段，最大空间不能超过 2GB	
		timestamp	以二进制格式表示 SQL 活动的先后顺序	8
		uniqueidentifier	以十六字节二进制数字表示一个全局唯一的标识号	16
		sql_variant	用于存储一些不同类型数据的数据类型	

(1) 表中 n 表示字符串长度。

(2) 位型数据存储格式：如果一个表中有 8 个以内的 bit 列，这些列用一个字节存储。如果表中有 9～16 个 bit 列，这些列用两个字节存储。更多列的情况依次类推。

(3) 十进制数据宽度最高为 38 位。

(4) 日期时间类型：没有指定小时以上精度的数据，自动时间为 00∶00∶00。date、time、datetimeoffset、datetime2 是 SQL Server 新引入的 4 种日期时间数据类型。

① date 数据类型只存取日期(不含时间)，time 数据类型只存取时间(不含日期)。

② datetimeoffset 是比 datetime 表示日期时间范围更广、精度更细且带有时区的日期时间类型。

③ datetime2 是比 datetime 表示日期时间范围更广、精度更细的日期时间类型。

(5) 单字节字符串数据类型包括以下几种。

① 定长 char：一个字符一个字节，空间不足截断尾部，多余空间用空格填充。

② 变长 varchar：一个字符一个字节，空间不足截断尾部，多余空间不填空格。

③ varchar[(max)] 存储大小是所输入字符个数加 2 字节。

④ 变长字符串(text)：存储大小是所输入字符个数。

(6) 双字节字符串数据类型，Unicode 字符类型(N 代表国际语言 National Language)包括以下几种。

① 定长字符串(nchar)：一个字符两个字节，空间不足截断尾部，空间多余空格填充。

② 变长字符串(nvarchar)：一个字符两个字节，空间不足截断尾部，多余空间不填空格。

③ nvarchar[(max)]：存储大小是所输入字符个数的两倍再加 2 字节。

④ 变长字符串(ntext)：存储大小是所输入字符个数的两倍(以字节为单位)。后续版本中，text/ntext 将被 varchar(max)/ nvarchar[(max)]所代替。

(7) 二进制数据类型：存储 Word 文档、声音、图表、图像(包括 GIF、BMP 文件)等数据；后续版本中，image 数据类型将被 varbinary(max)所代替。

(8) 空间数据类型和层次数据类型：详见第 11 章介绍。

① 空间数据类型 Geometry、geography 用于存储平面坐标、经纬度地理坐标的空间数据类型。

② 层次数据类型 hierarchyid 用于存储分类、分层的层次数据。

(9) 编程数据类型：table 和 cursor。

① table 类型主要用于临时存储一组行(行集)，这些行是作为表值函数的结果集返回的，用途与临时表相似。只能用于程序中声明变量或函数类型，不能用来定义数据表的字段。详见第 7 章介绍。

② cursor 类型主要用来存储查询结果(行集)，其内部数据可以单条取出进行处理，只能用于程序中声明变量类型，不能用来定义数据表的字段。详见第 10 章介绍。

(10) 其他数据类型：sql_variant、timestamp、uniqueidentifier 和 xml。

① sql_variant 类型：当某个字段需要存储不同类型的数据时，可以将其设置为 sql_variant 类型(除 text、ntext、image、timestamp、sql_variant 这些类型外)。

② timestamp 类型的作用是在数据库范围内提供唯一值，该值会自动更新。每个数据表中只能有一个 timestamp 类型的字段。

③ uniqueidentifier 类型提供的是全球范围内的唯一标识值。

④ XML 数据类型详见 2.2.4 节。

2.2　局部变量和全局变量

在 T-SQL 编程语言中，变量可分为局部变量和全局变量。局部变量是用来存储指定数据类型的单个数据值的对象，全局变量是由系统提供且预先声明的用来保存 SQL Server 系统运行状态数据值的变量。无源 select 语句是用来查询常量、变量、函数、表达式值的语句。

2.2.1 select 语句无源查询

【导例 2.2】认识 SSMS 界面，编辑 SQL 语句，体会常用快捷键，初识 select 无源查询。

打开 SSMS，认识如图 2.2 所示界面的组成部分，在编辑窗格录入下列脚本代码，按 F5 键执行下列 SQL 代码，体会常量如何表示、select 无源查询语句格式和功能。

```
select '白云' as 姓名, '男' as 性别, 20 as 年龄,
       1.78  as 身高, 60.5 as 体重, '1988.05.21' as 出生日期,
       '山西长治' as 出生地, $3000 as 月薪期望,
N'<教育经历>
<项目 开始年月="1995-09" 截止年月="2001-07" 学校及其学习内容="钢城小学读小学"/>
<项目 开始年月="2001-09" 截止年月="2007-06" 学校及其学习内容="钢城中学初高中"/>
</教育经历>' as 教育经历;
```

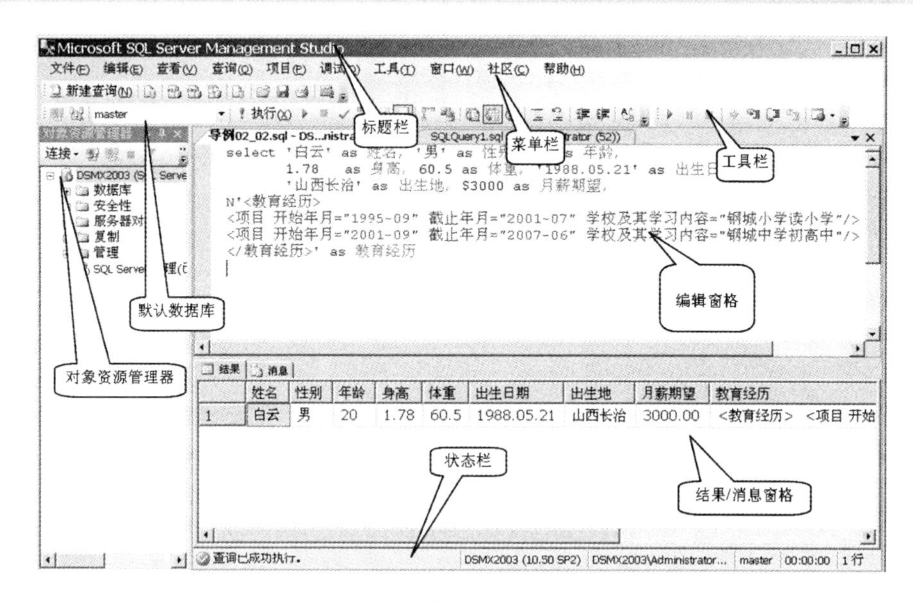

图 2.2 【SSMS】界面

【知识点】

(1) 在 SQL 代码录入过程中，注意逗号、单引号、空格等字符的半角与全角字符区别。

(2) select 语句无源查询就是最简单的语句。其语法格式如下：

```
select 常量|变量|函数|表达式 [as 别名][,…n]
```

所谓无源查询，就是指 select 语句中不需要 from 子句指出查询源，实质上就是查询常量、变量或表达式的值。

(3) 在查询编辑窗格中，用户可以对单个 SQL 语句或由多个 SQL 语句编写的脚本进行编写调试。表 2-3 列出了 SQL 语句编辑常用快捷键。

表 2-3　SQL 语句编辑常用快捷键表

快捷键	功　能	快捷键	功　能	快捷键	功　能
Ctrl+A	全选	Ctrl+K，Ctrl+C	注释代码	Ctrl+F5	分析检查语法
Ctrl+C	复制	Ctrl+K，Ctrl+U	删除注释	F5	执行查询
Ctrl+V	粘贴	Ctrl+F	查找	Alt+Break	取消查询
Ctrl+X	剪切	F3	重复查找	Alt +F5	启动调试
Ctrl+Z	撤销	Ctrl+H	替换	F9	切换断点
Tab	增大缩进	F1	查询分析器帮助	F10	逐过程执行
Shift+Tab	减小缩进	Shift+F1	对所选语句帮助	F11	逐语句执行

2.2.2　局部变量

【导例 2.3】如何进行变量声明、赋值、重新赋值与查询？

```
declare @姓名 nvarchar(3), @age int, @出生日期 datetime;
set @姓名 = '白云';
set @age = 20;
set @出生日期 = '1988.05.21';
select @姓名, @age, @出生日期;
select @姓名 = '黑土', @age = 22, @出生日期 = '1986.06.01';
select @姓名, @age, @出生日期;
```

【知识点】

(1) 变量是由用户定义并可赋值的数据内存空间。变量有局部变量和全局变量两种。

(2) 局部变量用 declare 语句声明，声明时它被初始化为 null，并由 set 语句或 select 语句赋值(通常情况下用 set 语句)，它只能用在声明该变量的过程实体中，即使用范围是定义它的批、存储过程和触发器等。其名字由一个@符号开始。

(3) 定义局部变量、局部变量赋值、查询。其语法格式如下：

```
定义：declare 局部变量名 数据类型 [,…n]
赋值：set 局部变量名=表达式 [,…n]
查询：select 局部变量名=表达式 [,…n]
```

2.2.3　全局变量

【导例 2.4】如何查询 SQL Server 服务器版本、默认语言、累计连接数、上一条 T-SQL 语句执行后的错误号？

```
select @@version as 版本, @@language as 默认语言;
select @@connections as 累计连接数, @@error as 上条语句错误号;
```

【知识点】

(1) 全局变量是由 SQL Server 系统提供并赋值的变量，名字由“@@”符号开始。用户不能建立全局变量，也不可能使用 set 语句去修改全局变量的值。大部分全局变量的值是报告本次 SQL Server 启动后发生的系统活动状态。通常应该将全局变量的值赋给在同一个批中的局部变量，以便保存和处理。

(2) SQL Server 提供的全局变量分为两类：一类是与 SQL Server 连接有关的全局变量，如 @@rowcount 表示受最近一个语句影响的行数；另一类是与系统内部信息有关的全局变量，如 @@version 表示 SQL Server 的版本号。表 2-4 介绍了几个常用的全局变量。

表 2-4　SQL 常用的全局变量表

名　称	说　明
@@connections	返回当前服务器的连接的数目
@@rowcount	返回上一条 T-SQL 语句影响的数据行数
@@error	返回上一条 T-SQL 语句执行后的错误号
@@procid	返回当前存储过程的 ID 号
@@remserver	返回登录记录中远程服务器的名字
@@spid	返回当前服务器进程的 ID 标识
@@version	返回当前 SQL Server 服务器的版本和处理器类型
@@language	返回当前 SQL Server 服务器的语言

2.2.4　XML 数据类型

XML(eXtensible Markup Language，扩展性标记语言)数据类型用于描述和存储层次结构的复合数据类型，标记用于描述数据的层次结构和表达数据的语义(由标记名称、属性名称和属性值来完成)。

【导例 2.5】如何定义、赋值和查询 XML 类型变量？

```
--1. 定义 XML 类型的变量
declare @学院 as xml, @教育经历 as xml;
--2. 赋值
set @学院 = N'
<学院 名称="传媒学院">
  <系部>媒体管理系
    <教研室>广电网络教研室</教研室>
    <教研室>数字媒体教研室</教研室>
  </系部>
  <系部>动画系</系部>
  <系部>制作系</系部>
</学院>';
set @教育经历= N'
<教育经历>
<项目 开始年月="1995-09" 截止年月="2001-07" 学校及其学习内容="钢城小学读小学"/>
<项目 开始年月="2001-09" 截止年月="2007-06" 学校及其学习内容="钢城中学初高中"/>
</教育经历>';
--3. 查看变量的值
select @学院, @教育经历;
```

【思考】项目标记的结束标记是什么？

【知识点】

(1) XML 标记的一个重要特性就是它允许嵌套，不允许交叉。

(2) 标记与属性：

① 标记和属性的名称都可以使用任何自定义的有意义的词。

② 一个开始标记必须配一个以“/”符号开始的同名标记作为结束标记。

③ 标记的属性可以有任意多个，也可以没有属性，属性与属性之间用空格分开。

④ 属性必须有值，同时任何类型的值都必须被一对双引号引起来。

⑤ 开始与结束标记之间的任何内容都被称为该标记的值。

(3) SQL Server 2008 中，XML 数据类型既能用于定义数据表的字段，也能用于程序中声明变量或函数类型，但是使用时还是存在一些如下的限制。

① XML 数据类型实例所占据的存储空间大小不能超过 2GB。

② XML 列不能指定为主键或外键的一部分。

③ XML 类型只能与 string 类型相互转化。

④ 不能用作 sql_variant 实例的子类型。

⑤ 不支持转换或转换为 text 或 ntext，可改用 varchar(max)或 nvarchar(max)。

⑥ 不能用在 group by 语句中。

⑦ 不能用作除 isnull、coalesce 和 datalength 之外的系统标量函数的参数。

2.3　常 用 函 数

在 T-SQL 编程语言中函数可分为系统定义函数和用户定义函数。本节介绍的是系统定义函数中常用的数学函数、字符串函数、日期时间函数、聚合函数、系统函数、系统统计函数中的常用的部分函数。

【演练 2.2】初识 SQL Server 2008 R2 支持的系统函数。

打开 SSMS，展开任一用户数据库，依次单击【可编程性】|【函数】|【系统函数】选项、可看到【数学函数】【字符串函数】【日期和时间函数】【聚合函数】【配置函数】【系统统计函数】等 SQL Server 2008 R2 支持的常用系统函数，如图 2.3 所示。

图 2.3　SQL Server 2008 R2 支持的常用系统函数

2.3.1 数学函数

【导例 2.6】如何实现实数取整、四舍五入？

```
select floor(13.4), floor(14.6), floor(-13.4), floor(-14.6);
select ceiling(13.4), ceiling(14.6), ceiling(-13.4), ceiling(-14.6);
select round(13.4321,3), round(13.4321,2);
select round(13.4567,3), round(-13.4567,3);
```

【知识点】

数学函数对作为函数参数提供的输入值执行计算，返回一个数字值。SQL Server 2008 中定义了 23 种数学函数，表 2-5 是数值处理中常用的数学函数。除表 2-5 外，SQL Server 还提供了开方、幂、指数、对数和三角函数等函数，需要时可查询联机帮助。

表 2-5　SQL 常用数学函数表

函　　数	名　　称	说　　明
round(数字表达式，小数位数)	四舍五入	返回数字表达式的值并按指定小数位数四舍五入
floor(数字表达式)	整数函数	返回小于或等于数值表达式值的最大整数
ceiling(数字表达式)	整数函数	返回大于或等于所给数值表达式的最小整数
rand()	随机函数	返回 0 到 1 之间的随机 float 值

2.3.2 字符串函数

【导例 2.7】如何查询某字符的 ASCII 或 unicode 编码？如何查询某编码的字符？

```
select ascii('A'), ascii('a'), ascii('E'), ascii('汉字'), ascii('函数');
select unicode('杜'),unicode('李') ,unicode('English') ;
select char(65),char(97);
select nchar(26460),nchar(26446);
```

【思考】ascii('B')和 ascii('b')函数值是多少？ascii('E') 和 unicode('English') 函数值一样吗？ascii('汉字')和 ascii('函数')函数值为什么一样？查自己姓名的每个字的 unicode 代码。

【导例 2.8】如何查询字符串长度和进行字符串大小写转换？

```
select len('You are a dog'), len('你是 dog'), len('你是小狗');
select '计算机系'+space(5)+'网络专业';
select lower('ABCDEfg'), lower('WonDERful');
select upper('wonderful'), upper('ABcdefg');
```

【思考】在 SQL 中，一个汉字算几个字符长度？

【导例 2.9】如何剔除字符串左部空格、右部空格？如何截取字符串左部子串、中间子串、右部子串？如何进行字符串倒置？

```
select ltrim ('  计算机网络专业'), rtrim ('计算机网络专业  ');
select left('计算机系网络专业',4), right('计算机系网络专业',4);
select substring('计算机系网络专业',5, 2);
select reverse(12345),reverse('计算中心');
```

【思考】reverse('上海自来水来自海上')，substring('上跳下蹿',2,2)函数值是多少？

【导例 2.10】如何将实数转换指定宽度、小数位数的字符串？

```
select str(2.347,6,1), str(12.376,8,1);
select str(0.4,3,0), str(0.6,3,0), str(-1.732,6,2);
```

【知识点】

字符串函数是对字符串(char 或 varchar)输入值执行操作，并返回一个字符串或数字值，SQL 常用的字符串函数见表 2-6。

表 2-6　SQL 常用字符串函数表

函　　数	名　　称	说　　明
ascii(字符表达式)	ASCII 码	返回字符表达式最左端字符的 ASCII 代码值
char(数字表达式)	字符	将 int ASCII 代码转换为字符的字符串函数
unicode(字符表达式)	统一代码	返回输入表达式的第一个字符的统一代码(整数值)
nchar(数字表达式)	字符	根据 Unicode 标准所进行的定义，用给定整数代码返回 Unicode 字符
len(字符表达式)	长度	返回字符串的长度，不包括字符串尾部的空格；返回值类型为 int
space(数字表达式)	空格	返回空格组成的字符串。如果为负值，返回为 null
lower(字符表达式)	小写	转换成小写字母；返回值类型为 varchar
upper(字符表达式)	大写	转换成大写字母；返回值类型为 varchar
left(字符表达式,整数)	截取左字串	返回左边的字符；返回值类型为 varchar
right(字符表达式,整数)	截取右字串	返回右边的字符；返回值类型为 varchar
substring(字符表达式，起始点，n)	截取中间字串	返回字符表达式中从“起始点”开始的 *n* 个字符；其中字符表达式可以为字符串、二进制、文本或图像数据类型
charindex(字符表达式 1，字符表达式 2，[开始位置])	求子串位置	返回指定的表达式开始位置，搜索则从起始位置开始，返回值类型为 int
ltrim(字符表达式)	剪去左空格	将前导空格删除，返回值类型为 varchar
rtrim(字符表达式)	剪去右空格	将尾部空格删除，返回值类型为 varchar
replicate(字符表达式,n)	重复字串	将字符串重复，组成一个字符串，返回值类型为 varchar
reverse(字符表达式)	倒置字串	将字符串表达式中字符逆向排列组成字符串，返回值类型为 varchar
str(数字表达式)	数值转字串	将一个数值数据转换为字符串，返回值类型为 char
replace	替换字串	将字符串表达式中所有字符串替换
stuff	删除字串	删除指定长度的字符串，并在删除位置插入新的字符串

2.3.3　日期时间函数

【导例 2.11】如何存储李世民的生日、北京奥运会的开幕时间及其开幕日期时间？如何查询某日期的年份(月份、几号)、某时间的几点(几分、几秒)？

```
declare @李世民的生日 as date, @正式开幕时间 as time,
    @正式开幕日期时间 as datetime;
set @李世民的生日 = '0599.01.23';
set @正式开幕时间 = '20:00:00';
set @正式开幕日期时间 = '2008.08.08 20:00:00';
select @李世民的生日, @正式开幕时间, @正式开幕日期时间;

select year('2004-4-6') as '年份';
select month('2004-4-6') as '月份';
select day('2004-4-6') as '几号';
select getdate() as '现在';
select datepart(yy, getdate()) as '现在是何年';
select datepart(mm, getdate()) as '现在是几月';
select datepart(dd, getdate()) as '现在是几号';
select datepart(hh, getdate()) as '现在是几时';
select datepart(n, getdate()) as '现在是几分';
select datepart(s, getdate()) as '现在是几秒';
```

【思考】汉武帝生于公元前 156 年 8 月 10 日，date 类型的变量能存储汉武帝的生日吗？

【导例 2.12】如何计算某日期的后几天(几月、几年)、前几天(几月、几年)的日期？如何计算年龄(月龄、天龄)？北京时间和美国东部时间用带时区的日期时间类型如何表示？

```
select dateadd(year,2, '2004-4-6') as '过 2 年';
select dateadd(month,-1, '2004-4-6') as '前 1 月';
select dateadd(day,3, getdate()) as '大后天';
select datediff(day, '2004-4-4',getdate()) as '天龄';
select datediff(month, '2004-3-2', '2004-4-6') as '月龄';
select datediff(year, '2001-3-3', '2004-4-6') as '年龄';

declare @北京时间 as datetimeoffset(0), @美国东部时间 as datetimeoffset(0);
set @北京时间 = '2008-8-8 20:00:00 +8:00';
set @美国东部时间 = '2008-8-8 07:00:00 -5:00';
select datediff(hh, @北京时间, @美国东部时间);
```

【思考】北京时间的 20：00 与美国东部时间 07：00 是同一时刻吗？

【知识点】

日期时间函数对日期和时间输入值执行操作，将返回一个字符串、数字或日期和时间值，SQL 常用的日期和时间函数见表 2-7。

表 2-7　SQL 常用日期和时间函数表

函　数	名　称	说　明
getdate()	当前日期时间	从数据库服务器中返回当前日期时间和时间
year(日期型表达式)	年	自变量为日期型，返回结果自变量的年份,整型
month(日期型表达式)	月	自变量为日期型，返回结果自变量的月份,整型
day(日期型表达式)	日	自变量为日期型，返回结果自变量的日期,整型
datepart(格式串,日期型表达式)	日期 部分	返回代表指定日期的指定日期部分的整数
dateadd(格式串,数值,日期)	日期 加	返回类型数值，其值加上参数指定的时间间隔
datediff(格式串,日期 1,日期 2)	日期 差	返回时间间隔，其单位由参数决定
datename(日期部分,日期)		返回表示指定日期的指定日期部分的字符串
getutcdate( )		返回表示当前格林尼治标准时间

2.3.4　聚合函数

聚合函数对一组值执行计算并返回单一的值，见表 2-8。除 count 函数之外，聚合函数忽略空值，聚合函数主要用于 select 语句的 group by 子句、compute by 子句，详见第 4 章。

表 2-8　SQL 常用聚合函数表

函　数	名　称	说　明
max	最大	返回表达式中的最大值项
min	最小	返回表达式中的最小值项
sum	求和	计算并返回表达式中各项的和
avg	平均	计算并返回表达式中各项的平均值
count	计数	返回一个集合中的项数，返回值为整型

2.3.5　系统统计函数

系统统计函数(System Statistic Function)将返回系统的统计信息，系统统计函数也可认为是全局变量，表 2-9 列出了常用统计函数。

表 2-9　SQL 常用统计函数表

函　数	说　明
@@connections	返回自上次启动 SQL Server 以来连接或试图连接的次数
@@cpu_busy	返回自上次启动 SQL Server 以来 CPU 的工作时间，单位为 ms
@@idle	返回 SQL Server 自上次启动后闲置的时间，单位为 ms
@@io_busy	返回 SQL Server 自上次启动后用于执行输入和输出的时间，单位为 ms
@@timeticks	返回一刻度的 ms 数
@@pack_sent	返回 SQL Server 自上次启动后写到网络上的输出数据包数
@@pack_received	返回 SQL Server 自上次启动后从网络上读取的输入数据包数
@@packet_errors	返回自 SQL Server 上次启动后，在 SQL Server 连接上发生的网络数据包错误
@@total_write	返回 SQL Server 自上次启动后写入磁盘的次数
@@total_read	返回 SQL Server 自上次启动后读取磁盘(不是读取高速缓存)的次数
@@total_errors	返回 SQL Server 自上次启动后，所遇到的磁盘读/写错误

2.3.6　其他系统函数

【导例 2.13】如何判断表达式是否有效的数值、有效的日期值？

```
select isnumeric('233'), isnumeric('233x'), isnumeric('2.33');
select isnumeric(233), isnumeric(233e1);
select isdate('20080808'), isdate('2008-08-08'), isdate('2008.08.08');
select isdate('2008.08.18'),isdate('2008.18.08'),isdate('2007.02.29');
```

【思考】为什么'2008.18.08'和'2007.02.29'是无效的日期呢？

【知识点】

系统函数(system function)将返回有关 SQL Server 中的状态值、对象和设置的信息，见表 2-10。

表 2-10　SQL 常用其他系统函数表

函　数	说　明
app_name	返回当前会话的应用程序名称(如果应用程序进行了设置)
current_user	返回当前的数据库用户，等价于 user_name()
user_name()	返回给定标识号的用户数据库用户名
session_user	返回会话用户名
system_user	返回系统用户名
host_id	返回工作站标识号
host_name	返回工作站名称
isdate	确定输入表达式是否为有效的日期
isnumeric	确定表达式是否为一个有效的数字类型
isnull	使用指定的替换值替换 null
cast	数据类型显式转换
convert	数据类型显式转换
@@error	返回最后执行的 T-SQL 语句的错误代码
@@trancount	返回当前连接的活动事务数

【导例 2.14】如何进行数据类型转换？

```
declare @现在时刻 datetime, @今天日期 date;
set @现在时刻 = getdate();
set @今天日期 = getdate();
select CONVERT(char(10), @今天日期, 102) 今天日期;
select CONVERT(char(19), @现在时刻, 120) 现在时刻;
select CAST($157.27 AS VARCHAR(10));

select 2 + 3.0;  --隐式将整型数据 2 自动转换十进制数据 2.0 与十进制数据 3.0 运算
```

【知识点】

(1) 当对不同数据进行运算时，必须先将其转换成相同的数据类型。在 SQL Server 中，有隐式数据类型转换和显式数据类型转换。

(2) 在一般情况下，SQL Server 自动完成的数据类型转换称为隐式数据类型转换。进行隐式转换时，SQL Server 会尽量将数据转换成数据范围大的那一种数据类型。

(3) SQL Server 中使用 cast 或 convert 函数进行数据类型转换的称为显式数据类型转换。

① CAST 函数语法格式如下：

```
CAST(表达式 AS 目标数据类型[(类型长度)])
```

类型长度指定目标数据类型长度的可选整数，默认值为 30，一般只针对 nchar、nvarchar、char、varchar、binary、varbinary 这几种数据类型使用。

② CONVERT 函数语法格式如下：

```
CONVERT(数据类型[(类型长度)], 表达式[, 样式 ])
```

该函数一般用于 datetime 或 smalldatetime 数据类型转换为字符数据的日期格式的样式，或用于将 float、real、money、smallmoney 数据转换为字符数据的日期格式的样式。如果样式为 null，则返回的结果也为 null。

(4) 不是每一种数据类型都可以相互转化。当从一个 SQL Server 对象的数据类型向另一个转换时，一些隐性和显式数据类型转换是不支持的。具体规定可参阅 cast 帮助文档。

(5) 在进行某些数据类型转换时，可能会损失精度。例如：将 float 型数据转化成 int 型时会舍去小数部分。

除上述函数外，SQL Server 还提供了返回系统配置信息的配置函数(configure function)、返回游标执行信息的游标函数(cursor function)、返回用户和角色的信息安全函数(security function)以及返回有关数据库和数据库对象的信息的元数据函数(meta data function)，可参阅有关章节或联机帮助。

2.3.7　自定义标量值函数

在 SQL Server 中，除了系统内置的函数外，用户在数据库中还可以自己定义函数来完成不同的功能。

【导例 2.15】在课程教学过程化考核中，给定“开考时间”和“收卷时间”，如何定义“f 考核时间”函数返回其考核时间(字符串几天多少分钟)？

```
create function f考核时间(@开考时间 datetime , @收卷时间 datetime)
returns nvarchar(10)
as
begin
  declare @i int, @d int, @s nvarchar(10);
  set @i = DATEDIFF(minute, @开考时间, @收卷时间);
  set @d =  @i / 1440;
  set @i = @i - @d * 1440;
  if @开考时间 is null or @收卷时间 is null
    set @s = '0分钟';
  if @d > 0
    set @s=(CAST(@d AS nvarchar(4))+'天'+CAST(@i AS nvarchar(4))+'分钟');
  else
    set @s = (CAST(@i AS nvarchar(4)) + '分钟');
  return @s;
end;
go
select dbo.f考核时间('2013.07.03 09:00','2013.07.03 11:00');
```

【知识点】

(1) 自定义标量值函数可以接受零个或多个输入参数，其返回值为一个确定类型数值。创建、引用和删除自定义标量值函数的语法结构如下。

```
--1. 创建
create function  函数名
([{@输入参数名  参数数据类型[= 默认常量 ]}[,...n ]])
```

```
returns 返回值数据类型
[as]
begin
    函数体(SQL 语句，必须有 return 变量或值)
end
--2. 引用
Select 函数名(参数值或变量 [,...n])
--3. 创建删除
drop function  函数名;
```

RETURNS 子句定义了函数返回值的数据类型，返回的值类型为除 text、ntext image、cursor、timestamp、table 类型外的其他数据类型。

函数体必须包含 RETURN 语句，用于返回值。

【注意】调用自定义函数与调用系统内置函数方法一样，但是需要在自定义函数名前加上“dbo.”前缀，以示该函数的所有者；否则，服务器会返回“不是可以识别的内置函数名称”的编译错误消息。

(2) 修改自定义标量值函数的语法格式与创建只是关键字 create 和 alter 不同。其语法格式与相关参数基本一样，在此不再赘述。

(3) 自定义函数创建后可以在“对象资源管理器”中看到新建的自定义函数。当然在“对象资源管理器”中，也可以完成修改和删除自定义函数的操作，即先选择需要修改或删除的自定义函数，再右击，选择相应的菜单命令执行操作即可。

2.4 运算及表达式

在 T-SQL 编程语言中常用的运算有算术运算、字符串连接运算、比较运算、逻辑运算 4 种，本节介绍这些常用的运算，有关一元运算和位运算等可查阅联机帮助。

2.4.1 算术运算

【导例 2.16】在 SQL 中，如何书写算术运算表达式？参与算术运算的数值可以是什么类型的数据？

```
select 3/2, 3/2., 9%4;
select getdate()-20 as '今天的前 20 天';
select getdate()+20 as '过 20 天后的日期';
select '125127' - 15, '125127' + 15;
```

【思考】7/2 和 7/2.结果一样吗？7 除以 4 余几？日期数值加(减)一个整数的结果是什么类型的数值？数字型字符串加(减)一个整数的结果又是什么类型的数值？

【知识点】

在 SQL 中，算术运算符有加(+)、减(-)、乘(*)、除(/)和取余(%)5 个，参与运算的数据是数值类型数据，其运算结果也是数值类型数据。另外，加(+) 和减(–)运算符也可用于对日期型数据进行运算，还可对数值型字符数据与数值类型数据进行运算。

2.4.2　字符串连接运算

【导例 2.17】在 SQL 中，如何进行字符串连接运算？

```
select '计算机系'+ltrim('   网络专业');
select '计算机系'+space(5)+'网络专业';
```

【知识点】

在 SQL 中，字符串连接运算(+)可以实现字符串之间的连接。参与字符串连接运算的数据只能是字符数据类型，即 char、varchar、nchar、nvarchar、text、ntext，其运算结果也是字符数据类型。

2.4.3　比较运算

【导例 2.18】在 SQL 中，如何进行数值比较运算？如何进行字符串比较运算？

```
-- 比较数值大小
if 45 > 23.44
 print '45 > 23.44 正确!';
else
 print '45 > 23.44 错误!';

-- 比较字符串顺序
if '杜甫' > '李白'
 print '''杜甫'' > ''李白'' 正确!';
else
 print '''杜甫'' > ''李白'' 错误!';
```

【知识点】

在 SQL 中，常用的比较运算符有大于(>)、大于等于(>=)、等于(=)、不等于(<>)、小于(<)、小于等于(<=)6 种，用来测试两个相同类型表达式的顺序、大小、相同与否。除了 text、ntext 或 image 数据类型的表达式外，比较运算符可以用于所有的表达式，即用于数值大小的比较、字符串在字典排列顺序的前后的比较、日期数据前后的比较。比较运算结果有 3 种值：正确(TRUE)、错误(FALSE)、未知(UNKNOWN)。比较表达式用于 if 语句和 while 语句的条件、where 子句和 having 子句的条件。

2.4.4　逻辑运算

逻辑运算对某个条件进行测试，以获得其真实情况，见表 2-11。逻辑运算符和比较运算符一样，返回带有 TRUE 或 FALSE 值的布尔数据类型。逻辑表达式用于 if 语句和 while 语句的条件、where 子句和 having 子句的条件。具体例子见第 4 章 4.1.4 条件查询的相关内容。

表 2-11　SQL 逻辑运算

运算符	含　义
and	如果两个布尔表达式都为 TRUE，那么就为 TRUE
or	如果两个布尔表达式中的一个为 TRUE，那么就为 TRUE

续表

运算符	含　　义
not	对任何布尔运算符的值取反
in	如果操作数等于表达式列表中的一个，那么就为 TRUE
like	如果操作数与一种模式相匹配，那么就为 TRUE
between	如果操作数在某个范围之间，那么就为 TRUE
exists	如果子查询包含一些行，那么就为 TRUE
all	如果一系列的比较都为 TRUE，那么就为 TRUE
any	如果一系列的比较中任何一个为 TRUE，那么就为 TRUE
some	如果在一系列比较中，有些为 TRUE，那么就为 TRUE

除上述运算符外，SQL Server 还提供了一元运算符(取正+、取负–)、位运算符(与运算&，或运算|、异或运算^、取反~)、赋值运算符(=)，可参阅有关章节或联机帮助。

2.4.5 运算优先级

当一个复杂的表达式有多个运算符时，运算符优先性决定执行运算的先后次序。执行的顺序可能严重地影响所得到的最终值。运算符有下面这些优先等级，在较低等级的运算符之前先对较高等级的运算符进行求值，见表 2-12。

表 2-12　SQL 运算优先级表

运算顺序	类　　型	运算符
↓	一元运算	+(正)、–(负)、~(按位取反)
↓	乘除模	*(乘)、/(除)、%(模)
	加减连接	+(加)、(连接+)、-(减)
↓	比较运算	=，>，<，>=，<=，<>
↓	位运算	^(位异或)、&(位与)、|(位或)
↓	逻辑非	not
↓	逻辑与	and
	逻辑或等	all、any、between、in、like、or、some
↓	赋值	=

当一个表达式中的两个运算符有相同的运算符优先等级时，基于它们在表达式中的位置来对其从左到右进行求值。例如，在下面的导例中，在 select 语句中使用的表达式中，在加号运算符之前先对减号运算符进行求值。

【导例 2.19】分析下列语句中的运算符执行顺序及运算结果。

```
select (2+3)*5-6/(4-(5-3));
```

2.5 批处理和流程控制语句

通常，服务器端的程序使用 SQL 语句来编写。一般而言，一个服务器端的程序由以下成分组成：批、注释、变量、流程控制语句、错误和消息处理。这部分知识点在本节学习时要有个初步认识，在学习以后各章(特别是第 7 章、第 10 章)时需要加强理解。

2.5.1 批和脚本

1. 批

批是一个 SQL 语句集，这些语句一起提交并作为一个组来执行。批结束的符号是“go”。由于批中的多个语句是一起提交给 SQL Server 的，所以可以节省系统开销。

使用批时有如下限制。

(1) create default、create procedure、create rule、create trigger 和 create view 语句不能在批处理中与其他语句组合使用。批处理必须以 create 语句开始，所有跟在 create 后的其他语句将被解释为第一个 create 语句定义的一部分。

(2) 在同一个批中不能既绑定到列又被使用规则或默认。

(3) 在同一个批中不能删除一个数据库对象又重建它。

(4) 在同一个批中不能改变一个表再立即引用其新列。

另外，如果一个含有多个批的 SQL 脚本提交并在执行时发生错误，SQL 服务器显示出的错误行号提示是错误语句所在批中的行号，而不是该语句在整个 SQL 脚本中的行号。

2. 脚本

脚本是一系列顺序提交的批。脚本英文为 Script。实际上脚本就是程序，一般都是由应用程序提供的编程语言。应用程序包括浏览器(JavaScript、VBScript)、多媒体创作工具，应用程序的宏和创作系统的批处理语言也可以归入脚本之类。脚本同平时使用的 VB、C 语言的区别主要有以下几个方面。

(1) 脚本语法比较简单，比较容易掌握。

(2) 脚本与应用程序密切相关，所以包括相对应用程序自身的功能。

(3) 脚本一般不具备通用性，所能处理的问题范围有限。

2.5.2 流程控制语句

流程控制语句是 T-SQL 对 ANSI-92 SQL 标准的扩充。它可以控制 SQL 语句执行的顺序，在存储过程、触发器和批中比较有用。

1. return

return 语句的作用是无条件返回所在的批、存储过程和触发器。退出时，可以返回整数状态值。在 return 语句后面的任何语句都不被执行。如果不指定整型表达式则返回整数 0。

return 语句的语法格式如下：

```
return [整型表达式]
```

2. print 和 raiserror

print 语句的作用是在屏幕上显示用户信息。其语法格式为：

```
print {'字符串' | 局部变量 | 全局变量}
```

raiserror 语句的作用是将错误信息显示在屏幕上，同时也可以记录在 NT 日志中。其语法格式为：

```
raiserror(错误号|错误信息, 错误的严重级别, 错误时的状态信息)
```

3. 复合语句(begin…end)

其语法格式为：

```
begin
  SQL 语句
  […n]
end
```

4. case 表达式

【导例 2.20】根据考试分数换算为优、良、中及不及格等级成绩(方法一)。

```
declare @分数 decimal;
declare @成绩级别 nchar(3)
set @分数 = 88;
set @成绩级别 =
case
  when @分数>=90 and  @分数<=100 then '优秀'
  when @分数>=80 and  @分数<90 then '良好'
  when @分数>=70 and  @分数<80 then '中等'
  when @分数>=60 and  @分数<70 then '及格'
  when  @分数<60 then '不及格'
end;
print @成绩级别;
```

【导例 2.21】根据考试分数换算为优、良、中及不及格等级成绩(方法二)。

```
declare @分数 decimal;
declare @成绩级别 nchar(3);
set @分数 = 88;
set @成绩级别 =
case floor(@分数/10)
  when 10 then '优秀'
  when 9 then '优秀'
  when 8 then '良好'
  when 7 then '中等'
  when 6 then '及格'
  else '不及格'
end;
print @成绩级别;
```

【知识点】

case 表达式是根据测试/条件表达式的值的不同，取其相应的值。

(1) 语法格式 1：

```
case
{when 条件表达式 0 then 结果表达式 0}[,…n]
[else 结果表达式 n]
end
```

(2) 语法格式 2：

```
case 测试表达式
```

```
{when 简单表达式 0 then 结果表达式 0}[,…n]
[else 结果表达式 n]
end
```

5. 判断语句(if…else)

【导例 2.22】判断某一字符串是否为正确格式的日期/数值。

```
declare @s1 char(10), @s2 char(5);
declare @入学日期 datetime, @体重 decimal(5,1);

set @s1 = '2007.02.29';
set @s2 = '82.5kg';

if isdate(@s1) = 1    -- 判断正确日期
  set @入学日期 = @s1;
else
  print '入学日期 数据错误!';

if isnumeric(@s2) = 1 -- 判断正确数值
  set @体重  = @s2;
else
  print '体重 数据错误!';
```

【思考】将 s1、s2 赋值语句修改为什么样的数值就不会显示错误提示？

【知识点】

if…else 命令使 SQL 命令的执行是有条件的，其语法格式为：

```
if 条件表达式
   SQL 语句 1
[else
   SQL 语句 2]
```

6. 循环语句(while)

【导例 2.23】利用 while 语句编写计算 1+2+3+…+100 之和的脚本程序。

```
declare @i int, @s int;
set @s = 0;
set @i = 1;
while @i<101
  begin
    set @s = @s + @i;
    set @i = @i + 1;
  end
print '和是' + str(@s);
```

【知识点】

while 语句的作用是为重复执行某一语句或语句块设置条件。其语法格式为：

```
while 条件表达式
  SQL 语句 |复合语句
```

【说明】“break” “continue” 位于复合语句内，为可选项。break 跳出循环语句之后执行，continue 转到循环体开始之处执行。

7. 等待语句 waitfor 和异常处理语句 try-catch

waitfor 是 SQL Server 中的延时或定时语句，详见第 7 章；try-catch 是 SQL Server 中的异常处理语句，详见第 10 章。

8. 注释

注释是为 SQL 语句加上注释正文，以说明该代码的含义，增加代码的可读性。注释有两种用法：注释多行用/*……*/，注释一行用--，具体例子见导例 2.22 中的注释部分。

2.6 本 章 小 结

本章讲述了 T-SQL 的数据类型，它们是精确数字(整数、位型、货币型、十进制)、近似数值、日期时间、字符与二进制(字符、Unicode、二进制)和特殊数据类型等，另外还讲述了 T-SQL 的常量与变量、函数、运算符与表达式和流程控制语句等。本章是学习 SQL 语言的基础，只有理解和掌握它们的用法，才能正确编写 SQL 程序和深入理解 SQL 语言。表 2-13 和表 2-14 列出了要求掌握的 T-SQL 语言基本要素。

表 2-13　SQL 变量、运算符一览

类　型		说　明
变量	全局变量	由系统定义和维护，名字由@@符号开始
	局部变量	由 declare 语句声明，声明时它被初始化为 null，由 set 语句或 select 语句赋值，名字由一个@符号开始
运算符	算术运算	加(+)、减(−)、乘(*)、除(/)和取余(%)
	字符串运算	连接运算(+)
	比较运算	大于(>)、大于等于(>=)、等于(=)、不等于(<>)、小于(<)、小于等于(<=)
	逻辑运算	与(and)，或(or)，非(not)

表 2-14　SQL 流程控制语句一览

语　句	语法格式
注释语句	多行用/*……*/；单行用--
声明语句	declare 局部变量名 数据类型[,…n]
赋值语句	set 局部变量名=表达式[,…n]
无源查询语句	select 常量|变量|函数|表达式 [as 别名][,…n]
消息返回客户端	print{'字符串'|局部变量|全局变量}
返回用户定义的错误信息	raiserror(错误号|错误信息，错误的严重级别，错误时的状态信息)

续表

语　　句	语法格式

case 函数	case
	  {when 条件表达式 0 then 结果表达式 0}[,…n]
	  [else 结果表达式 n]
	end
	或
	case 测试表达式
	  {when 简单表达式 0 then 结果表达式 0}[,…n]
	   [else 结果表达式 n]
	end

复合语句	begin
	  SQL 语句
	  […n]
	end

条件语句	if 条件表达式
	  SQL 语句 1|复合语句 1
	[else
	  SQL 语句 2|复合语句 2]

循环语句	while 条件表达式 SQL 语句|复合语句 说明：[break]、[continue]位于复合语句内
无条件返回	return [整型表达式]

自定义标量函数	create function [所有者].自定义函数名 1 ([参数[…n])
	returns 返回参数的类型
	as
	begin
	  函数体(SQL 语句，必须有 return 变量或值)
	end;
	drop function [所有者].自定义函数名;

2.7 本 章 习 题

1. 填空题

(1) SQL Server 脚本语言的常量、______、______、______和______是 T-SQL 编程的基础，是进行数据库设计、维护和编程等的前提。

(2) SQL Server 支持的整数型数据类型包括__________、int、__________、__________，其中 int 的数值范围为__________到__________。近似数据类型有__________、__________。

(3) SQL Server 支持的货币型数据类型包括________、smallmoney，其中 money 的数值范围为______万亿到_____万亿，精确到____分之一。

(4) SQL Server 2008 支持的日期型数据类型是______，其数值范围为____________到____________，精确到___。

(5) SQL Server 2008 支持的时间型数据类型是______，精确到________。

(6) SQL Server 2008 支持的日期时间型数据类型包括 smalldatetime、___________、datetime2。其中 smalldatetime 的数值范围为__________到__________，精确到__________。datetime2 的数值范围为__________到__________，精确到__________。

(7) XML 数据类型用于描述和存储_____结构的复合数据类型，标记用于描述数据的层次结构和表达数据的语义。XML 标记允许_______，不允许_______。XML 属性必须有值，同时任何类型的值都必须被一对________引起来。

(8) 东北地区包括辽宁、吉林、黑龙江三省，请补全下列 XML 常量。

```
'<地区 名称=______>
  <省>辽宁</省>
  <省>吉林______
<省>黑龙江</省>
</地区>'
```

```
'<地区 名称="东北">
  <省 名称="辽宁"____
  <省 ______="吉林"/>
  <省 名称="黑龙江"/>
________'
```

(9) 1949 年 10 月 1 日下午 15：00 在北京为中华人民共和国中央人民政府成立而举行的大典仪式，是中华人民共和国成立的标志。SQL Server 2008 中带时区的日期时间数据类型是______________，将这一时刻表示为带时区的常量是__________________________。

(10) 在 SQL Server 中，局部变量名字必须以___开头，全局变量名字必须以____开头。

(11) 在 SQL Server 中，字符串常量由____引号引起来，日期型常量由____引号引起来。

(12) 在 SQL Server 中，货币型常量由____前缀引导，双字节字符串型常量由____前缀引导，二进制型常量由_____前缀引导。

(13) 假设某变量的数据类型为 varchar(100)，而输入的字符串为“ahng3456”，则存储的字节是____；假设某变量的数据类型为 nvarchar(100)，而输入的字符串为“ahng3456”，则存储的字节是____。

(14) 在 T-SQL 编程语言中函数可分为_____定义函数和_____定义函数。

(15) 语句 select floor(17.4)，floor(−214.2)，round(13.4382,2)，round(−18.4562,3)的执行结果是__________、__________、__________和__________。

(16) 语句 select ascii('B')，char(67)，len('你是 tiger')的执行结果是__________、__________和__________。

(17) 语句 select upper('beautiful')，lower('BEAUtiful') 的执行结果是___________和___________。

(18) 语句 select reverse(6789)，select reverse('你是狼')的执行结果是______和________。

(19) 语句 select ltrim('我心中的太阳')，rtrim('我心中的月亮')的执行结果是：__________和__________。

(20) 语句 select left('bye',2)，right('人活百岁不是梦',5)，substring('人活百岁不是梦',3,2)的执行结果是：__________、__________和__________。

(21) 语句 select year ('1931-9-18')，month ('1937-7-7')，day ('1945-8-14')的执行结果是：__________、__________和__________。

(22) 自定义标量值函数可以接受__________输入参数，其返回值为__________类型数值。

(23) T-SQL 语言中，运算有：算术运算、__________运算、__________运算和__________运算。

(24) 算术运算符有：加(+)、__________、__________、__________和__________。

(25) 语句 select 15/2，15/2，17%4，'1000'–15，'2000' + 15 的执行结果是：__________、__________、__________、__________和__________。

(26) 语句 SELECT (7+3)*4–17/[4–(8–6)]+99%4 的执行结果是：__________。

(27) 常用的比较运算符有：大于(>)、大于等于(>=)、__________、__________、__________和__________，测试两个相同类型表达式的顺序、__________和__________。

(28) 在 SQL Server 中，数据类型转换分______数据类型转换和______数据类型转换。

(29) 无源查询语句的语法格式是：________常量|变量|函数|表达式 [as ______][,…n]；

(30) 创建、删除自定义标量值函数。其语法是：

```
create __________ 函数名([{@输入参数名 参数数据类型[= 默认常量 ]}[,...n ]])
_________ 返回值数据类型
_______
    函数体
    ________ 标量表达式;
end;
______ function 函数名;
```

(31) 在 while 语句之复合语句中的 break 语句___________执行，continue 转到___________执行。

2. 设计题

(1) 用 dateadd 函数、算术运算编写求今天 100 天后日期的查询语句。

(2) 用 datediff 函数、算术运算编写计算年龄、月龄的查询语句。

(3) 仿照导例 2.15 用 datediff、getdate 函数编写名称为[f 年龄(@生日 date)]的自定义函数，并编写其查询你年龄的查询语句及其删除该自定义函数的删除语句。

(4) 设学位代码与学位名称见表 2-15，用 case 语句编写学位代码转换为名称的程序。

表 2-15 学位代码与名称

代码	名称
1	博士
2	硕士
3	学士

(5) 用 while 循环控制语句编写求 20!=1*2*3*…*20 的程序，并由 print 语句输出结果。

第3章 数据库与数据表

教学目标

通过本章的学习，读者应熟练掌握分别使用 SSMS 和 T-SQL 语句两种方法创建、修改、删除数据库和数据表以及插入、修改、删除数据表数据的操作。

教学要求

知识要点	能力要求	关联知识
SQL Server 数据库的组成	(1) 了解 SQL Server 数据库对象 (2) 认识 SQL Server 系统数据库	表、视图、同义词、可编程性、master 数据库、model 数据库等
创建、删除数据库	(1) 掌握使用 SSMS(图形界面)方法创建、查看、修改和删除数据库 (2) 掌握使用 T-SQL 语句创建、删除数据库	create database 数据库名 drop database 数据库名
创建、修改、删除表	(1) 掌握使用 SSMS 方法创建、修改、删除数据表 (2) 掌握使用 T-SQL 语句创建、修改、删除数据表	create table 表名 alter table 表名 drop table 表名
插入数据	(1) 掌握使用 SSMS 方法向数据表插入数据 (2) 掌握使用 T-SQL 语句向数据表插入数据	insert [into] 表名 [(列名 1,…)] values (表达式 1,…)
修改数据	(1) 掌握使用 SSMS 方法修改数据表数据 (2) 掌握使用 T-SQL 语句修改数据表数据	update 表名 set 列名= 表达式 [where 条件]
删除数据	(1) 掌握使用 SSMS 方法删除数据表数据 (2) 掌握使用 T-SQL 语句删除数据表数据	delete 表名 [where 条件]
数据库基本概念	(1) 理解数据库基本概念 (2) 了解数据库三要素 (3) 了解数据库分类 (4) 了解数据库管理系统的功能和组成	Data Base、数据结构、数据操作、完整性约束、关系数据库、非关系数据库

重点难点

- 数据库的基本概念及 SQL Server 数据库的组成
- 使用 SSMS 方法管理数据库
- 使用 SSMS 方法管理数据表
- 使用 T-SQL 语句创建和删除数据库
- 使用 T-SQL 语句创建、修改、删除数据表
- 使用 T-SQL 语句插入、修改、删除数据表数据

3.1 SQL Server 数据库的组成

3.1.1 认识数据库对象

SSMS 是运行在客户端用来进行数据库引擎管理的图形界面集成管理工具，可以通过 SSMS 查看、维护数据库及其数据库对象。

【演练 3.1】 SQL Server 2008 R2 有哪些系统数据库和示例数据库？一个数据库包含哪些数据库对象呢？

(1) 在操作系统桌面上，单击【开始】|【所有程序】|【Microsoft SQL Server 2008 R2】|【SQL Server Management Studio】命令，打开如图 3.1 所示的 SSMS 界面，认识界面的各个组成部分。

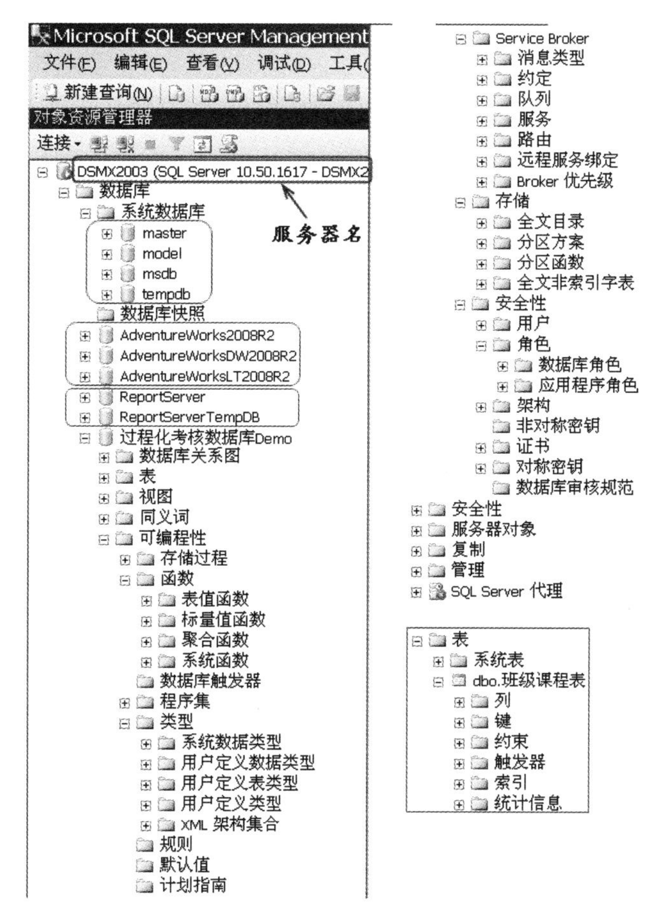

图 3.1 SQL Server 2008 R2 系统数据库、示例数据库和数据库对象

(2) 在没有建立任何数据库之前，打开 SSMS，展开【服务器】|【数据库】目录，可以看到系统中已经有了 6 个数据库。它们是 SQL Server 2008 R2 在安装过程中创建的。

(3) 单击【过程化考核数据库 Demo】展开数据库对象：表、视图、同义词、可编程性、Service Broker、存储、安全性等，如图 3.1 所示。

【知识点】

SQL Server 数据库中的数据在逻辑上被组织成一系列数据库对象，主要数据库对象包括以下几种。

(1) 表(Table)。由行和列组成，是存储数据的地方。

(2) 视图(View)。虚表，是查看一个或者多个表的一种方式。

(3) 同义词(Synonym)。表、视图、过程和函数对象的别名，使用同义词对象可以大大简化对复杂数据库对象名称的引用方式。

(4) 可编程性。主要有存储过程、函数、触发器等。

① 存储过程(Stored Procedure)。一组预编译的 SQL 语句，可完成指定的操作。

② 函数(Function)。完成特定操作并返回结果的例程，包括系统函数、表值函数、标量函数等。

③ 触发器(Trigger)。是一种特殊的存储过程，可以用来对表实施复杂的完整性约束，保持数据的一致性。

④ 类型(Type)。包括系统数据类型、用户定义数据类型、用户定义表类型、用户定义类型、XML 架构集合。

⑤ 规则(Rule)。限制表中列或自定义数据类型的取值范围(后续版本将不支持 Rule 对象)。

⑥ 默认值(Default)。自动插入的常量值(后续版本将不支持 Default 对象)。

(5) Service Broker。包含了用来支持异步通信机制的对象，为消息和队列应用程序提供数据库引擎本机支持。

(6) 存储。主要有以下几种。

① 全文目录(Fulltext Catalog)。用于存储全文目录对象，全文目录是存储全文索引的文件。

② 分区方案(Partition Scheme)。将分区函数生成的分区映射到已经存在的一组文件组中。

③ 分区函数(Partition Function)。包含了分区函数对象，用于指定表和索引分区的方式。

④ 全文非索引字表(Fulltext Stoplist)：对非索引字对象进行管理。

(7) 安全性：包括以下内容。

① 用户(User)：数据库的访问账户，与服务器的登录账户链接关联。

② 角色(Database Role)：是定义在数据库级别上的安全访问对象，包含两方面的内涵，一是角色的成员，二是角色的权限。

③ 架构(Schema)：是形成单个命名空间的数据库实体的集合。

④ 证书(Certificate)：包含了可以用于加密数据的公钥，是公钥证书的简称。

⑤ 非对称密钥(Asymmetric Key)：包含非对称密钥对象，其中加密密钥和解密密钥不同。

⑥ 对称密钥(Symmetric Key)：包含对称密钥对象，其中加密密钥和解密密钥相同。

3.1.2 系统数据库与示例数据库

1. 系统数据库

SQL Server 安装时自动创建了 master、model、tempdb 和 msdb 这 4 个系统数据库，它们是运行 SQL Server 的基础。

1) master 数据库

master 数据库记录了 SQL Server 系统级的信息，包括系统中所有的登录账号、系统配置信息、所有数据库的信息、所有用户数据库的主文件地址等。

每个数据库都有属于自己的一组系统表，记录了每个数据库各自的系统信息，这些表在创建数据库时自动产生。为了与用户创建的表相区别，这些表被称为系统表。

master 数据库中还有很多系统存储过程和扩展存储过程。系统存储过程是预先编译好的程序，所有的系统存储过程的名字都以 sp_开头。

master 系统数据库是一个关键的数据库，如果它受到损坏，就有可能导致 SQL Server 系统的瘫痪。所以，应该经常对 master 数据库进行备份。

2) model 数据库

model 数据库是所有数据库的模板，在创建一个新数据库时，服务器通过复制 model 数据库建立新数据库，因此刚建立的数据库，其内容与 model 数据库完全一样。如果想要使所有新建的数据库都有若干特定的表，可以把表置于 model 数据库里。

3) tempdb 数据库

tempdb 数据库用于存放所有连接到系统的用户临时表和临时存储过程以及 SQL Server 产生的其他临时性的对象。tempdb 数据库是一个全局资源，没有专门的权限限制，允许所有可连接上 SQL Server 服务器的用户使用。

tempdb 数据库中存放的所有数据信息都是临时的。在 SQL Server 关闭时，tempdb 数据库中的所有对象都被自动删除，所以每次启动 SQL Server 时，tempdb 数据库里面总是空的。

4) msdb 数据库

msdb 数据库被 SQL Server 代理(SQL Server Agent)用于安排报警、作业调度以及记录操作员等活动。

2. 报表数据库

ReportServer 和 ReportServer TempDB 是 SQL Server 2008 R2 的报表服务器数据库及其临时数据库。

3. 示例数据库

与以前的版本一样，SQL Server 2008 R2 设计了若干个示例数据库作为学习工具供读者学习使用。但安装程序包没有提供示例数据库，有兴趣的读者可以在 SQL Server 官方网站下载这些示例数据库自行安装。SQL Server 2008 R2 的示例数据库主要有 Adventure Works 2008 R2、Adventure WorksDW 2008 R2、Adventure WorksLT 2008 R2 等。

3.2 使用 SSMS 管理数据库与数据表

数据库和表可以用 SSMS 或 T-SQL 语句两种方式进行管理，本节介绍用 SSMS 管理数据库和表。

3.2.1 创建数据库

【演练 3.2】如何使用 SSMS 图形界面工具创建“课程教学过程化考核数据库”？用户数据库“课程教学过程化考核数据库”创建在磁盘的什么文件夹下？数据库文件名及其扩展名是什么？如何修改数据库名称？

(1) 在 SSMS 左侧的【对象资源管理器】窗口中选中将要使用的服务器，单击服务器旁的加号，可以看到“数据库”文件夹，右击【数据库】选项，在弹出的快捷菜单中单击【新建数据库】命令，如图 3.2 所示。

图 3.2 【新建数据库】命令

(2) 单击【新建数据库】命令后出现【新建数据库】对话框，选择【常规】选项卡，在【名称】文本框中输入数据库的名称“课程教学过程化考核数据库”，如图 3.3 所示。

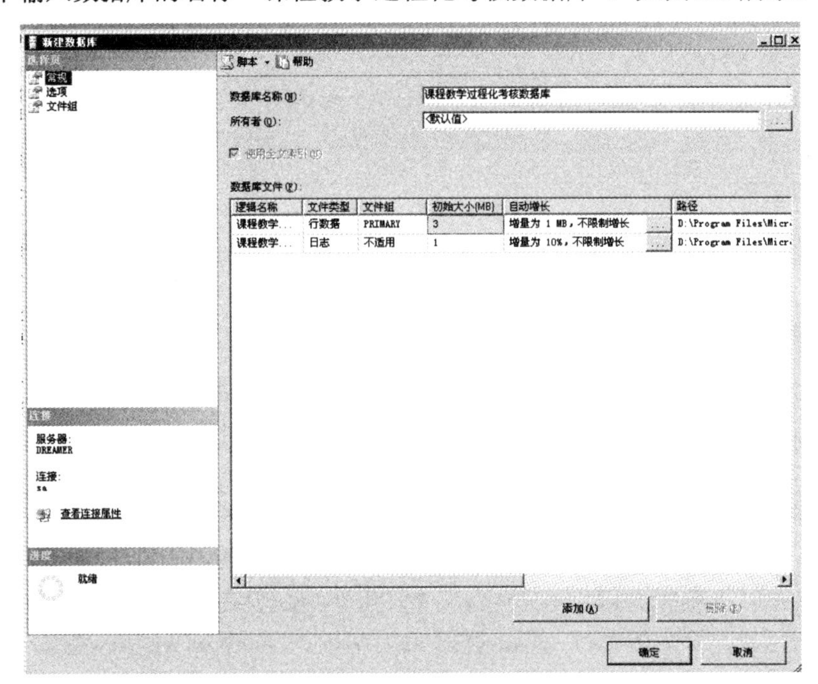

图 3.3 【常规】选项卡

在【数据库文件】列表有两行内容，分别是数据文件和事务日志。在数据库文件一行可以指定数据库文件的名称及存储位置，数据库文件的名称在默认情况下使用数据库名称。还可设置其他属性，如文件初始大小、文件最大是多少、文件增长方式是以兆字节增长还是以百分比增长以及每次增长的幅度，也可以增减数据文件。在事务日志行可以指定事务日志文件名称及保存位置，并可以设置日志文件的初始大小、增长方式等。

(3) 单击左侧【选项】选项卡，可以设置数据库的排序规则、恢复模式及兼容级别，如图 3.4 所示。

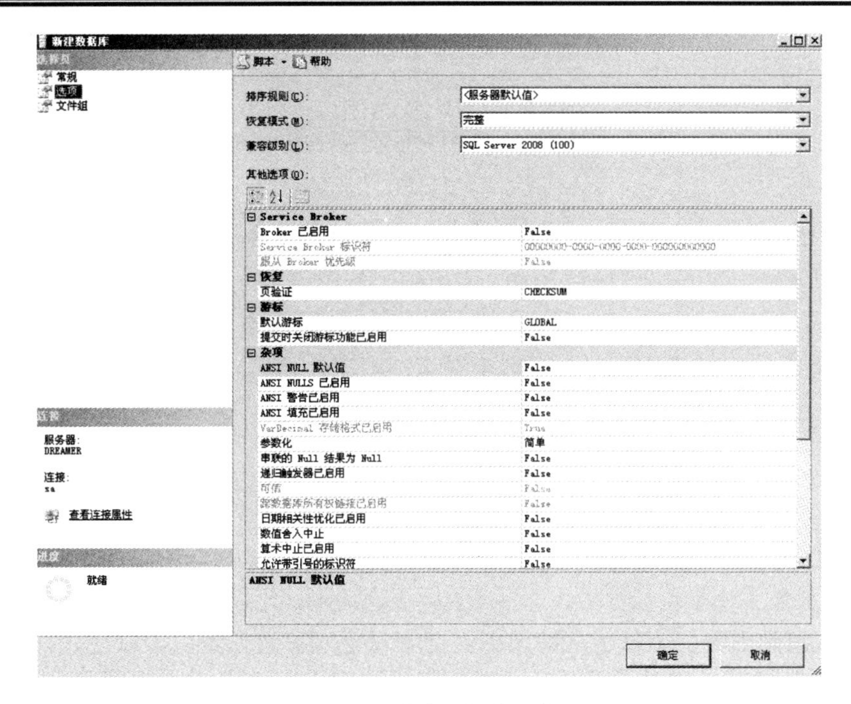

图 3.4　【选项】选项卡

(4) 单击【文件组】选项卡，可以添加或删除数据库文件所属文件组，如图 3.5 所示。

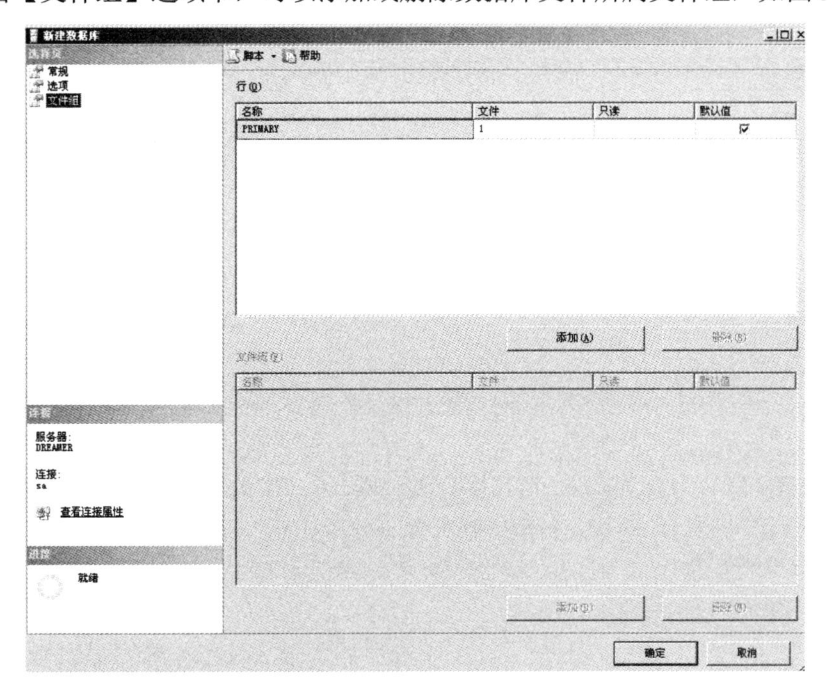

图 3.5　【文件组】选项卡

(5) 最后，单击【确定】按钮，数据库创建操作完成。在【对象资源管理器】窗口中，展开数据库节点，“课程教学过程化考核数据库”已自动添加入数据库列表，如图 3.6 所示。

(6) 在 SSMS 的控制台树中右击“课程教学过程化考核数据库”数据库，单击【属性】命令，则显示数据库属性对话框。

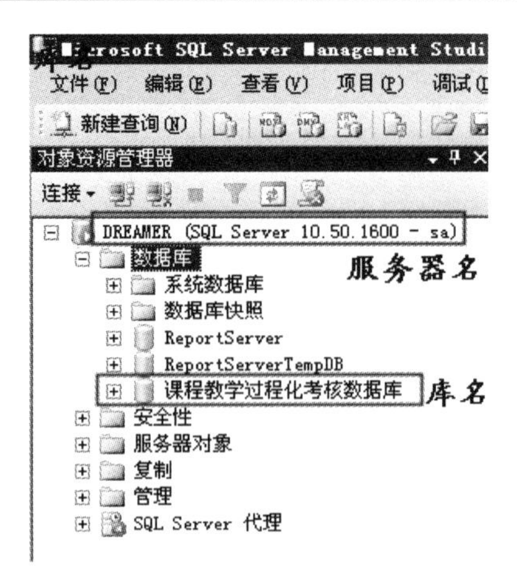

图 3.6 数据库创建完成

(7) 在属性对话框中可以查看/修改数据库的设置。在如图 3.7 所示的【数据库属性-课程教学过程化考核数据库】对话框中，选择【文件】选项卡，可以增减数据文件和修改数据文件属性(包括更改逻辑名称、位置和文件大小)；选择【选项】选项卡，可以只允许特殊用户访问数据库(限制访问属性)，设置数据库中的数据只能读取而不能修改(只读属性)，指定数据库在没有用户访问并且所有进程结束时自动关闭，释放所有资源，当又有新的用户要求连接时，数据库自动打开(自动关闭属性)，当数据或日志量较少时自动缩小数据库文件的大小(自动缩减)等。

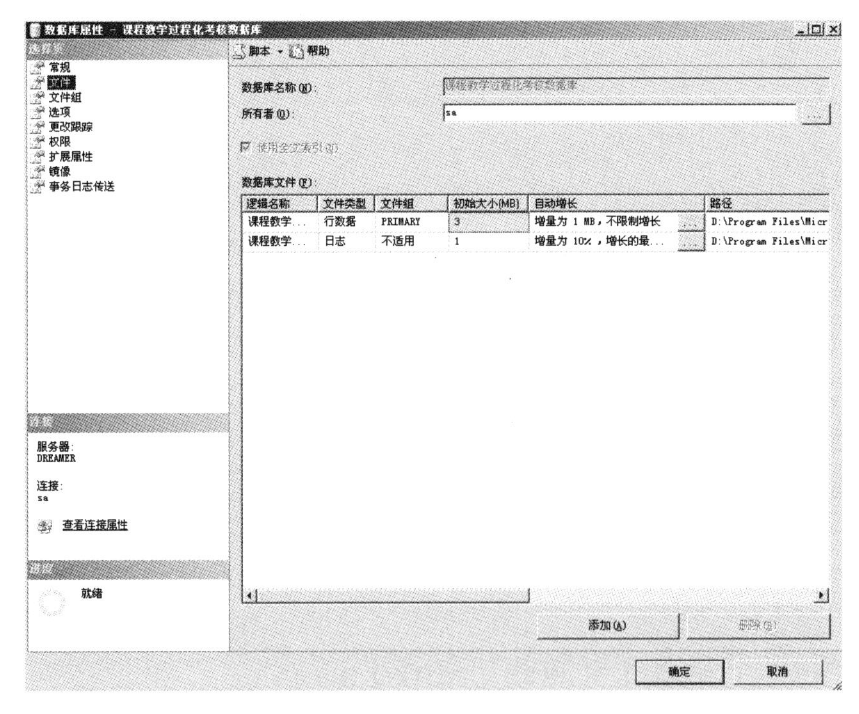

图 3.7 查看/修改“课程教学过程化考核”数据库的设置

【注意】创建数据库时，一定要清楚地知道数据文件、日志文件的文件名及其存储位置。

【知识点】

1) 数据库文件

SQL Server 使用文件映射数据库。数据库中的所有数据和对象(如表、存储过程、触发器和视图)都存储在文件中，SQL Server 使用系统数据库来记录系统信息和管理系统运行。这些文件有以下 3 种。

(1) 主文件(Primary)用于存放数据，每个数据库都必须至少有一个主文件。主文件的扩展名为 .mdf。

(2) 次要文件(Secondary)也用于存放数据。一个数据库可以没有也可以有多个次要文件，次要文件的扩展名为 .ndf。

(3) 事务日志文件(Transaction Log)包含用于恢复数据库的日志信息。每个数据库必须至少有一个日志文件，日志文件的扩展名为 .ldf。

2) 默认数据库文件

默认状态下，数据库文件存放在服务器的默认数据目录(如\MSSQL\data\)下，数据文件名为“数据库名.mdf”(与 SQL server 2000 版本不同)，日志文件名为“数据库名_Log.ldf”。可以在创建数据库时指定其他的路径和文件名，也可以添加 Secondary 文件和更多的日志文件。

3) 数据库文件组

一般情况下，一个简单的数据库可以只有一个主数据文件和一个日志文件。如果数据库很大，则可以设置多个 Secondary 文件和日志文件，并将它们放在不同的磁盘上。

文件组允许对文件分组，以便对它们进行管理。比如，可以将 3 个数据文件(data1.mdf、data2.mdf 和 data3.mdf)分别创建在 3 个盘上，这 3 个文件组成文件组 fgroup1，在创建表的时候，就可以指定一个表创建在文件组 fgroup1 上。这样该表的数据就可以分布在 3 个盘上，在对该表执行查询时，可以并行操作，从而大大提高了查询效率。

SQL Server 的文件和文件组必须遵循以下规则。

(1) 一个文件和文件组只能被一个数据库使用。

(2) 一个文件只能属于一个文件组。

(3) 数据和事务日志不能共存于同一文件或文件组上。

(4) 日志文件不能属于任何文件组。

3.2.2 管理数据表结构

【演练 3.3】怎样使用 SSMS 在“课程教学过程化考核数据库”中创建表“教师信息表”？怎样定义表中的列(字段)？怎样查看“教师信息表”表结构(字段及其定义)？

(1) 启动 SSMS，在左边窗口的树型目录中，展开要建表的数据库“课程教学过程化考核数据库”。

(2) 右击【表】选项，在弹出的快捷菜单中单击【新建表】命令，如图 3.8①所示。

(3) 在出现的表设计器窗口中定义表结构，即逐个定义好表中的列(字段)，确定各字段的名称(列名)、数据类型、长度等，如图 3.8②所示。

(4) 单击工具栏上的【保存】按钮，保存新建的数据表。

(5) 在出现的【选择名称】对话框中，输入数据表的名称“教师信息表”，单击【确定】按钮，如图 3.8③所示。

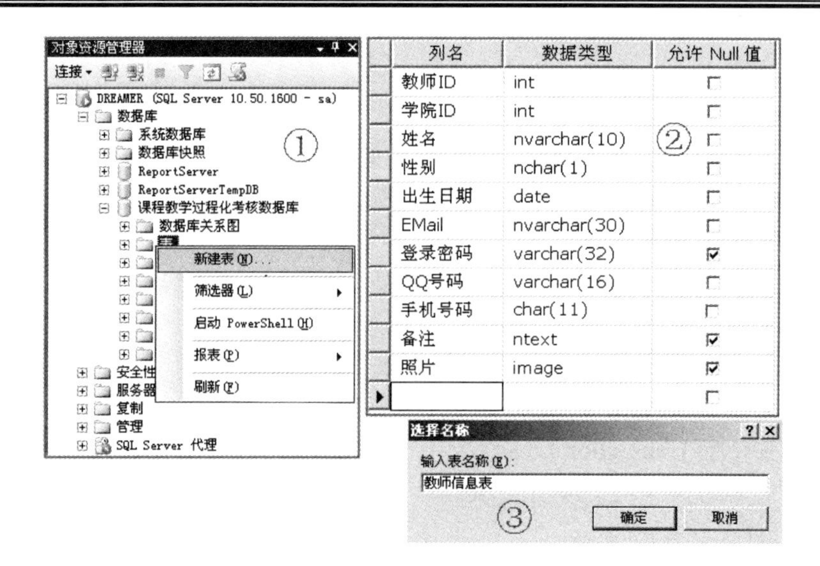

图 3.8 新建表

(6) 在左侧窗口展开数据库文件夹，展开“课程教学过程化考核数据库”，单击【表】选项，则左边的窗口中显示这一数据库中所有的表，如图 3.9①所示。

(7) 在左边的窗口列表中双击要查看的表“教师信息表”，双击【列】选项，即可查看“教师信息表”的表结构，如图 3.9②所示。

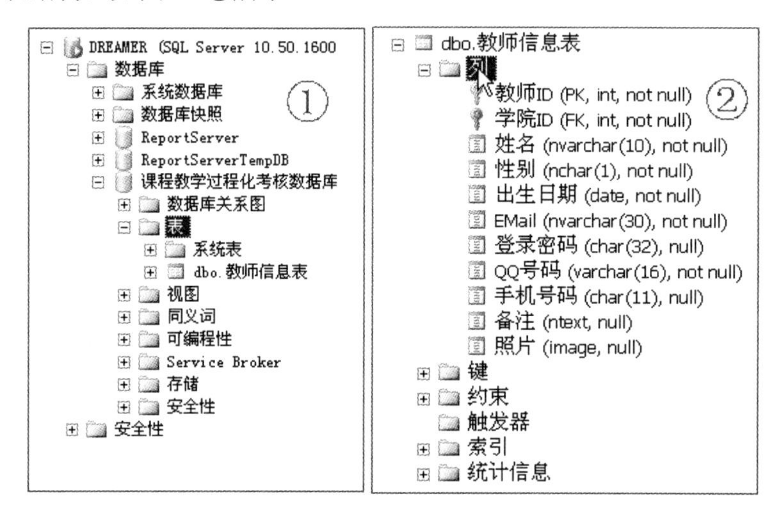

图 3.9 查看表结构

【演练 3.4】怎样使用 SSMS 修改“课程教学过程化考核数据库”中“教师信息表”的表结构(字段及其定义)?

(1) 启动 SSMS，展开要修改的表所在的数据库“课程教学过程化考核数据库”，双击【表】选项。

(2) 在左边的【对象资源管理器】窗口中选择要修改的表“教师信息表”，右击，在弹出的快捷菜单中单击【设计】命令，如图 3.10①所示。

(3) 这时右侧窗口会出现如图 3.10②所示的设计表结构窗口。在设计表结构窗口中，可按照要求对表结构进行修改。

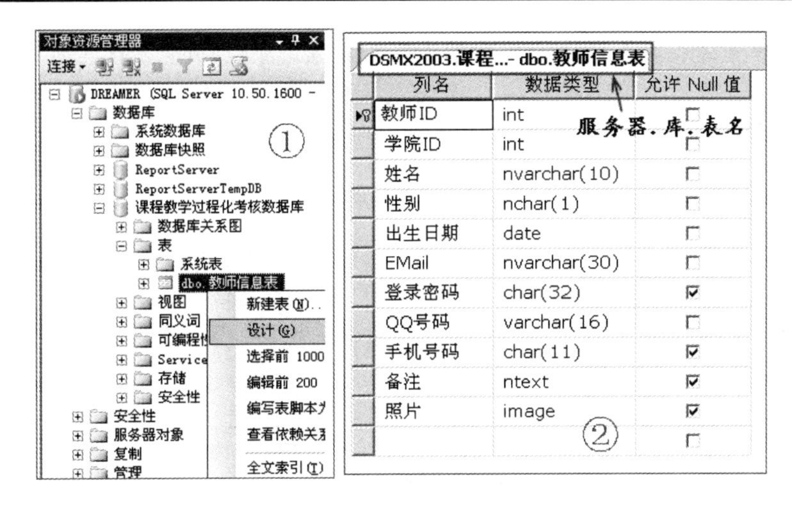

图 3.10 设计表

(4) 修改表结构。可对已存在的列(字段)进行修改，修改其列名、数据类型、允许 Null 值等；可增加新的字段，将光标移到最后一个字段下面的空行上，进行新的字段的定义；可在某列字段前插入新的字段，具体做法是选中某字段所在行，右击，在弹出的菜单中单击【插入列】命令，这时在该行的上方出现一个空行，在这个空行中定义一个新字段；还可以删除某个字段，具体做法是选中该字段所在行，右击，在弹出的菜单中单击【删除列】命令，则删除该字段。

(5) 修改完毕后单击菜单上的【保存】按钮。

3.2.3　管理数据表数据

【演练 3.5】怎样使用 SSMS 查看、修改“课程教学过程化考核数据库”中“教师信息表”的数据？

(1) 启动 SSMS，在树形目录中展开“课程教学过程化考核数据库”，双击【表】选项。

(2) 在左边窗口的列表中用鼠标右击要查看的表“教师信息表”，在弹出的快捷菜单中单击【编辑前 200 行】命令，如图 3.11①所示。

(3) 右侧出现教师信息表数据编辑窗口，如图 3.11②所示。

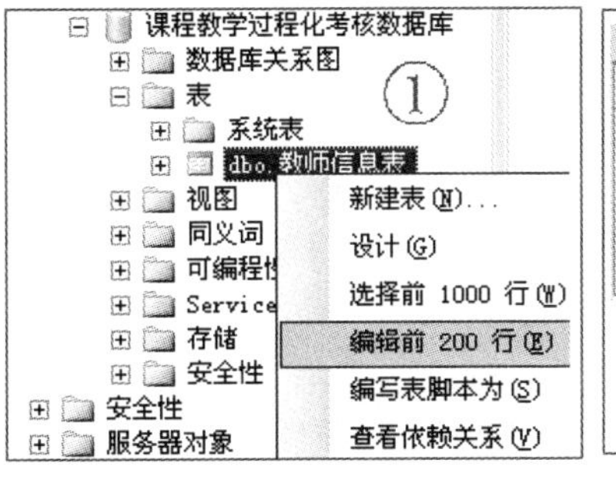

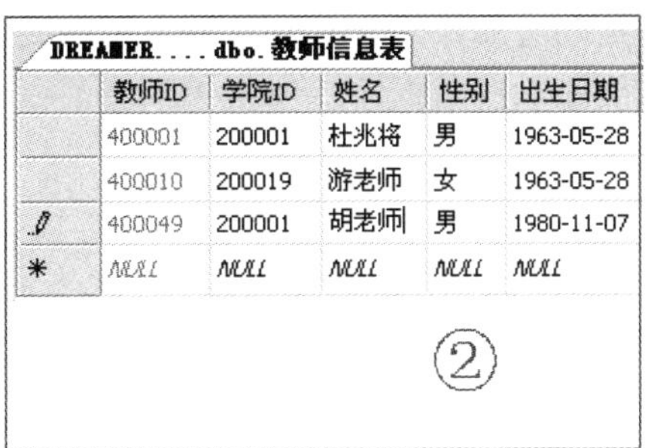

图 3.11　编辑教师信息表

(4) 在数据编辑窗口中可对数据进行查看和修改操作。

(5) 在数据编辑窗口中右击，在弹出的快捷菜单中单击【删除】命令将删除鼠标所在行的记录；在最后一行(*)添加数据将插入一条新记录；在窗口左边右击，在弹出的快捷菜单中单击【复制】命令将鼠标所在行的记录复制到剪贴板，然后在最后一行(*)窗口左边右击，在弹出的快捷菜单中单击【粘贴】命令，将剪贴板中的数据记录粘贴(插入)至最后一行。

(6) 在数据编辑窗口中编辑数据后，移动光标到编辑单元外将保存所做数据编辑，或按 Esc 键，取消上述编辑修改。

【提示】用户有时会面对庞大的数据量，仅编辑前 200 行显然是不够的，可以使用以下方法来自由更改编辑数量。

在菜单栏单击【工具】|【选项】|【SQL Server 资源对象管理器】|【命令】选项，在【选项】对话框右侧窗口中就可找到“编辑前<n>行命令的值”，将其改为需要的数字即可，若改为 0，则显示所有数据，如图 3.12 所示。

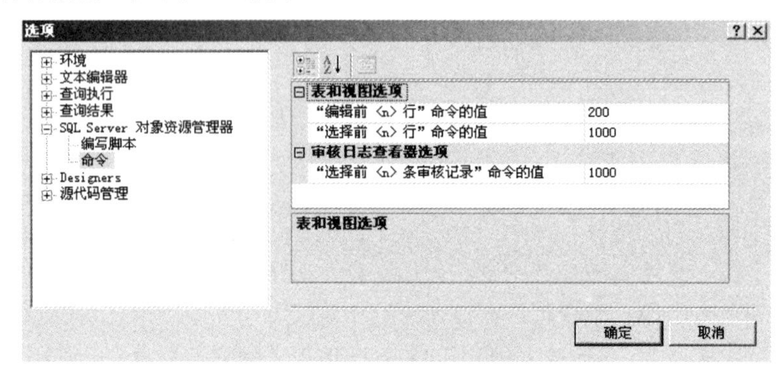

图 3.12　SQL Server 对象资源管理器设置

3.2.4　删除表与删除数据库

【演练 3.6】如何使用 SSMS 删除“课程教学过程化考核数据库”中的“教师信息表”？如何使用 SSMS 删除“课程教学过程化考核数据库”？

(1) 启动 SSMS，展开欲删除的表所在的数据库“课程教学过程化考核数据库”，双击【表】选项。

(2) 在右侧窗口中选择要删除的表“教师信息表”，右击，从弹出的快捷菜单中选择【删除】命令。

(3) 在打开的【删除对象】对话框中单击【确定】按钮。

(4) 右击要删除的数据库，单击【删除】命令，如图 3.13 所示。

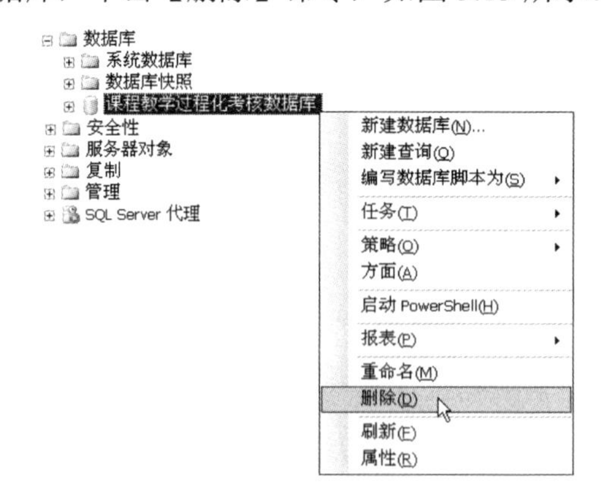

图 3.13　删除数据库

【注意】(1) 当某个表不再需要使用时，可以将其删除。

(2) 一个表一旦被删除，则该表的数据、结构定义、约束、索引等都被永久删除。

(3) 当一个数据库不再需要使用时，就可将它删除。

(4) 一旦一个数据库被删除，则该数据库中所有数据和所有文件都将被删除，占用的空间被释放。

(5) 系统数据库不能被删除。

3.3　使用 T-SQL 语句管理数据库和数据表

数据库和表可以使用 SSMS 进行管理，也可以用 T-SQL 语句进行管理，本节介绍如何用 T-SQL 语句创建、修改和删除数据库和表。

3.3.1　创建数据库

【导例 3.1】使用 T-SQL 语句在 d:\sql\文件夹下创建“课程教学过程化考核数据库”，在服务器默认数据存储位置以默认文件名建立“测试”数据库。如果目录 d:\sql\不存在怎么办？

(1) 启动 SSMS，在菜单栏单击【新建查询】按钮，如图 3.14①所示

(2) 在右侧新建的查询窗口中输入以下代码，并单击【执行】按钮，如图 3.14②所示。

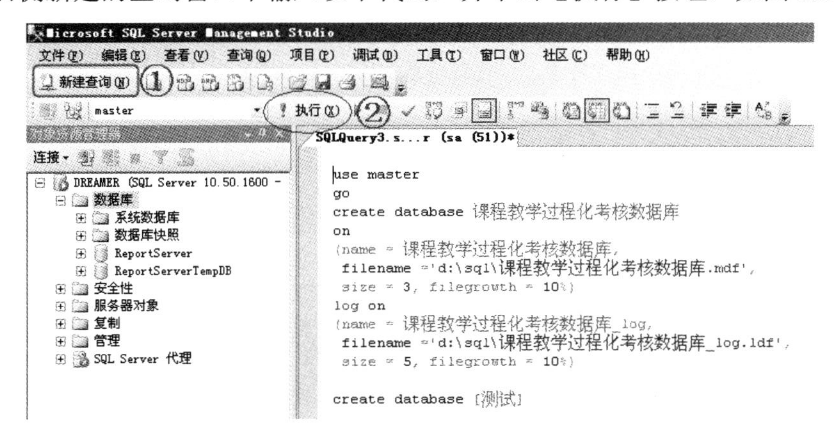

图 3.14　编辑代码并执行

```
use master;
go
create database 课程教学过程化考核数据库
on
(name = 课程教学过程化考核数据库,
 filename ='d:\sql\课程教学过程化考核数据库.mdf',
 size = 3, filegrowth = 10%)
log on
(name = 课程教学过程化考核数据库_log,
 filename ='d:\sql\课程教学过程化考核数据库_log.ldf',
 size = 5, filegrowth = 10%);

create database [测试];
```

【知识点】

(1) 创建数据库就是复制 model 数据库。用最简洁语法格式创建数据库，主文件和日志文件的大小都同 model 数据库的一致，并且可以自由增长。

(2) 最常用的语法格式如下：

```
create database 数据库名
[ on (name = '逻辑文件名',
     filename = '物理文件名.mdf') ]
[ log on (name = '逻辑文件名_log',
     filename = '物理文件名_log.ldf') ]
```

(3) 最简洁的语法格式如下：

```
create database 数据库名
```

3.3.2 修改数据库

【导例 3.2】在“课程教学过程化考核数据库”中增加数据文件“教学管理_dat”；修改“课程教学过程化考核数据库”中第二个数据文件“教学管理_dat”初始大小为 10MB；删除“课程教学过程化考核数据库”中“教学管理_dat”文件。

```
alter database 课程教学过程化考核数据库
  add file (
    name = 课程教学过程化考核数据库_dat,
    filename='d:\sql\课程教学过程化考核数据库_dat.ndf',
    size=5mb,filegrowth=1mb);
alter database 课程教学过程化考核数据库
  modify file ( name = 课程教学过程化考核数据库_dat,  size=10mb );
alter database 课程教学过程化考核数据库
  remove file 课程教学过程化考核数据库_dat;
```

【知识点】

alter database 的语法格式及选项如下：

```
alter database[数据库名]
add file        增加数据文件
add log file    增加日志文件
remove file     删除文件
modify file     修改文件
```

3.3.3 创建表

【导例 3.3】在“课程教学过程化考核数据库”中创建“学生信息表”。

```
use 课程教学过程化考核数据库;
go
create table 学生信息表(
  学生id int ,
  班级id int ,
  学号 nvarchar(10) ,
  姓名 nvarchar(10) ,
  登录密码 varchar(32) ,
```

```
    性别 nchar(1) ,
    出生日期 date ,
    年龄 as datediff(year, 出生日期, getdate()),  --计算列
    身高 decimal(15, 2) ,
    qq 号码 varchar(10) ,
    手机号码 char(11) ,
    民族 nvarchar(8) ,
    政治面貌 nvarchar(8) ,
    籍贯 nvarchar(30) ,
    教育经历 xml ,
    照片 image ,
    录入时间 datetime
);
```

【思考】数据表中是记录“出生日期”好，还是记录“年龄”好呢？

【知识点】

(1) 一个表最多可以有 1024 列。

(2) create table 最常用的语法格式如下：

```
create table 数据表名
( 列名 数据类型 | 列名 as 计算列表达式 [ ,…n ]
)
```

3.3.4 修改表

【导例 3.4】在“学生信息表”中增加“email”和“备注”列；删除“学生信息表”中的“email”列和“备注”列；将“学生信息表”的“姓名”列改为最大长度为 8 的 nchar 型数据，且不允许空值。

```
use 课程教学过程化考核数据库;
go
alter table 学生信息表
  add email varchar(20) null, 备注 text;
go
alter table 学生信息表
  drop column email, 备注;
go
alter table 学生信息表
  alter column 姓名 nchar(8) not null;
```

【知识点】

(1) 修改表包括向表中添加列、删除表中的列以及修改表中列的定义。

(2) 添加列的语句格式如下：

```
alter table 表名 add 列名 列的描述
```

【注意】在默认状态下，列是被设置为允许空值的。向表中增加一列时，应使新增加的列有默认值或允许为空值，SQL Server 将向表中已存在的行填充新增列的默认值或空值。如果既没有提供默认值也不允许为空值，那么新增列的操作将出错，因为 SQL Server 不知道该怎么处理那些已经存在的行。

(3) 删除列的语法格式如下：

```
alter table 表名 drop column 列名[,…]
```

(4) 修改列定义(包括列名、数据类型、数据长度以及是否允许为空值等)。其语句格式如下：

```
alter table 表名 alter column 列名 列的描述
```

【注意】在默认状态下，列是被设置为允许空值的。如果要将一个原来允许空值的列改为不允许空值，必须满足：该列中没有空值并且在该列上没有建立索引。

3.3.5 删除表与删除数据库

【导例 3.5】删除“课程教学过程化考核数据库”中的“学生信息表”(请暂时不要删除此表，后面学习还要用到它) 。

```
use 课程教学过程化考核数据库;            --一段一段选中执行
go
drop table 学生信息表;
go
-- 删除[测试]数据库
drop database [测试];
```

【知识点】

(1) 使用 T-SQL 语句删除表是通过 drop table 语句来实现的。其语法格式如下：

```
drop table 表名
```

(2) 删除数据库(Drop Database)语句。其语法格式如下：

```
drop database 数据库名 1 [, 数据库名 2…]
```

当有用户正在使用某个数据库时，该数据库不能被删除；当一个数据库正在被恢复或正在参与复制时，该数据库不能被删除；另外，不能删除系统数据库。

3.4 使用 T-SQL 语句操作数据

3.2 节中介绍了怎样用 SSMS 管理数据表数据，本节介绍用 T-SQL 语句管理数据表数据。

3.4.1 插入数据

【导例 3.6】在“学生信息表”中插入记录。

```
use 课程教学过程化考核数据库;        --一段一段选中执行
go
-- 1.将游丽丽的记录插入[学生信息表]
insert into 学生信息表 values
(500001, 300001, '2012010001', '游丽丽', NULL, '女', '1991-07-04', 1.58,
122234434, 13834574489, '汉族', '共青团员', '山西省平遥县',
'<?xml version="1.0"?>
```

```
<教育经历>
  <项目 开始年月="1990-09" 截止年月="1996-07" 学校及其学习内容="钢城小学读小学"/>
  <项目 开始年月="1996-09" 截止年月="2002-07" 学校及其学习内容="钢城中学初高中"/>
  <项目 开始年月="2002-09" 截止年月="2005-07" 学校及其学习内容="山西传媒学院软件"/>
</教育经历>', NULL, NULL);

-- 2.查询上述语句的执行效果
select * from 学生信息表;

-- 3.将其他学生的记录插入[学生信息表]
insert into 学生信息表(学生 ID, 学号, 姓名, 性别, 出生日期, 身高, 手机号码, 民族)
values
(500002,'2012010002','安静',  '女','1991-12-08',1.58,'13903510001','汉族'),
(500003,'2012010003','夏寒',  '女','1991-12-02',1.62,'18903510002','汉族'),
(500004,'2012010004','石惊天','男','1991-12-01',1.78,'18603510003','汉族');
--  最多可以插入 1000 条数据项
-- 4.查询上述语句的执行效果
select * from 学生信息表;
```

【知识点】

(1) 向表中插入数据，使用 insert 命令完成。其语法格式如下：

```
insert [into] 表名 [(列名 1,…) ]
values (表达式 1,…) [,…];
```

(2) 当将数据添加到一行的所有列时，insert 语句中不需要给出表中的列名，只需用 values 关键字给出要添加的数据即可，且 values 中给出的数据顺序和数据类型必须与表中列的顺序和数据类型一致。

(3) 向表中插入一条记录时，可以给某些列赋空值，但这些列必须是可以为空。如导例 3.6 中给“照片”和“录入时间”赋了空值。

(4) 当将数据添加到一行中的部分列时，需要同时给出列名和要赋给这些列的值，且 values 中给出的数据顺序和数据类型必须与给出列的顺序和数据类型一致。需要注意的是，在向表中插入记录时，可以不给全部列赋值，但没有赋值的列必须是可以为空的列或具有默认值的列。

(5) 插入字符型和日期型数据时，要用单引号括起来。

3.4.2 修改数据

【导例 3.7】将“学生信息表”中游丽丽的政治面貌改为中共党员。将“学生信息表”中每个学生的班级改为 300008。

```
use 课程教学过程化考核数据库;      --一段一段选中执行
go
update 学生信息表 set 政治面貌='中共党员', 性别='男' where 姓名='游丽丽';
go
update 学生信息表 set 班级 ID = 300008;
go
select * from 学生信息表;
```

【知识点】

(1) 修改表中数据，使用 update 语句完成。其语法格式如下：

```
update 表名 set 列名=表达式 [, …] [where 条件]
```

(2) 若在 update 语句中使用 where 子句，则对表中满足 where 子句中条件的记录进行修改。

(3) 若在 update 语句中没有使用 where 子句，则对表中所有记录进行修改。

3.4.3 删除数据

【导例 3.8】如何删除“学生信息表”中“学生 ID”为 500003 的记录？如何快速删除“学生信息表”中所有的记录？

```
use 课程教学过程化考核数据库;      --一段一段选中执行
go
delete 学生信息表 where 学生 ID = 500003;
go
truncate table 学生信息表;
```

【知识点】

(1) 删除表中数据，使用 delete 语句完成。其语法格式如下：

```
delete [from] 表名 [where 条件]
```

(2) 若在 delete 语句中给出 where 子句，则删除表中满足条件的记录。

(3) 若在 delete 语句中没有给出 where 子句，则删除表中所有记录。

(4) 删除表中所有记录，也可以使用 truncate table 语句完成。truncate table 语句提供了一种删除表中所有记录的快速方法。因为 truncate table 语句不记录日志，只记录整个数据页的释放操作，而 delete 语句对每一行修改都记录日志，所以 truncate table 语句总比没有指定条件的 delete 语句快。语法格式如下：

```
truncate table 表名
```

【注意】 truncate table 操作不进行日志记录，因此在执行 truncate table 语句之前应先对数据库做备份，否则被删除的数据将不能再恢复。

3.5 脱机和联机、分离与附加

脱机和联机是数据库的两种状态。当数据库处于联机状态时，可以执行增删改查任何有效操作但不能进行数据库物理文件的删除和复制；当数据库处于脱机状态(数据库名字存在于数据库节点中)时，不能执行任何有效操作但可以进行数据库物理文件的复制和删除。

3.5.1 脱机

【演练 3.7】使用 SSMS 对“课程教学过程化考核数据库”进行脱机操作。数据库脱机前、后数据库文件是否允许复制？

(1) 打开 SSMS，展开服务器。

(2) 展开数据库文件夹，右击要脱机的数据库“课程教学过程化考核数据库”，在弹出的快捷菜单中单击【任务】命令，在其子菜单中单击【脱机】命令。脱机后数据库的状态如图 3.15 所示。

图 3.15　数据库脱机状态

3.5.2　联机

【演练 3.8】使用 SSMS 对“课程教学过程化考核数据库”进行联机操作。数据库联机后数据库文件是否允许复制？

(1) 打开 SSMS，展开服务器。

(2) 展开数据库文件夹，右击要联机的数据库“课程教学过程化考核数据库”，在弹出的快捷菜单中单击【任务】命令，在其子菜单中单击【联机】命令。

【提示】也可以用下列 T-SQL 语句进行脱机或联机操作:

```
ALTER DATABASE 课程教学过程化考核数据库 SET OFFLINE;    --脱机
ALTER DATABASE 课程教学过程化考核数据库 SET ONLINE;     --联机
```

3.5.3　分离

一个数据库只能被一个 SQL 服务器管理，通过分离数据库可以将数据库与 SQL 服务器分离，分离后的数据库可以将其数据库文件(mdf、ldf 等)移动(复制或删除)到其他计算机磁盘上附加到其 SQL 服务器上。附加数据库就是将存放在磁盘上的数据库文件加入到 SQL 服务器中进行管理。

【演练 3.9】使用 SSMS 分离“课程教学过程化考核数据库”。数据库分离后数据库文件存放位置是否发生变化？数据库分离前、后数据库文件是否允许复制或剪切？

(1) 打开 SSMS，展开服务器。

(2) 展开数据库文件夹，右击要分离的数据库“课程教学过程化考核数据库”，在弹出的快捷菜单中单击【任务】命令，在其子菜单中单击【分离】命令。

(3) 在随后出现的对话框中单击【确定】按钮，则完成数据库分离。分离数据库后可将数据库文件复制到 U 盘保管。

3.5.4　附加

【演练 3.10】使用 SSMS 附加“课程教学过程化考核数据库”。数据库附加后数据库文件是否允许复制？

(1) 为了加快数据库访问速度，将数据库文件(*.mdf、*.ldf)复制到硬盘某个文件夹下。当然将数据库文件放在 U 盘上也可以。

(2) 打开 SSMS，展开服务器。

(3) 右击数据库，在弹出的快捷菜单中单击【附加】命令。

(4) 在随后出现的【附加数据库】对话框中，单击【添加】按钮，出现【文件选择】对话框，选择要附加的数据库的主数据文件名及存放位置，单击【确定】按钮，完成数据库附加。

【提示】也可以用下列 T-SQL 语句附加或分离数据库:

```
--附加数据库
CREATE DATABASE [课程教学过程化考核数据库]
     ON (FILENAME = N'd:\sqldata\data\课程教学过程化考核数据库.mdf')
     FOR ATTACH ;
--或者
sp_attach_db [课程教学过程化考核数据库],
  N'd:\sqldata\data\课程教学过程化考核数据库.mdf',
  N'd:\sqldata\data\课程教学过程化考核数据库_log.ldf';

Sp_detach_db [课程教学过程化考核数据库], 'true';   --分离数据库
```

3.6 数据库理论：数据与数据库系统

在学习了数据库的基本操作后，下面介绍一些数据库的常用术语和基本概念，理解这些术语和概念将对后面数据库的学习带来很大的帮助。

3.6.1 基本概念

1. 数据

数据(Data)是数据库中存储的基本对象，是描述事物的符号。它与传统意义上理解的数据不同，数据在这里可以是数字、文字、图形、图像、声音和视频等，即数据有多种形式，但它们都是经过数字化后存入计算机的。

例如：(申强，男，1994 年 1 月 25 日出生，管理系 201203001 班的学生)。

数据有一定的格式，如姓名一般是不超过 4 个汉字的字符(考虑复姓、没有考虑少数民族)，性别是一个汉字的字符。这些数据格式的规定就是数据的语法，而数据的含义就是数据的语义。人们通过解释、推理、归纳、分析和综合等方法从数据所获得的有意义的内容称为信息。因此，数据是信息存在的一种形式，只有通过解释或处理的数据才能成为有用的信息。

2. 数据库

数据库(Data Base，DB)可以直观地理解为存放数据的仓库，在计算机上需要有存储空间和一定的存储格式。所以数据库是被长期存放在计算机内的、有组织的、统一管理的相关数据的集合。数据库能为用户共享，具有最小冗余度，数据间联系密切，有较高的独立性。

3. 数据库管理系统

DBMS(Data Base Management System，DBMS)是位于用户与操作系统之间的数据管理软

件，属于系统软件，为用户或应用程序提供访问数据库的方法，包括数据库的建立、查询、更新及各种数据控制方法。

4. 数据库系统

数据库系统(Data Base System，DBS)通常是指带有数据库的计算机系统，是一个实际可运行的、按照数据库方法存储、维护并向应用系统提供数据支持的系统，它是硬件系统、系统软件、数据库、数据库管理系统和数据库管理员(DBA)的集合。

图 3.16 给出了数据库系统构成简图(其中硬件、系统软件没有画出来)。

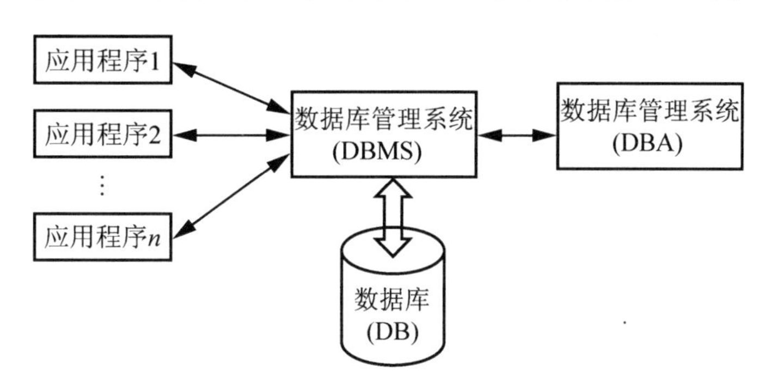

图 3.16　数据库系统简图

3.6.2　数据库三要素

模型是对现实世界的抽象，如一张地图、一架航模飞机等。在数据库技术中，人们用数据模型描述数据库的结构和语义，对现实世界进行抽象，在这里它描述的是事物的表征及特征。数据库的数据模型应包含数据结构、数据操作、完整性约束 3 个要素。

1. 数据结构

数据结构用于描述数据库的静态特性，是所研究的对象类型的集合(数据定义)，是对实体类型和实体间联系的表达和实现。

2. 数据操作

数据操作用于描述数据库的动态特性，是指对数据库中各种对象的实例允许执行的操作的集合(如查询、插入、更新、删除等)。

3. 完整性约束

数据的约束条件是一组完整性规则的集合。完整性规则是给定的数据及其联系所具有的制约和存储规则，用以限定数据库状态以及状态的变化，以保证数据的正确性、有效性和相容性。

3.6.3　数据库分类

目前常用的数据库有层次数据库、网状数据库和关系数据库。其中，层次数据库和网状数据库统称为非关系数据库。数据库的分类以数据模型为主线。

1. 层次数据库

层次模型是数据库系统中最早出现的数据模型，它用树形结构表示各类实体以及实体间的联系。层次模型数据库系统的典型代表是 IBM 公司的数据库管理系统(Information Management Systems，IMS)，这是一个最早推出的数据库管理系统。

在数据库中，对满足以下两个条件的数据模型称为层次模型。

(1) 有且仅有一个节点无双亲，这个节点称为“根节点”。

(2) 其他节点有且仅有一个双亲。

若用图来表示，层次模型是一棵倒立的树。节点层次(Level)从根开始定义，根为第一层，根的孩子称为第二层，根称为其孩子的双亲，同一双亲的孩子称为兄弟。图 3.17 给出了一个系的层次模型。

层次模型对具有一对多的层次关系的描述非常自然、直观、容易理解，这是层次数据库的突出优点。

2. 网状数据库

在数据库中，对满足以下两个条件的数据模型称为网状模型。

(1) 允许一个以上的节点无双亲。

(2) 一个节点可以有多于一个的双亲。

网状数据模型的典型代表是 DBTG 系统，也称 CODASYL 系统，它是 20 世纪 70 年代数据系统语言协会 CODASYL(Conference on Data Systems Language)下属的数据库任务组(Data Base Task Group，DBTG)提出的一个数据模型方案。若用图表示，网状模型是一个网络，如图 3.18 所示即为一个抽象的简单的网状模型。

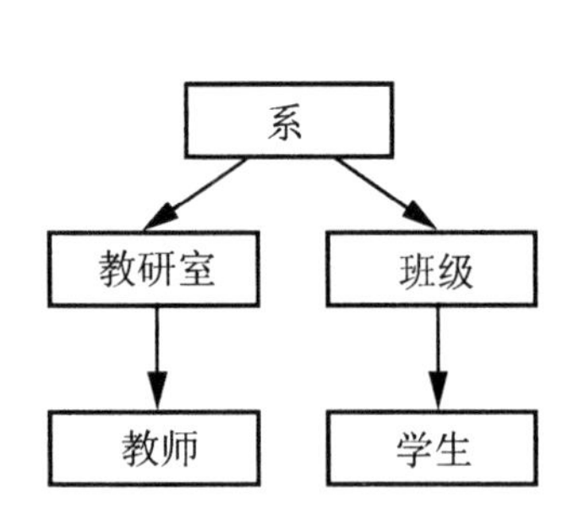

图 3.17　简单的层次模型

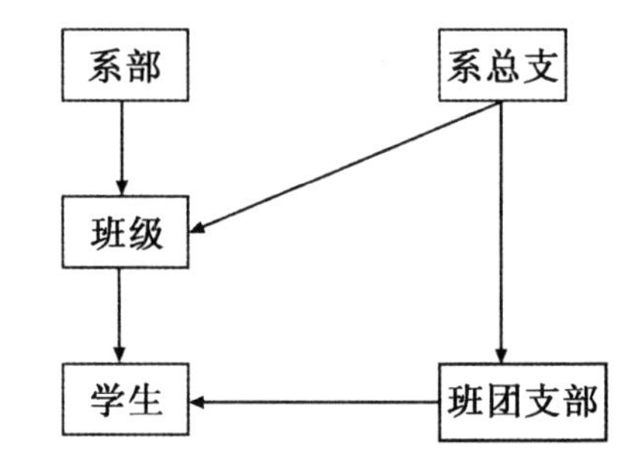

图 3.18　简单的网状模型

自然界中实体之间的联系更多的表现形式是非层次关系，用层次模型表示非树形结构是很不直观的，网状模型则可以克服这一弊端。

3. 关系数据库

关系模型是目前应用广泛的一种数据模型。美国 IBM 公司的研究员 E.F.Codd 于 1970 年发表题为《大型共享系统的关系数据库的关系模型》的论文，文中首次提出了数据库系统的关系模型。20 世纪 80 年代以来，计算机厂商新推出的数据库管理系统(DBMS)几乎都支持关系模型，非关系系统的产品也大都加上了关系接口。当前数据库领域的研究工作都是以关系方法为基础的。

关系模型用二维表格结构表示实体集，用键来表示实体之间的联系。这个二维表在关系数据库中就称为关系，见表 3-1(这里只列出了部分信息)。

表 3-1　学生基本信息表

学　　号	姓　　名	性　　别	出生日期	民　　族	籍　　贯
110001	蒋瑞珍	女	1992-09-20	汉族	山西省太原市
110002	仇旭红	女	1992-01-28	汉族	山西省灵石县
110003	李美玉	女	1990-07-17	汉族	山西省平定县
110004	尚燕子	女	1992-05-29	汉族	山西省太原市
110005	王佳人	女	1993-03-26	汉族	山西省太原市

3.6.4　数据库管理系统的功能

1. 数据定义功能

数据定义功能是数据库管理系统面向用户的功能，数据库管理系统提供数据定义语言(DDL)对数据库中的数据对象进行定义，包括三级模式及其相互之间的映像等，如数据库、基本表、视图的定义以及保证数据库中数据完整正确而定义的完整性规则。

2. 数据操纵功能

数据操纵功能是数据库管理系统面向用户的功能，数据库管理系统提供数据操纵语言(DML)对数据库中的数据进行各种操作，如数据的查询、插入、修改和删除等数据操作。

3. 数据库运行管理功能

这是数据库管理系统的核心部分，也是数据库管理系统对数据库的保护功能。它包括并发控制、安全性控制、完整性约束、数据库内部维护与恢复等。所有数据库的操作都要在这些控制程序的统一管理和控制下进行。

4. 数据维护功能

数据维护功能包括数据库数据的导入功能、转储功能、恢复功能、重新组织功能、性能监视和分析功能等，这些功能通常由数据库管理系统的许多应用程序提供给数据库管理员。

3.6.5　数据库管理系统的组成

为了提供上述 4 个方面的功能，DBMS 通常由以下 4 部分组成。

1. 数据定义语言及其翻译处理程序

DBMS 一般都提供数据定义语言(Data Definition Language，DDL)供用户定义数据库的外模式、模式、内模式、各级模式间的映射、有关的约束条件等。用 DDL 定义的外模式、模式和内模式分别称为源外模式、源模式和源内模式，各种模式翻译程序负责将它们翻译成相应的内部表示，即生成目标外模式、目标模式和目标内模式。

2. 数据操纵语言及其编译(或解释)程序

DBMS 提供了数据操纵语言(Data Manipulation Language，DML)实现对数据库的检索、插入、修改、删除等基本操作。DML 分为宿主型 DML 和自主型 DML 两类：宿主型 DML 本身不能独立使用，必须嵌入主语言中，例如嵌入 PowerBuilder、FoxPro 等高级语言中；自主型

DML 又称为自含型 DML，它们是交互式命令语言，语法简单，可以独立使用。

3. 数据库运行控制程序

DBMS 提供了一些负责数据库运行过程中的控制与管理的系统运行控制程序，包括系统初启程序、文件读/写与维护程序、存取路径管理程序和缓冲区管理程序，安全性控制程序、完整性检查程序、并发控制程序、事务管理程序和运行日志管理程序等。它们在数据库运行过程中监视着对数据库的所有操作，控制管理数据库资源，处理多用户的并发操作等。

4. 实用程序

DBMS 通常还提供一些实用程序，包括数据初始装入程序、数据转储程序、数据库恢复程序、性能监测程序、数据库再组织程序、数据转换程序和通信程序等。数据库用户可以利用这些实用程序完成数据库的建立与维护，数据格式的转换和数据通信等。

5. 数据库的特点

数据库系统为数据提供了共享、稳定、安全的保障体系。如果用户需要持久存储数据，则数据库无疑是维护这些持久数据的最合适的地方；如果用户管理的数据具有结构性强、相互之间有联系、数据的取值有约束等特征，为了管理方便，则应该使用数据库系统；同时数据库管理系统提供了功能强大的数据查询功能。综合以上数据库管理系统的功能和组成，可概括出数据库如下特点。

(1) 结构化：数据有组织地存放。

(2) 持久化：数据长期稳定存储。

(3) 共享性：可以多用户同时使用。

(4) 独立性：数据与应用程序分离。

(5) 完整性：数据保持一致与完整。

(6) 安全性：设置不同的用户权限。

信息需求的增长使数据库系统的应用日益重要，范围日益广泛，数据库管理系统正逐渐应用到前所未有的应用领域。目前，数据库系统已经应用到医学、计算机辅助设计、能源管理、航空系统、天气预报、交通、旅馆、资料、人力资源管理等领域。数据库系统的发展满足了用户共享信息的需求，随着在线信息的增加以及越来越多的用户希望访问在线信息，今后还会开发出更多的数据库系统。

3.7 本 章 实 训

3.7.1 实训目的

通过本章实训，使读者深刻理解数据库和表的概念，掌握用 SSMS 与 T-SQL 两种方法建立和删除数据库，用 SSMS 与 T-SQL 两种方法建立、删除数据表以及向表中插入、修改和删除数据的基本操作。

3.7.2 实训内容

(1) 建立一个数据库，数据库名为“教学成绩管理数据库”。

(2) 分别用 SSMS 与 T-SQL 方法在“教学成绩管理数据库”中建立如下数据表。

① 学生信息表[学号 nvarchar(10)，姓名 nvarchar(10)，性别 nchar(1)，出生日期 date，身高 decimal(5,2)，民族 nchar(5)，手机号 char(11)，身份证号 char(18)，班级编号 char(6)]。

② 班级信息表[班级编号 char(6)，班级名称 nvarchar(12)]。

(3) 向以上数据表中输入所在班同学的真实数据，并用 insert、update、delete 命令进行插入、修改、删除数据操作。

(4) 分离“教学成绩管理数据库”并保存到自己U盘上，以备在以后各章实训中使用。

3.7.3 实训过程

1. 用 SSMS 建立数据库和数据表

(1) 参照演练 3.2，建立一个名为“教学成绩管理数据库”的数据库，查看数据库属性信息。

(2) 参照演练 3.3，建立名为“学生信息表”和“班级信息表”的数据表。

(3) 参照演练 3.4、演练 3.5，查看、修改“学生信息表”和“班级信息表”的表结构及表中的数据。

(4) 参照演练 3.6，删除“学生信息表”和“班级信息表”、删除“教学成绩管理数据库”。

2. 用 T-SQL 方法建立数据库和数据表

(1) 参照导例 3.1，用 create database 命令创建名为“教学成绩管理数据库”的数据库，必须清楚地知道数据库存储的位置和文件名。

(2) 参照下列代码，用 create table 命令创建“学生信息表”和“班级信息表”。

```
use [教学成绩管理数据库]
create table [班级信息表] (
    [班级编号] char(6),
    [班级名称] nvarchar (12)
)
go
--创建学生信息表
create table [学生信息表] (
    [学号] nvarchar(10),        --同一学校学号唯一可做主键
    [姓名] nvarchar(10),
    [性别] nchar(1),
    [出生日期] date,
    [身高] decimal(5, 2),
    [民族] nchar(5),
    [手机号] char(11),
    [身份证号] char(18),
    [班级编号] char(6)
)
go
```

(3) 参照演练 3.5，利用 SSMS 向“学生信息表”和“班级信息表”中输入所在班级和 3～5 名同学的真实数据。

(4) 参照导例 3.6、导例 3.7、导例 3.8，用 insert、update 和 delete 命令在“学生信息表”和“班级信息表”中插入数据、修改和删除数据。

(5) 参照演练 3.9，分离“教学成绩管理数据库”并复制保存到自己U盘上，以备在以后各章实训中使用。真实数据能使同学们更容易理解和接受知识点。

3.7.4 实训总结

通过本章的上机实训，读者应该能够掌握用 SSMS 和 T-SQL 语句两种方法进行数据库的创建、查看、修改及删除；表的创建、查看、修改及删除；数据的添加、查看、修改及删除。

3.8 本 章 小 结

本章主要介绍了数据库和数据表。数据库和数据表是 SQL Server 最基本的操作对象。对数据库的基本操作包括数据库的创建、查看、修改和删除。对数据表的基本操作包括数据表的创建、查看、修改和删除以及数据的添加、查看、修改及删除等。这些基本操作是进行数据库管理与开发的基础。通过学习，要求读者熟练掌握使用 SSMS 进行数据库和数据表的创建、查看、修改、删除及数据维护操作技能，要求熟练掌握表 3-2 所列的 T-SQL 语句。

表 3-2 本章 T-SQL 主要语句一览表

<table>
<tr><th></th><th colspan="2">语　句</th><th>语法格式</th></tr>
<tr><td rowspan="2">数据库</td><td colspan="2">创建数据库*</td><td>create database 数据库名
[on (name = '逻辑文件名',
filename = '物理文件名.mdf')]
[log on (name = '逻辑文件名_log',
filename = '物理文件名_log.ldf')]</td></tr>
<tr><td colspan="2">删除数据库*</td><td>drop database 数据库名</td></tr>
<tr><td rowspan="5">数据表</td><td colspan="2">创建表*</td><td>create table 数据表名
(列名 数据类型 | 列名 as 计算列表达式 [,…n])</td></tr>
<tr><td rowspan="3">修改表</td><td>添加列</td><td>alter table 表名 add 列名 列的描述</td></tr>
<tr><td>修改列</td><td>alter table 表名 alter column 列名 列的描述</td></tr>
<tr><td>删除列</td><td>alter table 表名 drop column 列名,…</td></tr>
<tr><td colspan="2">删除表*</td><td>drop table 表名</td></tr>
<tr><td rowspan="3">数据操作</td><td colspan="2">插入数据*</td><td>insert [into] 表名 [(列名 1,…)]
values (表达式 1,…)</td></tr>
<tr><td colspan="2">修改数据*</td><td>update 表名
set 列名= 表达式 ,…
[where 条件]</td></tr>
<tr><td colspan="2">删除数据*</td><td>delete 表名 [where 条件]</td></tr>
</table>

注：其中带*的是要求熟练掌握的语句。

3.9 本 章 习 题

1. 填空题

(1) SQL Server 在安装过程中创建__________、__________、__________和 msdb 这 4 个系统数据库。

(2) SQL Server 的 4 个系统数据库中，master 记录了 SQL Server________的信息；model 是创建新数据库的______，服务器通过复制 model 数据库建立新数据库；tempdb 是______数据库，用于存放系统运行的临时表、临时存储过程等临时性的对象；msdb 数据库是供 SQL Server 代理记录用于安排报警、作业调度以及记录操作员等活动。

(3) SQL Server 数据库中的数据在逻辑上被组织成一系列数据库对象，SQL Server 2008 主要数据库对象包括________、______、同义词、可编程性、Service Broker、存储、安全性等。

(4) 数据表由________组成，是______数据的地方。

(5) SQL Server 数据库中的所有数据(除文件流)和对象都存储在文件中。这些文件有 3 种，分别是：主要数据文件(扩展名为. __________、次要数据文件(扩展名为. __________)和__________文件(扩展名为.ldf)。

(6) SQL Server 的文件和文件组须遵循规则：一个文件和文件组______被一个数据库使用；一个文件______属于一个文件组；数据和事务日志______共存于同一文件或文件组上；日志文件______属于任何文件组。

(7) 创建数据库、数据表的语句分别是 create ___________和 create _________。

(8) 创建、修改和删除数据库及其数据库对象的语句依次是 create、________和_________。

(9) 查询、插入、修改和删除数据表或视图中数据语句依次是 select、__________、__________和_________。

(10) 当将数据添加到一行的所有列时，insert 语句中不需要给出表中的______，只需用 values 关键字给出要添加的______即可，且 values 中给出的数据______和数据______必须与表中列的顺序和数据类型一致。

(11) 当将数据添加到一行中的部分列时，需要______给出列名和要赋给这些列的值，且 values 中给出的数据______和数据______必须与给出列的顺序和数据类型一致，但没有给出列必须是可以为____或具有默认值的列。

(12) 向表中插入一条记录时，可以给某些列赋空值，这些列必须是可以为____的；插入字符型和日期型常量数据时，常量数据要用____引号括起来。

(13) 若在 update 语句中没有使用 where 子句，则对表中所有______进行______；若在 delete 语句中没有给出 where 子句，则______表中______记录。

(14) 当数据库处于联机状态时，______执行任何有效的增删改查操作但______进行数据库的物理文件的删除和复制；当数据库处于脱机状态时，______执行任何有效的数据库操作但______进行数据库的物理文件的复制和删除。

(15) 分离后的数据库可以将其数据库文件(mdf、ldf 等)______(复制或删除)到其他计算机磁盘上附加到其 SQL 服务器上进行管理，附加后的数据库文件______或删除。

(16) 数据是数据库中存储的基本对象，是描述事物的符号，可以是数字、______、图形、______、声音和______等多种形式，但它们都是经过________后存入计算机的。

(17) 数据库是被__________在计算机内的、有组织的、__________的相关数据的集合，能为用户______，具有最小______度，数据间联系密切，有较高的独立性。

(18) DBMS 是位于_____与________之间的_________软件，属于______软件，为用户或应用程序提供访问数据库的方法，包括数据库的建立、查询、更新及各种数据控制方法。

(19) 数据库应用系统是一个可运行的、按数据库方法存储、维护并向应用系统提供数据支持的系统，它由______系统、______软件、数据库、数据库管理系统、数据库________(DBA)和______组成。

(20) 数据库的数据模型包含__________、__________、____________3 个要素。

(21) 目前常用的数据库有______数据库、______数据库和______数据库。

(22) 层次数据库用层次模型(树形结构)表示各类实体以及实体间的联系。层次模型需满足以下两个条件：①__________一个节点无双亲，这个节点称为“根节点”；②其他节点__________一个双亲。

(23) 网状数据库用网状模型(图形结构)表示各类实体以及实体间的联系。网次模型需满足以下两个条件：①允许________的节点无双亲；②一个节点可以有________的双亲。

(24) 关系数据库用关系模型表示各类实体以及实体间的联系。关系模型用________结构表示实体集，用____来表示实体间联系。关系模型是目前应用广泛的一种数据模型。

(25) 数据库系统为数据提供了共享、稳定、安全的保障体系。数据库系统的具备的特点有：①______化，数据有组织地存放；②______化，数据长期稳定存储。；③______性，可以多用户同时使用；④______性，数据与应用程序分离；⑤______性，数据保持一致与完整；⑥______性，设置不同的用户权限。

2. 设计题

用 T-SQL 语句完成(1)～(8)题，其结构见第 12 章表 12-2，回答(9)～(12)的语法格式。

(1) 在 d:\SQL 数据库\文件夹创建“过程化考核数据库_Demo”数据库。

(2) 创建“学院信息表”(学院 ID、学院名称、备注)。

(3) 创建“教师信息表”(教师 ID、学院 ID、姓名、性别、出生日期、年龄、E-mail、QQ 号码、手机号码、备注、照片)。

(4) 在“学院信息表”中添加 1 条你所在学院的信息。

(5) 在“教师信息表”中添加 3 条教师信息(姓名取你和 2 位好同学的姓名)。

(6) 在“教师信息表”中按“教师 ID”修改你的“手机号码”“QQ 号码”信息。

(7) 在“教师信息表”中按“教师 ID”删除你的信息。

(8) 删除“学院信息表”、删除“过程化考核数据库_Demo”。

(9) create database 创建数据库最常用的语法格式。

(10) create table 创建数据表最常用的语法格式。

(11) insert values 向表中插入数据最常用的语法格式。

(12) update set 修改表中数据最常用的语法格式。

第4章 查询与视图

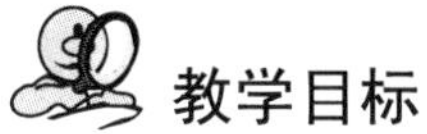

教学目标

通过本章的学习，读者应熟练掌握编写 select 语句和创建、修改、删除视图的语句，掌握使用 SSMS 导入、导出数据库，了解关系基本概念和关系运算。

教学要求

知识要点	能力要求	关联知识
查询	(1) 使用 SSMS 的查询设计器编写、调试和执行 select 语句 (2) 按照语法格式编写 select 查询语句	select 列名，… [into 新表名] from 源 where 条件表达式 order by 列名 asc | desc，… group by 列名，… compute 子句
视图	按照语法格式编写建立、修改、删除视图的语句	create / alter 视图名 as select 语句； drop view 视图名；
导入、导出	使用 SSMS 导入、导出数据库	
数据库基本概念	(1) 认识关系基本概念：关系、元组、属性、码、域 (2) 关系运算：选择(水平)、投影(垂直)、连接运算	关系(表)、元组(行、记录)、属性(列、字段)、码(主键)、域(列取值范围 check)，选择(where)、投影(select)、连接运算(from join)

重点难点

- 使用 SSMS 的查询设计器编写、调试和执行 select 语句
- 按照语法格式编写 select 查询语句
- 按照语法格式编写建立、修改、删除视图的语句
- 使用 SSMS 导入、导出数据库

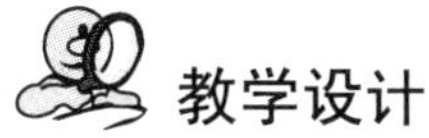

教学设计

以任课教师身份登录进入“课程教学过程化考核系统”，在菜单栏单击“教师”|“生成过程化考核数据库 Demo 脚本”命令生成脚本并下载，执行该脚本创建库表并添加数据，其中“学生信息表”新增了一位同名的虚拟学生信息，“考核信息表”新增了一条期末考试虚拟考核信息。

4.1 T-SQL 简单查询

在 T-SQL 中使用 select 语句来实现数据查询。通过 select 语句可以从数据库中检索用户所需要的数据，也可进行数据的统计汇总并返回给用户。

4.1.1 查询执行方式

使用 select 语句进行数据查询，SSMS 提供了两种执行方式：在 SQL 编辑器中直接编写 SQL 代码和查询设计器(图形界面)中辅助生成 SQL 代码。而在实际应用中，大部分是将 select 语句嵌入在客户端或 Web 服务器端编程语言(如 ASP、JSP、C#、Java)中来执行的。

【演练 4.1】如何使用 SSMS 查询设计器编写、调试和执行 select 语句进行数据查询？如从“过程化考核数据库 Demo”的“学生信息表”中查询女生([性别]='女')的姓名、性别、出生日期？

(1) 启动企业管理器(SSMS)，并单击其【标准】工具栏的【新建查询】按钮，此时会出现【查询编辑器代码】窗格，并且【SQL 编辑器】工具栏也会出现。

(2) 将【SQL 编辑器】工具栏内的【可用数据库】下拉列表框的值改为【过程化考核数据库 Demo】。

(3) 在编辑器窗格编辑下列 select 语句，单击工具栏中的✓按钮或按 Ctrl+F5 组合键分析查询，单击【执行】按钮或按 F5 键执行查询，如图 4.1 所示。

```
select 姓名, 性别, 出生日期 FROM 学生信息表 where 性别 = '女';
```

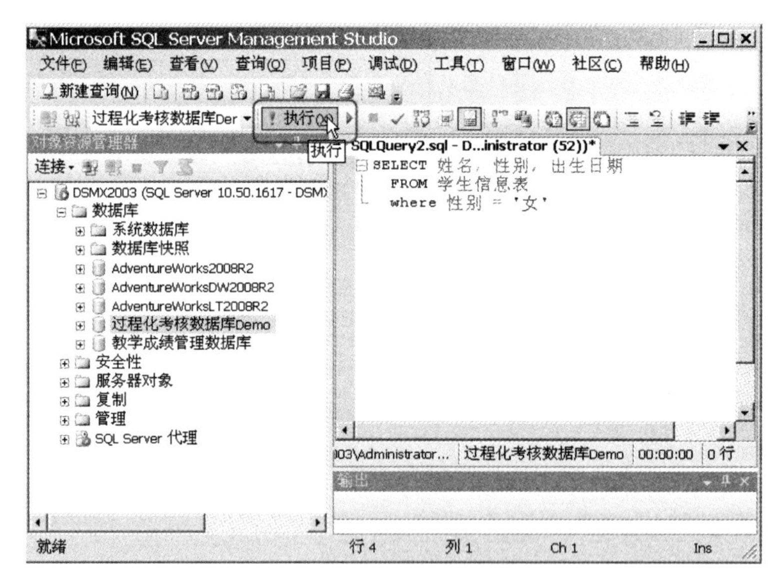

图 4.1 【查询编辑器】窗格

(4) 在【对象资管管理器】对话框中依次单击【过程化考核数据库 Demo】|【表】选项，右击【dbo.学生信息表】选择【编写表脚本为】【SELECT 到】【新查询编辑窗口】命令，在编辑器窗格中自动得到相应的 select 语句代码，如图 4.2①、②所示。在编辑器窗格中，编辑 select

语句为想要的语句，如图 4.2③所示，单击工具栏中的✓按钮分析查询语句语法，单击【执行】按钮执行查询。

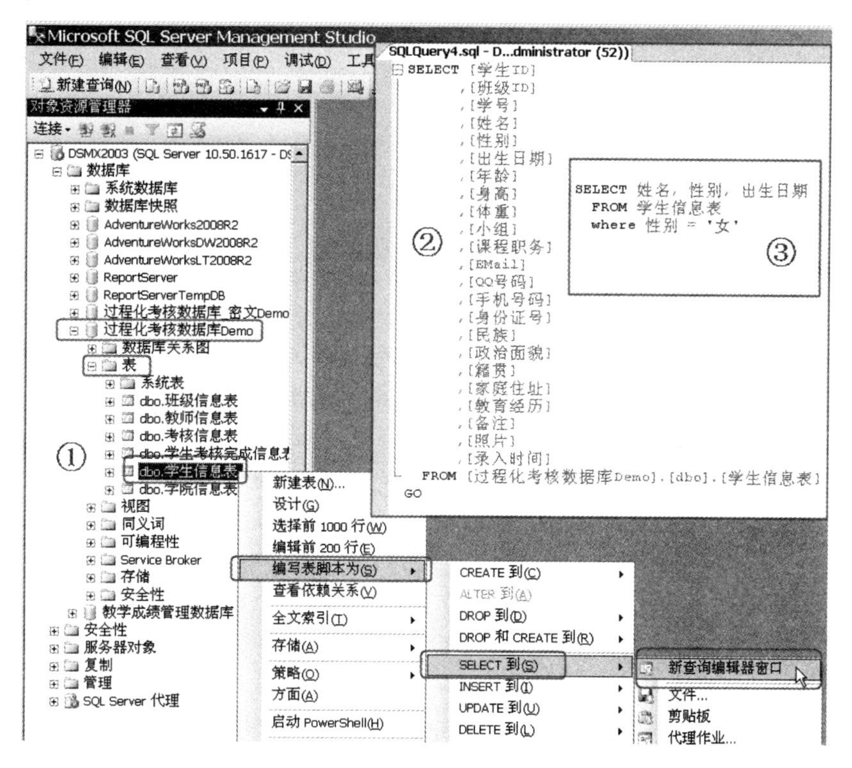

图 4.2　自动生成查询代码

【演练 4.2】 如何使用 SSMS 查询设计器编写、调试和执行 select 语句进行数据查询？例如，在“过程化考核数据库 Demo”中，从“学生信息表”和“班级信息表”中查询“学号”“姓名”“性别”“出生日期”和“班级名称”。

(1) 启动 SSMS，单击【标准】工具栏中的【新建查询】按钮，此时会出现【查询编辑器代码】窗格，并且【SQL 编辑器】工具栏也会出现。

(2) 将【SQL 编辑器】工具栏内的【可用数据库】下拉列表框的值改为【过程化考核数据库 Demo】。

(3) 选择【查询】菜单中的【在编辑器中设计查询】选项，出现如图 4.3 所示的【添加表】对话框。

(4) 在列表中选择【学生信息表】选项，并单击【添加】按钮，将其添加到【查询设计器】窗口内。使用相同的方法将“班级信息表”也添加到【查询设计器】窗口中。单击【关闭】按钮，关闭【添加表】对话框。

(5) 在如图 4.4 所示的【查询设计器】窗口内，从上到下分别为关系图窗格、网格窗格、SQL 窗格。

(6) 在关系图窗格中选择要查询的“学生信息表”列的“学号”“姓名”“性别”和“出生日期”“班级信息表”的“班级名称”，然后连接“学生信息表”的“班级 ID 号”和“班级信息表”的“班级 ID”；另还可设置别名、排序以及记录的筛选条件等。在 SQL 窗格中自动生成 select 语句，如图 4.4 所示。

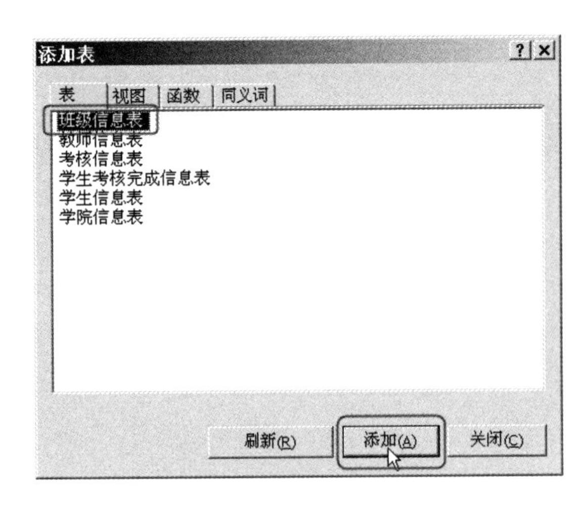

图 4.3 【添加表】对话框

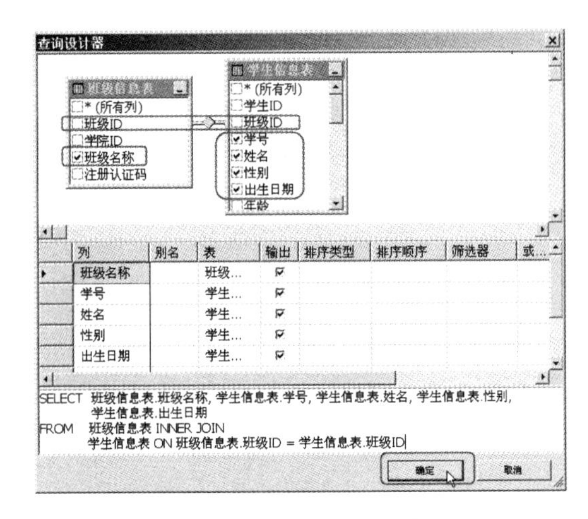

图 4.4 【查询设计器】窗口

(7) 单击【确定】按钮，关闭该窗口。在【查询编辑器代码】窗格中，自动填入了以上自动生成的 select 语句。

(8) 执行该 select 语句，运行结果。

(7) 单击【确定】按钮，关闭该窗口。在【查询编辑器代码】窗格中，自动填入了以上自动生成的 select 语句。

(8) 执行该 select 语句，运行结果。

4.1.2 select 子句选取字段

【导例 4.1】如何从“学生信息表”中只查询表中的姓名和性别列？从“学生信息表”查询表中的所有列时，如何书写简洁的 select 语句？在“学生信息表”中记录着学生姓名，如何给字段定义使用别名？又如何使用计算字段？

```
use 过程化考核数据库 Demo;        --一段一段选中执行
--1. 查询学生姓名和性别
select 姓名, 性别 from 学生信息表;

--2. 查询学生信息表中所有字段(列, 栏目)
select * from 学生信息表;

--3. 使用别名
select 姓名 学生姓名, 性别, 年龄
from 学生信息表;

--4. 计算字段, 与使用别名等价
select 学号, 尊称 = 姓名 + case when 性别 = '男' then '帅哥' else '靓女' end
from 学生信息表;
```

【知识点】

(1) 简单查询是按照一定的条件在单表上查询数据，还包括汇总查询以及查询结果的排序与保存。select 语句最基本的语法格式是：

```
select 列名 1[,…列名 n]
from  表名
```

(2) 选取字段：在 select 后指定要查询的字段名。选取字段就是关系运算的投影运算，它是对数据源(from 子名)进行垂直分割，如图 4.31 所示。

(3) 选取全部字段：在 select 后用“*”号表示所有字段，服务器会按用户创建表时声明列的顺序来显示所有的列。

(4) 设置字段别名：T-SQL 提供了在 select 语句中使用别名的方法。用户可以根据实际需要对查询数据的列标题进行修改，或者为没有标题的列加上临时标题。列名的语法格式是：

```
列表达式 [as] 别名
```

(5) 使用计算字段：T-SQL 提供了在 select 语句查询表达式的功能。列名的语法格式是：

```
计算字段名=表达式
```

4.1.3　select 子句记录重复与最前面记录

【导例 4.2】 从“学生信息表”查询年龄和性别，如何允许返回重复记录或过滤掉重复记录？如何从“学生信息表”中查询出生日期最小的前 5 名同学的姓名和出生日期？如何从“学生信息表”中查询年龄最小的前 10%的同学的姓名、性别和年龄？

```
use 过程化考核数据库 Demo;      --一段一段选中执行
--1. 指定在查询结果中可以返回重复行
select all 年龄, 性别 from 学生信息表;

--2. 指定在查询结果中可以返回重复行  与 1 基本等价
select 性别, 年龄 from 学生信息表;

--3. 指定在查询结果中过滤掉重复行，结果排序
select distinct 性别, 年龄 from 学生信息表;

--4. 指定在查询结果中过滤掉重复行，结果排序
select distinct 年龄, 性别 from 学生信息表;

--5. 前 5 条记录
select top 5 姓名, 出生日期 from 学生信息表 order by 出生日期;

--4. 前 10%条记录
select top 10 percent 姓名, 性别, 年龄 from 学生信息表 order by 年龄;
```

【思考】

(1) 下列 select 语句返回的结果是什么？

```
select distinct 性别 from 学生信息表
```

(2) 下列 select 语句书写正确吗？为什么？

```
select all distinct 性别 from 学生信息表
```

【知识点】

(1) all 选项表示返回重复行记录，all 是默认设置，可以省略；distinct 选项表示过滤重复记录，如果表中有多个为 NULL 的数据，服务器会把这些数据视为相等。其语法格式是：

```
select [all | distinct] 列名 1[,…n] from 表名
```

(2) top n 表示返回最前面的 *n* 行记录，*n* 表示返回的行数；top n percent 表示返回的最前面的 *n*%行。top 一般与 order by 联合使用。

```
select [top n | top n percent] 列名1[,…n]
from 表名 [order by 列名]
```

4.1.4 条件查询

条件查询是指在数据表中查询满足某些条件的记录，在 select 语句中使用 where 子句可以达到这一目的，即从数据表中过滤出符合条件的记录。条件查询就是关系运算的选择运算，它是对数据源(from 子句)进行水平分割。语法格式如下：

```
select 列名1[,…列名n] from  表名
where 条件表达式
```

使用 where 子句可以限制查询的记录范围。在使用时，where 子句必须紧跟在 from 子句后面。where 子句中的条件是一个逻辑表达式，其中可以包含的运算符见表 4-1。

表 4-1 查询条件中常用的运算符

运算符	用　　途
=，<>，>，>=，<，<=，!=	比较大小
and，or，not	设置多重条件
between and	确定范围
in、not in、any|some、all	确定集合
like	字符匹配，用于模糊查询
is[not] null	测试空值

【导例 4.3】如何从“学生信息表”查询年龄在 20 岁以下(包括 20 岁)的学生的姓名、性别和年龄？如何从“学生信息表”查询年龄在 20 岁以上(不包括 20 岁)的男生的姓名、年龄？

```
use 过程化考核数据库 Demo;      --一段一段选中执行
select 姓名, 性别, 年龄 from 学生信息表
where 年龄 <= 20;     --条件是比较运算

select 姓名, 性别, 年龄 from 学生信息表
where (年龄 > 20) and (性别 = '男');
--条件是先比较运算，后将比较运算的结果进行基本逻辑运算。
```

【知识点】

(1) 比较运算用来测试两个相同类型表达式的顺序、大小、相同与否，比较运算的结果是逻辑值。比较表达式语法格式是：

```
表达式 比较运算符 表达式
```

(2) 基本逻辑运算符有 and、or、not，基本逻辑运算参与运算的表达式是逻辑表达式，运算结果是逻辑值。基本逻辑运算表达式语法格式是：

```
逻辑表达式 and 逻辑表达式
逻辑表达式 or 逻辑表达式
not 逻辑表达式
```

【导例 4.4】如何从“学生信息表”查询手机号码以 139、186 和 189 开头的学生的姓名、性别和手机号码？如何从“学生信息表”查询手机号码为 186、189 开头的学生的姓名、性别和手机号码？如何从“学生信息表”查询身高在 1.75 米(包括 1.75 米)和 1.82 米(包括 1.82 米)之间的同学的姓名、性别和身高？

```
use 过程化考核数据库Demo;      --一段一段选中执行
select 姓名, 性别, 手机号码 from 学生信息表
where left(手机号码,3) in ('139','186', '189');

select 姓名, 性别, 手机号码 from 学生信息表
where 手机号码 like '18[69]%';

select 姓名, 性别, 身高 from 学生信息表;
where 身高 between 1.75 and 1.82;
```

【知识点】

(1) in 条件表达式。其语法格式如下：用来判断表达式的值是否 in 后面括号中列出的表达式 1，表达式 2，…表达式 *n* 的值之一。

```
表达式 [not] in (表达式1, 表达式2[,…表达式n])
```

(2) like 条件表达式用来进行模糊查询。其语法格式如下：其中格式串通常与下列通配符配合使用，用来灵活实现复杂的查询条件。

```
表达式 [not] like '格式串'
```

(3) SQL Server 提供了以下 4 种通配符。这 4 种通配符都只有在 like 条件表达式的格式串子句中才有如下意义；否则通配符会被当作普通字符处理。

```
%(百分号)：表示从 0 到 n 个任意字符。
_(下划线)：表示单个的任意字符。
[ ](封闭方括号)：表示方括号里列出的任意一个字符。
[^]：任意一个没有在方括号里列出的字符。
```

(4) between 条件表达式。其语法格式如下：意义为表达式的值在表达式 1 的值与表达式 2 的值之间。使用 between 限制查询数据范围时同时包括了边界值，而使用 not between 进行查询时没有包括边界值。

```
表达式 [not] between 表达式1 and 表达式2
```

4.1.5 汇总查询(聚合函数)

【导例 4.5】如何从“学生信息表”查询学生的最重体重、最轻体重、平均体重、体重总和与总人数？

```
use 过程化考核数据库Demo;
select max(体重) 最重体重, min(体重) 最轻体重,
    avg(体重) 平均体重, sum(体重) 体重总和, count(*) as 总人数
from 学生信息表;
```

【知识点】

汇总查询是把存储在数据库中的数据作为一个整体，对查询结果得到的数据集合进行汇总运算。SQL Server 提供了一系列统计函数，用于实现汇总查询，见表 4-2。

表 4-2　SQL Server 的统计函数

函数名	功　能
sum()	对数值型列或计算列求总和
avg()	对数值型列或计算列求平均值
min()	返回一个数值列或数值表达式的最小值
max()	返回一个数值列或数值表达式的最大值
count()	返回满足 select 语句中指定的条件的记录的个数
count(*)	返回找到的行数

4.1.6　查询结果排序

【导例 4.6】如何从“学生信息表”查询学生姓名、性别、体重且按体重从重到轻排序？

```
use 过程化考核数据库 Demo;
select 姓名, 性别, 体重
from 学生信息表
order by 体重 desc;
```

【知识点】

对查询的结果进行排序，通过使用 order by 子句实现。语法格式如下，其中，表达式给出排序依据，即按照表达式的值升序(asc)或降序(desc)排列查询结果。多个表达式给出多个排序依据，表达式在 order by 子句中的顺序决定了这个排序依据的优先级。

```
order by 表达式1 [ asc| desc] [,…n]]
```

不能按 ntext、text 或 image 类型的列排序，因此，ntext、text 或 image 类型的列不允许出现在 order by 子句中。

在默认的情况下，order by 按升序进行排列，即默认使用的是 asc 关键字。如果用户特别要求按降序进行排列，必须使用 desc 关键字。

4.1.7　查询结果保存

【导例 4.7】如何从“学生信息表”中查询所有女生的信息并保存在“女生表”中？如何从“学生信息表”查询所有李姓男生的信息并保存在临时库“tempdb”的临时表中？

```
use 过程化考核数据库 Demo;     --一段一段选中执行
select * into 女生表 from 学生信息表
where 性别='女';
--刷新当前库的用户表，看看有无【女生表】
select * from 女生表;

select * into #李姓公子表 from 学生信息表
where 性别='男' and 姓名 like '李%';
--刷新当前库的用户表，看看有无【#李姓公子表】
--刷新【tempdb】库的用户表，看看有无【#李姓公子表】

select * from #李姓公子表;   --加#在当前库可查询其临时表
```

```
drop table #李姓公子表;     --在当前库可删除[tempdb]的临时表
select * from #李姓公子表;
```

【知识点】

在 select 语句中，into 子句的语法格式如下。使用 into 子句可以将查询的结果存放到一个新建的数据表，也可保存到“tempdb”库的临时表中。如果要将查询结果存放到“tempdb”临时表，则在临时表名前要加“#”号。

```
into 目标数据表
```

4.2　T-SQL 高级查询

高级查询包括从多个相关的表中查询数据时使用的连接查询、分组、合并结果集、汇总计算和子查询等。

4.2.1　连接查询

连接查询是关系数据库中最主要的查询方式。其目的是通过加载连接字段条件将多个表连接起来，以便从多个表中检索用户所需要的数据。在 SQL Server 中连接查询类型分为内连接、外连接、交叉连接(cross join)、自连接(self join)。连接查询就是关系运算的连接运算，它是从多个数据源间(from 子句)查询满足一定条件的记录。

1. 内连接

【导例 4.8】“学生考核完成信息表”记录学生 ID 和考核 ID，而没有记录学生的姓名和考核名称。如何从“学生考核完成信息表”“学生信息表”和“考核信息表”中查询学生的学号、姓名、考核名称和分数？

```
use 过程化考核数据库Demo;     --一段一段选中执行
select 学号, 姓名, 考核名称, 分数
  from 学生考核完成信息表, 学生信息表, 考核信息表
  where 学生考核完成信息表.学生ID = 学生信息表.学生ID and
        学生考核完成信息表.考核ID = 考核信息表.考核ID;

--等价于下列语句:
select 学号, 姓名, 考核名称, 分数
  from 学生考核完成信息表 inner join 学生信息表
         on 学生考核完成信息表.学生ID = 学生信息表.学生ID
                inner join 考核信息表
         on 学生考核完成信息表.考核ID = 考核信息表.考核ID;

--为数据表指定别名
select 学号, 姓名, 考核名称, 分数
  from 学生考核完成信息表 as cj
    inner join 学生信息表 as xs on cj.学生ID = xs.学生ID
    inner join 考核信息表 as kh on cj.考核ID = kh.考核ID;
```

【思考】

上述 3 条查询语句的结果有区别吗？

【知识点】

内连接也叫自然连接，它是组合两个表的常用方法。自然连接是将两个表中的列进行比较，将两个表中满足连接条件的行组合起来作为结果。语法格式如下：

```
from 表1 [inner] join 表2 on 条件表达式1
```

2. 外连接

【导例 4.9】如何从“学生信息表”“学生考核完成信息表”和“考核信息表”中查询学生的学号、姓名、考核名称和分数(包括没有成绩的新入学同学的学号、姓名)？如何从“学生信息表”、“学生考核完成信息表”和“考核信息表”中查询学生的学号、姓名、考核名称和分数(包括已布置还没有进行的考核名称)？

```
use 过程化考核数据库Demo;     --一段一段选中执行
select 学号, 姓名, 考核名称, 分数
  from 学生信息表 as xs left join
    (学生考核完成信息表 as cj join 考核信息表 as kh on cj.考核ID = kh.考核ID)
    on cj.学生ID = xs.学生ID;

select 学号, 姓名, 考核名称, 分数
  from (学生考核完成信息表 as cj join 学生信息表 as xs
        on cj.学生ID = xs.学生ID)
     right join 考核信息表 as kh on cj.考核ID = kh.考核ID;
```

【思考】

上述两条查询语句的结果有什么区别？

【知识点】

(1) 在自然连接中，只有在两个表中匹配的行才能在结果集中出现；而在外连接中可以只限制一个表，对另外一个表不加限制(即另外一个表中的所有行都出现在结果集中)。

(2) 外连接分为左外连接、右外连接和全外连接。

(3) 左外连接是对连接条件中左边的表不加限制。其语法格式如下：

```
from 表1 left [outer] join 表2 on 条件表达式
```

(4) 右外连接是对右边的表不加限制。其语法格式如下：

```
from 表1 right [outer] join 表2 on 条件表达式
```

【导例 4.10】如何从“学生信息表”“学生考核完成信息表”和“考核信息表”中查询学生的学号、姓名、考核名称和分数(包括没有成绩的新入学同学的学号、姓名和已布置还没有进行的考核名称)？

```
use 过程化考核数据库Demo;     --一段一段选中执行
select 学号, 姓名, 考核名称, 分数
  from (学生信息表 as xs left join 学生考核完成信息表 as cj
 on xs.学生ID = cj.学生ID)
        full join 考核信息表 as kh on cj.考核ID = kh.考核ID;
```

【思考】

上述查询语句的结果与导例 4.9 有什么区别？

【知识点】

全外连接对两个表都不加限制，两个表中所有的行都会包括在结果集中。全外连接语法格式如下：

```
from 表1 full [outer] join 表2 on 条件表达式
```

3. 自连接与交叉连接

【导例 4.11】如何从“学生信息表”中查询同名学生的学号、姓名、籍贯和家庭地址(预先在学生信息表中添加一个同名学生)？假设“考核信息表”中仅存我班本课程教学过程中布置的考核信息，“学生信息表”中仅存我班同学的信息，请从“学生信息表”“考核信息表”查询我班每个同学对应每次考核应有的分数空白表(分数为 0)。

```
use 过程化考核数据库Demo;     --一段一段选中执行

select xs1.姓名,xs1.学号 ,xs1.籍贯, xs1.家庭住址
from 学生信息表 as xs1 join 学生信息表 as xs2
   on xs1.姓名 = xs2.姓名
where xs1.学号<>xs2.学号;

select 学号, 姓名, 考核名称, 0 as 分数
from 学生信息表 cross join dbo.考核信息表
order by 学号, 开始时间;
```

【知识点】

(1) 连接操作不仅可以在不同的表上进行，也可以在同一张表内进行自身连接，即将同一个表的不同行连接起来。自连接可以看作一张表的两个副本之间的连接。在自连接中，必须为表指定两个别名，使之在逻辑上成为两张表。

(2) 交叉连接也叫非限制连接，是指将两个表不加任何约束地组合起来。在数学上，就是两个表的笛卡尔积。交叉连接也是非常有用的一种连接。交叉连接后得到的结果集的行数是两个被连接表的行数的乘积。其语法格式如下：

```
from 表1 cross join 表2  或  from 表1 ，表2
```

4.2.2　使用分组

1. 简单分组

【导例 4.12】从“学生信息表”中分别统计出男生和女生的最大年龄、最小年龄、平均年龄、年龄总和及人数。

```
use 过程化考核数据库Demo;
select 性别, max(年龄) 最大年龄, min(年龄) 最小年龄,
  avg(年龄) 平均年龄, sum(年龄) 年龄总和, count(*) as 人数
from 学生信息表
group by 性别;
```

从以上结果可以看出,所有的统计函数都是对查询出的每一行数据进行分组后再进行统计计算。所以在结果集合中，对性别列的每一种数据都有一行统计结果值与之对应。

【知识点】

(1) 分组是按某一列数据的值或某个列组合的值将查询出的行分成若干组，每组在指定列或列组合上具有相同的值。分组可通过使用 group by 子句来实现。语法格式如下：

```
group by 分组表达式 [,…n ] [having 搜索表达式]
```

(2) group by 子句中不支持对列设置别名，也不支持任何使用了统计函数的集合列。

(3) 对 select 子句后面每一列数据除了出现在统计函数中的列以外，都必须在 group by 子句中应用。例如，以下查询是错误的。select 后面的列“学号”无效，因为该列既不包含在聚合函数中，也不包含在 group by 子句中。

```
use 过程化考核数据库 Demo;
select 学号, 性别, max(年龄) 最大年龄, min(年龄) 最小年龄,
  avg(年龄) 平均年龄, sum(年龄) 年龄总和, count(*) as 人数
from 学生信息表
group by 性别;
```

【导例 4.13】从“学生信息表”中(仅我班同学)分别分组统计出男生和女生的最重体重、最轻体重、平均体重、体重总和及小组人数，结果按组、性别排列。

```
use 过程化考核数据库 Demo;
select 小组, 性别,
  max(体重) 最重体重, min(体重) 最轻体重,
  avg(体重) 平均体重, sum(体重) 体重总和,
  count(*) as 人数
from 学生信息表
group by 小组,性别
order by 小组,性别;
```

2. 使用 having 筛选结果

【导例 4.14】查询考核均分高于 70 分学生的学号、姓名、均分，结果按均分降序排列。

```
use 过程化考核数据库 Demo;
select 学号, 姓名, avg(分数) 均分
from (学生考核完成信息表 as cj join 学生信息表 as xs
      on cj.学生 ID = xs.学生 ID)
     join 考核信息表 as kh on cj.考核 ID = kh.考核 ID
group by 学号, 姓名
having avg(分数)>70
order by avg(分数) desc;
```

【知识点】

(1) 若要输出满足一定条件的分组，则需要使用 having 关键字。即当完成数据结果的查询和统计后，可以使用 having 关键字来对查询和统计的结果进行进一步的筛选。

(2) where 与 having 的主要区别是各自的作用对象不同。where 是从基表或视图中检索满足条件的记录。having 是从所有的组中，检索满足条件的组。

4.2.3 集合运算

【导例 4.15】查询结果的并、差、交集运算。“学生信息表”记录数与“教师信息表”记

录数之和等于并集的记录数吗？

```
use 过程化考核数据库Demo;
select 姓名  --师生姓名并集
from 学生信息表
union --all    --加上all试试
select 姓名
from 教师信息表;  --[学生信息表]记录数 + [教师信息表]记录数 = 并集的记录数吗？

create table 男单表(姓名 nchar(4));
select * into 男团表 from 男单表;
insert into 男单表 values('王皓'),('张继科');
insert into 男团表  values('王皓'),('张继科'),('马龙'),('许昕');

select 姓名 [男单、男团参赛人员] from 男团表
union
select 姓名 from 男单表;

select 姓名 [男团中除男单外参赛人员] from 男团表
except
select 姓名 from 男单表;

select 姓名 [男单、男团都参赛人员] from 男团表
intersect
select 姓名 from 男单表;

drop table 男团表, 男单表;
```

【知识点】

(1) union 运算返回两个或两个以上的查询结果集的并集，except 运算返回第 1 个查询结果集与第 2 个查询结果的差集，intersect 运算返回两个或两个以上的查询结果的交集，最后结果集中的列名来自第一个 select 语句。其语法格式如下：

```
查询语句
union [all] | except | intersect
查询语句
```

(2) 集合查询是将两个或多个表(结果集)顺序连接，最后结果集中的列名来自第一个 select 语句。

(3) 集合运算中的每一个查询语句必须具有相同的列数，相同位置的列的数据类型要相同或兼容。若列宽度不同，以最宽字段的宽度作为输出字段的宽度。

(4) 最后一个 select 查询可以带 order by 子句，对整个运算操作结果集起作用，且只能用第一个 select 查询中的字段作排序列。

(5) 集合运算自动滤去结果集中重复的记录(union all 除外)。

4.2.4　汇总计算

【导例 4.16】在“学生信息表”中查询学生学号、姓名、体重，并计算出最重体重、最轻体重和平均体重。

```
use 过程化考核数据库 Demo;
select 学号,姓名,体重
from 学生信息表
compute max(体重), min(体重), avg(体重);
```

【知识点】

(1) 汇总计算是生成合计作为附加的汇总列出现在结果集的最后。其语法格式如下:

```
compute 行聚合函数名(统计表达式)[,…n] [by 分类表达式 [,…n]]
```

(2) compute 子句使用的行聚合函数见表 4-3。

表 4-3 行聚合函数

函 数	描 述
count	选定的行数
max	表达式中的最大值
min	表达式中的最小值
avg	数字表达式中所有值的平均值
sum	数字表达式中所有值的和
stdev	表达式中所有值的统计标准偏差
stdevp	表达式中所有值的填充统计标准偏差
var	表达式中所有值的统计方差
varp	表达式中所有值的填充统计方差

(3) compute 或 compute by 子句中的表达式必须出现在选择列表中，并且必须将其指定为与选择列表中的某个表达式完全一样，不能使用在选择列表中指定的列的别名。

(4) 在 compute 或 compute by 子句中，不能指定为 ntext、text 和 image 数据类型。

(5) 在 select into 语句中不能使用 compute。因此，任何由 compute 生成的计算结果不出现在用 select into 语句创建的新表内。

(6) 如果使用 compute by，则必须也使用 order by 子句。表达式必须与在 order by 后列出的子句相同或是其子集，并且必须按相同的序列。例如，如果 order by 子句是 order by a，b，c，则 compute 子句可以是下面的任意一个(或全部):

```
compute by a, b, c
compute by a, b
compute by a
```

4.2.5 子查询

子查询是指在 select 语句的 where 或 having 子句中嵌套另一条 select 语句。外层的 select 语句称为外查询语句，内层的 select 语句称为内查询语句，内查询语句也称子查询语句，子查询语句必须使用括号括起来。子查询分两种：嵌套子查询和相关子查询。

1. 嵌套子查询

【导例 4.17】在“过程化考核数据库 Demo”中查询组长们每次考核的考核名称和平均分数，且按均分从大到小排序。查询没有考核成绩的学生的学号、姓名、籍贯和家庭地址。

```
use 过程化考核数据库 Demo;    --一段一段选中执行
select 考核名称, avg(分数) 均分
  from 学生考核完成信息表 inner join 考核信息表
       on 学生考核完成信息表.考核 ID = 考核信息表.考核 ID
  where 学生 ID in (select 学生 ID from 学生信息表 where 课程职务 = '组长')
  group by 考核名称
  order by avg(分数) desc;

select 学号, 姓名, 籍贯, 家庭住址
from 学生信息表
where 学生 ID not in
(select distinct 学生 ID from 学生考核完成信息表);
```

【知识点】

(1) 嵌套子查询是指内查询语句的执行不依赖于外查询语句。嵌套子查询的执行过程为：首先执行子查询语句，子查询得到的结果集不被显示出来，而是传给外部查询，作为外部查询语句的条件使用，然后执行外部查询并显示查询结果。嵌套子查询可以多层嵌套。

(2) 嵌套子查询一般也分为两种：返回单个值和返回值列表。

(3) 返回单个值是指内查询语句返回的结果集是单个值。返回的单个值被外部查询的比较操作(如= 、!=、<、<=、>、>=)使用，该值可以是子查询中使用集合函数得到的值。导例 4.17 第 1 段就是返回单个值的嵌套子查询。

(4) 返回值列表是指内查询语句返回的结果集是多个值。返回的这个值列表被外部查询的 in、not in、any 或 all 比较操作使用。导例 4.17 第 2 段就是返回值列表的嵌套子查询。

(5) in 表示属于，即外部查询中用于判断的表达式的值与子查询返回的值列表中的一个值相等；not in 表示不属于。

(6) any、some 和 all 用于一个值与一组值的比较，以>为例，any、some 表示大于一组值中的任意一个，all 表示大于一组值中的每一个。比如，>any(1,2,3)表示大于 1；而>all(1,2,3)表示大于 3。

2. 相关子查询

【导例 4.18】在“过程化考核数据库 Demo”中查询没有任何考核成绩的学生的学号、姓名、 籍贯和家庭住址。

```
use 过程化考核数据库 Demo;
select 学号,姓名, 籍贯, 家庭住址
from 学生信息表
where not exists
(select * from 学生考核完成信息表
  where 学生考核完成信息表.学生 ID=学生信息表.学生 ID);
```

【知识点】

(1) 相关子查询。是指在子查询的查询条件中引用了外层查询表中的字段值。相关子查询的结果集取决于外部查询当前的数据行，这一点与嵌套子查询不同。

(2) 相关子查询和嵌套子查询在执行方式上也有不同。嵌套子查询的执行顺序是先内后外，即先执行子查询，然后将子查询的结果作为外层查询的查询条件的值。

(3) 相关子查询中，首先选取外层查询表中的第一行记录，内层的子查询则利用此行中相

关的字段值进行查询，然后外层查询根据子查询返回的结果判断此行是否满足查询条件。如果满足条件，则把该行放入外层查询结果集合中。重复这一过程的执行，直到处理完外层查询表中的每一行数据。通过对相关子查询执行过程的分析可知，相关子查询的执行次数是由外层查询的行数决定的。

4.2.6 数据查询综述

数据查询是数据库系统中最基本也是最重要的操作，select 语句是数据库操作中使用频率最高的语句，是 SQL 语言的灵魂。查询分为简单查询和高级查询。简单查询包括用 select 子句选取字段和记录、条件查询、汇总查询、查询结果排序和查询结果保存；高级查询包括连接查询、使用分组、合并结果集、汇总计算和子查询；数据查询 select 语句的主要语法格式如下，读者需牢记于心，具体的语法格式如若记不清可在使用时查询在线帮助文档。

```
select 字段列表
  [into 目标数据表]
from 源数据表或视图[,…n]
  [where 条件表达式]
[group by 分组表达式 [having 搜索表达式]]
[order by 排序表达式 [,…n ] [asc]|[desc]]
[compute 行聚合函数名(统计表达式)[ ,…n] [by 分类表达式 [,…n ]]]
```

其中：

(1) 字段列表用于指出要查询的字段，也就是查询结果中的字段名。

(2) into 子句用于创建一个新表，并将查询结果保存到这个新表中。

(3) from 子句用于指出所要进行查询的数据来源，即表或视图的名称。

(4) where 子句用于指出查询数据时要满足的检索条件。

(5) group by 子句用于对查询结果分组。

(6) order by 子句用于对查询结果排序。

select 语句的功能为：从 from 列出的数据源表中，找出满足 where 检索条件的记录，按 select 子句的字段列表输出查询结果表，在查询结果表中可进行分组与排序。

在 select 语句中，select 子句与 from 子句是不可少的，其余子句是可选的。

4.3 视　图

视图是根据用户观点所定义的数据结构，是关系数据库系统提供给用户以多种角度观察数据库中数据的重要机制。本节先介绍使用 SSMS 管理视图的方法，然后介绍如何使用 T-SQL 语句创建、查询、修改、使用和删除视图，最后提炼视图的概念。

4.3.1 使用 SSMS 管理视图

【演练 4.3】使用 SSMS 在“过程化考核数据库 Demo”的“学生信息表”“班级信息表”和“学院信息表”的基础上创建包含班级名称、学院名称的“学生信息视图”视图；修改基础表“学生信息表”或其他基础表中的数据，用 SSMS 查看“学生信息视图”视图的数据是否也修改，并体会视图的内涵。

(1) 启动 SSMS，在【对象资源管理器】窗格展开【数据库】文件夹，选择【过程化考核数据库 Demo】选项，在【视图】选项单击右键，选择【新建视图】命令，如图 4.5 所示。

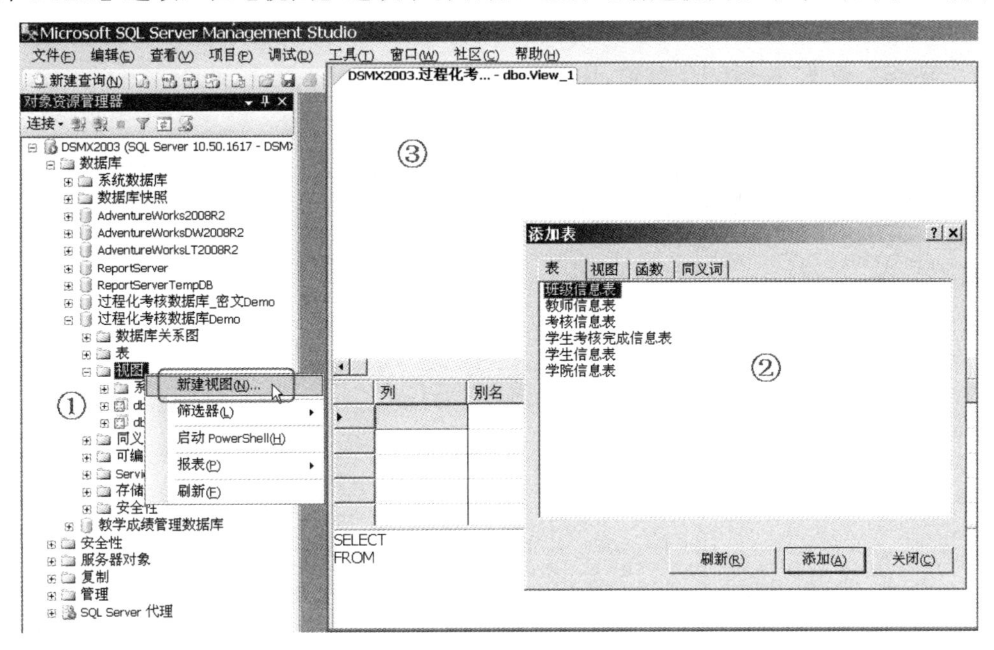

图 4.5 【添加表】对话框

(2) 在图 4.5②所示的【添加表】对话框，可以将要引用的“学生信息表”“班级信息表”和“学院信息表”添加到视图设计窗口，添加完数据表之后，单击【关闭】按钮。

(3) 在如图 4.6 所示的【视图设计】窗口中，如果还要添加新的数据表，可以右击关系图窗格的空白处，在弹出的快捷菜单里选择【添加表】选项，则会弹出图 4.5②所示的【添加表】对话框，然后继续为视图添加引用表或视图；如果要移除已经添加的数据表或视图，可以右击【关系图】窗口里选择要移除的数据表或视图，在弹出的快捷菜单里选择【移除】选项，或选中要移除的数据表或视图后，直接按 Delete 键移除。

(4) 在如图 4.6 所示窗口的关系图窗格中，调整“学生信息表”“班级信息表”和“学院信息表”的位置，连接“学生信息表”的“班级 ID”到“班级信息表”的“班级 ID”“班级信息表”的“学院 ID”到“学院信息表”的“学院 ID”。

(5) 在如图 4.6 所示窗口的关系图窗格中，依次选择“学生信息表”的所有列，选择“班级信息表”的“班级名称”“学院 ID”，选择“学院信息表”的“学院名称”字段前的复选框，设置视图要输出的字段。设置的同时，SQL Server 会自动生成 select 语句，显示到 SQL 窗格，这个 select 语句也就是视图所要存储的查询语句。所有条件设置完毕之后，单击工具栏上的【执行 SQL】按钮，在一切测试正常之后，单击【保存】按钮，在弹出的对话框里输入视图名称“学生信息视图”，再单击【确定】按钮完成操作。此时，会在左侧控制台树【视图】选项中多出一个【dbo.学生信息视图】选项，这表明视图创建成功。

(6) 在控制台树中，展开“过程化考核数据库 Demo”，单击【视图】选项，在工作区右击“学生信息视图”，在快捷菜单上单击【选择前 1000 行】命令，弹出等同于数据表的查询窗口。这样看来，视图是表，方方正正的一张二维表。

(7) 在控制台树中，展开“过程化考核数据库 Demo”，单击【视图】选项，在工作区右击

“学生信息视图”，在快捷菜单上单击【编写视图脚本为】【ALTER 到】【新查询编辑窗口】命令，弹出如图 4.7 所示的窗口。这说明：视图不是表，视图中只保存着一条命名为“学生信息视图”的 select 语句。

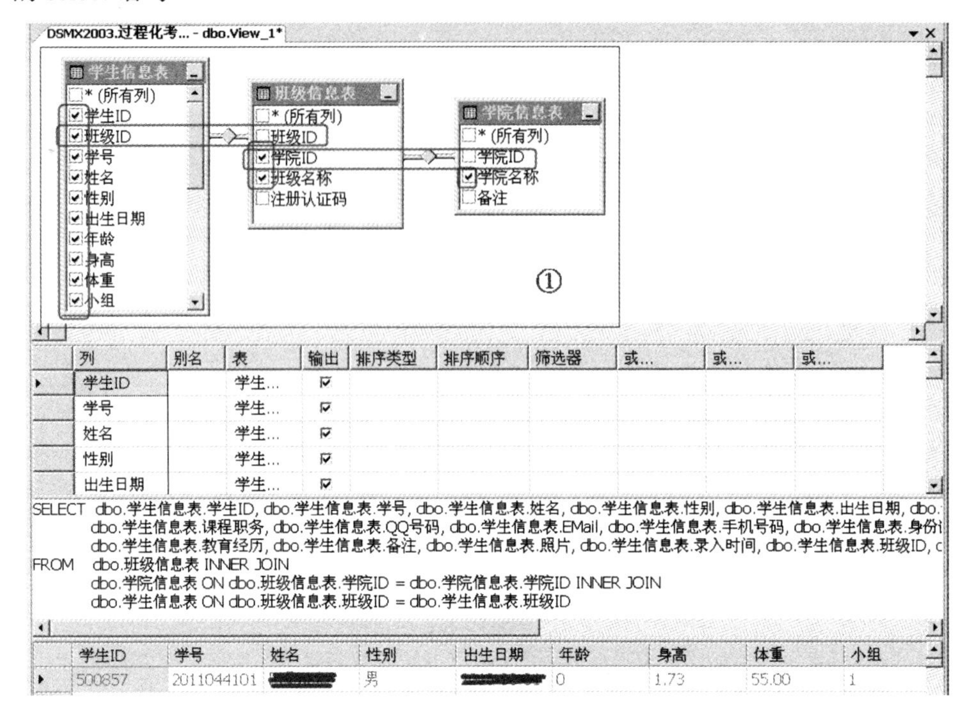

图 4.6 【视图设计】窗口

```sql
USE [过程化考核数据库Demo]
GO

/****** Object:  View [dbo].[学生信息视图]    Script Date: 07/21/2013 12:05:33 ******/
SET ANSI_NULLS ON
GO

SET QUOTED_IDENTIFIER ON
GO

ALTER VIEW [dbo].[学生信息视图]
AS
SELECT   dbo.学生信息表.学生ID, dbo.学生信息表.学号, dbo.学生信息表.姓名, dbo.学生信息表.性别,
         dbo.学生信息表.出生日期, dbo.学生信息表.年龄, dbo.学生信息表.身高, dbo.学生信息表.体重,
         dbo.学生信息表.小组, dbo.学生信息表.课程职务, dbo.学生信息表.QQ号码, dbo.学生信息表.EMail,
         dbo.学生信息表.手机号码, dbo.学生信息表.身份证号, dbo.学生信息表.民族,
         dbo.学生信息表.政治面貌, dbo.学生信息表.籍贯, dbo.学生信息表.家庭住址,
         dbo.学生信息表.教育经历, dbo.学生信息表.备注, dbo.学生信息表.照片, dbo.学生信息表.录入时间,
         dbo.学生信息表.班级ID, dbo.班级信息表.班级名称, dbo.班级信息表.学院ID, dbo.学院信息表.学院名称
FROM     dbo.班级信息表 INNER JOIN
             dbo.学院信息表 ON dbo.班级信息表.学院ID = dbo.学院信息表.学院ID INNER JOIN
             dbo.学生信息表 ON dbo.班级信息表.班级ID = dbo.学生信息表.班级ID
```

图 4.7 视图脚本编辑窗口

(8) 在控制台树中，展开“过程化考核数据库 Demo”，单击【视图】选项，在工作区右击“学生信息视图”，在快捷菜单上单击【设计】命令，可修改视图。

(9) 使用 SSMS 修改“学生信息表”中某“学号”同学的“姓名”，再打开“学生信息视图”查看该“学号”同学的“姓名”是否变化？

(10) 使用 SSMS 删除“学生信息表”中某“学号”记录，再打开“学生信息视图”查看该“学号”学生记录是否存在。

至此，可以认为：视图是从基础表按 select 语句定义的投影影像——虚表。基础表数据变了，相应的投影结果也就变了。

4.3.2　使用 T-SQL 语句创建、修改和删除视图

【导例 4.19】“学生考核完成信息表”中为了数据的一致性只保存着学生 ID、考核 ID、分数、批阅人等，没有保存学生学号和姓名、考核名称、教师姓名，而面对用户必须提供学生 ID 对应的学生学号和姓名、考核名称和分数。以“学生考核完成信息表”“学生信息表”“考核信息表”为基础表，创建“考核成绩视图”并查询学号为 2011044104 的同学的成绩，修改“教学成绩视图”并查询杜老师批阅的教学成绩，删除“考核成绩视图”。

```
use 过程化考核数据库 Demo;    --一段一段选中执行
go
create view 考核成绩视图
as
select 学号, 姓名, 考核名称, 分数
  from 学生考核完成信息表 as cj
    inner join 学生信息表 as xs on cj.学生 ID = xs.学生 ID
    inner join 考核信息表 as kh on cj.考核 ID = kh.考核 ID;
go
-- 将[2011044104]换成你的学号
select 考核名称, 分数 from  考核成绩视图 where 学号='2011044104';
go

alter view 考核成绩视图
as
select 学号, 姓名, 考核名称, kh.开始时间 考核时间, 分数, 批阅人
  from 学生考核完成信息表 as cj
    inner join 学生信息表 as xs on cj.学生 ID = xs.学生 ID
    inner join 考核信息表 as kh on cj.考核 ID = kh.考核 ID;
go
-- 将[杜老师]换成你代课老师或组长的姓名
select 学号, 姓名, 考核名称, 分数, 批阅人 from  考核成绩视图
where 批阅人 = '杜老师';
go

drop view 考核成绩视图;
```

【知识点】

(1) 创建视图语法格式如下（其中，视图中包含的列可以有多个列名，最多可引用 1024 个列；若使用与源表或源视图中相同的列名，则不必给出列名）：

```
create view 视图名[(列名 1 [,…n])]
as
select 语句
```

(2) 修改视图语法格式如下：

```
alter view 视图名[(列名 1 [,…n])]
as
select 语句
```

(3) 删除视图语法格式如下：

```
drop view 视图名[,…n]
```

(4) 用来创建或修改视图的select语句有以下限制：一是不能在临时表或表变量上创建视图；二是不能使用compute、compute by、order by和into子句。

列名最多可引用1024个列。若使用与源表或源视图中相同的列名时，则不必给出列名。

4.3.3 通过视图更新数据

【导例4.20】创建“男生通讯录”视图，并在视图“男生通讯录”上插入学号为20120099、姓名为杨刚、手机号码为18603510088、QQ号码为3510088、E-mail为3510088@qq.com的男生；修改学号为20120099的学生姓名为杨力刚；删除学号为20120099的学生；最后删除“男生通讯录”视图。

```
use 过程化考核数据库Demo;    --一段一段选中执行
go
create view 男生通讯录
as
select 学号, 姓名, 性别, 手机号码, QQ号码, E-mail
from 学生信息表
where 性别='男';

go
select * from 男生通讯录;
insert 男生通讯录(学号, 姓名, 性别, 手机号码, QQ号码, E-mail)
values('20120099','杨刚','男','18603510088','3510088','3510088@qq.com');
select * from 男生通讯录;
select * from 学生信息表;

update 男生通讯录 set 姓名='杨力刚' where 学号='20120099';
select * from 男生通讯录;
select * from 学生信息表;

delete 男生通讯录 where 学号='20120099';
select * from 男生通讯录;
select * from 学生信息表;

drop view 男生通讯录;
select * from 学生信息表;
```

【知识点】

(1) 使用insert语句可以通过视图向基本表中插入数据。

① 若一个视图依赖于多个基本表，则插入该视图的字段一次只能插入一个基本表的数据。

② 使用update语句可以通过视图修改基本表的数据。若一个视图依赖于多个基本表，则修改该视图的字段一次只能变动一个基本表的数据。

③ 使用delete语句可以通过视图删除基本表的数据。对于依赖于多个基本表的视图，不能使用delete语句。

(2) 通过视图可以像基本表一样查询、插入、修改和删除数据。

(3) 对视图的更新操作也可通过SSMS或查询分析器的界面进行，操作方法与对表数据的插入、修改和删除的界面操作方法基本相同。

4.3.4　视图综述

1. 视图的概念

视图是由一个或多个数据表(基本表)或视图导出的虚拟表或查询表，是关系数据库系统提供给用户以多种角度观察数据库中数据的重要机制。例如，学生信息表中保存全校所有学生的基本数据；对于电子商务班的班主任，只让她访问电子商务班的学生信息的部分栏目(学号、姓名、性别、联系电话)；教学成绩表中为了数据的一致性只保存着学号、课程编号、教师编号，没有保存学生姓名、课程名称、教师姓名，而面对用户必须提供学号对应的学生姓名、课程编号对应的课程名称、教师编号对应的教师姓名，视图能够提供用户角度的多种数据结构。这种根据用户观点所定义的数据结构就是视图。

视图是虚表。虚表中的“表”是指其查询结果是由行列组成的二维表，且可以像数据表一样进行查询(from 表|视图)、删除(delete 表|视图)和更新(update 表|视图)数据操作；虚表中的“虚”是指创建视图时只存储了它的定义(select 语句)，没有储存视图对应的数据。从视图的查询数据(from 视图名)是执行查询时刻的执行其定义(select 语句)的结果，对视图进行增删改的操作其实是对其基本表的增删改的操作。所以，视图的数据与基表中数据同步。

2. 视图的优点

(1) 简化了 SQL 程序设计。在应用系统设计时，从使用者角度来看所需要的数据往往分散在从设计者角度设计的多个数据表(便于存储共享)中，定义视图可将它们集中在一起，从而屏蔽数据库的复杂性、简化了数据查询处理；再者，在视图创建后，对视图进行查询就可以像查询基本表那样便捷。

(2) 简化了用户权限的管理。在创建视图时，视图还可通过指定限制条件和指定列限制用户对基本表的访问。只需授予用户使用视图的权限，而不必指定用户只能使用表的特定列，增加了安全性。

3. 使用视图注意事项

(1) 只有在当前数据库中才能创建视图。

(2) 视图的命名必须遵循标识符命名规则，不能与表同名，且对每个用户视图名必须是唯一的。即对不同用户，即使是定义相同的视图，也必须使用不同的名字。

(3) 不能把规则、默认值或触发器与视图相关联。

(4) 使用视图查询时，若其关联的基本表中添加了新字段，则必须重新创建视图才能查询到新字段。

(5) 如果与视图相关联的表或视图被删除，则该视图将不能再使用。

4.4　数据导入与导出

数据导入/导出是数据库系统与外部进行数据交换的操作，即将其他数据库的数据转移到 SQL Server 中，或者将 SQL Server 中的数据转移到其他数据库中。本节先介绍导入/导出的方法，再介绍数据导入/导出的意义。

4.4.1 SQL Server 数据库表数据导出

【演练 4.4】如何使用 SSMS 中的导入/导出向导将“过程化考核数据库 Demo”中的用户表导出数据到 Excel 文件？

(1) 打开 SSMS，右击“过程化考核数据库 Demo”，选择【任务】|【导出数据】命令，则出现【SQL Server 导入和导出向导】对话框，如图 4.8 所示。如果以后使用向导不希望有该界面，可以选中【不再显示此起始页】复选框。

(2) 单击【下一步】按钮，弹出【选择数据源】对话框，如图 4.9 所示。在【数据源】列表框中选定源数据库类型【SQL Server Native Client】；在【数据库】列表框中选定要导出数据的数据库名称【过程化考核数据库 Demo】。

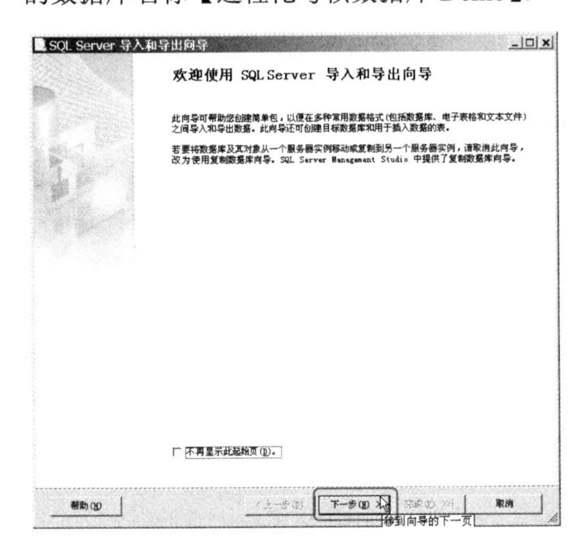

图 4.8 导入和导出向导欢迎界面

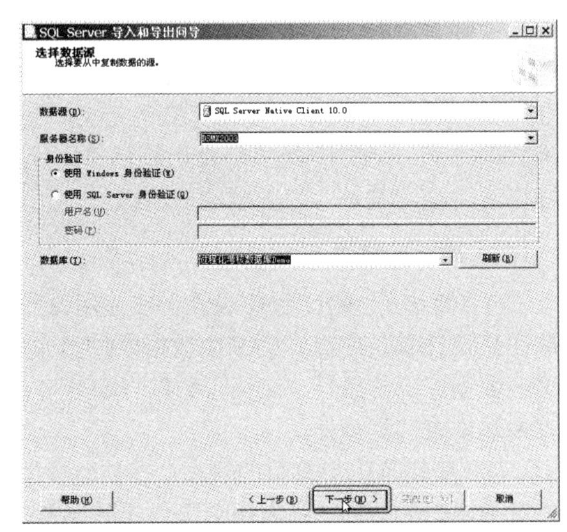

图 4.9 导出数据的数据源选择

(3) 单击【下一步】按钮，弹出【选择目标】对话框，如图 4.10 所示。在【目标】列表框中选定目的数据库的类型【Microsoft Excel 】；在【Execl 文件路径】文本框中输入目标文本文件的路径和文件名“d:\过程化考核数据.xls”; 在【Excel 版本】下拉列表框中选择【Microsoft Excel 97-2003】选项。

(4) 单击【下一步】按钮，弹出【指定表复制或查询】对话框，如图 4.11 所示。在该对话框中一共有两个选项，这里选择第一个选项。两个选项的作用如下。

复制一个或多个表和视图的数据：表示从指定数据库中选择需要导出的表或者视图，该项会把选中对象中的所有数据全部导出，单表备份经常使用。

编写查询以指定要传输的数据：表示利用自定义查询语句得到的查询结果，并把该结果导出，比较适合综合性的数据导出。

(5) 单击【下一步】按钮，弹出【选择源表和源视图】对话框，如图 4.12 所示。选中【源】复选框选中数据库中的 8 个数据表和视图，选定“教师信息表”后单击【编辑映射】按钮，弹出如图 4.13 所示的【列映射】对话框，单击【照片】行与【目标】列交叉位置的下拉列表框，选择【忽略】值，单击【确定】按钮。

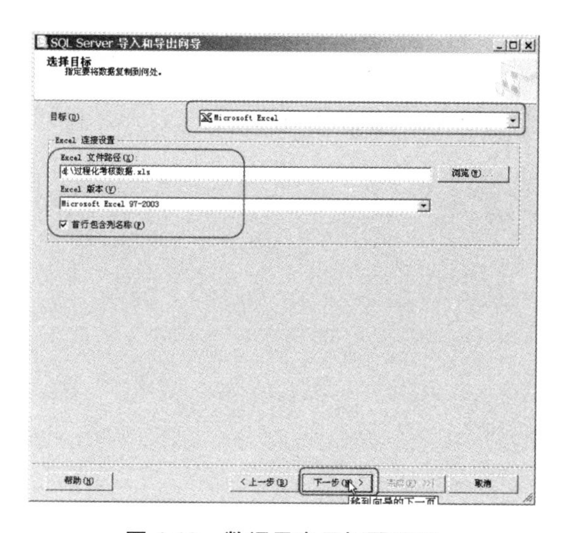

图 4.10　数据导出目标配置项

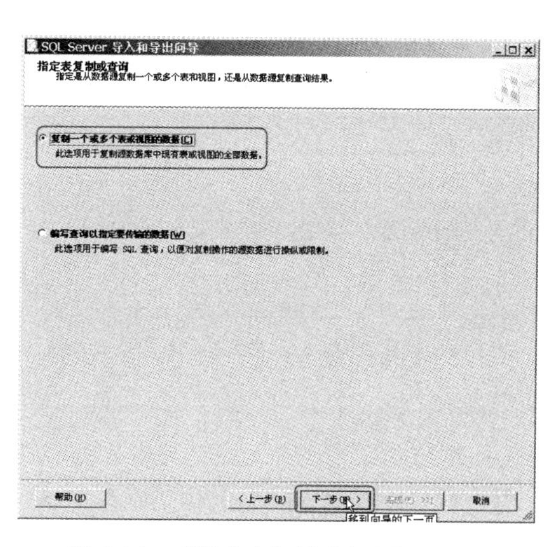

图 4.11　【指定表复制或查询】对话框

图 4.12　选择源表和源视图(1)

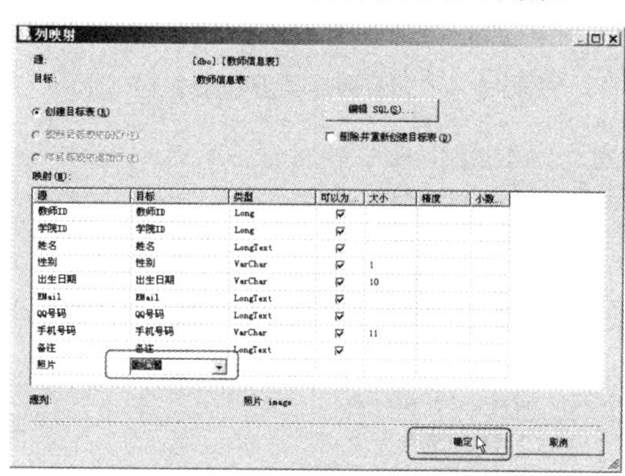

图 4.13　【列映射】对话框(1)

(6) 在如图 4.14 所示的【选择源表和源视图】对话框中，选定“学生信息表”后单击编辑映射，弹出如图 4.15 所示的【列映射】对话框，单击“照片”行与【目标】列交叉位置的下拉列表框，选择【忽略】值，单击【确定】按钮。

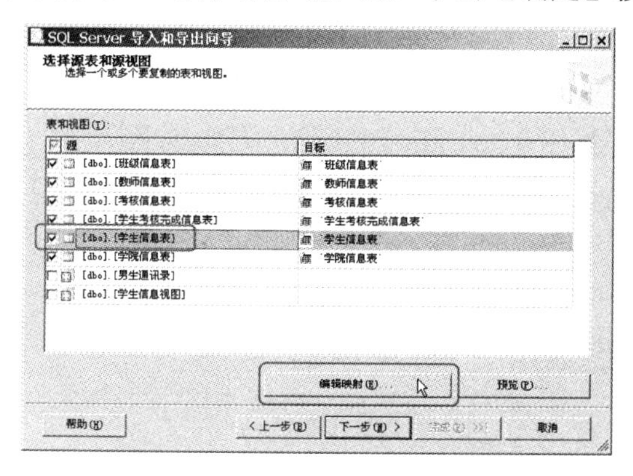

图 4.14　选择源表和源视图(2)

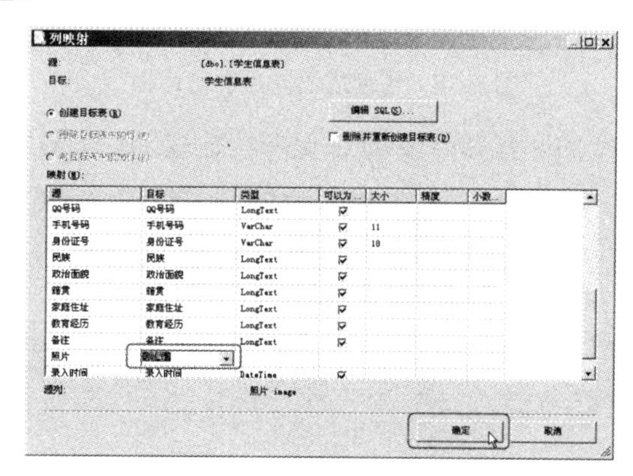

图 4.15　【列映射】对话框(2)

(7) 在如图 4.14 所示的【选择源表和源视图】对话框中单击【下一步】按钮，弹出【查看数据类型映射窗口】对话框，如图 4.16 所示。在该对话框中可以查看有关数据类型映射的情况。单击【下一步】按钮，进入【保存或运行包】对话框，如图 4.17 所示。这里可以选择默认，然后单击【下一步】按钮。

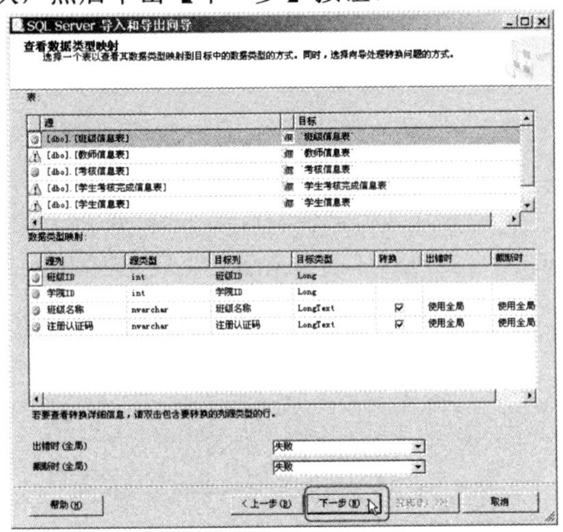

图 4.16 【查看数据类型映射】对话框

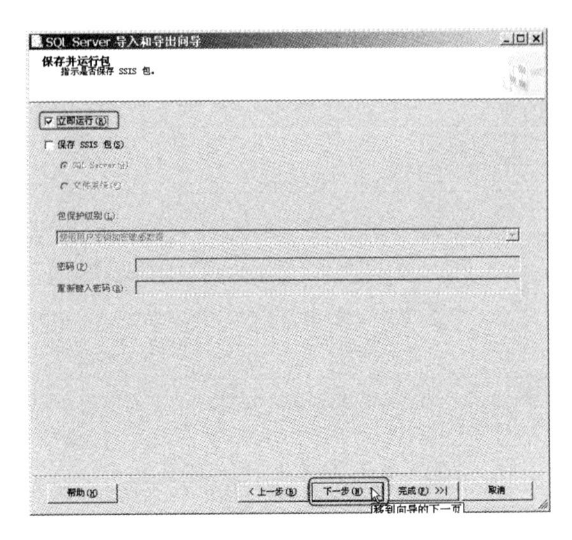

图 4.17 【保存并运行包】对话框

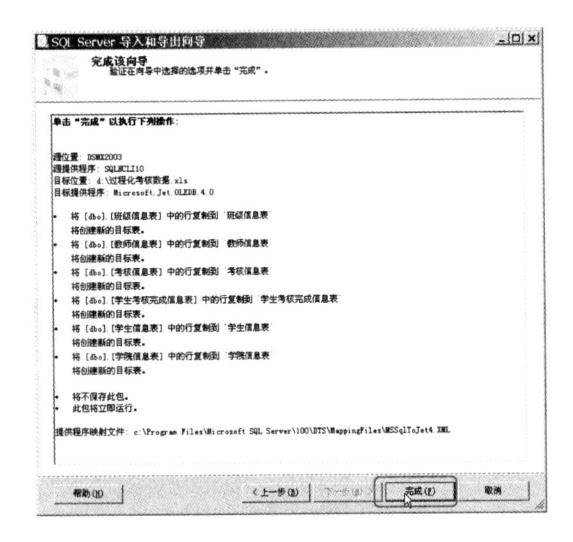

图 4.18 【完成该向导】对话框

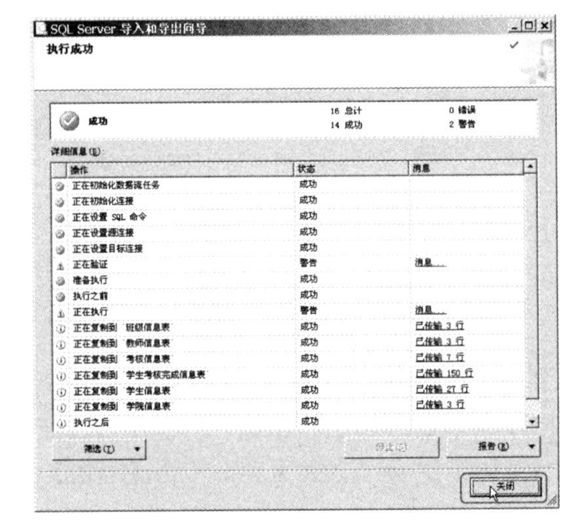

图 4.19 【执行成功】对话框

(8) 打开“D:\过程化考核数据.xls”，导出结果如图 4.20 所示(照片信息未能导出)。

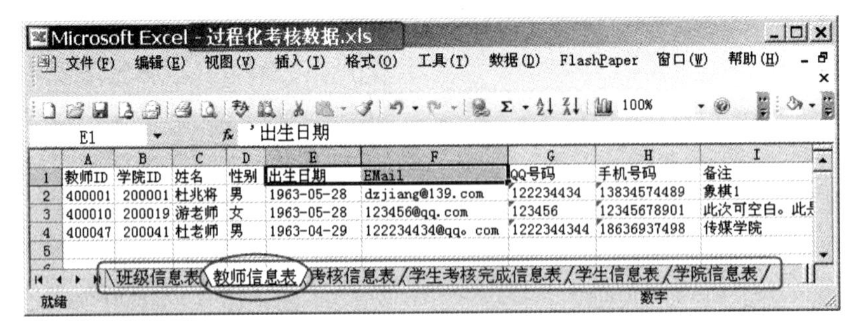

图 4.20 导出数据

4.4.2　导入数据到 SQL Server 表中

【演练 4.5】如何使用 SSMS 导入导出向导将如图 4.21 所示的“D:\计算机系毕业设计选题表.xls” Excel 文件(第 1 行须是栏目头)导入“过程化考核数据库 Demo”中(为使读者多角度了解导入/导出，现采取另一种导入导出方式)？

(1) 打开 SSMS，右击“过程化考核数据库 Demo”，选择【任务】|【导入数据】命令，则出现【SQL Server 导入和导出向导】对话框，单击【下一步】按钮，弹出【选择数据源】对话框，如图 4.22 所示。在【数据源】列表框中选择数据源类型【Microsoft Excel】，在【Excel 文件路径】文本框中输入源文件的路径和文件名“D:\ 计算机系毕业设计选题表.xls”；在【Excel 版本】下拉列表框中选择【Microsoft Excel 97-2003】选项。

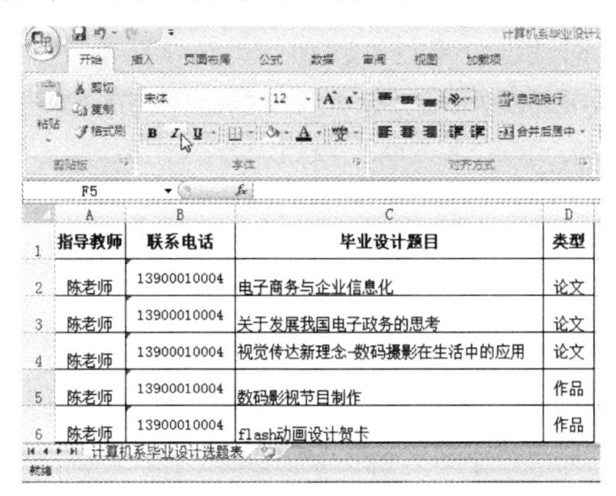

	A	B	C	D
1	指导教师	联系电话	毕业设计题目	类型
2	陈老师	13900010004	电子商务与企业信息化	论文
3	陈老师	13900010004	关于发展我国电子政务的思考	论文
4	陈老师	13900010004	视觉传达新理念-数码摄影在生活中的应用	论文
5	陈老师	13900010004	数码影视节目制作	作品
6	陈老师	13900010004	flash动画设计贺卡	作品

图 4.21　计算机系毕业设计选题表.xls

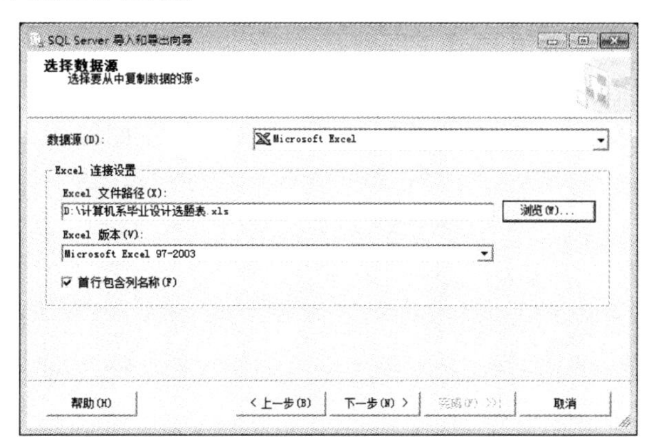

图 4.22　选择数据源类型

(2) 单击【下一步】按钮，出现【选择目标】对话框，如图 4.23 所示。在该对话框中，选择目标数据库类型【SQL Server Native Client】，选择服务器名称【local】和数据库名称【过程化考核数据库 Demo】。

(3) 单击【下一步】按钮，弹出【指定表复制或查询】对话框，如图 4.24 所示。选中【复制一个或多个表或视图的数据】单选按钮。

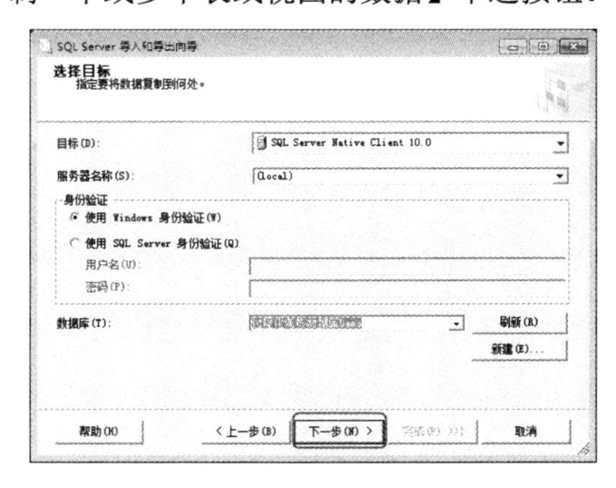

图 4.23　【选择目标】对话框

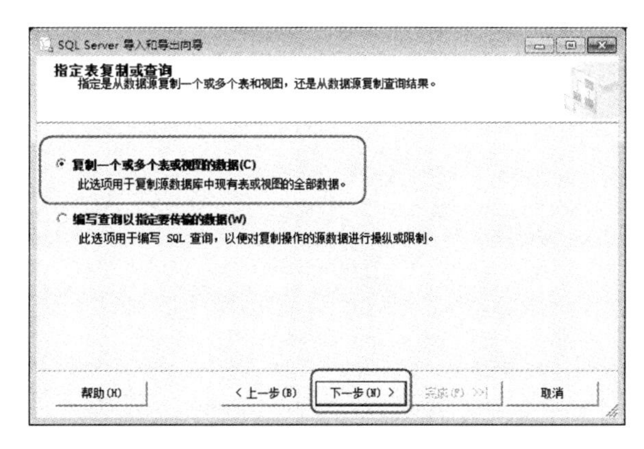

图 4.24　【指定表复制或查询】对话框

(4) 单击【下一步】按钮，出现【选择源表和源视图】对话框，如图 4.25 所示。单击【下一步】按钮，出现【保存并运行包】对话框，如图 4.26 所示。

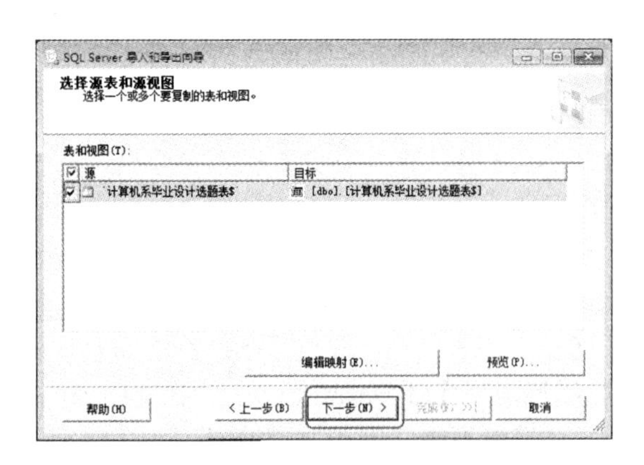

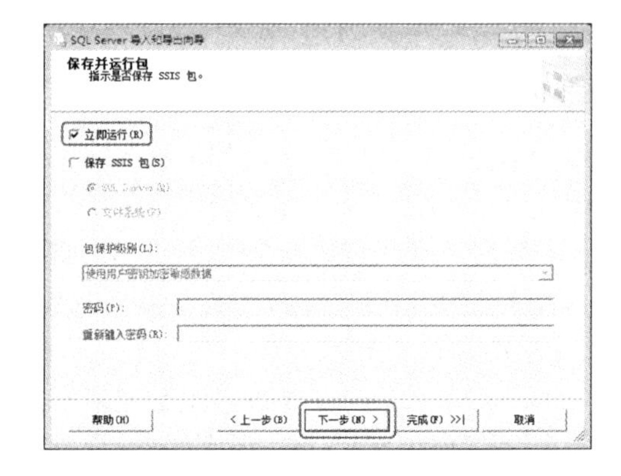

图 4.25 选择导入的表

图 4.26 【保存并运行包】对话框

(5) 单击【下一步】按钮，出现【完成该向导】对话框，如图 4.27 所示。在该对话框中，显示通过该向导已经进行的设置，确认无误后单击【完成】按钮，则完成设置，开始导入。导入完成后，弹出【执行成功】对话框，如图 4.28 所示，单击【关闭】按钮，导入完成。

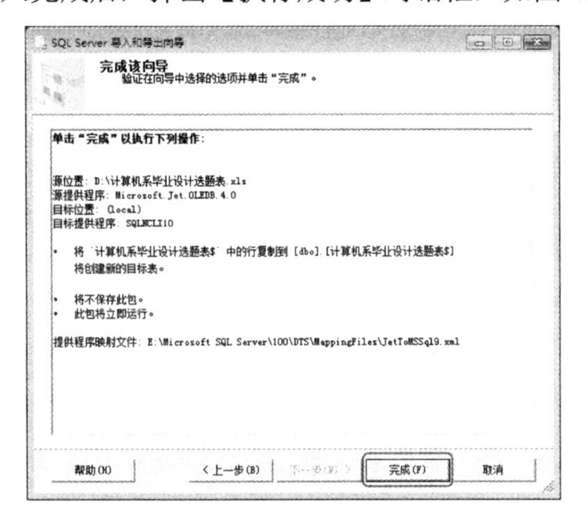

图 4.27 【完成该向导】对话框

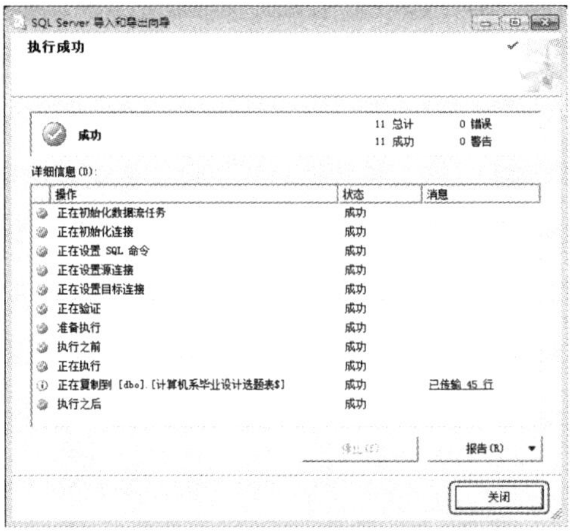

图 4.28 【执行成功】对话框

(6) 使用 SSMS 打开“过程化考核数据库 Demo”数据库的“计算机系毕业设计选题表$”，显示导入的数据，如图 4.29 所示。

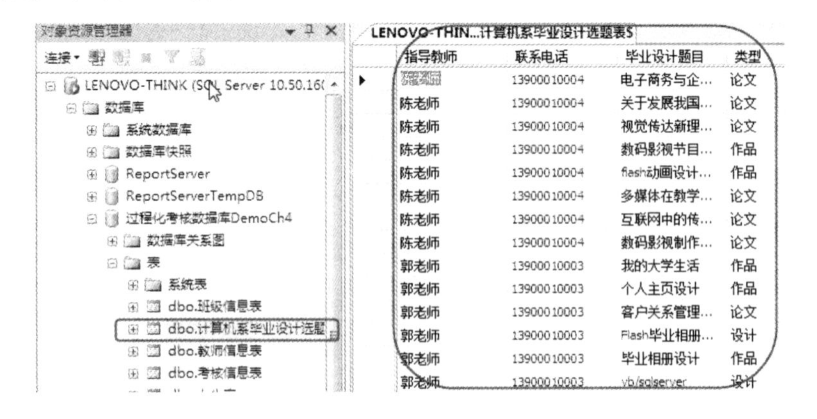

图 4.29 数据导入结果

4.4.3　数据导入与导出的意义

在实际应用中，用户使用的可能是不同的数据库平台，这就需要将其他数据库平台的数据转移到 SQL Server 中，或者将 SQL Server 中的数据转移到其他数据库平台中，如 Oracle、Microsoft Access 等数据库。如果各个数据库平台之间的数据不能互相交流，则会给不同数据库平台的用户带来很大的负担，需做很多重复工作。因此，SQL Server 提供了数据导入/导出功能，用以实现不同数据库平台间的数据交换。

导入数据是从外部数据源(如文本、Excel 文件)中检索数据，并将数据插入到 SQL Server 表的过程。例如，将 Excel 文件中的数据导入到 SQL Server 数据库中。导出数据是将 SQL Server 数据库中的数据转换为某种用户指定格式的数据库的过程，例如，将 SQL Server 表的内容复制到 Microsoft Access 数据库中，或将 SQL Server 数据库中的数据转换为 Excel 电子表格格式。

SQL Server 可以导入/导出的数据源包括文本文件、ODBC 数据源(例如 Oracle 数据库)、OLE DB 数据源(例如其他 SQL Server 数据库)、ASCⅡ文本文件和 Excel 电子表格等。

4.5　数据库理论：关系及关系运算

关系数据库的理论基础是关系代数。这里简单介绍关系数据库的基本原理。

4.5.1　关系数据库的基本概念

1. 域

域是一组具有相同数据类型的值的集合，如整数、实数、自然数的集合、性别{‘男’，‘女’}、职称{‘教授’，‘副教授’，‘讲师’，‘助教’}、政治面貌{‘党员’，‘团员’，‘群众’}等都可以称为一个域，也可理解为某属性的取值范围。

2. 笛卡儿积

给定一组域 D_1，D_2，…，D_n，则 $D1 \times D2 \times \cdots \times D_n=\{(d_1, d_2, \cdots, d_n)|d_i \in D_i, i=1, 2, \cdots, n\}$称为域 D_1，D_2，…，D_n 的笛卡儿积。其中，每个$(d_1, d_2, \cdots, d_n)$称为一个 n 元组，元组中的每个 d_i 是 D_i 域中的一个值。笛卡尔积可理解为 n 个域的排列组合集，元组数可以是有限的也可以是无限的。

【例 4.1】设有域：D_1 姓名={赵勇,李霞}、D_2 性别={男,女}、D_3 政治面貌={党员,团员,群众}，则笛卡尔积：D_1 姓名×D_2 性别×D_3 政治面貌={(赵勇,男,党员)，(赵勇,男,团员)，(赵勇,男, 群众)，(赵勇,女,党员)，(赵勇,女,团员)，(赵勇,女,群众)，(李霞,男,党员)，(李霞,男,团员)，(李霞,男,群众)，(李霞,女,党员)，(李霞,女,团员)，(李霞,女,群众)}，见表 4-4。

表 4-4　笛卡儿积的表

D_1 姓名	D_2 性别	D_3 政治面貌
赵勇	男	党员
赵勇	男	团员

续表

D_1姓名	D_2性别	D_3政治面貌
赵勇	男	群众
赵勇	女	党员
赵勇	女	团员
赵勇	女	群众
李霞	男	党员
李霞	男	团员
李霞	男	群众
李霞	女	党员
李霞	女	团员
李霞	女	群众

3. 关系

关系是笛卡儿积的有一定意义的、有限的子集，关系可表示为一个二维表，表的每一行对应一个元组，表的每一列表示实体或联系的某一特征或性质即属性(Attribute)，其取值范围对应一个域。

设有属性 A_1、A_2、…、A_n，它们分别在域 D_1、D_2、…、D_n 中取值，$D_1 \times D_2 \times \cdots \times D_n$ 的任意一个子集称为一个关系，记作：$R(A_1，A_2，\cdots，A_n)$，$R \in D_1 \times D_2 \times \cdots \times D_n$
其中，R 为关系名，n 为关系 R 的度数，一个 n 度关系就有 n 个属性。

【例 4.2】关系 R(D_1姓名，D_2性别，D_3政治面貌)是笛卡儿积：D_1姓名×D_2性别×D_3政治面貌的子集，见表 4-5。

表 4-5 关系

D_1姓名	D_2性别	D_3政治面貌
赵勇	男	党员
李霞	女	团员

4. 关系的性质

(1) 关系中每个属性必须是不可再分的数据项(表中的每一列都是不可再分的)。

(2) 关系中同一属性的属性值必须来自同一个域(表中同一列的数据必须是同一类型)。

(3) 关系中各个属性不能重名(表中的各列不能重名)。

(4) 关系中元组、属性的顺序可任意(表中的行、列次序不分前后)。

(5) 关系中不允许出现相同的元组(表中的任意两行不能完全相同)。但是有些数据库若用户没有定义完整性约束条件，允许有两行以上的相同的元组。

5. 相关概念

(1) 元组：表中的每行数据称为一个元组，也称为一条记录。

(2) 属性：表中的每一列是一个属性值，也称记录的一个字段。

(3) 主码 (主关键字或主键) ：是表中的属性或属性的组合，用于确定唯一的一个元组。

(4) 域：属性的取值范围称为域。

(5) 外码(外部关键字、外部码、外键)：外键是由子表中一列或多列构成的，用来关联(引用) 与父表主键(列或组合列)。因此，子表的外键值是可以重复的，而主表的主键值必须是唯一的。

4.5.2 关系的运算

关系代数是一种抽象的查询语言，它用关系的运算来表达查询，运算结果也是关系。

1. 选择运算

选择也称为限制，它是根据某些条件对关系做水平分割，即选取符合条件的元组(行、记录)。经过选择运算选取的元组可以形成新的关系。它是原关系的一个子集，表示为$\sigma_F(R)$，定义如下

$$\sigma_F(R)=\{t|t\in R\wedge F(t)=\mathrm{TRUE}\}$$

其中：σ是选择运算符，F 是条件表达式，R 是运算对象即关系。该式表示从 R 中挑选满足条件 F 为真的元组所构成的关系。

【例 4.3】对下面的关系“学生表”做选择运算。

男生表=σ 性别='男'(学生表)

结果如图 4.30 所示。图中左边箭头表示选择运算是行运算。

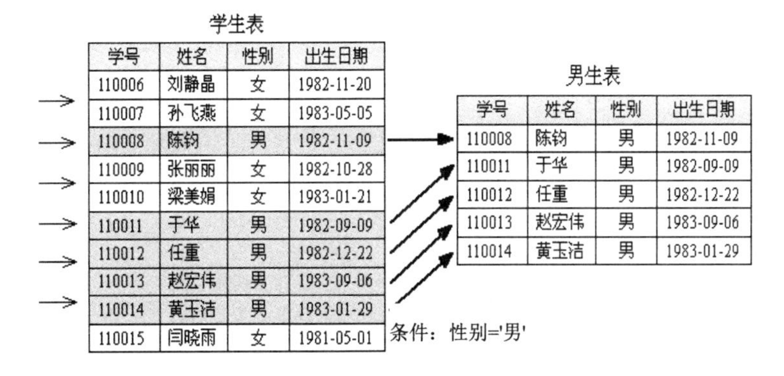
学生表

学号	姓名	性别	出生日期
110006	刘静晶	女	1982-11-20
110007	孙飞燕	女	1983-05-05
110008	陈钧	男	1982-11-09
110009	张丽丽	女	1982-10-28
110010	梁美娟	女	1983-01-21
110011	于华	男	1982-09-09
110012	任重	男	1982-12-22
110013	赵宏伟	男	1983-09-06
110014	黄玉洁	男	1983-01-29
110015	闫晓雨	女	1981-05-01

男生表

学号	姓名	性别	出生日期
110008	陈钧	男	1982-11-09
110011	于华	男	1982-09-09
110012	任重	男	1982-12-22
110013	赵宏伟	男	1983-09-06
110014	黄玉洁	男	1983-01-29

图 4.30 选择运算

【知识点】

在 SQL 中是用 select 语句之 where 子句实现选择运算的，即水平分割。

2. 投影运算

投影运算是对关系进行垂直分割，即选取若干属性(列)。经过投影运算选取的属性可以形成新的关系。它是原关系的一个子集，表示为$\pi_A(R)$，定义如下

$$\pi_A(R)=\{t[A]\,|\,t\in R\}$$

其中：π 是投影运算符，A 是 R 中的属性列，R 是运算对象即关系。该式表示由关系 R 中符合条件的列所构成的关系。

【例 4.4】对下面的关系“学生表”做投影运算。

学生简表=$\pi_{1,2,3,5}$(学生表)

结果如图 4.31 所示。图中上边箭头表示投影运算是列运算。

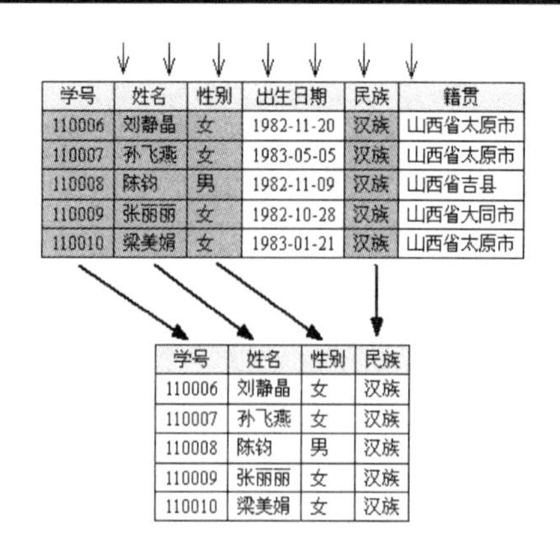

学号	姓名	性别	出生日期	民族	籍贯
110006	刘静晶	女	1982-11-20	汉族	山西省太原市
110007	孙飞燕	女	1983-05-05	汉族	山西省太原市
110008	陈钧	男	1982-11-09	汉族	山西省吉县
110009	张丽丽	女	1982-10-28	汉族	山西省大同市
110010	梁美娟	女	1983-01-21	汉族	山西省太原市

学号	姓名	性别	民族
110006	刘静晶	女	汉族
110007	孙飞燕	女	汉族
110008	陈钧	男	汉族
110009	张丽丽	女	汉族
110010	梁美娟	女	汉族

图 4.31　投影运算

【知识点】

在 SQL 中是用 select 语句之 select 子句实现投影运算的，即垂直分割。

3. 连接运算

连接运算(join)是从两个关系的积(全连接)中选取满足连接条件的元组。表示为：

$R_1 \bowtie R_2\,(F)$

其中：⋈是连接运算符，F 是条件表达式，R_1 和 R_2 是运算对象即两个关系。

【例 4.5】 对下面的关系“教师代课表”和“课程表”做连接运算。

教师代课明细表=教师代课表⋈课程表(3=1)

表示按教师代课表第 3 列与课程编号表的第 1 列相等进行连接，其结果如图 4.32 所示。在 SQL 中是用 from 子句的 join 运算实现连接运算的。

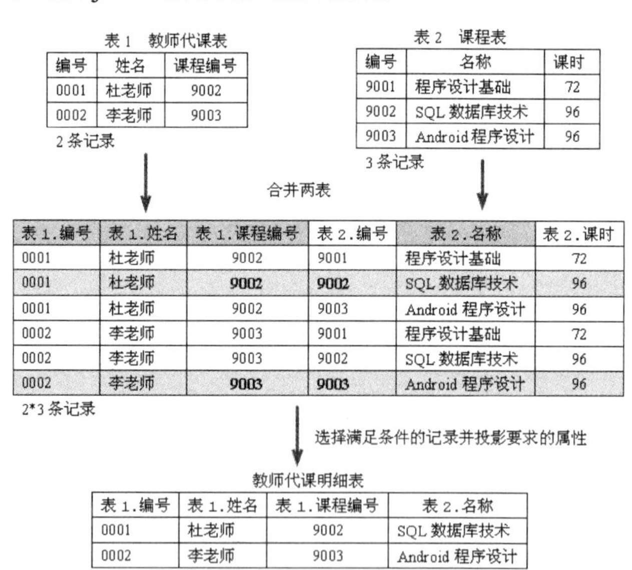

编号	姓名	课程编号
0001	杜老师	9002
0002	李老师	9003

编号	名称	课时
9001	程序设计基础	72
9002	SQL 数据库技术	96
9003	Android 程序设计	96

表 1.编号	表 1.姓名	表 1.课程编号	表 2.编号	表 2.名称	表 2.课时
0001	杜老师	9002	9001	程序设计基础	72
0001	杜老师	9002	9002	SQL 数据库技术	96
0001	杜老师	9002	9003	Android 程序设计	96
0002	李老师	9003	9001	程序设计基础	72
0002	李老师	9003	9002	SQL 数据库技术	96
0002	李老师	9003	9003	Android 程序设计	96

表 1.编号	表 1.姓名	表 1.课程编号	表 2.名称
0001	杜老师	9002	SQL 数据库技术
0002	李老师	9003	Android 程序设计

图 4.32　连接运算

【知识点】

SQL 中是用 select 语句之 from 子句 join 运算实现连接运算的。

在数据库中有两套标准术语，一套是关系数据库理论中的关系、元组、属性、码、域、选择运算(水平分割)、投影运算(垂直分割)、连接运算；另一套是相对应的关系数据库技术中的表、行(记录)、列(字段)、主键(关键字)、列取值范围、条件查询(where)、选取字段(select)、连接查询(from join)。

4.6 本 章 实 训

4.6.1 实训目的

通过本章上机实训，掌握各种查询方法，包括单表单条件查询、多表连接条件查询，并能对查询结果进行排序、分组；掌握视图的建立、修改、使用和删除。

4.6.2 实训内容

在第 3 章实训中创建的数据库“教学成绩管理数据库”、数据表“学生信息表”、“班级信息表”和录入的真实数据基础上，完成下列操作。

(1) 用 select 命令从真实数据中进行数据查询，包括条件查询、聚合查询、查询排序、子查询。

(2) 建立下面视图，体会视图中的年龄和同一班级编号的班级名称。

同学表视图[学号 char(6)，姓名，性别，出生日期，年龄=datediff(year,出生日期,getdate( ))，身高，民族，身份证号，班级编号，班级名称]。

(3) 将“同学表视图”导出到 Excel 表。

4.6.3 实训过程

在实训之前参照 3.5 节的方法先从 U 盘或移动硬盘上附加数据库“教学成绩管理数据库”，在每次上机实训之后，参照 3.5 节的方法分离数据库“教学成绩管理数据库”并复制到 U 盘或移动硬盘上，以备在以后实训中使用。以后各章的分离与附加数据库“教学成绩管理数据库”不再赘述。

(1) 用 select 命令从真实数据中进行数据查询。

① 参照导例 4.1 至导例 4.2 从“学生信息表”中查询同学的姓名、性别和年龄。

② 参照导例 4.3 至导例 4.4 在“学生信息表”中查询：18～20 岁的李姓女生的姓名、性别和年龄。

③ 参照导例 4.5 查询[学生信息表]中的最大身高、最小身高、平均身高及总人数。

④ 参照导例 4.6 至导例 4.7 查询按身高从大到小的顺序显示学生的姓名、性别、身高并将结果保存到“同学身高排序表”。

⑤ 参照“导例 4.8”从“学生信息表”和“班级信息表”中显示你学号对应的姓名、出生日期和班级名称。

(2) 建立“同学表视图”(学号，姓名，性别，出生日期，年龄，身高，民族，身份证号，班级编号，班级名称)。

① 参照“演练 4.3”用 SSMS 创建视图的方法建立同学表视图，参照“导例 4.19”，删除“同学表视图”。

② 用 create view 语句重新建立“同学表视图”。

③ 从“同学表视图”中统计出男生和女生的最大年龄、最小年龄、平均年龄及人数。

④ 参照 4.4.1 节用 SSMS 将“同学表视图”导出到 Excel 表。

4.6.4 实训总结

通过本章的上机实训，读者应该能够掌握简单查询、高级查询以及视图的建立和使用。简单查询包括用 select 子句选取字段和记录、条件查询、汇总查询、查询结果排序和查询结果保存；高级查询包括连接查询、使用分组、合并结果集、汇总计算和子查询；视图的管理使用包括创建视图、修改视图、查询视图、利用视图更新数据和删除视图；数据的导出与导入。

4.7 本 章 小 结

本章主要介绍了数据查询，包括简单查询、高级查询、视图和数据库导入/导出。本章内容为本课程教学的重点内容，也是必须熟练掌握的内容。表 4-6 列出了本章 T-SQL 主要语句一览表。

表 4-6 本章 T-SQL 主要语句一览表

<table>
<tr><th>语 句</th><th>语法格式</th></tr>
<tr><td>select 语句</td><td>select 字段列表 [into 目标数据表]
from 源数据表或视图，…
[where 条件表达式]
[group by 分组表达式 [having 搜索表达式]]
[order by 排序表达式 [asc]|[desc]]
[compute 行聚合函数名 1(表达式 1)[,…n] [by 表达式[,…n]]]</td></tr>
<tr><td>select 子句</td><td>select [all | distinct] [top n [percent]] 列 1 [,…n]
1.* 所有列
2.[{表名 | 视图名 | 表别名}.]列名 指定列
3.列表达式 [as] 别名 | 计算字段名=表达式 列别名
4.[all | distinct] 所有结果或去掉重复的结果
5.[top n [percent]] 前 n 条(n%)的结果</td></tr>
<tr><td>from 子句</td><td>1.from 表 1 [[as] 表别名 1] | 视图 1 [[as] 视图别名 1] [,…n]
2.from 表 1 [inner] join 表 2 on 条件表达式
3.from 表 1 left [outer] join 表 2 on 条件表达式
4.from 表 1 right [outer] join 表 2 on 条件表达式
5.from 表 1 full [outer] join 表 2 on 条件表达式
4.from 表 1 cross join 表 2 或 from 表 1 ，表 2</td></tr>
<tr><td>where 子句</td><td>where 条件表达式：
1.表达式 比较运算符 表达式
2.表达式 and|or 表达式 或：not 表达式
3.表达式 [not] between 表达式 1 and 表达式 2
4.表达式 [not] in (表达式 1, [,…表达式 n])
5.表达式 [not] like 格式串 通配符：% _ [ ] [^]</td></tr>
<tr><td>order by 子句</td><td>order by 表达式 1 [asc| desc] [,…n]]</td></tr>
</table>

续表

语句		语法格式
into 子句		into 目标数据表
group by 子句		[group by 分组表达式 [,…n] [having 搜索表达式]]
compute 子句		compute 行聚合函数名 1(统计表达式 1)[,…n] [by 分类表达式 [,…n]]
集合运算		查询语句 1 union [all] | except | intersect 查询语句 2
定义视图	创建	create view 视图名[(列名 1 [,…n])] as 查询语句
	修改	alter view 视图名[(列名 1 [,…n])] as 查询语句
	删除	drop view 视图名[,…n]
操作视图	插入	insert [into] 表名 | 视图名 [(列名 1,…)] values (表达式 1,…)
	修改	update 表名 | 视图名 set 列名= 表达式 [where 条件]
	删除	delete 表名 | 视图名[where 条件]
	查询	select 字段列表 from 数据表 | 视图，…

4.8 本章习题

1. 单项选择题

(1) SQL 语言中，条件“年龄 between 15 and 35”表示年龄在 15～35 岁，且(　　)。

A. 包括 15 岁和 35 岁　　B. 不包括 15 岁和 35 岁

C. 包括 15 岁但不包括 35 岁　　D. 包括 35 岁但不包括 15 岁

(2) 模式查找 like '_a%'，下面所列中(　　)是可能的。

A. aili　　B. bai　　C. bba　　D. cca

(3) 表示职称为副教授同时性别为男的表达式为(　　)。

A. 职称='副教授' or 性别='男'　　B. 职称='副教授' and 性别='男'

C. between '副教授' and '男'　　D. in ('副教授','男')

(4) SQL 语言中，不是逻辑运算符号的是(　　)。

A. and　　B. not　　C. or　　D. xor

(5) 下列聚合函数中正确的是(　　)。

A. sum (*)　　B. max (*)　　C. count (*)　　D. avg (*)

2. 填空题

(1) 在 select 查询语句中，select 子句用于指定查询结果中的字段列表；__________子句用于创建一个新表，并将查询结果保存到这个新表中；__________子句用于指出所要进行查询的数据来源，即表或视图的名称；__________子句用于指出查询数据时要满足的检索条件；

__________子句用于对查询结果分组；__________子句用于计算汇总结果；____________子句用于对查询结果排序。

(2) 在 SQL Server 中计算最大、最小、平均、求和与计数的聚合函数是______、______、______、______和 count。

(3) 在 SQL Server 中，集合运算：________返回两个或两个以上的查询结果集的并集，________返回第 1 个查询结果集与第 2 个查询结果的差集，____________返回两个或两个以上的查询结果的交集。

(4) 视图是虚表。虚表中的“表”是指其查询结果是由行列组成的______，且可以像数据表______进行查询(from 表|视图)、删除(delete 表|视图)和更新(update 表|视图)数据操作；虚表中的“虚”是指创建视图时只存储了它的定义(______语句)，没有储存视图对应的______。

(5) 域是一组具有相同__________的值的集合，也可理解为某属性的________。笛卡尔积可理解为 n 个域的排列组合集，元组数可以是有限的也可以是______的。

(6) 关系是笛卡尔积的有__________的、______的子集，关系可表示为一个______表，表的每一____对应一个元组，表的每一____表示实体或联系的某一特征或性质，其取值范围对应一个域。

(7) 关系运算主要包括______运算、______运算和______运算，运算结果也是关系。

(8) 选择是根据某些条件对关系做______分割，即选取符合条件的______(行、记录)，在 SQL 中是用 select 语句之________子句实现选择运算。

(9) 投影运算是对关系进行______分割，即选取若干______(列)，在 SQL 中是用 select 语句之________子句实现投影运算。

(10) 连接运算是从两个关系的积(全连接)中选取满足______连接条件的元组，在 SQL 中是用 select 语句之______from 子句______join 运算实现连接运算的。

3. 设计题

在“过程化考核数据库 Demo”中编写实现下列功能的 SQL 语句。

(1) 在“学生信息表”中查询年龄为 20 岁或 22 岁的学生。

(2) 在“学生信息表”中查询年龄为 20 岁或 22 岁的男生。

(3) 在“学生信息表”中使用 between 查询年龄大于 18 岁而且小于 22 岁的学生。

(4) 在“学生信息表”中使用 like 查询王姓学生的姓名、性别和手机号码。

(5) 在“学生信息表”中查询籍贯不在山西的学生的姓名、性别和籍贯。

(6) 在“学生信息表”中查询不姓张、王、李的学生的姓名、性别和手机号码。

(7) 在“学生信息表”中查询最高身高、最低身高、平均身高、身高总和与总人数。

(8) 从“学生信息表”中按性别统计出性别、最高身高、最低身高、平均身高、身高总和及人数。

(9) 在“学生信息表”中查询学生姓名、性别、身高且按身高从低到高排序。

(10) 在“学生信息表”中查询学生“学号”“姓名”“身高”且按“学号”排序，并计算出最高身高、最低身高和平均身高。

(11) 在“学生信息表”中查询所有男生的信息并查询结果保存在“男生表”中。

(12) 从“学生信息表”“班级信息表”和“学院信息表”中查询学生的“学院名称”“班级名称”“学号”“姓名”“性别”和“手机号码”。

(13) 在“学生信息表”中使用自连接查询小组、组员姓名和其组长姓名。

(14) 从“学生考核完成信息表”“学生信息表”和“考核信息表”中查询“学生 ID”等于你的学生 ID 的“学号”“姓名”“考核名称”和“分数”，结果按“考核名称”排列。

(15) 从“学生考核完成信息表”和“学生信息表”中查询“班级 ID”等于你班的班级 ID 的每个学生的学号、姓名、均分，结果按均分降序排列，均分相同者按学号排列。

(16) 从“学生考核完成信息表”和“学生信息表”中查询张姓同学们的每次考核的“考核名称”和“平均分数”，且按“考核名称”排序。

(17) 从“学生考核完成信息表”和“学生信息表”中查询学习小组均分高于 70 分的小组、小组人数及其小组均分，结果按均分降序排列。

(18) 2012 伦敦奥运会网球中国女队参赛人员女单名单“李娜、郑洁、彭帅”、女双名单“彭帅、郑洁、李娜、张帅”，查询“女单、女团参赛人员”“女双中除女单外参赛人员”“女单、女双都参赛人员”。

(19) 在“学生信息表”“班级信息表”和“学院信息表”基础上创建“学生通讯录”视图，包含“学院名称”“班级名称”“学号”“姓名”“性别”“家庭住址”“QQ 号码”“Email”和“手机号码”。

(20) 从“学生通讯录”视图查询女生的“学院名称”“班级名称”“姓名”“性别”“QQ 号码”和“手机号码”。

第5章 设计数据的完整性

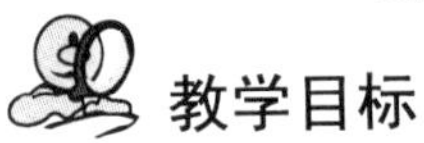

教学目标

通过本章学习，读者应熟练掌握数据完整性技术的管理与实现方法。

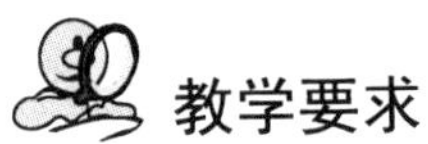

教学要求

知识要点	能力要求	关联知识
主键约束	熟练掌握 T-SQL 语句创建表时定义主键约束的语法	primary key
唯一性约束	熟练掌握 T-SQL 语句创建表时定义唯一性约束的语法	unique
唯一索引	掌握创建唯一索引 T-SQL 语句语法格式及用法	unique index
标识列	熟练掌握 T-SQL 语句创建表时定义标识列的语法	identity
[非]空约束	熟练掌握 T-SQL 语句创建表时定义列非空约束的语法	null|not null
默认约束	熟练掌握 T-SQL 语句创建表时定义列默认约束的语法	default
检查约束	(1) 掌握 T-SQL 语句创建表时定义列默认约束语法 (2) 掌握在现有表中修改 check 约束(添加、删除)	check
外键约束	掌握创建表时定义外键约束的语法	foreign key、参照完整性、级联更新、级联删除
SSMS 管理约束	熟练使用 SSMS 定义、修改数据表的非空、主键、唯一、default、check 和外键等 6 种约束和 identity 标识列	外键约束
XML 架构集合	理解创建、删除 XML 架构集合 T-SQL 语句语法	定义元素与元素的属性
实体-联系模型	(1) 理解实体、实例、联系、属性、E-R 图等概念 (2) 了解实体间的联系(1∶1、1∶*n*、*m*∶*n*) (3) 理解数据完整性(实体、域、参照完整性)等概念	实体、联系、属性

重点难点

- 使用 T-SQL 语句实施实体完整性(重点)
- 使用 T-SQL 语句实施域完整性(重点)
- 使用 T-SQL 语句定义外键约束(重点、难点)
- 使用 T-SQL 语句修改、删除约束(难点)
- 使用 XML 架构集合规范 XML 列数据(难点)
- 使用 SSMS 管理约束(重点)
- 实体-联系模型(重点)

5.1　使用约束、标识列实施数据完整性

约束是通过限制列中数据、行间数据以及表间数据取值，从而保证数据完整性的非常有效和简便的方法。约束是保证数据完整性的 ANSI 标准方法。

5.1.1　使用 T-SQL 语句实施实体完整性

1. 主键约束(Primary Key)

【导例 5.1】在应用于多学院(校)的“课程教学过程化考核数据库”中，用于存储学生(实体)信息的“学生信息表”，对于每个学生(实体)的基本信息必须有一行而且只能有一行，用于区别不同院校的学生(实体)的属性不能是姓名、学号(有可能重复)，身份证号码较长也不适合作为学生实体的主键，所以设置学生 ID(整数)作为主键。创建“学生信息表”，并设置“学生 ID”列为主键并验证。

```
--1.创建数据库，先删除[课程教学过程化考核数据库]，一段一段选中执行
use master;
create database 课程教学过程化考核数据库;
go
use 课程教学过程化考核数据库;        --一段一段选中执行
go

--2.创建表
create table 学生信息表(
  学生 ID int primary key,     --定义主键
  姓名 nvarchar(4) not null,
  性别 nchar(1),
  家庭住址 nvarchar(20)
);
go

--3.验证，一条一条选中执行
insert 学生信息表 values (500001, '黑土', '男', '太原');
insert 学生信息表 values (500001, '白云', '女', '北京');
select * from 学生信息表;
```

【思考】

(1) 在应用于多学校的“课程教学过程化考核数据库”中，为什么不采用学号作为主键呢？

(2) 为什么“白云”的信息没有插入成功呢？

(3) 作为主键的字段可为空吗？

【知识点】

(1) 主键约束用来实现实体中实例数据唯一(不重复)，定义表中主键列(或组合)、其值能唯一地标识表中的每一行。一个表只能有一个主键约束。

(2) 定义单列主键。其语法格式(列约束)如下：

```
create table 数据表名
```

```
(列名 数据类型 [constraint 约束名] primary key [clustered | nonclustered],
[…])
```

clustered 和 nonclustered 分别表示聚集索引和非聚集索引。

(3) image、text 数据类型的字段不能设置为主键。

【导例 5.2】在“课程教学过程化考核数据库”中，同一个学生(学生 ID)和同一个考核(考核 ID)只能有一个考核分数。创建“学生考核完成信息表”并设置组合主键“学生 ID+考核 ID”并验证。

```
Use 课程教学过程化考核数据库;        --一段一段选中执行
go

--1.创建表
CREATE TABLE [dbo].[学生考核完成信息表](
      学生 ID int NOT NULL,
      考核 ID int NOT NULL,
      分数 numeric(5, 1),
      CONSTRAINT PK_学生考核完成信息表
   PRIMARY KEY CLUSTERED (学生 ID ASC,考核 ID ASC)
);
go

--2.验证，一条一条选中执行
insert 学生考核完成信息表(学生 ID,考核 ID,分数)
  values(500001,600001,59);                    --不及格
insert 学生考核完成信息表(学生 ID,考核 ID,分数)
  values(500001,600001,90);                    --优秀
select 学生 ID,考核 ID,分数 from 学生考核完成信息表;
```

【思考】

为什么第 2 条分数为 90 分的成绩不能插入呢？

【知识点】

(1) 定义多列组合主键。其语法格式(表约束)如下：

```
create table 数据表名
( 列定义,
  ...,
  [constrain 约束名] primary key [clustered | nonclustered] (列名 1[,…n]),
  […]
)
```

(2) 主键可以是一列或列组合。例如，在“学生考核完成信息表”中可以设计(学生 ID,考核 ID)为组合主键，用来唯一标识某个学生某考核的成绩，使其不重复。

2. 唯一性约束(Unique)

【导例 5.3】在“学生信息表”中，每个学生都具有“身份证号”并且与其他学生不同，即“身份证号”具备唯一性特征，假设每个学生都有“手机号码”并且与其他学生不同，即“手机号码”也具备唯一性特征。设置“手机号码”“身份证号”列为唯一约束并验证。

```
use 课程教学过程化考核数据库;        --一段一段选中执行
go

--1. 删除表、创建表
drop table 学生信息表;
create table 学生信息表(
  学生ID int primary key,    --定义主键
  姓名 nchar(4) not null,
  性别 nchar(1),
  手机号码 varchar(11) constraint UQ学生手机号 unique,
  身份证号 varchar(18) unique not null    --定义唯一约束
);
go

--2.验证，一条一条选中执行
insert 学生信息表
  values (500001, '牛冲天', '男', '13903510001','140101198807040414');
insert 学生信息表
  values (500002, '马千里', '男', '13903510002','140101198807040412');
insert 学生信息表
  values (500003, '龙凤霞', '女', null,'140101198807040411');
insert 学生信息表
  values (500004, '金墨玉', '女', null,'140101198807040413');
insert 学生信息表
  values (500005, '汪清水', '女', '13903510004',null);
insert 学生信息表
  values (500006, '高风节', '男', '13903510002','140101198807040416');
insert 学生信息表
  values (500007, '燕南飞', '女', '13903510003','140101198807040412');
select * from 学生信息表;
```

【思考】

为什么金墨玉、汪清水、高风节、燕南飞同学的信息不能插入呢？

【知识点】

(1) 可使用 Unique 约束确保在非主键列中不输入重复值。在允许空值的列上保证唯一性时，应使用Unique约束而不是 Primary Key 约束，不过由于唯一性在该列中也只允许有一个null值。

(2) 定义单列唯一约束。其语法格式如下：

```
create table 数据表名
(列名 数据类型 [constraint 约束名] unique [clustered|nonclustered]
[,…])
```

(3) 一个表中可以定义多个Unique约束，但只能定义一个Primary Key约束。

(4) Foreign Key(外键约束)也可引用Unique约束。

【导例 5.4】在应用于多院校的“课程教学过程化考核数据库”的“学生信息表”中，同一院校的学号具有唯一性，创建(学院ID,学号)列组合为唯一约束并验证。

```
use 课程教学过程化考核数据库;        --一段一段选中执行
```

```
go

--1.删除表、创建表
drop table 学生信息表;
create table 学生信息表(
  学生 ID int primary key,    --定义主键
  学号 nvarchar(10) not null,
  姓名 nchar(4) not null,
  性别 nchar(1),
  学院 ID int,
  constraint UQ学生学号 unique(学院 ID,学号)     --定义唯一约束
);
go

--2.验证，一条一条选中执行
insert 学生信息表 values (500001, '2011040001', '牛冲天', '男', 200001);
insert 学生信息表 values (500002, '2011040002', '马千里', '男', 200001);
insert 学生信息表 values (500003, '2011040001', '金墨玉', '女', 200002);
insert 学生信息表 values (500004, '2011040002', '汪清水', '女', 200002);
insert 学生信息表 values (500007, '2011040001', '燕南飞', '女', 200001);
select * from 学生信息表;
```

【思考】

燕南飞同学的信息插入了吗，为什么？

【知识点】

定义多列组合唯一约束。其语法格式如下：

```
create table 数据表名
(列定义,
  ...,
  [constraint 约束名] unique [clustered|nonclustered] (列名 1[,…n]),
  […]
)
```

3. 唯一索引(Unique Index)

【导例 5.5】 在“学生信息表”中，学生手机号要么为空白(表示没有手机)、要么和其他同学的号码不同，创建以“手机号”列为关键字且不为空白的唯一索引并验证。

```
use 课程教学过程化考核数据库;
go
--1. 删除表、创建表
drop table 学生信息表;
create table 学生信息表(
  姓名 nchar(4) not null,
  性别 nchar(1) not null,
  手机号 varchar(11)
);
go

--2.创建唯一索引
create unique nonclustered index UI_手机号
```

```
    on 学生信息表(手机号) where (手机号 <> '');

--3.验证，一条一条选中执行
insert 学生信息表 values ('牛冲天', '男', '18603510001');
insert 学生信息表 values ('马千里', '男', '18603510002');
insert 学生信息表 values ('龙凤霞', '女', '');
insert 学生信息表 values ('金墨玉', '女', '');
insert 学生信息表 values ('汪清水', '女', '18603510001');
select * from 学生信息表;
```

【思考】

汪清水同学的信息插入了吗，为什么？金墨玉同学的信息插入了吗，为什么？

【知识点】

(1) SQL Server 唯一索引(Unique Index)是唯一约束(Unique)的扩展，允许定义列除部分可重复的常量外其余取值要求唯一。创建唯一索引 T-SQL 语句语法格式、各参数说明如下：

```
CREATE UNIQUE NONCLUSTERED INDEX 索引名
    On 表名(列名) where (列名 运算符 常量)
```

① 索引名：指定所创建的索引的名称。索引名称在一个表中应是唯一的，但在同一数据库或不同数据库中可以重复。

② 表名(列名)：指定创建索引的表的名称，必要时还应指明库名和架构名。列名：指定被索引的列。如果使用两个或两个以上的列组成一个索引，则称为复合索引。一个索引中最多可以指定 16 个列，但列的数据类型的长度和不能超过 900 个字节。

③ nonclustered：指明创建的索引为非聚集索引。在每一个表上，可以创建不多于 249 个非聚集索引。

④ where (列名 运算符 常量)：一般是用来排除允许重复的常量的条件表达式。

(2) 在 SQL Server 数据库中，为表定义一个主键，将会自动地在主键所在列上创建一个唯一索引，称为主键索引。主键索引是唯一索引的特殊类型。

4. 标识列(Identity)

【导例 5.6】在“学生信息表”中，如何定义“学生 ID”主键字段为整型、自动编号、从 500001 开始、增量为 1 的标识列？添加数据，认识、体会标识列的应用。

```
use 课程教学过程化考核数据库
go
--1. 删除表、创建表
drop table 学生信息表;
create table 学生信息表
( 学生 ID int identity(500001, 1) primary key not null, --创建标识列
  姓名 nchar(4) not null ,
  性别 nchar(1) not null
);
go

--2.验证，一条一条选中执行
insert 学生信息表(姓名, 性别) values('牛冲天', '男');
insert 学生信息表(姓名, 性别) values('马千里', '男');
```

```
insert 学生信息表(姓名, 性别) values('龙入海', '男');
select * from 学生信息表;
```

【思考】

龙入海的学生 ID 是多少呢?

【知识点】

(1) 若表中定义了 identity(标识符)列，则当用户向表中插入新的数据行时，系统自动为该行的 identity 列赋自动增量值，从而保证其值在表中的唯一性。create table 语句定义 identity(标识符)列。其语法格式如下：

```
create table 数据表名
(列名 数据类型 identity [(种子, 增量) ] [, …])
```

(2) 标识列的有效数据类型可以是任何整数数据类型分类的数据类型(bit 数据类型除外)，也可以是 decimal 数据类型，但不允许出现小数。

(3) 每个表中只能有一个 identity 列，其列值不能由用户更新，不允许空值，也不允许绑定默认或建立 default 约束。

(4) identity 列常作为 primary key 列一起使用，保证表中各行具有唯一标识。

5.1.2 使用 T-SQL 语句实施域完整性

1. [非]空约束([not] null)

【导例 5.7】在“学生信息表”中，每个学生(实体)在开学报到的第一天其学号、姓名、性别 3 个特征属性已经确定(已知)。创建“学生信息表”，同时定义“学号”“姓名”和“性别”3 个字段 not null 约束并验证。

```
use 课程教学过程化考核数据库;
go

--1. 删除表、创建表
drop table 学生信息表;
create table 学生信息表
( 学号 char(10)  not null,        --设置不允许为空
  姓名 nchar(4) not null,
  性别 nchar(1) not null,
  家庭住址 nvarchar(20) null,    --设置允许为空
  家庭电话 varchar(13)          -- 默认，允许为空
);
go
--2.验证，一条一条选中执行
insert 学生信息表 values('2011000001', '高八斗', '男', null, null);
insert 学生信息表(学号,姓名,性别) values('2011000002', '白云', '女');
insert 学生信息表(姓名,性别) values('黑土', '男');
insert 学生信息表 values(null, '富五车', '男', null, null);
select * from 学生信息表;
```

【思考】

黑土、富五车的信息插入了吗，为什么?

【知识点】

(1) not null 表示该列不允许为空(不允许取 null)；null 表示允许为空(允许取 null)，当插入数据该列没有指定赋值时自动取 null；不指定 null | not null 时允许为空。定义列 null|not null。其语法格式如下：

```
create table 数据表名
(列名 数据类型 [constrain  约束名] null | not null
[,…] )
```

(2) 在数据库中 null 是特殊值，既不等价于数值型数据 0，也不等价于字符型数据空串，只表明该数值是未知的。

(3) 如果表中某列原先设计为允许空，现要修改为不允许为空，则只有当现有列不存在空值及该列不存在索引时，才可以进行修改。

2. 默认约束(Default)

【导例 5.8】创建“学生信息表”，设置默认约束“民族：汉族”，并插入数据验证。

```
Use 课程教学过程化考核数据库;         --一段一段选中执行
go

--1.删除表、创建表
drop table 学生信息表;
create table 学生信息表
( 学生ID int primary key ,
  姓名 nchar(4) not null ,
  性别 nchar(1) ,
  民族 nchar(8) default '汉族'  /*设置默认值*/
)
go

--2.验证，一条一条选中执行
insert 学生信息表(学生ID, 姓名,性别,民族) values(500001,'高八斗','男','满族');
insert 学生信息表(学生ID, 姓名,性别) values(500002, '小尼', '男');
insert 学生信息表(学生ID, 姓名,性别) values(500003, '才旦', '女');
select * from 学生信息表;
```

【思考】

小尼、才旦的民族是什么呢？

【知识点】

(1) 默认约束是指在用户添加新记录未提供某些列的数据时，数据库系统自动为该列添加其定义的默认值。其语法格式如下：

```
create table 数据表名
(列名 数据类型  [constraint 约束名] default 默认值 [,…])
```

(2) 默认值必须与所约束列的数据类型相一致。例如，int 列的默认值必须是整数，而不是字符串。

(3) 表的每一列都可包含一个 Default 约束，且只能定义一个默认值。timestamp 数据类型和 identity 列不能定义 Default 约束。

(4) 可以修改或删除现有的 default 定义。但修改也只能先删除已有的 Default 约束，然后通过新定义或修改表添加默认约束重新创建。删除 Default 约束和添加 Default 约束的语法格式类似于 Check 约束。

3. 检查约束(Check)

【导例 5.9】 在“学生信息表”中，“性别”只能取“男、女”之一，“手机号”列只能由 1 开头，后跟 3 或者 5，再跟 9 位 0～9 的数字，共 11 位。创建“学生信息表”定义这些 Check 约束并验证。

```
use 课程教学过程化考核数据库;        --一段一段选中执行
go

--1.删除表、创建表
drop table 学生信息表;
create table 学生信息表
( 学生 ID int primary key ,
  姓名 nchar(4) not null ,
  性别 nchar(1) check (性别 in ('男','女')) ,          --定义 check 约束
  手机号 varchar(11) constraint ck 手机号
    check(手机号 like '1[35][0-9][0-9][0-9][0-9][0-9][0-9][0-9][0-9][0-9]')
  --设置约束名为[ck 手机号],[手机号]列只能由 1 开头，后跟[35]，再跟 9 位 0-9 之间的数字共
11 位
)
go

--2.验证，一条一条执行
insert 学生信息表 values(500001, '牛冲天', '男', '13803510001');
insert 学生信息表 values(500001, '马千里', '公', '15803510001');
insert 学生信息表 values(500002, '黑土', '男', '15803510002');
insert 学生信息表 values(500003, '白云', '女', '18903510003');
select * from 学生信息表;
```

【思考】

马千里、白云的学生信息插入了吗，为什么？

【知识点】

(1) Check 约束限制用户输入某一列的数据取值，即该列只能输入一定范围的数据。

(2) 定义 Check 约束。其语法格式如下：

```
create table 数据表名
(列名 数据类型 [constraint 约束名] check(逻辑表达式)[,…])
```

(3) 表和列可以包含多个 Check 约束。

5.1.3 使用 T-SQL 语句实施参照完整

【导例 5.10】 在“课程教学过程化考核数据库”中，创建“班级信息表”和“学生信息表”(“班级信息表”是父表、“学生信息表”是子表，因为一个班有多个学生，一个学生只属于一

个班)，定义“学生信息表”的“班级 ID”参照“班级信息表”主键“ID”且级联更新，并验证、体会级联更新。

```
use 课程教学过程化考核数据库;
go

--1.创建父表：班级信息表并输入演示数据
create table 班级信息表(
  ID int primary key,          --必须定义主键
  名称 nvarchar(20) not null,
  注册认证码 nvarchar(10)
);
insert 班级信息表 values(300001, '2012 市场营销', '123456')
insert 班级信息表 values(300002, '2012 软件技术', '654321')
select * from 班级信息表
go

--2.创建子表：学生信息表
drop table 学生信息表;
create table 学生信息表(
  学生 ID int primary key ,
  姓名 nvarchar(8) not null ,
  性别 nchar(1) check(性别 in ('男','女')) ,
  班级 ID int references 班级信息表(ID) on update cascade  --设置外键
)

--3.验证，一条一条执行，富五车 阻止，报错
insert 学生信息表 values(500001, '高八斗', '男', 300001);
insert 学生信息表 values(500002, '凌云霄', '男', 300001);
insert 学生信息表 values(500003, '汪清水', '女', 300001);
insert 学生信息表 values(500004, '富五车', '男', 300003);
select * from 学生信息表;
select 学生 ID, 姓名, 性别, 名称 as 班级名称, 注册认证码
  from 学生信息表, 班级信息表
  where 学生信息表.班级 ID = 班级信息表.ID;

--4.删除父表数据
delete 班级信息表 where ID = 300001;

--5.修改父表数据，一条一条执行
update 班级信息表 set ID = 300003 where ID = 300001;
select * from 班级信息表;
select * from 学生信息表;
select 学生 ID, 姓名, 性别, 班级 ID, 名称 as 班级名称, 注册认证码
  from 学生信息表, 班级信息表
  where 学生信息表.班级 ID = 班级信息表.ID;
```

【思考】

富五车的学生信息插入了吗，为什么？当“班级信息表”的 ID 从 300001 更新为 300003 时，“学生信息表”的班级 ID 发生了什么变化，为什么？

【导例 5.11】在“课程教学过程化考核数据库”中，创建“班级信息表”和“学生信息表”，

定义“学生信息表”的“班级 ID”参照“班级信息表”主键“ID”且级联删除，并验证、体会级联删除。

```
use 课程教学过程化考核数据库
go

--1.先删子表、后删父表，创建父表并输入演示数据
drop table 学生信息表;
drop table 班级信息表;
create table 班级信息表(
  ID int primary key,          --必须定义主键
  名称 nvarchar(20) not null,
  注册认证码 nvarchar(10)
);
insert 班级信息表 values(300001, '2012 市场营销', '123456');
insert 班级信息表 values(300002, '2012 软件技术', '654321');
select * from 班级信息表;
go

--2. 创建子表：学生信息表，设置外键，级联删除
create table 学生信息表(
  学生 ID int primary key ,
  姓名 nvarchar(8) not null ,
  性别 nchar(1) check(性别 in ('男','女')) ,
  班级 ID int references 班级信息表(ID) on delete cascade  --设置外键
)
go

--3.验证，一条一条执行，富五车 阻止，报错
insert 学生信息表 values(500001, '牛冲天', '男', 300001);
insert 学生信息表 values(500002, '马行空', '男', 300001);
insert 学生信息表 values(500003, '高八斗', '男', 300002);
insert 学生信息表 values(500004, '凌云霄', '男', 300002);
insert 学生信息表 values(500005, '富五车', '男', 300003);
select * from 学生信息表;
select 学生 ID, 姓名, 性别, 名称 as 班级名称, 注册认证码
  from 学生信息表, 班级信息表
  where 学生信息表.班级 ID = 班级信息表.ID;

--4.删除父表数据，一条一条执行
delete 班级信息表 where ID = 300001;
select * from 班级信息表;
select * from 学生信息表;
select 学生 ID, 姓名, 性别, 班级 ID, 名称 as 班级名称, 注册认证码
  from 学生信息表, 班级信息表
  where 学生信息表.班级 ID = 班级信息表.ID;
```

【思考】

富五车的学生信息插入了吗，为什么？当删除“班级信息表”中 ID 为 300001 的记录时，“学生信息表”中班级 ID 为 300001 的记录发生了什么变化，为什么？

【知识点】

(1) 外键约束用于强制实现参照完整性。外键约束可以规定表中的某列参照同一个表或另外一个表中已有的 Primary Key 约束或 Unique 约束的列。一个表可以有多个 Foreign Key 约束。

(2) 定义外键约束。其语法格式如下：

```
create table 数据表名
(列名 数据类型 [constraint 约束名] [foreign key]
 references 参照表[(参照列)] [on delete cascade|on update cascade] [,...])
```

(3) 外键约束实现了子表外键值与父表主键值的一致性。

① 子表外键列不能取父表主键列不存在的值。

② 未级联删除时父表中不能删除被子表外键列引用主键值。

③ on update cascade 表示级联更新，即参照表(父表)中更新被引用主键数据时，也将在引用表(子表)中更新引用外键数据，可理解为“子随父姓——父亲改姓，儿子也跟着改姓”。

④ on delete cascade 表示级联删除，即参照表(父表)中删除被引用行时，也将从引用表(子表)中删除引用行，可理解为“父死子亡——杀死父亲，儿子也跟着死亡”。

5.1.4　使用 T-SQL 语句修改、删除约束

【导例 5.12】在“课程教学过程化考核数据库”中，已创建“学生考核完成信息表”并输入数据，通过修改表设置组合主键“学生 ID,考核 ID”来限制同一(学生 ID,考核 ID)合只能有一个分数，并验证。

```
use 课程教学过程化考核数据库;          --一段一段选中执行
go

--1.删除表、创建表
drop table 学生考核完成信息表;
--1.创建表
create table 学生考核完成信息表(
      学生 ID int NOT NULL,
      考核 ID int NOT NULL,
      分数 numeric(5, 1)
);
insert 学生考核完成信息表(学生 ID,考核 ID,分数)
 values(500001,600001,59);                   --不及格
insert 学生考核完成信息表(学生 ID,考核 ID,分数)
 values(500001,600001,90);                   --优秀
select 学生 ID,考核 ID,分数 from 学生考核完成信息表;


--2.修改表的主键
alter table 学生考核完成信息表
add constraint pk_成绩 primary key (学生 ID,考核 ID); --定义组合主键

delete from 学生考核完成信息表 where 分数=90;
```

【思考】

修改表的主键执行成功了吗，为什么？如何才能使该语句成功执行呢？

【知识点】

(1) 在已有数据表中定义主键。其语法格式如下：

```
alter table 数据表名
(add [constrain 约束名] primary key
    [clustered | nonclustered] (列名 1[,…n])
[,…])
```

(2) 如果已有 Primary Key 约束，则可对其进行修改或删除。但要修改 Primary Key，必须先删除现有的 Primary Key 约束，然后再用新定义重新创建。

(3) 当向表中的现有列添加 Primary Key 约束时，如果 Primary Key 约束添加到具有空值或重复值的列上，SQL Server 不执行该操作并返回错误信息。

(4) 当 Primary Key 约束由另一表的 Foreign Key 约束引用时，不能删除被引用的 Primary Key 约束，要删除它，必须先删除引用的 Foreign Key 约束。

【导例 5.13】在“学生信息表”中，原来“宿舍电话”约束是 6 开头的 6 位数字，新的“宿舍电话”约束是 6 开头的 7 位数字且原有的电话号码依然有效，只对新添加的宿舍电话按新的约束进行检验。

```
use 课程教学过程化考核数据库;        --一段一段选中执行
go
--1.删除表、创建表
drop table 学生信息表
create table 学生信息表
( 学生 ID int primary key ,
  姓名 nchar(4) not null ,
  性别 nchar(1) check (性别 in ('男','女')) ,         --定义 check 约束
  宿舍电话 varchar(8) constraint ck 宿舍电话
      check(宿舍电话 like '6[0-9][0-9][0-9][0-9][0-9]')
)
insert 学生信息表 values(500001, '高八斗', '男', '653344');
insert 学生信息表 values(500002, '凌云霄', '男', '653344');
select * from 学生信息表;

--2.删除表中约束: ck 宿舍电话、增加约束定义
alter table 学生信息表
  drop constraint ck 宿舍电话;
alter table 学生信息表
  with nocheck                    /*对已有数据不强制这个约束*/
  add constraint ck 宿舍电话
  check(宿舍电话 like '6[0-9][0-9][0-9][0-9][0-9][0-9]')
  --添加约束名[ck 宿舍电话]: [宿舍电话]列只能由 6 开头后跟 6 位 0-9 之间的数字, 共 7 位
go

--3.验证, 一条一条执行
insert 学生信息表 values(500003, '富五车', '男', '6533444')
insert 学生信息表 values(500004, '凌云霄', '男', '6533444')
insert 学生信息表 values(500005, '汪清水', '女', '5333777')
select * from 学生信息表;
```

【思考】

原来的 6 位电话号码保留了吗？汪清水的学生信息插入了吗，为什么？

【知识点】

(1) Check 约束可以作为表定义的一部分在创建表时创建，也可以修改现有表添加。

(2) 删除表中约束。其语法格式如下：

```
alter table 数据表名
  drop constraint 约束名
```

(3) 在现有表中添加 Check 约束。其语法格式如下：

```
alter table 数据表名
  add [constraint 约束名] check(逻辑表达式)
```

(4) 在现有表中添加 Check 约束时，使用 with nocheck 选项，该约束仅作用于以后添加的新数据。Check 约束默认设置是同时作用于已有数据和新数据。

(5) Check 约束是对数据列进行取值范围限制的首选标准方法，可以对一列或多列定义多个约束。

5.1.5 使用 XML 架构集合规范 XML 列数据

【导例 5.14】在“课程教学过程化考核数据库”中，“学生信息表”的“教育经历”是 XML 类型的数据，“教育经历”由若干(最多 10 项)“项目”组成，每个“项目”又有“开始年月”“截止年月”和“学校及其学校内容”3 个属性，插入数据并验证、体会 XML 架构集合规范。

```
use 课程教学过程化考核数据库
go
--1.创建 XML 架构集合
create xml schema collection xsc教育经历
AS '
<xsd:schema xmlns:xsd="http://www.w3.org/2001/XMLSchema">
  <xsd:element name="教育经历">
    <xsd:complexType>
      <xsd:sequence>
        <xsd:element name="项目" maxOccurs="10">
          <xsd:complexType>
            <xsd:sequence/>
              <xsd:attribute name="开始年月" type="xsd:gYearMonth" use="required"/>
              <xsd:attribute name="截止年月" type="xsd:gYearMonth" />
              <xsd:attribute name="学校及其学习内容" type="xsd:string"
use="required"/>
          </xsd:complexType>
        </xsd:element>
      </xsd:sequence>
    </xsd:complexType>
  </xsd:element>
</xsd:schema>'

--2.创建学生信息表
create table 学生信息表(
```

```
    学生 ID int primary key,          --必须定义主键
    姓名 nvarchar(8) not null,
    性别 nchar(1) not null,
    教育经历 xml (content [dbo].[xsc 教育经历]) not null,
);

--3.插入数据验证
insert 学生信息表 values(500001, '牛冲天', '男', N'
<教育经历>
<项目 开始年月="1991-04" 截止年月="1996-12" 学校及其学习内容="钢城小学读小学"/>
   <项目 开始年月="1997-03" 截止年月="1999-06" 学校及其学习内容="钢中学初高中"/>
   <项目 开始年月="1999-09" 截止年月="2003-06" 学校及其学习内容="钢院炼钢专业"/>
</教育经历>');
insert 学生信息表 values(500002, '马行空', '男', N'
<教育经历>
  <项目 开始年月="2006-09" 截止年月="2012-06" 学校及其学习内容="山大附小小学" />
  <项目 开始年月="2012-09" 学校及其学习内容="山大附中读初中" />
</教育经历>');
insert 学生信息表 values(500003, '龙入海', '男', N'
<教育经历>
  <项目 开始年月="2001-09" 截止年月="2006-06" 学校及其学习内容="人大附小小学" />
  <项目 开始年月="2006-09" 截止年月="2012-16" 学校及其学习内容="人大附初高中"/>
</教育经历>');
```

【思考】

马行空的学生信息插入了吗，为什么？龙入海的学生信息插入了吗，为什么？

【知识点】

(1) SQL Server 使用 XML 数据类型对 XML 数据进行存储，使用 XML 架构集合将 XSD 架构与 XML 类型的变量或列关联用于验证 XML 实例或类型化 XML 数据列。创建、删除 XML 架构集合 T-SQL 语句语法是：

```
create xml schema collection [架构名.]XML 架构集合名
AS
XML 架构数据;
drop xml schema collection [架构名.]XML 架构集合名;
```

架构数据中 schema 标记是根标记(最外层的标记)，并指明其命名空间，格式如下：

```
<xsd:schema xmlns:xsd="http://www.w3.org/2001/XMLSchema">
…
</xsd:schema>
```

name 指元素或元素属性的名称，complexType 标记指元素或属性的数据类型是复合类型，xsd:sequence；指子元素或属性出现的顺序。

(2) 定义元素(Element)。如 minOccurs、maxOccurs 元素重复的最少和最多次数。

(3) 定义元素的属性(Attribute)。type 指属性的简单数据类型，其中 xsd:gYearMonth 指年月数据类型(1949-10)、xsd:string 指字符串数据类型；其他常用的数据类型还有 xsd:float、xsd:double、xsd:long、xsd:int、xsd:date 等，"use="required"指这个属性必须提供。

【导例 5.15】在“课程教学过程化考核数据库”中，使用 identity 自动编号标识列、唯一

索引、XML 架构集合和 not null、primary key、unique、default、check 和 references 外键 6 种约束创建“班级信息表”和“学生信息表”。**(经典例题，记住！)**

```
use 课程教学过程化考核数据库;
go
create table 班级信息表(
  班级 ID int IDENTITY(300001,1) PRIMARY KEY,
  学院 ID int not null,
  班级名称 nvarchar(20) not null,
  注册认证码 nvarchar(10) null,
);
go
create xml schema collection xsc 教育经历
AS N'
<xsd:schema xmlns:xsd="http://www.w3.org/2001/XMLSchema">
  <xsd:element name="教育经历">
    <xsd:complexType>
      <xsd:sequence>
        <xsd:element name="项目" maxOccurs="10">
          <xsd:complexType>
            <xsd:sequence/>
            <xsd:attribute name="开始年月" type="xsd:gYearMonth" use="required"/>
            <xsd:attribute name="截止年月" type="xsd:gYearMonth" use="required"/>
            <xsd:attribute name="学校及其学习内容" type="xsd:string" use="required"/>
          </xsd:complexType>
        </xsd:element>
      </xsd:sequence>
    </xsd:complexType>
  </xsd:element>
</xsd:schema>'
go
create table 学生信息表(
  学生 ID int IDENTITY(500001,1),
  班级 ID int NOT NULL references 班级信息表(班级 ID) on update cascade,
  学号 nvarchar(10) NOT NULL,
  姓名 nvarchar(10) NOT NULL,
  登录密码 varchar(32),
  性别 nchar(1) check (性别 in ('女', '男')),
  出生日期 date NOT NULL,
  身高 decimal(15, 2) not null check(身高 >= 1.2 and 身高 <= 2.3),
  体重 decimal(15, 2) not null check (体重 between 30 and 120),
  EMail nvarchar(30) unique not null,
  QQ 号码 varchar(16) unique not null,
  手机号码 char(11) not null,
  民族 nvarchar(8) default('汉族') not null,
  政治面貌 nvarchar(8) check(政治面貌 in ('中共党员','共青团员','群众','其他')),
  身份证号 char(18) unique not null,
  籍贯 nvarchar(30) NOT NULL,
  家庭住址 nvarchar(30),
```

```
    教育经历 xml(content [dbo].[xsc教育经历]),
    备注 ntext,
    照片 image,
    录入时间 datetime default(getdate()) NOT NULL
)

--创建唯一索引
create unique nonclustered index UI_手机号码
    on 学生信息表(手机号码) where (手机号码 <> '');
```

5.1.6 使用 SSMS 管理约束

【演练 5.1】使用 SSMS 在创建表或修改表时，设置自动编号标识列和 not null、primary key、unique、default、check 和 references 外键 6 种约束。

(1) 定义标识列。启动 SSMS，展开数据库、在新建表或已创建表“学生信息表”的表设计窗口中，选定字段“学生 ID”，在“学生 ID”列“标识规范”处选择“是标识”、设置增量和种子，如图 5.1 所示。

(2) 定义[not]null 约束。在“学生信息表”设计窗口中，在【允许 Null 值】项目上打对钩(单击)则表示允许为空，去掉对钩则表示不允许为空，如图 5.2 所示。

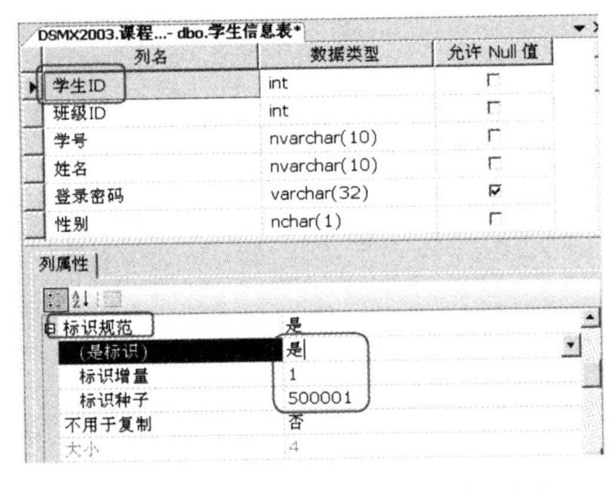

图 5.1 为“学生信息表”定义标识列

PC-20101. . . bo. 学生信息表*

列名	数据类型	允许 Null 值
家庭住址	nvarchar(30)	☐
教育经历	xml(CONTENT db...	☑
备注	ntext	☐
照片	image	☑
当前机位	char(17)	☑
当前IP	char(15)	☑
权限	nvarchar(50)	☐

图 5.2 为“学生信息表”定义[not]null 约束

(3) 定义主键。在表设计窗口中单击选定指定列，在列名的左部出现三角符号，如果设置的主键为多个，则按住 Ctrl 键再单击相应的列，如果列是连续的，也可以按住 Shift 键，单击工具栏上的【设置主键】按钮，或者右击，单击【设置主键】命令，这时选定的列的左边则显示出一个钥匙符号，表示主键。取消主键与设置主键的方法相同，再次单击【设置主键】命令即可。图 5.3(a)所示为在“学生信息表”窗口中设置“学号 ID”列为主键，图 5.3(b)所示为在设计“考核完成详细信息表”窗口中设置学生 ID、考核 ID、课程 ID、问题 ID 列为组合主键。

(4) 定义 Unique 约束。在表设计窗口，右击，单击【索引/键】命令，弹出【索引/键】对话框，单击【添加】按钮，添加新的主/唯一键或索引，如图 5.4 所示，在【常规】的【类型】右边选择【唯一键】选项，在【列】的右边单击【...】按钮，选择列名“身份证号”和排序规律，然后单击【关闭】按钮，则完成了指定列的唯一约束设置。图 5.4 所示为在表设计窗口中设置“学生信息表”中的“身份证号”列为 unique 约束。

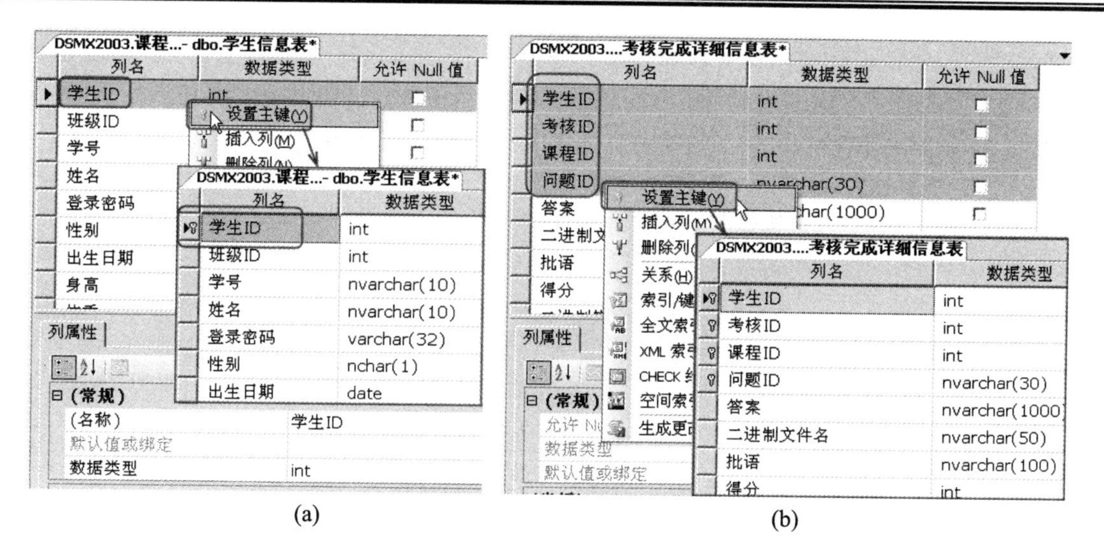

图 5.3　在“学生信息表”“考核信息表”窗口中设置主键约束

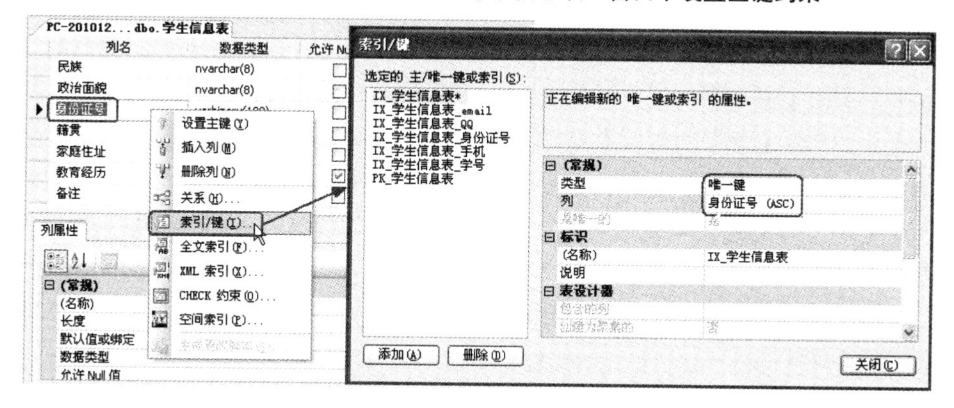

图 5.4　在表设计窗口设置“学生信息表”中“身份证号”Unique 约束

(5) 定义 Check 约束。在表设计窗口，右击，选择【CHECK 约束】命令，在打开的【CHECK 约束】对话框中单击【添加】按钮，在【表达式】文本框中输入约束表达式。例如，将“学生信息表”的“性别”列的数据限制为“男”或“女”，输入表达式(性别='男'or 性别='女')，如图 5.5 所示。单击【关闭】按钮完成检查约束设置。

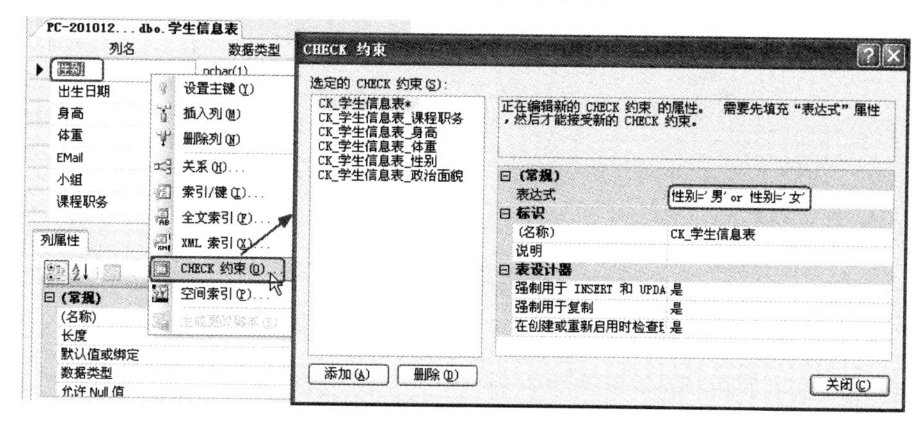

图 5.5　在表设计窗口设置 Check 约束

(6) 定义 Default 约束。打开新建表或设计表窗口，选中要设置默认值的列，在窗口的下部分【默认值或绑定】对应的行上输入默认值，图 5.6 所示为设置“学生信息表”的“民族”列的默认值为“汉族”。

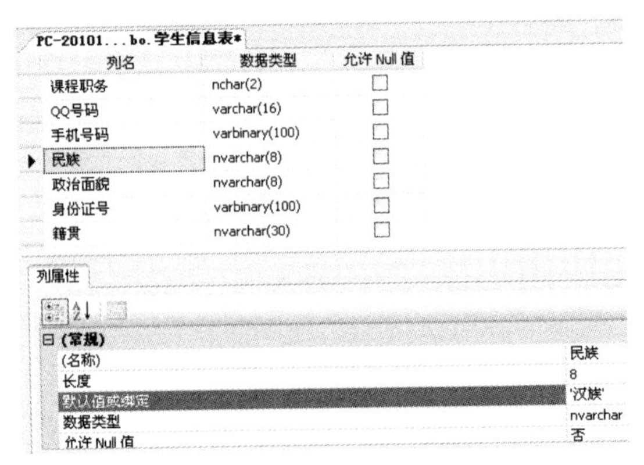

图 5.6 在表设计窗口设置默认值

(7) 定义 Foreign Key 约束。在表设计窗口右击，单击【关系】命令，在弹出的【外键关系】对话框中，单击【添加】按钮，添加新的约束关系，设置【在创建或重新启用时检查现有数据】为“是”。单击【表和列规范】左边的“+”号，再单击【表和列规范】内容框中右边的【...】按钮，从弹出的【表和列】对话框中选择外键约束的表和列，单击【确定】按钮，回到【外键关系】对话框，单击【更新规则】和【删除规则】对应文本框右边的下拉列表，设置级联更新或级联删除，单击【关闭】按钮创建关系完成。图 5.7 所示为设置“学生信息表”的“班级 ID”列为“班级信息表”中“班级 ID”列相关联的外键。

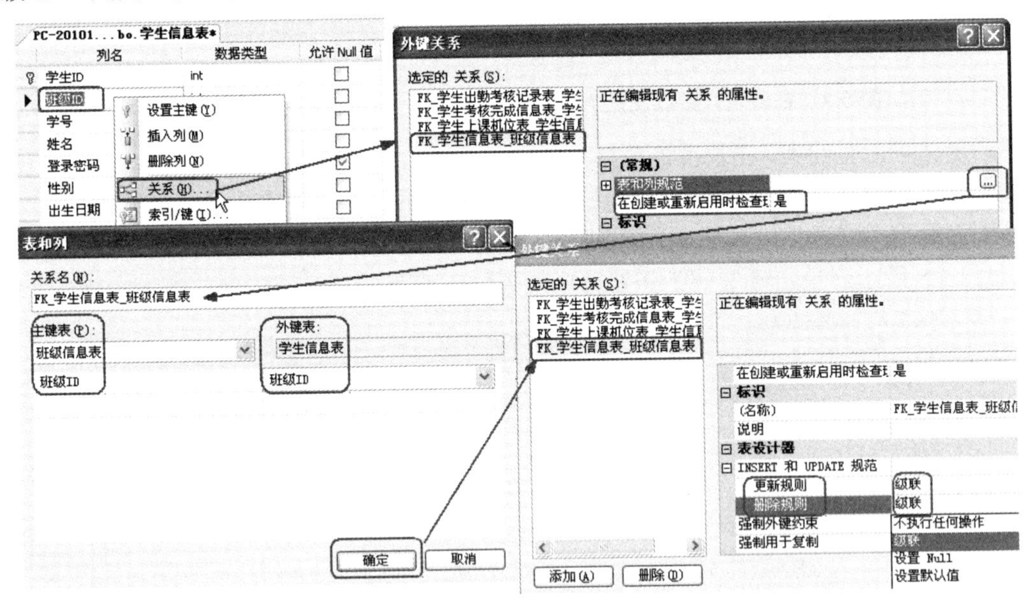

图 5.7 在表设计器中设置外键约束

(8) 关系图。除了方法(7)外，也可以在建立关系图时设置外键约束。方法是在 SSMS 中，打开指定的数据库，选择【数据库关系图】，单击右键并单击【新建数据库关系图】命令，在接下来的对话框中添加相应的表，进入关系图创建窗口。如果没有创建主键列，则先创建主键列，从作为外键的表拖动鼠标到作为主键的表，释放鼠标后显示【创建关系】对话框，在这个对话框中选择外键列和主键列，编辑关系名称，设置好后保存关系图。

5.2 数据库理论：实体-联系模型与数据完整性

5.2.1 实体-联系模型

1. 基本概念

实体-联系模型(Entity-Relationship Model,E-R 模型)是 P.P.S.chen 于 1976 年提出的。这个模型直接从现实世界中抽象出实体类型及实体间的联系。

(1) 实体

实体对应于现实世界中可区别的客观对象或抽象概念。例如，在应用于多学院(校)的课程教学过程化考核管理系统中，主要的客观对象有学生、教师、课程、学院、班级等实体，其属性见表 5-1，表中带括号的属性是实体之间联系的关键属性。

表 5-1 课程教学过程化考核管理系统中实体属性表

实 体	属 性
学生	学生 ID、学号、姓名、登录密码、性别、出生日期、身高、体重、民族、籍贯、家庭地址、手机号码、QQ 号码、E-mail、身份证号、政治面貌、(班级 ID)、备注、教育经历、照片
教师	教师 ID、姓名、登录密码、性别、(学院 ID)、出生日期、手机号码、QQ 号码、照片
课程	课程 ID、课程名称、备注
学院	学院 ID、学院名称、备注
班级	班级 ID、班级名称、(学院 ID)、认证注册码

(2) 实例

实体中的每一个具体的记录值，称为实体的一个实例。例如，学生实体中的每个具体的学生(如张三等)就是实体的一个实例。

(3) 联系

联系是指不同实体之间的关系，联系也可以有自己的属性。在课程教学过程化考核管理系统中，班级实体和课程实体之间存在“班级课程表”和“班级课程教学进度表”两种联系，其他联系见表 5-2，表中带括号的是实体之间联系的关键属性。

表 5-2 课程教学过程化考核管理系统中联系属性表

联 系	属 性
学院上课时间表	(学院 ID)，节，夏季开始时间，夏季结束时间，冬季开始时间、冬季结束时间
班级课程表	(班级 ID)，(课程 ID)，(教师 ID)，开课日期，结课日期，学时…，出勤考核百分比，平时成绩百分比，考试成绩百分比…
班级课程教学进度表	(班级 ID)，(课程 ID)，节，上课开始时间，上课结束时间，教学内容，周次，类型，学时，星期
学生出勤考核记录表	(学生 ID)，(课程 ID)，登录时间，退出时间，出勤标记，周次
课程题库信息表	(课程 ID)，问题 ID，题型，扩展名，题号，问题，参考答案，分值，备注，题图，录音，素材，(教师 ID)

续表

联　系	属　性
考核信息表	考核 ID，(班级 ID)，(课程 ID)，考核名称，考核类型，开始时间，结束时间，考核时间，满分分值，批阅类型，批阅状态，开始时间，重考结束时间，重考考核时间，重考批阅状态
考核试题信息表	考核 ID，(课程 ID)，问题 ID，题号，分值
学生考核完成信息表	(学生 ID)，(考核 ID)，得分，分数，成绩，开始时间，结束时间，提交机器，批阅时间，批阅人，申请重考，允许重考，重考得分，重考分数，重考成绩，重考开始时间，重考结束时间，重考提交机器，重考批阅时间，重考批阅人
学生考核完成详细信息表	(学生 ID)，(考核 ID)，(课程 ID)，(问题 ID)，答案，二进制文件名，批语，得分，二进制答案

(4) 属性

属性是实体或者联系具有的特征或性质。例如，学生实体的属性有学号、姓名、性别、照片等。一个实体的所有实例都具有共同属性。属性的个数由用户对信息的需求决定。

2. 实体间的联系

实体之间的联系可分为一对一、一对多和多对多 3 种联系。

(1) 一对一联系(1∶1)

实体 *A* 中的每个实例在实体 *B* 中至多有一个实例与之对应关联，反之亦然。例如，系和正系主任、夫妻关系是一对一的联系。

(2) 一对多联系(1∶*n*)

实体 *A* 中的每个实例在实体 *B* 中至少有一个实例与之对应关联，反之实体 *B* 中的每个实例在实体 *A* 中最多有一个实例与之对应关联。例如，在课程教学过程化考核管理系统中，学院与班级、学院与教师、班级与学生、父子关系都是一对多的联系。

(3) 多对多联系(*m*∶*n*)

实体 *A* 中的每个实例在实体 *B* 中至少有一个实例与之对应关联，反之亦然。例如，学生和课程、学生和老师之间是多对多的联系。

3. E-R 图

E-R 图也称实体-联系图(Entity Relationship Diagram)，是指用图形语言表示实体、属性和联系的方法，用来描述现实世界的概念模型。建议使用矩形框表示实体，并将实体名写在矩形框上，属性名写在矩形框内，并用连线表示描述的实体之间的联系。而且，建议借用工具软件绘制 E-R 图，如 PowerDesigner、MS Visio 或用 SSMS 绘制数据库关系图来绘制 E-R 图。

例如，在过程化考核系统中，存在学院、班级、学生 3 个客观对象(实体)，其中学院(父表)和班级(子表)之间的关系是 1:*m* 关系，班级(父表)和学生(子表)之间的关系也是 1:*m* 关系，学院、班级和学生实体所涉及的属性有学院 ID、学院名称等，如图 5.8(a)所示；在过程化考核系统中，学生、考核、学生考核完成 3 个客观对象(实体)的属性，学生(父表)和学生考核完成(子表)之间、考核和学生考核完成(子表)之间的关系都是 1:*m* 关系，如图 5.8(b)所示。图中，主键由列名前面的钥匙符号表示，1:*m* 关系由钥匙符号到无穷大符号的连线表示。各表之间的主外键参照关系如图 5.9 所示。

E-R 模型具有两个明显的优点：一是接近于人的思维，容易理解；二是与计算机无关，用户容易接受。它已成为软件工程的一个重要设计方法。

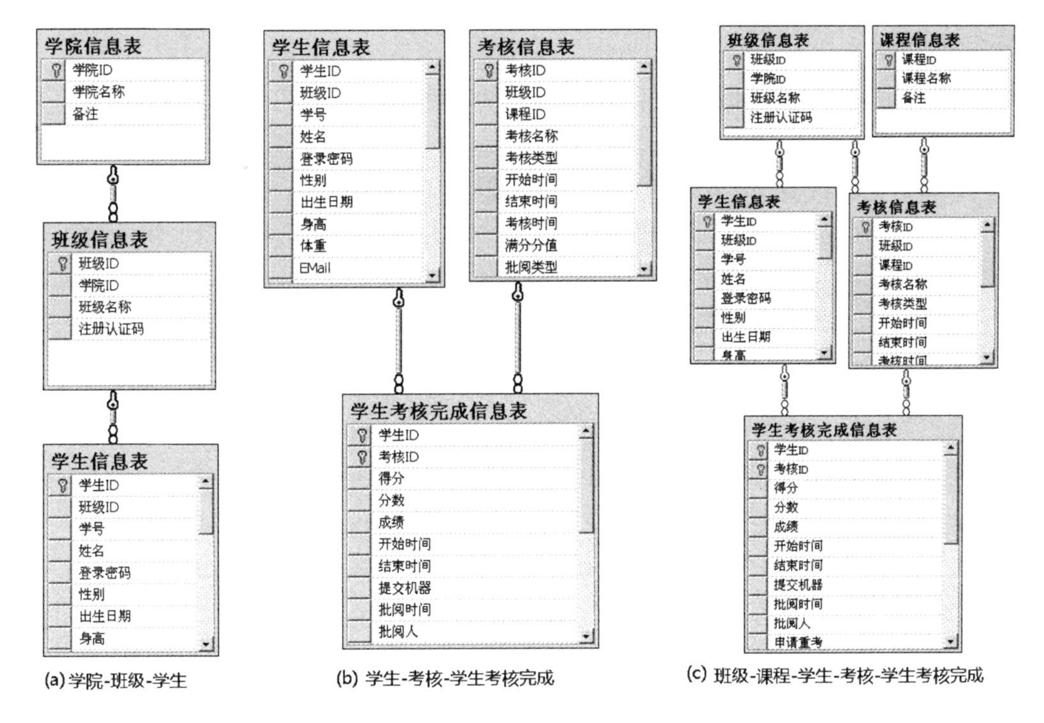

图 5.8　过程化考核中主要实体 E-R 图

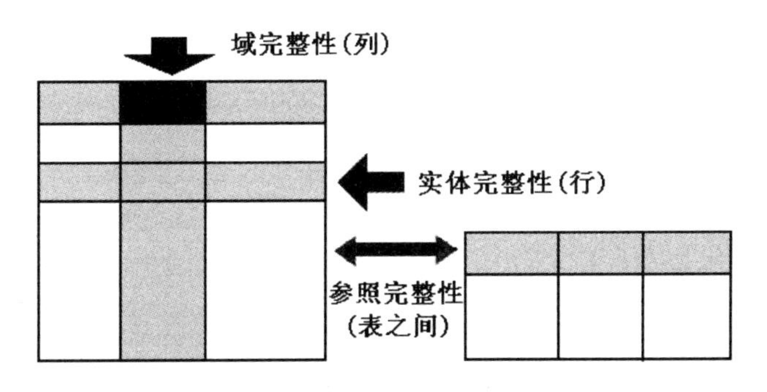

图 5.9　完整性概念图示

5.2.2　数据完整性

数据完整性用于保证数据库中数据的正确性、一致性和可靠性。设计数据库一个非常重要的步骤就是决定实施保证数据完整性的最好方法。强制数据完整性可确保数据库中的数据质量。

例如，如果在学生信息表中输入了学号值为 110001 的学生，那么该数据库不能允许其他学生使用同一学号值，同时也应保证在其他表中出现该数据时保持一致性，即如果学号为 110001 的学生在同一数据库中的任何其他表中出现时，学号也必须是 110001。

设计表有两个重要步骤：第一步是确定标识列的有效值；第二步是确定如何强制列中的数据完整性，完整性概念图示如图 5.9 所示，数据完整性有实体完整性、域完整性、参照完整性和用户定义完整性 4 种类型。

1. 实体完整性

实体完整性(Entity Integrity)用于保证数据表的每一个特定实体的记录都是唯一的，即每个实例都必须有一行记录且只有一行记录。通过 Primary Key 约束、Unique 约束、Identity 标识列实现。例如，教师信息表(员工编号、姓名、登录密码、性别、学院 ID、出生日期、照片)中，员工编号为主键，通过员工编号来标识特定的教师，员工编号既不能为空，也不能重复。

2. 域完整性

域完整性(Domain Integrity)是指保证指定列的数据具有正确的数据类型、格式和有效的数据范围。通过为表的列定义数据类型以及通过 Check、Default、not null 约束实现限制数据范围，保证只有在有效范围内的值才能存储到列中。例如，“学生信息表”中的性别只能取(男、女)、政治面貌(民主人士、群众、共青团员、中共党员)、身高(>=1.2 and <=2.3)、体重(>=30 and <=120)通过 Check 约束实现限制可能值的范围，民族(汉族)通过 Default 约束实现默认输入。

3. 参照完整性

当增加、修改或删除数据库表中记录时，可以借助参照完整性(Referential Integrity)来保证相关联表之间数据的一致性。参照完整性基于外键与主键之间或外键与唯一键之间的关系。参照完整性确保同一键值在所有表中一致。这样的一致性要求不能引用主键列不存在的值，如果主键值更改了，那么在整个数据库中，对该键值的所有引用要进行一致的更改。如过程化考核系统中，学生、班级、课程、考核、学生考核完成信息表之间存在 5 条参照关系，“学生信息表”的班级 ID(外键)参照班级信息表中的班级 ID(主键)，“考核信息表”的班级 ID(外键)参照班级信息表中的班级 ID(主键)，“考核信息表”的课程 ID(外键)参照“课程信息表”中的课程 ID(主键)，“学生考核完成信息表”的学生 ID(外键)参照“学生信息表”中的学生 ID(主键)，“学生考核完成信息表”的考核 ID(外键)参照考核信息表中的考核 ID(主键)，如图 5.8(c)所示。课程教学过程化考核数据库中各表之间的主外键参照关系图如图 5.10 所示。

4. 用户定义完整性

用户定义的完整性(User-defined Integrity)可以定义不属于其他任何完整性分类的特定业务规则。所有的完整性类型(Create Table 中的所有列级和表级约束、存储过程和触发器)都支持用户定义完整性。

5. 数据完整性的实现方式

有两种方式可以实现数据完整性，即声明数据完整性和过程数据完整性。声明数据完整性就是通过在对象定义中来实现的，是由系统本身通过自动强制来实现的。声明完整性的方式包括使用各种约束。过程完整性是通过在脚本语言中定义来实现的。当执行这些脚本时，就可以强制完整性的实现。过程数据完整性的方式包括使用触发器和存储过程。本章介绍的是声明数据完整性。

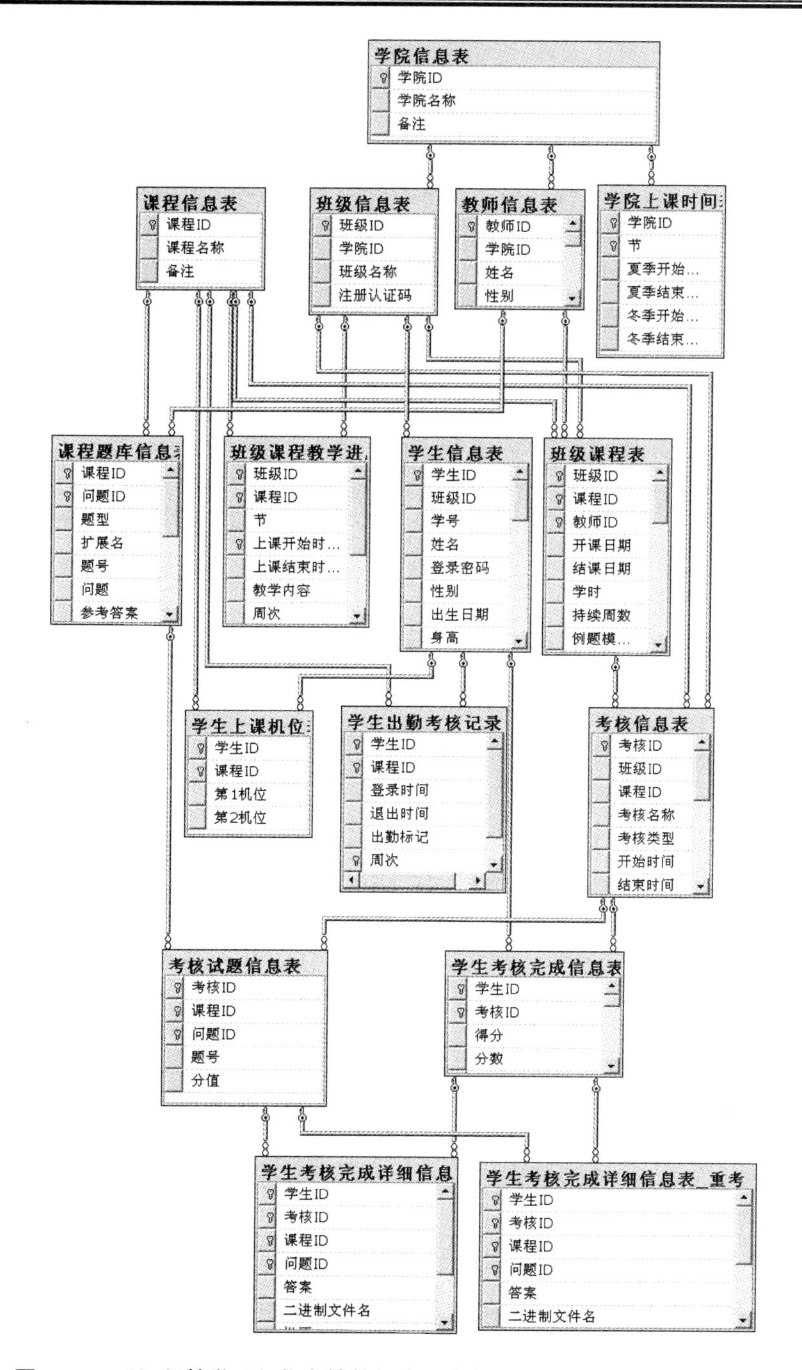

图 5.10　“课程教学过程化考核数据库”中各表之间的主外键参照关系图

5.3　本 章 实 训

5.3.1　实训目的

通过上机实现各种数据完整性的基本操作，体会数据完整性的功能，掌握数据库的各种约束的含义以及实现手段。

5.3.2 实训内容

在第 3、4 章实训的基础上，对“教学成绩管理数据库”进行如下操作。

(1) 更改表名。“学生信息表”改为“旧学生信息表”“班级信息表”改为“旧班级信息表”，用来保存第 3 章录入的真实数据，删除“学生信息表视图”。

(2) 建立新表。带约束条件的“学生信息表”“班级信息表”，建表要求如下：

① 学生信息表(学号 char(10)，姓名，性别，出生日期，身高，民族，身份证号，班级编号)。

② 班级信息表(编号，名称)。

③ 非空约束：姓名、出生日期、名称。

④ 主键约束：学生信息表.学号，班级信息表.编号。

⑤ 外键约束：学生信息表.班级编号，参照父表“班级信息表”的“编号”列。

⑥ 默认约束：“民族”字段默认为“汉族”。

⑦ 唯一约束：身份证号。

⑧ 检查约束：性别只能为男或女、身高范围在 0.5～2.5 m。

(3) 复制数据重建视图。从“旧学生信息表”、“旧班级信息表”中导入数据(真实数据)，重建“学生信息表视图”。

(4) 修改数据，体会完整性的作用。

5.3.3 实训过程

1. 方法一：利用 T-SQL 语句(在查询分析器中执行下列脚本)实现

1) 更改表名保存数据

```
use 教学成绩管理数据库;
go
drop view 学生表视图;
go
sp_rename 学生信息表,旧学生信息表;
go
sp_rename 班级信息表,旧班级信息表;
go
```

2) 创建带约束条件表

```
--创建班级信息表
create table 班级信息表(
  编号 char(6) primary key ,
  名称 nvarchar(12) not null
);
go
--创建学生信息表
create table 学生信息表(
  学号 char(10) primary key ,                          /*主键*/
  姓名 nvarchar(8) not null ,
  性别 nchar(1) check(性别 in ('男', '女')),      /*检查约束*/
  出生日期 date not null ,
  身高 decimal(5, 2) check(身高 between 0.5 and 2.5),
```

```
    民族 nvarchar(5) default N'汉族' ,                  /*默认*/
    身份证号 char(18) not null unique,                 /*唯一约束*/
    班级编号 char(6) references 班级信息表(编号) on update cascade
);
go
```

3) 复制数据

```
insert 班级信息表 select * from 旧班级信息表;
insert 学生信息表 select * from 旧学生信息表;
go
create view 学生表视图 as
select 学号,姓名,性别,出生日期, 年龄 = datediff(year, 出生日期,getdate()),
       身高,民族,身份证号,班级编号,名称 班级名称
from 学生信息表 join 班级信息表 on 班级信息表.编号=学生信息表.班级编号;
go
drop table 旧学生信息表;
drop table 旧班级信息表;
go
```

【知识点】

两个表数据结构完全一样，将数据从旧表中复制到新表的语句格式如下：

```
insert 新数据表 select * from 旧数据表
```

2. 方法二：利用 SSMS 实现

(1) 打开 SSMS，右击数据库，单击【新建数据库】命令，完成“教学成绩管理数据库_ch5”的创建。

(2) 单击“教学成绩管理数据库_ch5”，右击【表】选项，在弹出的快捷菜单中单击【新建表】命令，输入“学生信息表”结构，内容如方法一中的创建带约束条件表脚本所示。

① 设置允许为空的字段。

② 在“学号”字段上设立主键。

③ 设置“民族”字段的默认值为“汉族”。

④ 右击“身份证号”字段，单击【索引/键】命令设置唯一(Unique)约束。

⑤ 右击“性别”字段，单击【check 约束】命令，设置约束表达式([性别] ='男' or [性别] ='女')。

⑥ 右击“身高”字段，单击【check 约束】命令，设置约束表达式([身高] >= 0.5 and [身高]<=2.5)。

(3) 创建“班级信息表”，如图 5.11 所示。

① 设置编号字段为主键。

② 右击班级编号字段，单击【关系】命令设置外键，如图 5.12 所示。

(4) 执行下列操作，体会完整性的作用。

① 非空约束：修改[学生信息表].[姓名]为 null。

② 主键约束：修改[学生信息表].[学号]使两同学的学号相同。

③ 外键约束：修改[学生信息表].[班级编号]为“班级信息表”中不存在的“编号”。

④ 默认约束：在“学生信息表”中新增 1 行数据，不要输入“民族”数据，观察“民族”列的取值。

⑤ 唯一约束：修改[学生信息表].[身份证号]使两同学的身份证号相同。

⑥ 检查约束：修改[学生信息表].[性别]为母、[身高]为 2.8。

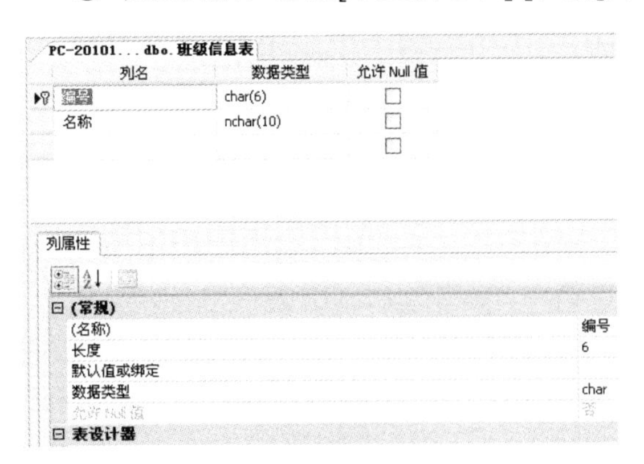

图 5.11　班级信息表

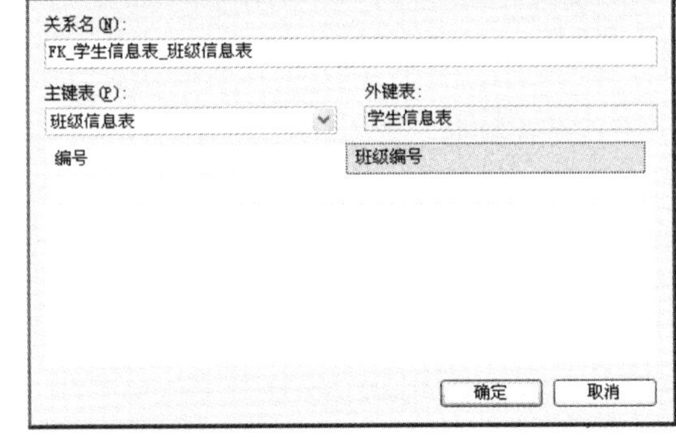

图 5.12　设置主键和外键表的关系字段

5.3.4　实训总结

通过本章的上机实训，读者应该能够掌握数据完整性的意义，理解为什么设计数据完整性以及如何实现数据完整性的各种方法。

5.4　本 章 小 结

本章介绍了数据完整性技术。首先介绍使用约束、标识列实施数据完整性，涉及的技术有：约束管理、使用标识列管理。可以用两种方式来实现，分别是使用 T-SQL 语句管理和使用 SSMS 管理约束。之后介绍了实体-联系模型与数据完整性的概念。数据完整性技术既是衡量数据库功能高低的指标，也是提高数据库中数据质量的重要手段，在应用程序开发中，具体选择哪一种方法，一定要根据系统的具体要求来选择。表 5-3 对这些技术做一个总结，特别要求熟练掌握使用 SSMS 创建、修改和删除数据表数据完整性约束的技能，熟练掌握使用 T-SQL 语句创建数据表(Create Table)使用约束实现数据完整性的技能，即表中带*标志的技术，其中语法格式是指在 Create Table 数据表(列名　数据类型[,…n])中数据类型后面增加的主要内容。

表 5-3　完整性技术

类　型	技　术	语法格式	功能描述
域完整性	空|非空	null | not null	允许/不允许 null
	默认值	default 默认值	输入数据时如果某个列没有明确提供值，则将该默认值插入到列中
	检查	check(逻辑表达式)	指定某列可接受值的范围或模式
实体完整性	主键	(1) primary key (2) primary key (列名 1[,…n])	唯一标识符，不允许空值
	唯一键	(1) unique (2) unique(列名 1[,…n])	防止出现冗余值，允许空值
	标识列	(1) identity[(种子，增量)] (2) identity(数据类型[,种子，递增量])as 列名	确保值的唯一性，不允许空值，不允许用户更新
参照完整性	外键	[foreign key] references 参照主键表[(参照列)]	保证列与参照列的一致性

5.5 本 章 习 题

1. 填空题

(1) Primary Key 约束用来实现实体中实例唯一(不重复)，定义表中主键列(或多个列的组合)、其值(或多个列值的组合)能______地标识表中的每一行，一个表______有一个 Primary Key 约束。

(2) Unique 约束用来限制________列不取重复值(唯一)，一个表中可以定义______Unique 约束，定义 Unique 的列可以是一个列或______列的组合。

(3) SQL Server 唯一索引(Unique Index)是唯一约束(Unique)的扩展，允许定义列除部分可重复的常量外其余取值要求唯一。

(4) 若表中定义了 identity(标识)列，则当用户向表中______新的数据行时，系统______为该行的 identity 列赋自动增量值。一个表中只能有______identity 列，常作为 Primary Key 列一起使用保证表中各行具有唯一标识。

(5) 当向表中现有的列上添加主键约束时，必须确保该列数据无______值和无______。

(6) 数据库中 null 是特殊值，既不等价于数值型数据 0，也不等价于字符型数据空串，只表明该数值是______的。not null 约束表示该列不允许取 null；null 约束表示允许取 null，当插入数据该列没有指定赋值时____取 null；不指定 null 或 not null 约束时默认允许____。

(7) 如果表中某列原先设计为允许空，现要修改为不允许为空，则只有当现有列不存在______及该列不存在______时，才可以进行修改。

(8) Check 约束是对数据列进行取值______限制的方法，可以对一列或_____列定义多个 Check 约束。

(9) 默认约束是指在用户______新记录________默认约束列数据时，数据库系统______为该列添加其定义的默认值。

(10) 外键约束可以规定表中的某列______同一个表或另外一个表中已有的__________Key 约束或________约束的列。一个表可以有______外键(Foreign Key)约束。

(11) 外键约束实现了子表外键值与父表主键值的一致性：①子表外键列______取父表主键列不存在的值；②未级联删除时父表中______删除被子表外键列引用主键值；③级联更新时参照表(父表)中更新被引用主键数据时，引用表(子表)中____更新引用外键数据；④级联删除时参照表(父表)中删除被引用行时，引用表(子表)中______删除引用行。

(12) SQL Server 使用 XML 数据类型对 XML 数据进行______，使用 XML 架构集合将 XSD 架构与 XML 类型的变量或列______用于验证 XML 实例或________XML 数据列。

(13) ______对应于现实世界中可区别的客观对象或抽象概念；实体中的每一个具体的记录值称为实体的一个______。联系是指不同实体之间的______；______是实体或者联系具有的特征或性质。

(14) 实体之间的联系可分为________、________和________三种联系。

(15) E-R 图是指用图形语言表示______、______和______的方法，用来描述现实世界的概念模型。

(16) 实现数据完整性有声明声明数据完整性和______过程数据完整性，声明数据完整性是通过对象定义______实现的。

(17) 数据完整性有______完整性、______完整性______完整性和用户自定义完整性四种类型。

(18) ____完整性是指保证指定列的数据具有正确的数据类型、格式和有效的数据范围。在 SQL Server 中通过定义______约束、________约束、__________约束的实现数据取值范围限制。

(19) ______完整性用于保证数据库中数据表的每一个特定实体的记录都是唯一的。在 SQL Server 中通过定义____________约束、________约束、__________列实现唯一性限制。

(20) ______完整性基于外键与主键之间或外键与唯一键之间的关系确保同一键值在所有表中一致。在 SQL Server 中通过定义____________约束实现引用一致性。

2. 单选题

(1) 在除空值允许重复外其他值要求保证唯一时，列应使用(　　)。

A. Primary Key　　B. Unique　　C. Foreign Key　　D. Unique Index

(2) 在现有列上添加 Check 约束，对现有数据不检查，则需要写(　　)选项。

A. notcheck　　B. not check　　C. nocheck　　D. with nocheck

(3) 定义 Unique 的列可以是(　　)个 null。

A. 0　　B. 1　　C. 2　　D. 多

(4) 对于标识列 identity，下列说法中不正确的是(　　)。

A. 列值不能由用户更新　　B. 列值不能由用户指定

C. 不允许绑定默认值　　D. 允许空值

(5) 在实体-联系模型中，“学生”与“课程”之间的联系是(　　)。

A. 一对一联系　　B. 一对多联系　　C. 多对多联系　　D. 多对一联系

3. 设计题

参考导例 5.15，编写完成下列功能 T-SQL 语句。

(1) 创建“课程教学过程化考核数据库”；创建“学院信息表”(学院 ID、学院名称、备注)，其中[学院 ID]自动编号(从 200001 开始、增量为 1)、主键；[学院名称]Unique、not null 约束。

(2) 创建“教师信息表”(教师 ID、姓名、性别、出生日期、登录密码、E-mail、QQ 号码、手机号码、学院 ID、籍贯、备注、照片)，其中[教师 ID]自动编号(从 400001 开始、增量为 1)、主键；[姓名]not null；[性别]取值('男', '女')；[出生日期]not null；[E-mail]：not null、Unique；[QQ 号码]；not null、Unique；[手机号码]not null、Unique、由 1[358]再跟 9 位 0～9 的数字共 11 位；[学院 ID]外键引用[学院信息表](学院 ID)；[籍贯]default 约束、默认值“山西省”。

(3) 编写 3 条添加记录正确的 T-SQL 语句：“学院信息表”1 次添加 2 条正确值记录、“教师信息表”添加 1 条“籍贯”是“北京市”的正确值记录、“教师信息表”添加 1 条“籍贯”取默认值的正确值记录。

(4) 编写 5 条添加记录出错的 T-SQL 语句：学院信息表[学院 ID]赋值、[学院名称]重复、[姓名]取 null、[性别]不取('男', '女')、教师信息表[学院 ID]取“学院信息表”中不存在的[学院 ID]值。

教学目标

通过本章的学习，读者应该掌握普通索引加快表中关键数据检索速度的方法，全文检索的概念和方法，了解分区存储的含义和方法。

教学要求

知识要点	能力要求	关联知识
普通索引	理解普通索引的概念，用途，优、缺点 掌握创建和使用普通索引方法	clustered 和 nonclustered 索引 优点是显著加快索引列的条件查询，缺点是系统付出存储空间和维护索引时间的代价 create index 索引名 on 表名(列名)
全文检索	了解全文目录、全文索引、非索引字表名和全文检索概念、创建和检索方法	全文目录：create fulltext catalog 全文目录名 全文索引：create fulltext index on 表名(列名) key index 主键或唯一键约束名 非索引字：create fulltext stoplist 非索引字表名 全文检索：where contains({列名|*},'检索条件')
分区存储	了解分区存储的概念、用途和分区存储的创建方法	分区函数：create partition function 函数名(类型) 分区方案：create partition scheme 分区方案名

重点难点

- 普通索引(重点)
- 全文检索(难点)
- 分区存储(难点)

6.1 普通索引

条件查询或查询结果排序是用户对数据表进行的最多的操作之一。在表中数据达到几百万行或更多行时，查询速度会越来越慢，从用户体验角度来说，超过 10 秒用户就会感到体验不好，在数据库中，索引就是表中关键数据和相应存储位置的列表，就是加快表中关键数据检索速度的方法。

普通索引(由主键、唯一键或 index 定义的索引)的唯一目的是加快对数据的访问速度。因此，应该只为那些最经常出现在查询条件(where 列=)、分组(group by 列) 或排序(order by 列)中的数据列创建索引。

6.1.1 使用 T-SQL 语句管理索引

【导例 6.1】创建居民信息表，导入 50 万条记录，体会表扫描、索引查询的检索速度。

```
use 过程化考核数据库 demo
go
--1. 创建演示数据表
create table 居民信息表(
  身份证号 char(18) primary key,
  姓名 nvarchar(10) NULL,
  性别 nchar(1) NULL,
  出生日期 date,
  住址 nvarchar(30) NULL
);

--2. 下载近 50 万条信息的[居民信息表.txt]; 右击[过程化考核数据库 demo]数据库,
-- 选择【数据导入】菜单,【数据源】:平面文件源、【文件名】: 居民信息表.txt、
--【在第一个数据行中显示列名称】:勾、【选择源表和源视图】目标: dbo.居民信息表

--3. 打开查询统计: io, time on
set statistics io on;
set statistics time on;

--4. 执行下列查询, 资源消耗统计大致如下
select count(*) from 居民信息表
-- 1 行受影响  扫描计数 1, 逻辑读取 4461 次。
--CPU 时间 = 63 毫秒, 占用时间 = 54 毫秒

select count(姓名) from 居民信息表
-- 1 行受影响 扫描计数 1, 逻辑读取 4461 次。
--CPU 时间 = 125 毫秒, 占用时间 = 125 毫秒

select 身份证号, 姓名, 性别, 出生日期, 住址 from 居民信息表 where 姓名 = '李白';
-- 1 行受影响  扫描计数 1, 逻辑读取 4461 次。
--CPU 时间 = 125 毫秒, 占用时间 = 85 毫秒

select * from 居民信息表 where 姓名 like N'李白%';
-- 169 行受影响  扫描计数 1, 逻辑读取 4461 次。
```

```
--CPU 时间 = 109 毫秒，占用时间 = 120 毫秒。

select 身份证号, 姓名, 性别, 出生日期, 住址 from 居民信息表
  where 身份证号 = '140224198304130031';
-- 1 行受影响  扫描计数 0，逻辑读取 3 次。
--CPU 时间 = 0 毫秒，占用时间 = 0 毫秒
```

【思考】

(1) 近 50 万条记录中，查询“姓名 ='李白'”信息用时 125 毫秒，如果在 5 亿记录中进行同样的查询需要多少时间呢？如何才能提高“姓名='某名字'”查询速度呢？

(2) 近 50 万条记录中，查询“身份证号 ='140224198304130031'”信息用时 0 毫秒，如果在 5 亿记录中进行同样的查询需要多少时间呢？

【知识点】

(1) 一般来说，系统访问数据表中的数据使用表扫描或索引查找，如图 6.1 所示。表扫描是指系统在没有创建索引的数据列进行条件查询时，使用指针逐行扫描读取该表的记录并进行条件比对，直至扫描完表中的全部记录。索引查找是指在创建索引的数据表对索引列进行条件查询时，系统根据查询条件通过索引指针直接找到符合查询条件的记录。

(2) SQL Server 中定义主键、唯一键或索引数据表的存储是由数据页和索引页两个部分组成的。数据页用来存放除了文本和图像数据以外的所有与表的某一行相关的数据，索引页包含组成特定索引的列中的数据。索引是一个单独的、物理的数据库结构，它是某个表中一列或若干列的值的集合和相应地指向表中物理标识这些值的数据页的逻辑指针清单，如图 6.2 所示。通常，索引页面相对于数据页面来说小得多。当进行数据检索时，系统先搜索索引页面，从索引项中找到所需数据的指针，再直接通过指针从数据页面中读取数据。

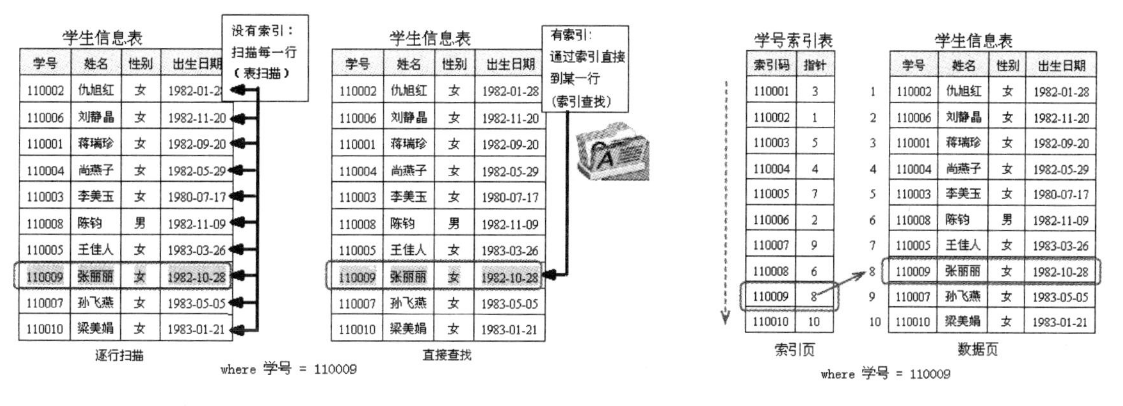

图 6.1　表扫描和索引查找　　　　图 6.2　索引项由搜索码和指针构成

(3) 根据索引的顺序与数据表的物理顺序是否相同，可以把索引分成两种类型：一种是数据表的物理存储顺序与索引顺序相同的聚集索引(Clustered)，另一种是数据表的物理存储顺序与索引顺序不相同的非聚集索引(Nonclustered)。

(4) 在建表定义一个主键约束时，将会自动地在主键所在列上创建一个非空唯一索引，称为主键索引，默认为聚集索引。主键索引是唯一索引的特殊类型，如身份证号查询用时少就是系统自动使用索引这个原因。

(5) 在创建表时定义唯一键，将会自动地在唯一键所在列上创建只允许一行为空的唯一索引，默认为非聚集索引。

【导例 6.2】在“居民信息表”中创建“姓名”列的索引，体会从“居民信息表”按“姓名”查询的速度。

```
-- 1. 创建[姓名]索引
create index id_姓名 on 居民信息表(姓名);

-- 2. 插入一条数据
insert 居民信息表(身份证号, 姓名, 性别, 出生日期, 住址) values
('140411198805230031','李白','男','1988-05-21','山西省长治市郊区李家庄乡李家庄村');

-- 3. 执行下列查询，在【消息】tab 卡观察资源消耗统计
select 身份证号, 姓名, 性别, 出生日期, 住址 from 居民信息表 where 姓名 = N'李白';
-- 2 行受影响  扫描计数 1，逻辑读取 9 次，物理读取 0 次。
-- CPU 时间 = 0 毫秒，占用时间 = 0 毫秒。

select * from 居民信息表 where 姓名 like N'李白%';
-- 170 行受影响   扫描计数 1，逻辑读取 533 次，物理读取 0 次。
-- CPU 时间 = 10 毫秒，占用时间 = 75 毫秒。

select * from 居民信息表 where 姓名 like N'%李白%';
--(171 行受影响)
--扫描计数 1，逻辑读取 2538 次，物理读取 0 次。
--CPU 时间 = 422 毫秒，占用时间 = 429 毫秒。

-- 4. 删除索引
drop index id_姓名 on 居民信息表;

-- 5. 关闭查询统计：io, time off
set statistics io off;
set statistics time off;
--drop table 居民信息表;
```

【思考】

(1) 近 50 万条创建姓名索引的记录中，查询“姓名 ='某名字'”信息用时 0 毫秒，如果在 5 亿记录中进行同样的查询需要多少时间呢？

(2) 近 50 万条记录中，查询“姓名 like N'%李白%'”信息用时 429 毫秒，与没有创建姓名索引时基本一样。其中的原因是什么呢？

【知识点】

(1) 创建、删除索引 T-SQL 语句。其语法格式、各参数说明如下：

```
create [unique] [clustered | nonclustered]
index 索引名 on {表名|视图名 }(列名 [ asc | desc ] [,…n]);
drop index '表名.索引名' | '视图名.索引名' [ ,…n ];
```

① unique：创建一个唯一索引，即索引的键值不能重复。在列包含重复值时不能建唯一索引。需要指出的是，即使索引列允许 null，也只能取 1 个 null 值，null 不能重复。

② clustered：指明创建的索引为聚集索引。每一个表只能有一个聚集索引，因为表中数据的物理存储顺序只能有一个。

③ nonclustered：指明创建的索引为非聚集索引。在每一个表上，可以创建不多于 999 个非聚集索引。

④ clustered | nonclustered：如果此选项省略，则创建的索引为非聚集索引。

⑤ asc|desc：指定特定的索引列的排序方式。默认值是升序 asc。

⑥ 列名：指定被索引的列，即 where 子句[列名 =|>=|>|<|<=|like|between 值]中或 order by 子句中的列名。如果使用两个或两个以上的列组成一个索引，则称为复合索引。一个索引中最多可以指定 16 个列，但列的数据类型的长度和不能超过 900 个字节。

(2) 创建聚集索引后表中行的物理顺序和索引顺序是相同的。在创建任何非聚集索引之前创建聚集索引，这是因为聚集索引改变了表中行的物理顺序，数据行按照一定的顺序排列，并且自动维护这个顺序。

【注意】除去聚集索引将导致重建所有非聚集索引。

6.1.2　使用 SSMS 管理索引

【演练 6.1】使用 SSMS 为“居民信息表”创建索引。

(1) 在 SSMS 中右击要管理索引的表或视图，单击【设计】菜单，如图 6.3 所示：在①处工具栏单击【管理索引和键】按钮，弹出【索引/键】对话框；在②处单击【添加】按钮，③处显示准备添加的索引；在④处单击【...】按钮，弹出【索引列】对话框。

(2) 在【索引列】对话框⑤处选择“姓名”列名后单击【确定】按钮返回，在⑥处修改索引名“IX_姓名”，单击【关闭】按钮，关闭【索引/键】对话框。

(3) 在工具栏单击【保存】按钮完成索引建立。在对象资源管理器窗格，展开“居民信息表”、键、索引显示该表的键和索引信息，如图 6.3⑦所示。

(4) 若要删除索引列，在如图 6.3⑦所示的“IX_姓名”处右击选择【删除】命令，单击【确定】按钮，完成删除索引操作。

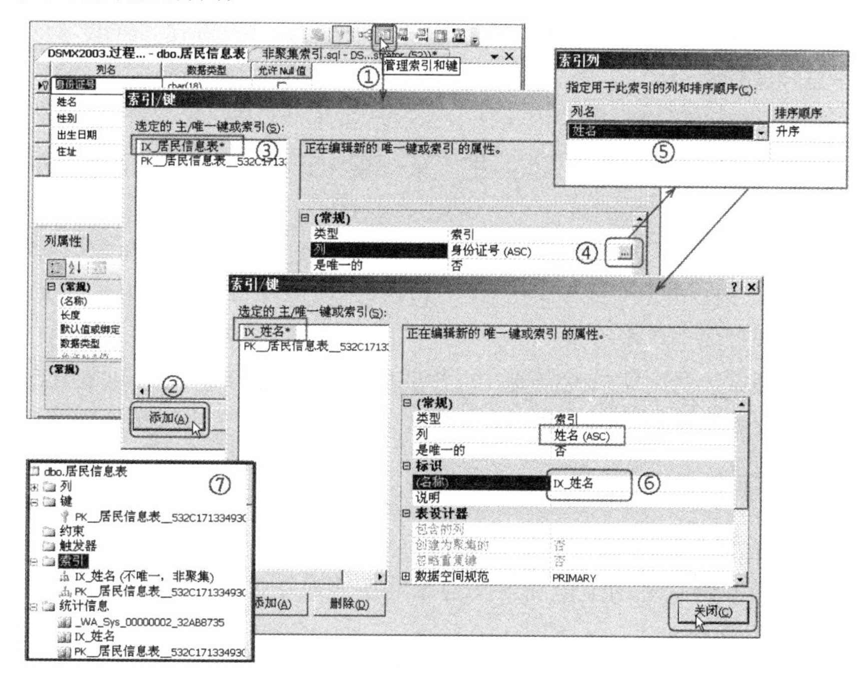

图 6.3　使用【所有任务】工具栏中的【管理索引和键】命令

6.1.3 创建和使用索引的优、缺点及其遵守的规则

1) 创建索引可以极大地提高系统的性能，主要优点体现在

(1) 可以大大加快数据的查询速度(条件：where 索引列 = 、分组：group by 索引列、排序：order by 索引列)。

(2) 通过主键约束、唯一性约束、唯一性索引、外键约束，实现数据的完整性。

2) 索引提高系统性能的同时，需付出的代价

(1) 带索引的表在数据库中会占据更多的空间。除了数据表占数据空间之外，每一个索引还要占一定的物理空间。

(2) 当对表中的数据进行增加、删除和修改的时候，索引也要动态地维护，这样就需要花费更多的维护时间，降低了数据的维护速度。

3) 在 SQL Server 数据库中建立和使用索引时，需要遵守的规则

(1) 对于查询中很少涉及的列或者重复值比较多的列，不要建立索引。

(2) 对于需要在指定范围内快速或者频繁查询的数据列，需要为其建立索引。如按交易日期范围来查询交易记录。

(3) 表中若有主键或者外键，一定要为其定义主键、外键约束(定义主外键约束自动建立索引)。

(4) 对于一些特殊的数据类型，不要建立索引。如文本字段(TXT)、图像类型字段(IMAGE)等。

(5) 为表中的每一列都创建索引是非常不明智的。

(6) 索引可以跟 where 语句的集合融为一体。可用 TOP 关键字来限制一次查询的结果。

总之，索引就好像一把双刃剑，既可以提高数据库的性能，又可能对数据库的性能起到反面作用。作为数据库开发、管理人员，要有一定的判断能力，在合适的时间、合适的业务、合适的字段上建立合适的索引。

6.2 全 文 索 引

全文检索(或全文搜索)是从存储于数据库中众多的书籍、文章的任意内容信息中，根据需要查找包含某些章、节、段、句、词等信息的过程，也可以进行各种统计和分析。如果在一篇 50MB 大小、没有经过预处理的文章中搜索一个词可能需要几秒，那么在几百篇 50MB 大小、没有经过预处理的文章中搜索一个词就可能需要几百秒或更多，这么长的等待时间是用户不可接受的。全文索引就是为了提高全文检索速度而对数据库中的每篇整篇文章进行预处理的技术。

6.2.1 全文目录与全文索引

从 SQL Server 2008 开始，全文目录为虚拟对象，表示一组全文索引的逻辑概念，不再属于任何文件组。全文索引就是为了提高全文检索速度而对数据库中的每篇整篇文章进行分词并对分词建立索引的技术。

【导例 6.3】创建“全文检索信息表”(ID、标题、正文)，如何在“全文检索信息表”的标题、正文中进行全文检索(标题或正文中包含某些词)呢？

```
use 过程化考核数据库 Demo
go

--1. 新建全文目录，并将其置为默认
create fulltext catalog ftc 全文目录 as default;
go

--2. 全文索引表并建主键[PK_主键]
create table 全文检索信息表(
  id int identity constraint PK_全文检索 primary key,
  标题 nvarchar(100),
  正文 nvarchar(1000),
)
go

--3. 创建全文索引
create fulltext index on 全文检索信息表(标题,正文) key index PK_全文检索;
go

--4. 插入数据
insert 全文检索信息表(标题,正文) values
('艺术家评选','赵丽蓉和六小龄童是深受人民群众喜爱的艺术家'),
('杜绝奢华官衙','楼堂馆所的大建之风、奢华之派，满足了少数人的享受和私欲，却让政府付出形象
受损的惨重代价。'),
('给杜老师的一封信','山西太原有一位网友给杜老师写了一封信');

--5. 全文查询：查询标题或正文中包含[小龄童]或[杜老师]词的标题和正文
select 标题, 正文 from 全文检索信息表 where contains(*,'小龄童');
select 标题, 正文 from 全文检索信息表 where contains(*,'杜老师');
```

【知识点】

1) 设置全文检索的步骤

① 步骤 1：创建全文目录(数据库虚拟对象)。

② 步骤 2：创建全文检索信息表，并设置聚集索引的主键。

③ 步骤 3：在全文检索信息表上创建全文索引。

2) 创建全文目录 T-Sql 语句的主要语法格式

```
create fulltext catalog 全文目录名 [as default];
```

① [as default]。指定该全文目录为默认目录。如果在未显式指定全文目录的情况下创建全文索引，则将使用默认目录，如本例。

② 除 master、model 或 tempdb 外，每个数据库可以包含一个或多个全文目录，但每个全文目录只属于一个数据库。

3) 建立全文索引时的两项重要程序

一个是如何对文本进行分词，一个是建立索引的数据结构。创建全文索引 T-Sql 语句的语法格式如下：

```
create fulltext index on 表名(列名 [,...]) key index 主键或唯一键约束名
  [ON 全文目录名]
  [with change_tracking {manual|auto}|stoplist {off|system|非索引字表名}];
```

(1) 表名。指建立全文索引的表名或视图名。

(2) 列名。指进行全文检索的内容信息列，列数据类型仅为字符串(包括 unicode 字符串、二进制字符串)和 XML。

(3) change_tracking {manual|auto}。当全文索引列内容更改时，全文索引更新方法。

① manual：手动。通过 alter fulltext index … start update population 语句完成。

② auto：自动(默认)。自动更新可能不会立即反映到全文索引中。

(4) stoplist {off|system|非索引字表名}。指定全文索引关联的非索引字表。

① 未指定：关联系统全文非索引字表。

② system：关联系统全文非索引字表，同未指定。

③ 非索引字表名：关联指定的非索引字表。

④ off：不关联的非索引字表。

(5) 每个全文目录可以包含一个或多个表的全文索引，每个有全文索引只属于一个全文目录，一个表只能有一个全文索引。

6.2.2 全文非索引字

为了精简全文索引，Microsoft SQL Server 提供了一种机制，用来去掉那些经常出现但对搜索干扰(或没有帮助)的词。这些词称为全文非索引字(干扰词，Noise Words)。如英文中的 a、and 和 the 等，中文中的、一、是、在、了、在等，凭经验就知道这些词对于搜索意义不大，因此，将它们排除在全文索引之外。

【导例 6.4】默认系统全文非索引字表有哪些干扰词？全文索引中如何断词？

```
--1. 全文查询[小]，为什么没有查询结果呢?
select 标题, 正文 from 全文检索信息表 where contains(*,'小龄童');
select 标题, 正文 from 全文检索信息表 where contains(*,'小');

--2. 查询语言标识符，系统全文非索引字表(干扰词 Noise Words)
select name 语言名称,lcid 区域设置标识符,alias 语言别称,months 月份,days 星期
  from sys.syslanguages;
select stopword from sys.fulltext_system_stopwords
  where language_id = 2052; --简体中文

--3. 使用 sys.dm_fts_parser 函数来分析断词结果
select special_term 字词特征, display_term 断词
  from sys.dm_fts_parser('杜绝奢华官衙',2052,0,0) --简体中文
select special_term 字词特征, display_term 断词
  from sys.dm_fts_parser('杜绝奢华官衙',1028,0,0) --繁体中文
select special_term 字词特征, display_term 断词
  from sys.dm_fts_parser('杜絕奢華官衙',1028,0,0) --繁体中文
select special_term 字词特征, display_term 断词
  from sys.dm_fts_parser('我是中国学生。',2052,0,0) --简体中文

--4. 查看全文检索信息表的全文索引内容
select document_id 行号, display_term 断词
from sys.dm_fts_index_keywords_by_document(db_id(N'过程化考核数据库 demo'),
    object_id(N'全文检索信息表'))
  order by document_id, column_id;
```

```
--5. 删除全文索引、全文目录
drop fulltext index on 全文检索信息表;
drop fulltext catalog ftc 全文目录;
drop table 全文检索信息表;
```

【知识点】

(1) 有关全文检索的几个系统。其视图说明如下：

① sys.fulltext_system_stopwords 是系统默认全文非索引字表视图。

② sys.syslanguages 是系统中支持语言的系统视图。

③ sys.fulltext_indexes 是系统中所有非索引字表的系统视图。

(2) sys.dm_fts_parser 返回将给定查询字符串的分词结果。其语法格式为：

```
sys.dm_fts_parser('查询字符串',区域设置标识符,非索引字表 ID, 区分重音)
```

① 非索引字表的 ID。null 表示不使用非索引字表；0 表示使用系统非索引字表。

② 区分重音。只全文搜索是否区分重音的布尔值。0 表示不区分，1 表示区分。

(3) sys.dm_fts_index_keywords_by_document 是返回有关给定数据库和全文检索信息表的全文索引内容。其语法格式如下：

```
sys.dm_fts_index_keywords_by_document(DB_ID('数据库名'),OBJECT_ID('表名'))
```

(4) 删除表的全文索引、全文目录。其语法格式如下：

```
drop fulltext index on 全文索引表名;
drop fulltext catalog 全文目录名;
```

删除全文目录时必须先删除与该全文目录关联的所有全文索引。

【导例 6.5】添加、查询、删除全文非索引字。

```
use 过程化考核数据库 Demo
go

--1. 创建全文目录，并将其置为默认
create fulltext catalog ftc 全文目录 as default;
go

--2. 创建全文非索引字表、全文索引数据表并建主键[PK_主键]
create fulltext stoplist sl 小传非索引字表;
select * from sys.fulltext_stoplists;
create table 名人小传表(
  id int identity(500000,1) constraint PK_名人小传表 primary key,
  姓名 nvarchar(6),
  小传 nvarchar(2000)
)
go

--3. 创建全文索引，使用[sl 小传非索引字表]
create fulltext index
  on 名人小传表(小传) key index PK_名人小传表
  with stoplist sl 小传非索引字表;
```

```
go

--4. 插入数据,为了兼容英文短语形式,小传中特意加了空格
insert 名人小传表(姓名,小传) values
('秦琼','秦琼(?—638 年),字叔宝,汉族,齐州历城(今山东济南市)人。唐初著名大将,勇武威名震慑一时,是一个于千军万马中取人首级如探囊取物的传奇式人物。曾追随唐高祖李渊父子为大唐王朝的稳固南北征战,立下了汗马功劳。民间与尉迟恭为传统门神。'),
('卫青','卫青(?—公元前 106 年),字仲卿,汉族,河东平阳(今山西临汾市)人。西汉武帝时的大司马大将军。战法革新始破匈奴,首次出征奇袭龙城打破了自汉初以来匈奴不败的神话,曾七战七胜,以武钢车阵大破伊稚斜单于主力,为北部疆域的开拓做出重大贡献。'),
('狄仁杰','狄仁杰(607—700 年),字怀英,生肖虎,汉族,唐代并州太原(今山西省太原小店区)人;唐武周时期杰出的政治家,武则天当政时期宰相。在武则天当政时,以不畏权贵著称。死后埋葬于神都洛阳东郊白马寺。'),
('李鸿章','李鸿章(1823—1901 年),字渐甫,号少荃,汉族,安徽合肥人,晚清名臣、淮军创始人和统帅、洋务运动的主要倡导者之一、官至直隶总督兼北洋通商大臣,授文华殿大学士,曾经代表清政府签订了《越南条约》《马关条约》《中法简明条约》等。');

--5. 添加、查询、删除全文非索引字
select 姓名,小传 from 名人小传表 where contains(小传, '人');
select stoplist_id 非索引字表ID, stopword 非索引字,language 语言
  from sys.fulltext_stopwords;

alter fulltext stoplist sl小传非索引字表
  add '人' language 'simplified chinese';
alter fulltext stoplist sl小传非索引字表
  add '字' language 'Simplified Chinese';
alter fulltext stoplist sl小传非索引字表
  add '族' language 'Simplified Chinese';
select 姓名, 小传 from 名人小传表 where contains(小传, '人');
select stoplist_id 非索引字表ID, stopword 非索引字,language 语言
  from sys.fulltext_stopwords;

alter fulltext stoplist sl小传非索引字表
  drop '族' LANGUAGE 'Simplified Chinese';
select stoplist_id 非索引字表ID, stopword 非索引字,language 语言
  from sys.fulltext_stopwords;
```

【知识点】

(1) 创建全文非索引字表。其语句格式如下:

```
create fulltext stoplist 非索引字表名 [from 非索引字表名 | system stoplist];
```

system stoplist: 指定用默认存在于 Resource 数据库中的非索引字表创建新的非索引字表。

(2) 全文非索引字表中插入或删除非索引字。其语句格式如下:

```
alter fulltext stoplist 非索引字表名
{add '非索引字' language '语言名称'}|{drop '非索引字' language '语言名称'};
```

language '语言名称': 指要添加或删除的“非索引字”关联的语言。

6.2.3　全文检索

【导例 6.6】 使用 contains 谓词可以在数据表中搜索词或短语、词或短语的前缀、邻近词、加权词和派生词。

```
--1. 查询小传包含词[山西]的名人，词中不能包含空格、要用单引号括起来。
select 姓名, 小传 from 名人小传表 where contains(小传, '山西');

--2. 查询小传包含短语["山西 太原"]名人，短语中要含有空格、要用双引号括起来。
select 姓名, 小传 from 名人小传表 where contains(小传, '"山西 临汾"');

--3. 查询小传在山西或山东的名人
select 姓名, 小传 from 名人小传表 where contains(小传, '山西省');
select 姓名, 小传 from 名人小传表 where contains(小传, '山西 or 山东');
select 姓名, 小传 from 名人小传表 where contains(小传, '山西 | 山东');
select 姓名, 小传  from 名人小传表 where freetext(小传,'山西 山东');
select 姓名, 小传 from 名人小传表 where contains(小传, '山西 and 太原');
select 姓名, 小传 from 名人小传表 where contains(小传, '山西 & 太原');

--4. 查询以 '山' 开头的地址是 *，不是 %。
select 姓名, 小传 from 名人小传表 where contains(小传, '"山*"');
select 姓名, 小传 from 名人小传表 where contains(小传, '"山西*"');
select 姓名, 小传 from 名人小传表 where contains(小传, '"山西省*"');

--5. 英文单词的多态查询  contains(address, 'formsof(inflectional, street)')
-- 查询将返回包含 'street', 'streets'等字样的地址。
-- 对于动词将返回它的不同的时态，如：dry，将返回 dry，dried，drying 等。

--6. 删除全文本非索引字表
drop fulltext index on 名人小传表;
drop fulltext catalog ftc 全文目录;
drop table 名人小传表;
drop fulltext stoplist sl 小传非索引字表;
```

【知识点】

1) 全文检索 where contains 的语法格式

```
where contains({列名|*},'检索文本或匹配条件'|@字符串变量)
```

① 列名：已经注册全文检索的特定列的名称。字符串数据类型的列是有效的全文检索列。

② 检索文本或匹配条件|@字符串变量：指定要在列中搜索的文本或字符串变量。

2) 删除全文非索引字表的语法格式

```
drop fulltext stoplist 全文本非索引字表名;
```

3) 全文检索(where contains)和 where 列名 like '匹配文本' 的区别

① where 搜索列名 like '%匹配文本%'。通常是搜索列名是列宽度较小的字符串列(不包

括二进制字符串)中查找满足条件的记录，且只能以表扫描方式扫描表中所有记录，速度非常慢。

② where 搜索列名 like '匹配文本%'。通常也是搜索列名是列宽度较小的字符串列(不包括二进制字符串)中查找满足条件的记录，且只能以表扫描方式扫描表中所有记录，速度非常慢，但对“搜索列名”创建普通索引可显著提高查询速度。

③ where contains(搜索列名,'检索文本或匹配条件')。通常用于搜索列名是列宽度很大的字符串列(包括普通字符串、Unicode 字符串和二进制字符串)，搜索列通常存储整篇短文、文章或整本书，存储格式可以是普通字符串或 Unicode 字符串，也可以是 DOC、PDF 等文档格式的二进制字符串，从基于这样的搜索列的全文索引中查找满足条件的记录，查询速度比较快。

4) 全文检索的优、缺点

基于全文搜索列(全文可以理解为整篇短文、文章或整本书)的全文索引的全文检索优点是查询速度比较快。全文检索的缺点是系统同样有全文索引的存储空间和维护(填充)全文索引的时间两方面的资源付出。

6.3 分 区 存 储

如果数据库中含有一些记录数很大的数据表，这些数据可以按某个关键属性列分成若干分段，而且通常是在一个数据段内进行频繁的数据操作，如“课程教学过程化考核系统”中学生答题记录或手机短信系统中短信记录，记录数非常大、可按答案提交时间或短信发送时间分成若干段、通常在一个学年时间段或一个月时间段进行频繁的记录操作，这时应用 SQL Server 分区存储技术，让系统自动把数据按某个关键属性值分段存放到不同的文件(组)中，经常的频繁的记录操作在相应的小数据文件中完成以提高操作速度，偶尔的跨段记录查询系统在多个数据文件中花费较长的时间完成，以满足用户的功能要求。

演练 6.2 在“过程化考核数据库 Demo”中，保存学生答题记录的“学生考核完成详细信息表”的记录将会随着时间越来越多，其系统的性能也会逐渐下降，如何采取分区存储技术提高同一学年查询速度要求和跨学年查询的性能要求？

(1) 添加数据库文件组。在 SSMS 中右击【过程化考核数据库 Demo】单击【属性】命令，弹出【数据库属性-过程化考核数据库 Demo】对话框，单击【选择页】窗格中的【文件组】选项，然后单击 4 次【添加】按钮，添加文件组“FG2013”、“FG2014”、“FG2014”和“FG2015”，如图 6.4 所示。

(2) 添加数据库文件。在【数据库属性-过程化考核数据库 Demo】对话框中，单击【选择页】窗格中的【文件】选项，然后单击 4 次【添加】按钮，在【逻辑名称】列添加“过程化考核数据库 Demo_2013”等，在【文件组】列添加“FG2013”等，在【路径】列选择相同路径，在【文件名】列添加“过程化考核数据库 Demo_2013.mdf”等，然后单击【确定】按钮完成，如图 6.5 所示。

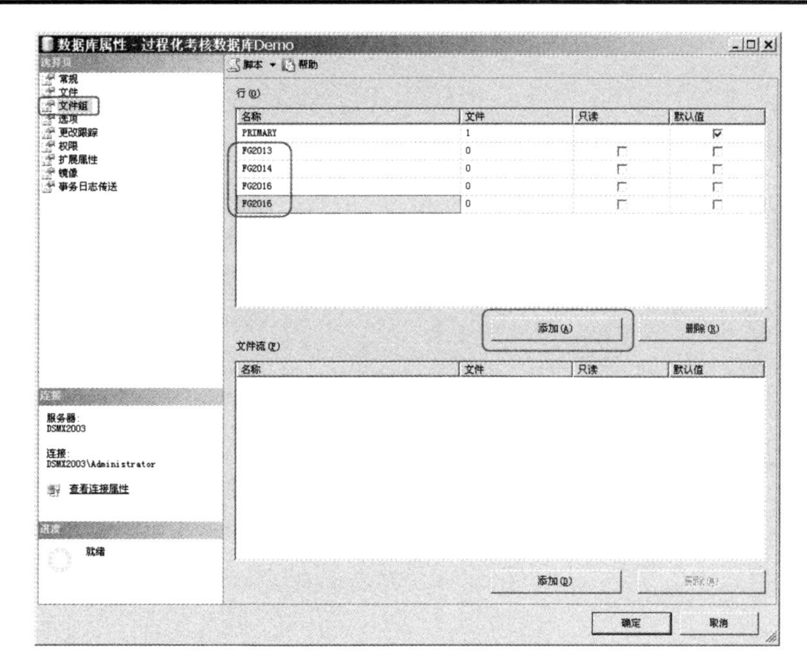

图 6.4　添加数据库文件组

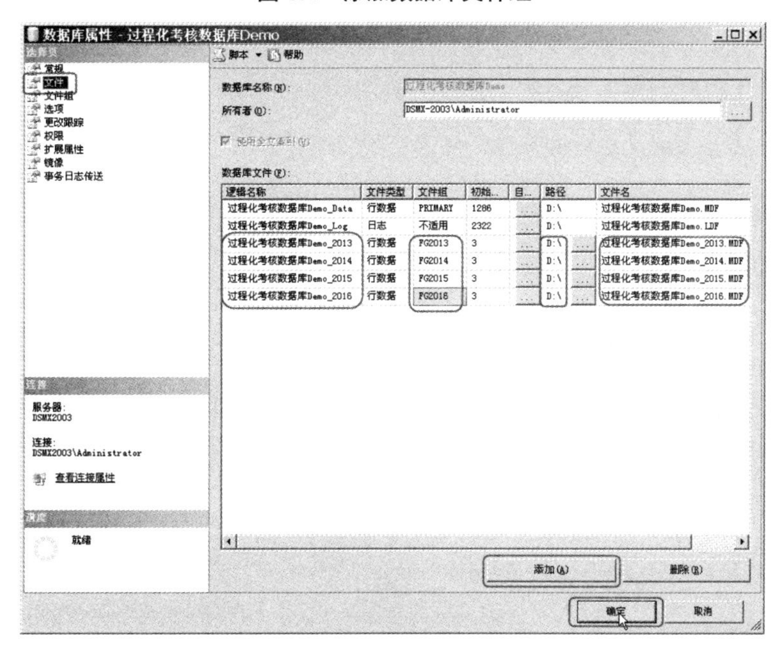

图 6.5　添加数据库文件

(3) 在查询编辑器窗口，执行下列代码，创建分区函数、分区方案，修改主键、创建聚合索引。

```
use 过程化考核数据库 Demo;
go
--1. 创建分区函数，以 8 月 1 日为学年分界
--只能在 SQL Server Enterprise Edition 中创建分区函数
create partition function PF答题时间(datetime)
as
```

```
range right
for values ('20130801','20140801','20150801');

--2. 创建分区方案
create partition scheme PS答题时间
  as partition PF答题时间
  to (FG2013, FG2014, FG2015, FG2016);

--3. 删除[学生考核完成详细信息表]原聚集索引主键，如果存在
alter table dbo.学生考核完成详细信息表
  drop constraint PK_学生考核完成信息表
go

--4. 创建主键，但不设为聚集索引
alter table dbo.学生考核完成详细信息表
  add constraint [pk_学生考核完成信息表] primary key nonclustered
  (学生ID, 考核ID, 课程ID, 问题ID) on [primary]
go

--5. 创建一个新的聚集索引，在该聚集索引中使用分区方案
create clustered index ci_答题时间 on 学生考核完成详细信息表(答题时间)
on PS答题时间([答题时间]);

--6. 统计所有分区表中的记录总数
select $partition.PF答题时间(答题时间) as 分区编号,count(*) as 记录数
  from dbo.学生考核完成详细信息表
  group by $partition.PF答题时间(答题时间)

--drop partition function PF答题时间;
--drop partition scheme PS答题时间;
```

(4) 在【对象资源管理器】窗格，依次展开【过程化考核数据库 Demo】【存储】【分区方案】和【分区函数】文件夹，显示创建的“PS 答题时间”和“PF 答题时间”，如图 6.6 所示；展开【表】文件夹，右击“学生考核完成详细信息表”单击【属性】命令，在【属性 - 学生考核完成详细信息表】对话框，单击【选择页】窗格中的【存储】选项，显示其分区存储的属性，如图 6.7 所示。

图 6.6　创建的分区函数、分区方案

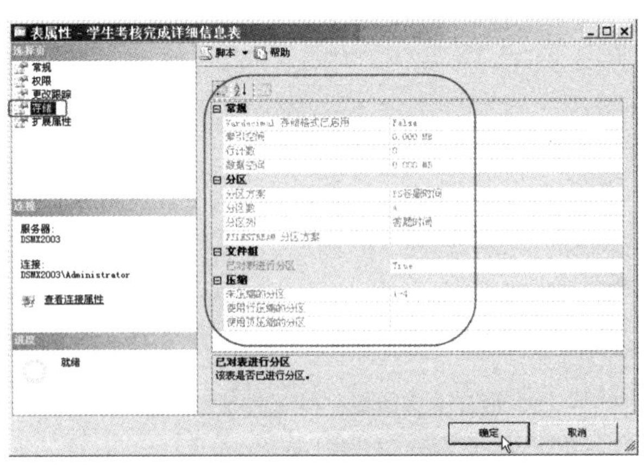

图 6.7　分区存储的数据表属性

至此，有关“学生考核完成详细信息表”的分区存储已经实现，不需要变改原有的数据增删改查(insert、delete、update、select)语句即可实现学生提交的答题信息按学年存储分区(文件)存储，可实现同一分区快速数据维护、查询和不同分区跨区数据维护、查询功能。

【知识点】

1) 创建、删除分区的语法格式

```
create partition function 分区函数名(分区列的数据类型)
as
range right
for values (分界点值,…);
drop partition function 分区函数名;
```

2) 创建、删除分区方案的语法格式

```
create partition scheme 分区方案名
  as partition 分区函数名
  to (文件组名, …)
drop partition scheme 分区方案名;
```

3) 创建数据库分区，可以优化 SQL Server 数据库的性能

如果数据库中某些数据表含有大量的记录，把这些记录分区放入独立的文件组可以提高性能。分区存储技术让用户能够把数据分散存放到不同的物理磁盘中，提高这些磁盘的并行处理性能以优化查询性能。

另外，SQL Server 2008 R2 还有 XML 索引和空间索引，本书不作介绍，有兴趣的读者可网上检索有关文章学习。

6.4 本章实训

6.4.1 实训目的

通过上机练习实现索引、分区的基本操作，体会索引、分区的功能。

6.4.2 实训内容

(1) 在“过程化考核数据库 demo”中，创建“手机短信记录表”。分 3 个月生成 400 多万条短信记录，创建复合索引(发送时间、发送手机号、接收手机号)并查询：某时间段、两手机号之间的短信记录。

(2) 在“过程化考核数据库 demo”中创建全文目录、全文非索引字表。在“手机短信记录表”中“内容”创建全文索引，并进行查询短信内容包含某写关键词的短信记录。

(3) 在“过程化考核数据库 demo”中，将“手机短信记录表”以“发送时间”按月分段设计并实现分区存储方案。

6.4.3 实训过程

（1）在“过程化考核数据库 demo”中，创建“手机短信记录表”。分 3 个月生成 400 多万条短信记录，创建复合索引(发送时间、发送手机号、接收手机号)并查询：某时间段、两手机号之间的短信记录。

```
use 过程化考核数据库 demo
go
-- 1. 创建手机短信记录表 非聚集索引预留着导例 6.9 为分区索引使用聚集索引
create table 手机短信记录表(
  id int identity(1,1) constraint pk_短信 id primary key nonclustered,
  发送手机号 char(11) null,
  接收手机号 char(11) null,
  内容 nvarchar(70) null,
  发送时间 datetime default getdate()
);

-- 2. 分 3 个月生成 400 多万条短信记录
declare @i int, @t datetime;
set @i = 1;
set @t = '2013-9-1 12:30:00';
insert into 手机短信记录表(发送手机号,接收手机号,内容, 发送时间) values
  ('13903510001','18603510001','你妈妈喊你回家吃饭', @t);
while @i<23
begin
  if @i in (22, 20) set @t = dateadd(month, -1, @t);
  insert into 手机短信记录表(发送手机号,接收手机号,内容, 发送时间)
  select 发送手机号,接收手机号,内容, @t from 手机短信记录表;
  set @i = @i + 1;
end
insert into 手机短信记录表(发送手机号,接收手机号,内容, 发送时间) values
  ('13803518888','18903518888','坏蛋，快起床！我已经买好早餐：油条老豆腐', '2013-7-1 07:55:00'),
  ('18903518888','13803518888','宝贝，你让我再睡会儿', '2013-7-1 07:58:00'),
  ('18903518888','13803518888','请让我知道我到底错在哪里？', '2013-7-15 21:30:00'),
  ('13803518888','18903518888','缘在惜缘，缘走随缘！跟你第一次伤害我一样，你对女友的要求太高了', '2013-7-15 21:40:00'),
  ('18903518888','13803518888','为什么这么说？我对你要求什么了？', '2013-7-15 21:50:00'),
  ('13803518888','18903518888','难道没有？现在就想把我改变成你想要的类型', '2013-7-15 22:00:00');
select count(*) from 手机短信记录表;

-- 3. 打开查询统计并进行无索引查询
set statistics io on;
set statistics time on;
select 发送手机号,接收手机号,内容, 发送时间 from 手机短信记录表
where 发送时间 between '2013-7-15 00:00:00' and '2013-7-15 23:59:59'
  and 发送手机号 in ('13803518888','18903518888') and 接收手机号 in ('13803518888','18903518888');
--4 行受影响  扫描计数 5，逻辑读取 68218 次，物理读取 1531 次，预读 67391 次。
```

```
    --CPU 时间 = 1344 毫秒，占用时间 = 6978 毫秒。

    -- 4. 创建复合索引并进行查询
    create index ix_手机短信记录_发送时间_号码 on 手机短信记录表(发送时间,发送手机号,接收
手机号);
    select 发送手机号,接收手机号,内容, 发送时间 from 手机短信记录表
    where 发送时间 between '2013-7-15 00:00:00' and '2013-7-15 23:59:59'
     and 发送手机号 in ('13803518888','18903518888') and 接收手机号 in
('13803518888','18903518888');
    --4 行受影响  扫描计数 1，逻辑读取 17 次，物理读取 0 次，预读 0 次。
    --CPU 时间 = 0 毫秒，占用时间 = 0 毫秒。

    -- 5. 关闭查询统计：io, time off
    set statistics io off;
    set statistics time off;
```

【知识点】

单一索引是指索引列为一列的情况，即新建索引的语句只实施在一列上。用户可以在多个列上建立索引，这种索引叫做复合索引。在 where 条件中字段用索引，如果用多字段就用复合索引。

（2）在“过程化考核数据库 demo”中创建全文目录、全文非索引字表。在“手机短信记录表”中创建全文索引，并查询短信内容包含某些关键词的短信记录。

```
    use 过程化考核数据库 demo
    go
    --1. 创建全文目录，并将其置为默认
    create fulltext catalog ftc手机短信 as default;
    go

    --2. 创建全文非索引字表
    create fulltext stoplist sl手机短信;
    select * from sys.fulltext_stoplists;
    go

    --3. 创建全文索引，使用[sl手机短信]非索引字表
    create fulltext index
      on 手机短信记录表(内容) key index pk_短信id
      with stoplist sl手机短信;
    go

    --4. 添加、查询、删除全文非索引字
    select top 20 * from 手机短信记录表 where contains(内容, '你');
    select stoplist_id 非索引字表 ID, stopword 非索引字,language 语言
      from sys.fulltext_stopwords;

    alter fulltext stoplist sl手机短信
```

```
  add '你' language 'simplified chinese';
alter fulltext stoplist sl 手机短信
  add '我' language 'simplified chinese';
select * from 手机短信记录表 where contains(内容, '你');
select * from 手机短信记录表 where contains(内容, '我');
select stoplist_id 非索引字表 ID, stopword 非索引字,language 语言
  from sys.fulltext_stopwords;

alter fulltext stoplist sl 手机短信
  drop '我' language 'simplified chinese';
select * from 手机短信记录表 where contains(内容, N'我');

--5. 全文索引，需要等待一段时间进行索引填充才能查询到正确结果
select * from 手机短信记录表 where contains(内容, '坏蛋');
select * from 手机短信记录表 where contains(内容, '宝贝');
select top 20 * from 手机短信记录表 where contains(内容, '妈妈');


--6. 查看断词结果
select distinct display_term 关键字
  from sys.dm_fts_index_keywords_by_document
  (db_id(N'教学成绩管理数据库'),object_id(N'手机短信记录表'));
```

(3) 在“过程化考核数据库 demo”中，将“手机短信记录表”以“发送时间”按月分段设计并实现分区存储方案。

```
use master;
--1. 创建数据库文件组
alter database 教学成绩管理数据库 add filegroup FG201307;
alter database 教学成绩管理数据库 add filegroup FG201308;
alter database 教学成绩管理数据库 add filegroup FG201309;
alter database 教学成绩管理数据库 add filegroup FG201310;

--2. 在上述文件组创建数据库文件
alter database 教学成绩管理数据库
  add file (
    name =教学成绩管理数据库_201307 短信,
    filename='d:\教学成绩管理数据库_201307 短信.ndf'
  ) to filegroup FG201307;
alter database 教学成绩管理数据库
  add file (
    name = 教学成绩管理数据库_201308 短信,
    filename='d:\教学成绩管理数据库_201308 短信.ndf'
  ) to filegroup FG201308;
alter database 教学成绩管理数据库
  add file (
    name = 教学成绩管理数据库_201309 短信,
    filename='d:\教学成绩管理数据库_201309 短信.ndf'
  ) to filegroup FG201309;
```

```
alter database 教学成绩管理数据库
  add file (
    name = 教学成绩管理数据库_201310短信,
    filename='d:\教学成绩管理数据库_201310短信.ndf'
  ) to filegroup FG201310;

use 教学成绩管理数据库;
go
--3. 创建分区函数，以 1 日为月份分界
create partition function PF发送时间(datetime)
as
range right
for values ('20130701','20130801','20130901');

--4. 创建分区方案
create partition scheme PS发送时间
  as partition PF发送时间
  to (FG201307, FG201308, FG201309, FG201310);

--5. 创建一个新的聚集索引，在该聚集索引中使用分区方案
create clustered index ci_发送时间 on 手机短信记录表(发送时间)
on PS发送时间(发送时间);

--6. 统计所有分区表中的记录总数
select $partition.PF发送时间(发送时间) as 分区编号,count(*) as 记录数
  from 手机短信记录表
  group by $partition.PF发送时间(发送时间);

--drop partition function PF发送时间;
--drop partition scheme PS发送时间;
```

6.4.4 实训总结

通过本章的上机实训，读者应该能够理解普通索引的概念并掌握创建和使用普通索引的方法，了解全文索引、分区存储的概念和创建、使用的方法步骤。

6.5 本 章 小 结

本章介绍了普通索引、全文检索和分区存储技术，内容包括普通索引的概念、全文目录与全文索引、全文非索引字、全文查询和分区存储。索引是加快检索表中数据的方法。在数据库中，索引就是表中数据和相应存储位置的列表。索引可以大大减少数据库管理系统查找数据的时间。在应用程序开发中，具体选择哪一种索引，一定要根据系统的具体要求来选择。表 6-1 对这些技术做了一个总结，包括全文索引的概念、创建和使用方法。要了解分区存储的含义和分区存储的创建过程，特别要求熟练掌握创建和使用普通索引的方法。

表 6-1 索引技术

类型	技术		语法格式
索引	创建索引		create [unique] [clustered | nonclustered] index 索引名 on {表名|视图名 }(列名 [asc | desc] [,…n])
	删除索引		drop index '表名.索引名' | '视图名.索引名' [,…n]
	索引使用		where 索引列 ='条件'
全文目录、全文索引、全文非索引字表	全文目录	创建	create fulltext catalog 全文目录名 [as default]
		删除	drop fulltext catalog 全文目录名
	全文索引	创建	create fulltext index on 表名(列名[,...]) key index 主键或唯一键约束名 [with change_tracking {manual|auto} |stoplist {off|system|全文非索引字表名}];
		删除	drop fulltext index on 全文索引表名;
	非索引字表	创建	create fulltext stoplist 非索引字表名 [from 源非索引字表名 | system stoplist]
		更改	alter fulltext stoplist 非索引字表名 {add '非索引字' language '语言名称' |drop '非索引字' language '语言名称'}
		删除	drop fulltext stoplist 非索引字表名
	全文检索		where contains({列名|*}, '检索条件')
	返回指定表的全文索引信息		sys.dm_fts_index_keywords_by_document (DB_ID('数据库名'), OBJECT_ID('表名'))
分区存储	分区函数	创建	create partition function 分区函数名(分区列的数据类型) as range right for values (分界点值,…);
		删除	drop partition function 分区函数名;
	分区方案	创建	create partition scheme 分区方案名 as partition 分区函数名 to (文件组名, …)
		删除	drop partition scheme 分区方案名;

6.6 本章习题

1. 填空题

(1) 表扫描是指系统在没有创建索引的数据列进行条件查询时，使用指针______扫描读取该表的记录并进行条件比对，直至扫描完表中的______记录；索引查找是指在创建索引的数据表对索引列进行条件查询时，系统根据查询条件通过索引指针______找到符合查询条件的记录。

(2) 根据索引的顺序与数据表的物理顺序是否相同，可以把索引分成两种类型：一种是数据表的物理存储顺序与索引顺序相同的______集索引，另一种是数据表的物理存储顺序与索引顺序不相同的______集索引。

(3) 在建表定义一个主键约束时，将会自动地在主键所在列上创建一个__________索引，称为主键索引，默认为____集索引；在创建表时定义唯一键，将会自动地在唯一键所在列上创建只允许____个 null 值唯一索引，默认为______集索引。

(4) 一个表只能有____个聚集索引，但可以创建____个非聚集索引。如果不指定 clustered | nonclustered 选项，则创建的索引为______集索引。

(5) 创建索引的主要优点是大大______数据查询速度(条件：where 索引列 = 、分组：group by 索引列、排序：order by 索引列)和通过主键约束、唯一性约束、唯一性索引、外键约束实现数据的______性，与此同时是要付出存储索引的____和维护索引的______代价。

(6) 全文检索是从存储于数据库中众多的书籍、文章的任意内容信息中，根据需要查找______某些章、节、段、句、词等信息的过程，也可以进行各种统计和分析。全文索引就是为了提高全文检索速度而对数据库中的每篇整篇文章进行______并对分词建立______的技术。

(7) 为了精简全文索引，Microsoft SQL Server 提供了一种机制，用来去掉那些经常出现但对搜索干扰(或没有帮助)的词，如英文中的 a、and 和 the 等和中文中的、一、是、在、了、在等。这些词称为________________。

(8) 全文目录是数据库虚拟对象，每个数据库可以包含____个全文目录。每个全文目录可以包含____个表的全文索引，每个有全文索引只属于____个全文目录，一个表只能有____个全文索引。

(9) SQL Server 设置全文检索的步骤是：①创建全文______；②创建全文检索信息____，并设置聚集索引的主键；③在全文检索信息表上创建全文______；④在全文检索信息表上使用 where __________({列名|*},'检索文本或匹配条件'|@字符串变量)进行全文检索。

(10) 如果数据库中含有一些记录数______的数据表，这些数据可以按某个关键属性列分成若干分段，而且通常是在一个数据段内进行______的数据操作。这时应用 SQL Server 分区存储技术，让系统自动把数据按某个关键属性值分段存放到不同的文件(组)中，经常的频繁的记录操作在相应的小数据文件中完成，以提高__________，偶尔的跨段的记录查询系统在多个数据文件中花______的时间完成，以满足用户的功能要求。

2. 设计题

在“过程化考核数据库 demo”中，编写 T-SQL 脚本，并完成(1)、(2)题。

(1) 在“学生信息表”中对“姓名”创建普通索引，使用普通索引查询姓李的学生信息。

(2) 参照导例 6.3 创建全文目录、全文信息表“自我简介信息表”(id,姓名,自我简介)及其全文索引，使用 where contains 查询。

(3) 简答创建普通索引的 T-SQL 语句语法格式。

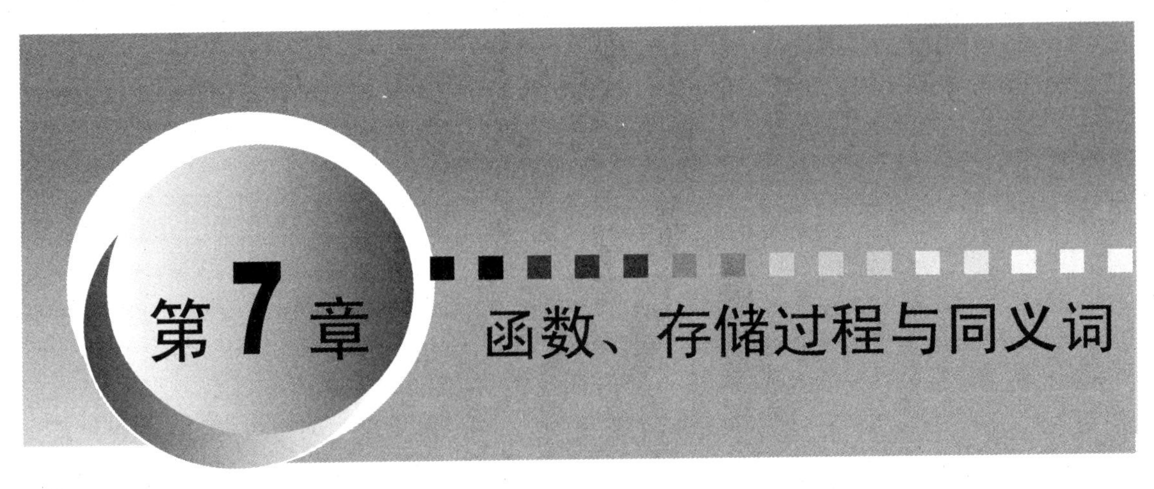

第7章 函数、存储过程与同义词

教学目标

通过本章的学习，理解存储过程和自定义表类型的概念和用途，熟练掌握存储过程和自定义表类型的创建和使用是SQL Server程序设计的灵魂，(在“教学过程化考核系统”中，设计了85个模块存储过程和10个自定义表类型)，还应基本掌握自定义表值函数和同义词的创建和使用技能，掌握完整备份与还原、自动定期备份方法。

教学要求

知识要点	能力要求	关联知识
表值函数	(1) 了解自定义表值函数的概念、用途 (2) 掌握自定义表值函数的创建和使用	参数化查询或视图 create function
存储过程	(1) 理解存储过程的概念、用途 (2) 熟练掌握存储过程的创建和使用	可带参数、完成特定功能T-SQL语句模块 create procedure
自定义表类型	(1) 理解自定义表类型的概念、用途 (2) 掌握自定义表类型的创建和使用	内存表变量的类型 create type 表类型名称 as table
同义词	(1) 了解同义词的概念、用途 (2) 掌握同义词的创建和使用	数据库基对象：表、视图、过程、函数的别名 create synonym
备份与还原	(1) 掌握完整备份与还原、自动定期备份的技能 (2) 了解差异备份与还原、日志备份与还原的方法 (3) 了解数据库快照的创建与还原方法及其用途 (4) 了解数据库恢复模式及其备份策略	backup database restore database

重点难点

- 熟练掌握存储过程的创建和使用
- 熟练掌握自定义表类型的创建和使用
- 掌握自定义表类型的创建和使用
- 掌握表值函数的创建和使用
- 完整备份与还原、自动定期备份

7.1 表 值 函 数

在 SQL Server 中，除了系统内置的函数外，用户在数据库中还可以自己定义函数，来补充和扩展系统支持的内置函数。

SQL Server 用户自定义函数有标量函数、内嵌表值函数、多语句表值函数、CLR 标量函数、CLR 表值函数 5 种，其中自定义标量函数在第 2 章中已经介绍，本节仅介绍自定义内嵌表值函数、多语句表值函数两种，CLR 自定义函数、自定义函数完整语法格式请参看 SQL Server 联机帮助。

7.1.1 内联表值函数

在数据库实际应用中，存在带变量的数据查询需求，如某班学生信息、某位学生的信息、某学生某门课程的考核成绩等，即定义时设置变量类型和名称、查询时再给定变量值。

【导例 7.1】 在过程化考核系统中，学生登录成功后需要根据“学生 ID”查询有关学生的学院 ID、学院名称、班级 ID、班级名称、学号、姓名、性别、出生日期、身高、体重、E-mail、QQ 号码、手机号码、民族、政治面貌、身份证号、小组、课程职务、籍贯、家庭住址、教育经历、备注、照片、录入时间等信息。如何使用自定义内联表值函数实现呢？

```
use 过程化考核数据库 Demo
go
create view 学生信息视图
as
select  学生 ID, 学号, 姓名, 性别, 出生日期, 年龄, 身高, 体重, 小组,
  课程职务, QQ 号码, E-mail, 手机号码, 身份证号, 民族, 政治面貌, 籍贯, 家庭住址,
  教育经历, 学生信息表.备注, 照片, 录入时间, 学生信息表.班级 ID, 班级名称,
  班级信息表.学院 ID, 学院名称
from  班级信息表 join 学院信息表 ON 班级信息表.学院 ID = 学院信息表.学院 ID
               join 学生信息表 ON 班级信息表.班级 ID = 学生信息表.班级 ID;
go
--1. 创建内联表值函数
create function Get 学生信息(@学生 ID int)
returns table
as
return
(select 学院 ID, 学院名称, 班级 ID, 班级名称, 学号, 姓名, 性别, 出生日期,
        身高, 体重, E-mail, QQ 号码, 手机号码, 民族, 政治面貌, 身份证号,
        小组, 课程职务, 籍贯, 家庭住址, 教育经历, 备注, 照片, 录入时间
  from 学生信息视图
  where (学生 ID = @学生 ID)
);
go
--2. 将 500360 换成你的、500361 换成其他同学的学生 ID 值执行下列查询
select * From  [dbo].[Get 学生信息](500360);
select * From  [dbo].[Get 学生信息](500361);
--3. 删除(请保留后续导例将用到)
-- drop function Get 学生信息;
```

【知识点】

(1) 自定义函数是接受参数、执行操作并返回运行结果的子程序(代码封装重复使用)。输入参数可以是零个、最多 2100 个，输入参数类型为除 timestamp(时间戳)、cursor(游标)和 table 以外的其他类型(包括自定义表类型)；执行操作由一个或多个 T-SQL 语句组成，执行操作不能改变数据库状态；返回结果可以是一个标量值或一个结果集(行集)。

(2) 内联表值函数由 return(select 语句)构成、返回一个结果集(行集)，实现参数化查询功能。创建、删除和执行内联表值函数的主要语法格式如下：

```
1. 创建
create function [架构名.]函数名
([{@参数名 参数数据类型 [= 默认值] [readonly]} [,…n]])
returns table
as
return (select 语句);
2. 执行
select 列定义 from [架构名.]函数名(参数值, …);
3. 删除
drop function [架构名.]函数名;
```

① 修改内联表值函数的语法格式同于 create function，只需将 create 换成 alter。

② 如果未指定[架构名]，则数据库引擎自动取当前数据库中当前用户的默认架构或当前数据库中的 dbo 架构名。

③ [=默认值]。指参数的默认值。如果定义了默认值，则无需指定此参数的值即可执行函数。

④ readonly:指示不能在函数定义中更新或修改参数。如果参数类型为用户定义的表类型，则应指定 readonly。

(3) 可用 SSMS 创建内联表值函数。打开 SSMS，展开【数据库】|“过程化考核数据库 Demo”数据库|【可编程性】|【函数】选项，右击【表值函数】选项，选择【新建内联表值函数】命令，系统会在查询编辑窗口根据相应模板自动生成与内联表值函数相关的代码框架，填写相应代码执行。

7.1.2 多语句表值函数

【导例 7.2】在“过程化考核数据库 Demo”中创建多语句表值函数“Get 班级花名表(班级 ID)”，实现用“班级 ID”查询该班的班级名称和学生姓名。

```
use 过程化考核数据库 Demo
go
--1. 创建多语句表值函数
create function dbo.Get 班级花名表 By 班级 ID(@班级 ID int)
returns @班级花名表 table (班级名称 nvarchar(20), 姓名 nvarchar(4))
as
begin
  Insert @班级花名表
  select 班级名称, 姓名 from 学生信息视图
    where (班级 ID = @班级 ID );
  return;
```

```
end;
go
--2. 将 300037 换成你班的班级 Id 值执行下列查询
select * from Get 班级花名表 By 班级 ID(300037);
--3. 删除
--drop function Get 班级花名表 By 班级 ID;
```

【知识点】

(1) 多语句表值函数是内联表值函数的扩展，即由一条 select 语句扩展为填充@表变量名的多语句体，同样也是返回行集(表值)，同样实现参数化查询功能，同样封装代码以重复使用。

(2) 创建多语句表值函数。其主要语法格式如下：

```
create function [架构名.] 函数名
([{@参数名 参数数据类型 [= 默认值] [readonly]} [,…n]])
returns @表变量名 table (列名 列数据类型, …n)  --定义结果集的表结构及其表变量名
begin
  多语句体(至少有 SQL 语句给：@表变量名中填上数据值);
  return;
end
```

① 修改多语句表值函数的语法格式与 create function 相同，只需将 create 换成 alter。

② 执行和删除多语句表值函数的语法格式与内联表值函数相同。

③ 如果未指定[架构名]，则数据库引擎自动取当前数据库中当前用户的默认架构或当前数据库中的 dbo 架构名。

④ [=默认值]：参数的默认值。如果定义了默认值，则无需指定此参数的值即可执行函数。

⑤ readonly：指示不能在函数定义中更新或修改参数。如果参数类型为用户定义的表类型，则应指定 readonly。

⑥ 多语句体：将需要返回的结果行集填充@表变量名。

(3) 可用 SSMS 创建多语句表值函数。打开 SSMS，展开【数据库】|“过程化考核数据库 Demo”数据库|【可编程性】|【函数】选项，右击【表值函数】选项，选择【新建多语句表值函数】命令，系统会在查询编辑窗口根据相应模板自动生成与多语句表值函数相关的代码框架，填写相应代码执行。

7.2 存储过程

用户定义函数是输入多个参数、对数据库进行不改变数据库状态的操作、返回单个标量值或单个表(记录集)的封装重用子程序。但对于输入多个参数、对数据库进行改变数据库状态的操作、返回多个标量值或表(记录集)的需要，SQL Server 如何解决呢？这可以采用 SQL Server 应用广泛、灵活的存储过程技术实现。编写存储过程是 SQL Server 程序设计的灵魂。应用好存储过程，将使数据库的管理和应用更加方便和灵活。

7.2.1 自定义存储过程

【导例 7.3】在“过程化考核系统”中，创建存储过程“P 删除班级信息 By 班级 ID”，完成按“班级 ID”删除该班级所有相关信息的操作。

```
use 过程化考核数据库Demo
go
create procedure dbo.[P删除班级信息By班级ID]
@班级ID int
as
begin
  delete from 学生考核完成详细信息表 where 学生ID
    in (select 学生ID from 学生信息表 where 班级ID = @班级ID);
  delete from 学生考核完成信息表 where 学生ID
    in (select 学生ID from 学生信息表 where 班级ID = @班级ID);
  delete from 考核信息表 where 班级ID = @班级ID;
  delete from 学生信息表 where 班级ID = @班级ID;
  delete from 班级信息表 where 班级ID = @班级ID;
end
go
--2. 执行下列存储过程
exec P删除班级信息By班级ID 300009;
--3. 删除(请保留后续导例将用到)
-- drop procedure P删除班级信息By班级ID;
```

【知识点】

(1) 存储过程是已保存在数据库中完成特定功能的T-SQL语句子程序，可接收并返回多个参数，可对数据库进行改变数据库状态(数据增、删、改)的操作，可查询返回多个行集。存储过程是独立的数据库对象。

(2) 存储过程分为两类：系统提供的存储过程和用户自定义的存储过程。系统存储过程以sp_为前缀；主要系统存储过程存储在master数据库中并在任何数据库中都可以调用，在调用时不必在存储过程前加上数据库名；当新建一个数据库时，一些系统存储过程会在新建数据库中自动创建。用户自定义的存储过程是由用户创建的并保存在用户创建的数据库中，是用来完成某项特定功能。

【导例7.4】在“过程化考核系统”学生主界面，显示着该同学本课程每次考核成绩信息，这是根据“学生ID”和“课程ID”查询有关该学生该门课程的考核ID、考核名称、考核类型、批阅类型、开始时间、结束时间、分数、批阅人等考核信息。如何使用自定义存储过程实现呢？

```
use 过程化考核数据库Demo
go
--1. 定义存储过程
create procedure dbo.Get考核成绩表By学生Id课程Id @学生ID int, @课程ID int
as
begin
  declare @班级ID int ;
  select @班级ID = 班级ID from 学生信息表 where 学生ID = @学生ID;
  select top 100 percent
    a.考核ID, a.考核名称, a.考核类型, a.批阅类型,
    convert(char(19), a.开始时间, 120) 开始时间,
    convert(char(19), a.结束时间, 120) 结束时间,
    b.分数, b.批阅人, a.批阅状态, a.考核时间, a.满分分值
  from
    ( select 考核名称, 考核类型, 批阅类型, 开始时间, 结束时间, 考核时间,
             考核ID, 批阅状态, 满分分值
```

```
        from dbo.考核信息表
        where (课程 ID = @课程 ID) AND (班级 ID = @班级 ID)
      ) a LEFT OUTER JOIN
      ( select 考核 ID, 分数, 批阅人, 提交机器
        from dbo.学生考核完成信息表
        where (学生 ID = @学生 ID)
      ) b
      on a.考核 id = b.考核 id
    order by a.开始时间 desc
  end
  go
  --2. 将 500360 换成你的学生 ID 值执行下列存储过程
  Get 考核成绩表 By 学生 Id 课程 Id 500360, 100002;
```

【知识点】

(1) 创建、执行和删除存储过程。其主要语法格式如下：

```
1. 创建
create procedure [架构名.]存储过程名
[[@参数 参数数据类型] [=默认值] [output] [readonly]] [,…n]
as
begin
T-SQL 语句体 (语句体中可包含: return [整数或整数变量];)
end;
2. 执行
[exec[ute]] 存储过程名 [参数 1, …];
3. 删除
drop procedure [架构名.]存储过程名;
```

① 修改存储过程的语法格式与 create procedure 相同，只需将 create 换成 alter。

② 如果未指定[架构名]，则数据库引擎自动取当前数据库中当前用户的默认架构或当前数据库中的 dbo 架构名。

③ [@参数 参数数据类型]：存储过程可以有 0 个或多个参数。

④ [=默认值]：参数的默认值。如果定义了默认值，则无需指定此参数的值也可执行存储过程。

⑤ [output]：指参数是输出参数，将值返回给过程的调用方。不能将用户定义表类型指定为存储过程的 output 参数。

⑥ [readonly]：指示不能在存储过程定义中更新或修改参数。如果参数类型为用户定义的表类型，则应指定 readonly。

⑦ T-SQL 语句体: 指任意数量的 T-SQL 语句,可以容纳对数据库进行各种操作的语句(use 数据库名，create 或 alter view、function 、procedure、trigger，create schema 等除外)，也可以调用其他的存储过程。

⑧ T-SQL 语句体中的 return 语句：无条件退出存储过程，可以通过下列方式返回整数状态值。如果 T-SQL 语句体中的没有 return 语句，则返回整数状态值 0。

```
declare @状态 int;
exec @状态 = 存储过程名 [参数 1, ...];
```

(2) 可用 SSMS 创建存储过程：打开 SSMS，展开【数据库】|“过程化考核数据库 Demo”

数据库|【可编程性】选项，右击【存储过程】选项，选择【新建存储过程】命令，系统会在查询编辑窗口根据相应模板自动生成与存储过程相关的代码框架，填写相应代码执行。

【导例 7.5】在“过程化考核系统”学生主界面，单击【学生】|【浏览教学过程考核信息】命令，弹出的【班级-课程教学信息浏览】窗口包含班级学生信息表等信息，根据班级 ID 查询有关班级学生的学号、姓名、性别、出生日期、身高、体重、小组、课程职务、QQ 号码、手机号码、E-mail、民族、政治面貌、身份证号、籍贯、家庭住址、备注、学生 ID、班级 ID 等信息。如何使用自定义存储过程实现呢？

```
use 过程化考核数据库 Demo
go
--1. 定义存储过程
create procedure dbo.Get 学生信息表 By 班级 ID @班级 ID int
as
begin
  set nocount on;
  select 学号, 姓名, 性别,
      convert(char(10),出生日期,102) 出生日期,身高,体重,小组,课程职务, QQ 号码,
      手机号码, E-mail, 民族, 政治面貌, 身份证号, 籍贯, 家庭住址, 备注,
      学生 ID, 班级 ID
    from 学生信息表
    where (班级 ID = @班级 ID)
    order by 学号;
end;
go
--2. 将 300037 换成你班的班级 ID 值执行下列存储过程
exec Get 学生信息表 By 班级 ID 300037;
```

【知识点】

(1) 在 Microsoft SQL Server 重新启动后第一次运行存储过程时会自动执行此优化。当存储过程使用的基础表发生变化时，也会执行此优化。因此，它的运行速度比独立运行同样的 T-SQL 语句脚本要快。

(2) 客户端应用程序可以通过其存储过程的名字并给出参数(如果该存储过程带有参数)来执行存储过程。因此，存储过程是经过优化封装并重复使用的子程序。

7.2.2 使用 T-SQL 语句管理用户自定义表类型

用户自定义表类型是指用户所定义的表示表结构定义的类型。开发数据库应用系统时，经常会遇到要求一次性批量插入或者修改若干行记录的需要。

【导例 7.6】在“过程化考核系统”中，学生在提交试卷时，需要一次性提交多行试卷答案记录(含学生 ID、考核 ID、课程 ID、问题 ID、答案和用于批阅的批语、得分等信息)。如何创建用户自定义表类型，定义表变量，在表变量中插入、修改和删除数据，从表变量中查询数据，删除用户自定义表类型呢？

```
use 过程化考核数据库 Demo
go
--1. 创建用户自定义表类型
use 过程化考核数据库 Demo;
create type dbo.试卷答案表 as table(
```

```
    学生ID int not null,
    考核ID int not null,
    课程ID int not null,
    问题ID nvarchar(30) not null,
    答案 nvarchar(1000) not null,
    批语 nvarchar(100) not null,
    得分 int null
  );
  go
  --2. 定义表变量，表变量中插入、修改和删除数据，从表变量中查询数据
  declare @答案表 试卷答案表;
  insert into @答案表 values
  (509999,600999,100002,'第02章 习题 01.01','变量、函数、表达式、语句','自动批阅。',4),
  (509999,600999,100002,'第02章 习题 01.02','SQL、Structure Query、ISO、ANSI','
自动批阅。',4),
  (509999,600999,100002,'第02章 习题 01.11','@、@@','自动批阅。',2),
  (509999,600999,100002,'第02章 习题 01.12','单、单引号(' )','自动批阅。',2),
  (509999,600999,100002,'第02章 习题 01.19','8976、狼是你','自动批阅。',2);
  delete from @答案表 where 问题ID = '第02章 习题 01.19';
  update @答案表 set 得分 = 8 where 问题ID = '第02章 习题 01.12';
  --在插入数据时要注意[学生考核完成详细表]中的相关约束
  insert into 学生考核完成详细信息表(学生ID,考核ID,课程ID,问题ID,答案,批语,得分)
    select * from @答案表;
  select * from @答案表;
  select * from 学生考核完成详细信息表;
  --3. 删除
  --drop type dbo.试卷答案表;
```

【知识点】

(1) 用户自定义表类型是指用户定义的表示表结构定义的类型；表变量是根据用户定义表类型定义的一个具体变量，可以认为是存储在内存中的数据表，出了批或过程则变量失效丢失数据。

(2) 创建表类型和创建表的语法格式类似。其主要语法格式如下：

```
  create type [架构名].表类型名称
  as table (
    {<列定义>|<计算列名 = 表达式>}
    [<表约束>][ ,…n]
  );

  <列定义> ::=
  列名 <数据类型>
    [null|not null][default 默认值][identity(种子, 增量)][check(条件表达式)]
    [primary key | unique]
    [,…n ]
```

(3) 可以使用用户自定义表类型为存储过程或函数声明表值参数类型，或者声明要在批处理中或在存储过程或函数体中使用的表变量类型。

(4) 通过自定义表类型变量向数据表插入数据时，要求自定义表类型变量的列和数据表的列顺序保持一致、数据类型兼容，两者的列名称可以不同。

【导例 7.7】在“过程化考核系统”中，老师在批阅试卷时，一次性提交多行试卷批阅记录(学生 ID、考核 ID、课程 ID、问题 ID、批语、得分)。如何创建用户自定义表类型“试卷批阅表”，创建存储过程“Set 更新试卷批阅 By 试卷批阅表”和调用上述存储过程完成“学生考核完成详细信息表”和“学生考核完成信息表”中相应记录的更新呢？

```
use 过程化考核数据库 Demo
go
--1. 定义表类型[试卷批阅表]
create type dbo.试卷批阅表 as table(
  学生 ID int not null,
  考核 ID int not null,
  课程 ID int not null,
  问题 ID nvarchar(30) not null,
  批语 nvarchar(100) not null,
  得分 int NULL
)
go
--2. 定义存储过程[Set 更新试卷批阅 By 试卷批阅表]
--功能：更新[学生考核完成详细信息表]中相应记录的[批语]和[得分]
--      更新[学生考核完成信息表]中相应记录的[得分],[分数],[批阅时间],[批阅人]
--      成功返回更新行数，失败返回 0
create procedure dbo.Set 更新试卷批阅 By 试卷批阅表
 @批阅表 试卷批阅表 readonly, @批阅人 Nvarchar(10)
as
begin
  declare @学生 ID int,@考核 ID int, @row int, @得分 int, @满分 int;
  declare @分数 decimal(5,1);
  select @得分 = sum(得分) from @批阅表;
  select top 1 @学生 ID = 学生 ID, @考核 ID = 考核 ID from @批阅表;
  select @满分 = 满分分值 from 考核信息表 where 考核 ID = @考核 ID;
  set @分数 = round((@得分+0.0) / @满分 * 100., 1);

  update dbo.学生考核完成详细信息表
    set 学生考核完成详细信息表.批语 = da.批语,
        学生考核完成详细信息表.得分 = da.得分
    from dbo.学生考核完成详细信息表 inner join @批阅表 as da
      on (dbo.学生考核完成详细信息表.学生 ID = da.学生 ID
          and dbo.学生考核完成详细信息表.考核 ID = da.考核 ID
          and dbo.学生考核完成详细信息表.课程 ID = da.课程 ID
          and dbo.学生考核完成详细信息表.问题 ID = da.问题 ID );
     set @row = @@rowcount;
     if @row >0
     begin
    update 学生考核完成信息表
      set 得分 = @得分, 分数 = @分数, 批阅时间=getdate(), 批阅人 = @批阅人
      where (学生 ID = @学生 ID) and (考核 ID = @考核 ID);
       select @row;
     end
     else
       select 0;
end
```

```
go

--3. 准备数据
insert into 考核信息表(考核 ID,班级 ID,课程 ID,考核名称,考核类型,
  开始时间,结束时间,满分分值,批阅类型,批阅状态) values
(600999,300044,100002,'开卷考试','期末考试',
  '2019-08-01 10:00:00','2019-08-01 12:00:00',18,'老师批阅','未阅');
insert into 学生考核完成信息表
(学生 ID,考核 ID,得分,分数,开始时间,结束时间,提交机器)
values
(509999,600999,0,0.,'2019-08-01 10:30:00','2019-08-01 11:00:00','');

--4. 定义[试卷批阅表]类型的变量[@批阅表]并插入数据，执行下列存储过程并查询
declare @批阅表 试卷批阅表;
insert into @批阅表 values
(509999,600999,100002,'第 02 章 习题 01.01','杜老师批阅。',3),
(509999,600999,100002,'第 02 章 习题 01.02','杜老师批阅。',4),
(509999,600999,100002,'第 02 章 习题 01.11','杜老师批阅。',4),
(509999,600999,100002,'第 02 章 习题 01.12','杜老师批阅。',1);
exec dbo.Set 更新试卷批阅 By 试卷批阅表 @批阅表, N'杜老师';
select 批语, 得分 from 学生考核完成详细信息表
  where 学生 ID = 509999 and 考核 ID = 600999 and 课程 ID = 100002;
select 得分, 分数, 批阅时间, 批阅人 from 学生考核完成信息表
  where (学生 ID = 509999) and (考核 ID = 600999);
```

7.2.3 使用存储过程的优点

(1) 执行速度快。存储过程在创建时就经过了语法检查和第一次调用或所依据的基础表发送变化时进行了优化，所以执行速度快、效率高。

(2) 模块化的程序设计。存储过程经过了一次创建以后，可以被调用多次。

(3) 保证系统的安全性。通过存储过程对数据进行访问时，用户不用使用 T-SQL 直接对数据进行访问。

(4) 减少网络通信量。存储过程中可以包含大量的 T-SQL 语句，但存储过程作为一个独立的单元来使用。在进行调用时，只需要使用一个 exec 语句就可以实现，而不需要在网络中发送大量代码。

7.3 同 义 词

同义词是已存在数据库的表、视图、过程、函数(称为基对象)的以架构为作用域的别名。同义词使得客户端应用程序能够使用单部分名称的同义词，而不是使用两部分(架构.基对象名)、三部分 (数据库.架构.基对象名)或四部分名称(服务器.数据库.架构.基对象名)的同义词来引用基对象。同义词可用于跨越服务器或跨越数据库访问或换名访问。

【导例 7.8】如果在“过程化考核系统”的数据库中需要为另一个应用系统(假设另外一个应用系统的编程语言或操作系统只识别英文标识符)访问表“学生信息表”、视图“学生信息表视图”、内联函数“Get 学生信息表(班级 Id)”和存储过程“Get 学生信息表 By 班级 Id”，相应提供的英文名称为“Students”“StudentsView”“GetStudens(ClassID)”和“GetStudensByClassId”。

```
use 过程化考核数据库 Demo
go
--1. 为表、视图、函数和存储过程定义同义词(别名)
create synonym dbo.Students for dbo.学生信息表;
create synonym dbo.StudentsView for dbo.学生信息视图;
create synonym dbo.GetStudents for dbo.Get 学生信息;
create synonym dbo.GetStudentsByClassId for dbo.Get 学生信息表 By 班级 ID;
go
--2. 对同义词进行操作, 300037 换成你班的班级 Id 值, 将 500360 换成你的学生 ID 值
select * from Students where 性别 = '女';
select * from StudentsView ;
select * from dbo.GetStudents(500360);
exec GetStudentsByClassId '300037';
--3. 删除
drop synonym dbo.Students ;
drop synonym dbo.StudentsView ;
drop synonym dbo.GetStudents;
drop synonym dbo.GetStudentsByClassId;
```

【知识点】

1) 创建、删除同义词的语法格式

```
1. 创建
create synonym [架构名.] 同义词名
   for [服务器名.][数据库名.][架构名.]基对象名;
2.删除
drop synonym [架构名.] 同义词名;
```

① 如果未指定[架构名]，则数据库引擎自动取当前数据库中当前用户的默认架构或当前数据库中的 dbo 架构名。

② 基对象名:仅限于表、视图、存储过程、自定义标量函数、自定义表值函数。

2) 使用同义词就如同使用基对象一样

① 基于表或视图的同义词操作，可使用 select、update、insert、delete 等操作。

② 基于标量函数的同义词操作，仅可用于查询语句的 select 子句。

③ 基于表值函数的同义词操作，仅可用于查询语句的 from 子句。

④ 基于存储过程的同义词操作，仅可使用于 execute 语句。

7.4 备份与还原

数据是存放在计算机上的，即便是最可靠的软件及硬件，也可能会出现故障，因此，应该在意外发生前做好充分准备，以便有相应的措施快速还原数据库，使丢失的数据量减少到最小。SQL Server 2008 数据库的安全运行(数据库维护和灾难恢复) 主要包含数据库的分离与附加、数据库快照、数据库备份与还原以及数据库的在线镜像。

7.4.1 数据库的完整备份与还原

【演练 7.1】使用 SSMS 完整备份“过程化考核数据库 Demo”数据库。

(1) 启动 SSMS，展开【服务器】|【数据库】选项，右击“过程化考核数据库 Demo”，选择【任务】|【备份】命令，弹出【备份数据库】窗口。在【常规】选项卡，在【备份类型】下拉列表框中选择【完整】选项，在【备份到】选项区域选中【磁盘】单选按钮，单击【添加】按钮，弹出【选择备份目标】对话框，选中【文件名】单选按钮并输入“D:\SQL 备份\过程化考核数据库 Demo.bak”(须先创建文件夹 D:\SQL 备份)。

(2) 在【选择项】窗格中单击【选项】选项卡，在【覆盖介质】选项区域选中【覆盖所有现有备份集】单选按钮，在【可靠性】选项区域选中【完成后验证备份】复选框，单击【确定】按钮执行备份操作，成功后显示备份成功的信息，如图 7.1 所示。

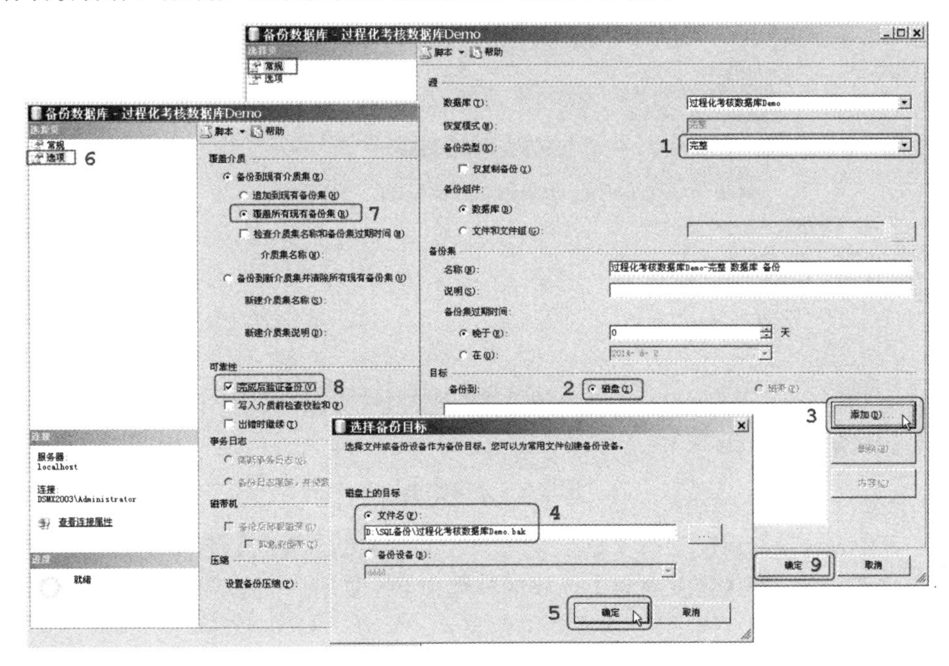

图 7.1　完整备份数据库

【知识点】

(1) 备份类型。可分完整备份、差异备份、事务日志备份、数据库文件和文件组备份 4 种类型。

(2) 完整备份是对整个数据库进行备份，它代表的是备份完成时刻的数据库状态。完整备份是差异备份、事务日志备份、文件和文件组备份的基准，其他备份只有在执行完整备份之后才能被执行。

(3) 完整备份可以用于任何的恢复模式中，好处是简单完整，缺点是费时间耗空间。

【演练 7.2】使用 SSMS 还原数据库“过程化考核数据库 Demo”。

(1) 启动 SSMS，在【对象资源管理器】中展开实例|【数据库】，右击“过程化考核数据库 Demo”，选择【删除】命令，删除该数据库，模拟数据库损坏不能使用的情况。

(2) 在【对象资源管理器】中，右击【数据库】选项，选择【还原数据库】命令，弹出【还原数据库】窗口，在【常规】选项卡【目标数据库】下拉列表框中选择【过程化考核数据库 Demo】，选中【源设备】单选按钮，单击【…】按钮弹出【指定备份】对话框，单击【添加】按钮弹出【定位备份文件】对话框，选择“D:\SQL 备份\过程化考核数据库 Demo.bak”，两次单击【确定】按钮返回【还原数据库】窗口，选中【还原】复选框，如图7.2所示。

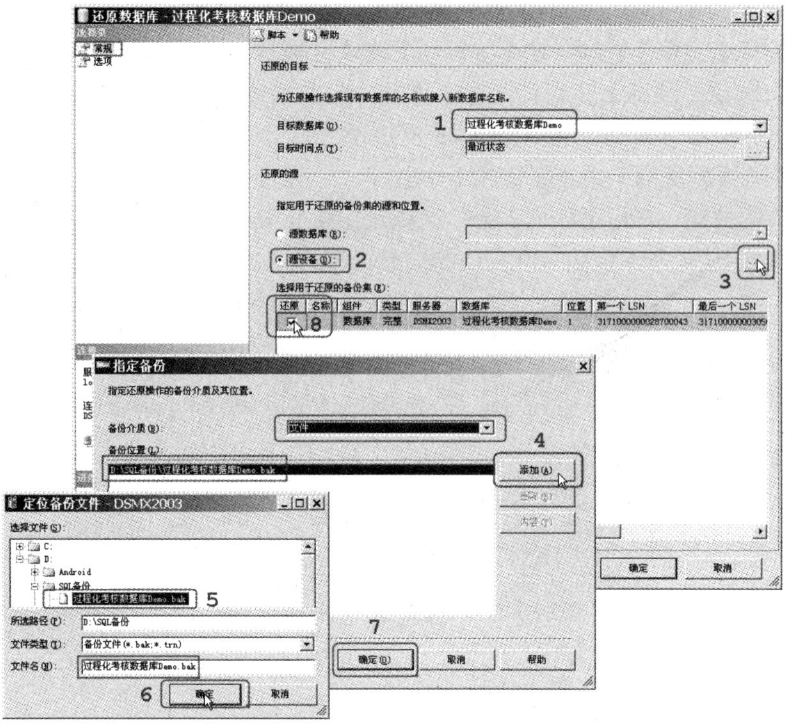

图 7.2 还原数据库

(3) 单击【选择页】窗格中的【选项】选项卡，在【还原选项】选项区域选中【覆盖到现有数据库】单选按钮，在【恢复状态】选项区域选中【恢复未提交的事务】选项，单击【确定】按钮执行还原操作。成功后显示还原成功的信息。

【知识点】

(1) 数据库备份后，一旦数据库发生故障，就可以将数据库备份加载到系统，使数据库还原到备份时的状态。还原是与备份相对应的数据库管理工作，系统在进行数据库还原的过程中，自动执行安全性检查，然后根据数据库备份自动创建数据库结构，并且还原数据库中的数据。

(2) 如果不存在要还原的数据库，则用户必须有 create database 权限才能执行 restore。如果该数据库存在，则 restore 权限默认授予 sysadmin 和 dbcreator 服务器角色成员以及该数据库的所有者(dbo)。

【导例 7.9】使用 T-SQL 完整备份和还原“过程化考核数据库 Demo”。

```
--1.删除、创建备份设备
use master;
exec sp_dropdevice 'Mydb';
exec sp_addumpdevice 'disk', 'Mydb', 'D:\SQL 备份\过程化考核数据库 Demo.bak';

--2.备份之前做一操作，标志库中内容
use 过程化考核数据库 Demo;
insert into 学院信息表 values(209996, '中国科学技术大学', '安徽合肥');
select * from 学院信息表;
go
```

```
--3.完整备份，备份之后添加[河南大学]
use master;
backup database 过程化考核数据库 Demo to Mydb
  with init,compression,name ='过程化考核数据库 Demo 完整 备份';
use 过程化考核数据库 Demo;
insert into 学院信息表 values(209991, '河南大学', '河南开封');
go

--4.假设数据库破坏了，这里删除数据
drop database 过程化考核数据库 Demo;
go

--5.还原完整备份，查看[学院信息表]：有[中国科学技术大学]没有[河南大学]
restore database 过程化考核数据库 Demo from Mydb;
go
use 过程化考核数据库 Demo;
select * from 学院信息表;
```

【知识点】

(1) 在备份操作过程中，将要备份的数据写入物理存储设备，如磁带机或操作系统提供的磁盘文件。备份设备就是这个物理存储设备的逻辑名称。使用系统存储过程创建、删除备份设备的语法格式如下，其中设备类型 disk 表示硬盘文件，tape 表示磁带设备，'delfile'选项表示则删除备份设备逻辑名称同时删除物理磁盘文件。

```
sp_addumpdevice '设备类型', '份设备名称', '备份路径及名称';
sp_dropdevice '备份设备名称' [,'delfile'];
```

(2) 完整数据库备份、还原数据库。其主要语法格式如下：

```
backup database 数据库名 to 备份设备 [,...]
    [with [name='备份名称'][,]{init|noinit}
        [,][{compression|no_compression}]];
restore database 数据库名 from 备份设备 [with {recovery|norecovery}];
```

① init 表示新设备的数据覆盖当前备份设备的每一项内容。

② noinit 表示新设备的数据添加到备份设备上已有内容的后面。

③ {compression | no_compression }指此备份是否执行备份压缩。

④ recovery 指示还原操作回滚任何未提交的事务，还原结束后数据库便可使用。

⑤ norecovery 指示还原操作不回滚任何未提交的事务，还原结束后数据库不可使用。

⑥ 如果既没有指定 norecovery 也没有指定 recovery，默认为 recovery。

7.4.2 数据库差异备份与还原

【导例 7.10】在完整备份的基础上，差异备份“过程化考核数据库 Demo”，还原。

```
--1.备份之前做一操作，标志库中内容
use 过程化考核数据库 Demo;
insert into 学院信息表 values(209995, '中国人民大学', '北京');
select * from 学院信息表;
go
```

```
--2.差异备份
use master;
Backup database 过程化考核数据库Demo to Mydb with differential ;
go

--3.假设数据库破坏了，这里删除数据
drop database 过程化考核数据库Demo;
go

--4.还原完整备份、差异备份
restore database 过程化考核数据库Demo from Mydb with norecovery;
restore database 过程化考核数据库Demo from Mydb With file = 2, recovery;
go
use 过程化考核数据库Demo;
select * from 学院信息表;
```

【知识点】

(1) 差异备份。是指备份自上一次完整备份之后数据库发生变化的部分。差异备份的T-SQL语法与完整备份类似，仅多with differential选项指差异备份，不再赘述。还原语法如下：

```
restore database 数据库名 from 备份设备
  with file=文件号, recovery|norecovery;
```

(2) 差异备份能够加快备份操作速度，减少备份时间。完整备份使用的存储空间比差异备份大，由于完整备份需要更多的时间，所以创建完整备份的使用频率常常低于创建差异备份的使用频率。

(3) 只有授予sysadmin固定服务器角色或db_owner、db_backupoperator固定数据库角色的成员才可执行backup database和backup log语句。

7.4.3 数据库事务日志备份与还原到时间点

通常，事务日志备份比完整备份使用的时间少，因此，为了降低数据丢失的风险，可以比完整备份更频繁地创建事务日志文件。

【导例7.11】在完整备份的基础上，日志备份“过程化考核数据库Demo”，还原。

```
--1.完整备份、日志备份之前做一操作，标志库中内容：学院信息表增加[中国农业大学]
use master;
backup database 过程化考核数据库Demo to disk='d:\SQL备份\过程化考核数据库Demo.bak'
with init;
go
--正确操作
use 过程化考核数据库Demo;
insert into 学院信息表 values(209994, '中国农业大学', '北京');
select * from 学院信息表;
--保存正确操作后(延时1秒后)的时间点到临时表
waitfor delay '00:00:01'
select 时间点 = getdate();
select 时间点 = getdate() into #;
--延时1秒后，假设现在误操作删除了[学院信息表]和[学生信息表]
waitfor delay '00:00:01'
```

```
drop table 学院信息表，学生信息表;
go

--2.首先,备份事务日志(使用事务日志才能还原到指定的时间点)
use master;
backup log 过程化考核数据库 Demo
  to disk='d:\SQL 备份\过程化考核数据库 Demo 日志.bak' with init ;
go

--3.假设数据库破坏了，这里删除数据
drop database 过程化考核数据库 Demo;
go

--4.还原完整备份、日志备份
restore database 过程化考核数据库 Demo from DISK='d:\SQL 备份\过程化考核数据库
Demo.bak' with norecovery;
--将事务日志还原到删除操作前(这里的时间对应上面的删除时间，并比删除时间略早
declare @时间点 datetime;
select @时间点=dateadd(ms,-20,时间点) from #;  --获取比表被删除的时间略早的时间
restore log 过程化考核数据库 Demo from disk='d:\SQL 备份\过程化考核数据库 Demo 日
志.bak' with recovery,stopat = @时间点;
go

--4.查看[中国农业大学]是否存在，删除临时表
use 过程化考核数据库 Demo;
select * from 学院信息表;
drop table #;
```

【知识点】

(1) 日志备份的 T-SQL 语法与完整备份类似，仅有 backup→backup log，不再赘述。还原语法如下：

```
Restore database 数据库名 from 备份设备
  with file=文件号, recovery|norecovery;
```

(2) 备份事务日志将清空所有旧的事务，为新的事务腾出空间。

7.4.4 数据库快照

数据库快照从字面意义上可理解为数据库在快速拍照那一时刻的数据状态。自创建快照起，数据库快照在事务上与源数据库一致。当源数据库更新时，数据库快照也将更新。查询数据库快照或快照还原其实是在源数据库的基础上减去创建快照以来的变更。数据库快照是 SQL Server 数据库(源数据库)的只读静态视图。

【导例 7.12】为“过程化考核数据库 Demo”创建快照，还原快照并删除快照。

```
-1.创建快照
use master;
create database 过程化考核数据库 Demo_快照 201407211756 --数据库快照名
on(
  name='过程化考核数据库 Demo_Data', --数据库文件逻辑名称
  filename='d:\过程化考核数据库 Demo.快照_201407211756'--快照稀疏文件的物理路径
)
```

```
as snapshot of 过程化考核数据库 Demo;
go
--2.模拟创建快照后数据库做过失误操作：更改数据、删除表
use 过程化考核数据库 Demo;
select* from [学院信息表];
delete from [学院信息表] where 学院 ID = 200001;
insert into [学院信息表] values(209998, '西点军校','纽约州西点');
insert into [学院信息表] values(209999, '霍格沃兹魔法学院','石家庄');
select * from [学院信息表];
drop table [学生信息表];
go
--3.还原快照，查看能否还原原状
use master;
go
restore database 过程化考核数据库 Demo
from database_snapshot = '过程化考核数据库 Demo_快照 201407211756';
go
use 过程化考核数据库 Demo;
select * from [学院信息表];
select * from [学生信息表];
go
--4.删除快照
drop database 过程化考核数据库 Demo_快照 201407211756;
```

【知识点】

1) 创建、还原和删除数剧库快照的基本语法格式

```
create database 数据库快照名称
  on (name = 数据库逻辑名,filename = '快照稀疏物理文件名') [,…]
  as snapshot of 源数据库名称;
restore database 源数据库名
  from database_snapshot = 要将数据库还原到的快照的名称;
drop database 数据库快照的名称;
```

当源数据库能正常使用，发生用户操作失误如增删改错数据时，可以通过数据库快照来将数据库还原到创建数据库快照时的状态，此时还原的数据库会覆盖原来的数据库。 在数据库所有者显式删除每个数据库快照之前，该快照将一直保留。

2) 注意事项

① 数据库快照始终与其源数据库位于同一服务器实例上。

② 一个源数据库中可以创建多个数据库快照。

③ 数据库快照存在的时间越长，就越有可能用完其可用磁盘空间。

④ 数据库快照稀疏文件必须保存在 NTFS 文件系统的分区上。

3) 数据库快照的主要用途

主要是两方面：一是编制报表，二是避免用户操作失误。

① 在编制统计报表(月报、季报或年报)时，需要基于期末(月底、季末、年底)时刻创建数据库快照用于编制报表。

② 避免用户操作失误带来影响，如大容量数据更新、架构更改、变更表结构、删除数据表、使用测试数据测试应用系统之前创建数据库快照。如果源数据库上出现用户操作失误或测试完毕清理测试数据时，可将源数据库还原到创建数据库快照时的状态。

(4) 数据库快照。其主要开销就是服务器时间开销和存储空间开销。

7.4.5　数据库定时自动备份

对服务器数据库进行备份是件比较麻烦的事情，每天凌晨 3∶00 或者每隔 1 小时要手工备份。而通过 SQL Server 的作业调度，可完成定时自动备份。

【演练 7.3】使用 SSMS 数据库自动定时备份：在每天凌晨 3∶00 夜深人静、连接用户最少的时候开始将“过程化考核数据库 Demo”完整备份到“D:\ SQL 备份\过程化考核数据库 Demo 完整备份 YYYYMMDD.bak”文件。

(1) 打开 SSMS，在【对象资源管理器】中，确认 SQL Server 代理已启动；若没有，在 SQL Server 代理节点，单击【启动】命令。

(2) 展开【SQL Server 代理】节点，右击【作业】选项，选择【新建作业】命令，弹出【新建作业】窗口，在【常规】选项卡上的【名称】文本框中输入作业名“完整备份过程化考核数据库 Demo”。

(3) 选择【步骤】选项卡，单击【新建】按钮弹出【新建作业步骤】对话框，在【步骤名称】文本框中输入“直接备份”，在【命令】文本框中，输入如下代码，单击【确定】按钮保存步骤。

```
declare @fileName nvarchar(100)
set @filename = convert(varchar(10), getdate(), 120);
set @filename = replace(replace(@filename, ' ', ''), ':', '');
set @filename = replace(replace(@filename, '-', ''), '.', '');
set @fileName='D:\SQL 备份\过程化考核数据库 Demo 完整备份' + @fileName + '.bak';
backup database [过程化考核数据库 Demo] to disk = @fileName
  with name = N'过程化考核数据库 Demo 完整备份',init, compression;
```

(4) 选择【新建作业】对话框中的【计划】选项卡(这里就是定期执行的核心了)，单击【新建】按钮弹出【新建作业计划】对话框，在【名称】文本框输入“每天 3 点执行”，在【频率】选项区域中的【执行】选择【每天】选项，在【每天频率】选项区域选中【执行一次，时间为】单选按钮并输入“03:00:00”等，最后单击【确定】按钮保存计划。

(5) 在【新建作业】窗口，单击【确定】按钮保存作业，完成操作。

7.4.6　数据库事务日志维护模式与备份策略

数据库的恢复模式指事务日志维护方式，可分为简单、完整和大容量日志恢复模式，见数据库属性下的选项。通常用户生产数据库使用完整恢复模式。

1) 简单恢复模式

在简单恢复模式中，日志的不活动部分会在每次 SQL Server 发出一个检查点时被自动截断，可最大程度地减少事务日志管理开销。如果数据库损坏，数据只能恢复到已丢失数据的最新备份。简单恢复模式常用于测试和开发用户数据库，或只读数据库(如数据仓库)。在简单模式下，备份间隔应尽可能短。

2) 完整恢复模式

在完整恢复模式中，几乎所有影响数据库的操作都会完整记录在事务日志中(个别操作按最小方式记录，如 truncate table 日志中没有记录表清除的内容)，包括重新生成索引、大容量复制、select into、bulk insert 和 blob 更新，并将事务日志记录保留到对其备份完毕为止。完全记录的好处在于一旦出现故障,每一个事务都可以还原;完全记录的坏处是事务日志增长很快,会被填满或非常庞大(若设置日志文件为自动增长)。因此，解决策略是定期备份事务日志。完整恢复模式常用于生产系统。

3) 大容量日志恢复模式

大容量日志恢复模式是完整恢复模式的附加模式，通过使用最小方式记录大多数大容量操作，提高大容量操作的性能，减少日志空间使用量，其事务日志记录保留到对其备份完毕为止。大容量日志恢复模式不支持时点恢复，建议尽量减少大容量日志恢复模式的使用，最好的方法是在一组大容量操作之前切换到大容量日志恢复模式，执行操作，然后立即切换回完整恢复模式。

数据库镜像使用两台服务器提供容错功能(在线备份),一台见证服务器实现自动切换(相当于自动还原)，有兴趣、有用途且有条件的读者可查阅有关资料实现。

7.5 本章实训

7.5.1 实训目的

通过本章实训，使读者深刻理解自定义函数和存储过程及同义词的概念，掌握创建和应用它们的方法。

7.5.2 实训内容

(1) 在“教学成绩管理数据库”中的“学生表视图”基础上，创建内联表值函数、存储过程、同义词。

(2) 使用 SSMS 数据库自动定时备份。在每天凌晨 3：00 夜深人静、连接用户最少的时候开始将“教学成绩管理数据库”完整备份到“D:\SQL 备份\教学成绩管理数据库完整备份.bak”文件，并手工还原。

7.5.3 实训过程

(1) 创建内联表值函数、存储过程、同义词。

① 在“教学成绩管理数据库”中的“学生表视图”基础上，参照“导例 7.1”创建内联表值函数“F 学生信息表 By 班级编号”，返回学号、姓名、性别、出生日期、年龄、身高、民族、身份证号、班级名称，并查询验证，体会表值函数就是参数化视图的内涵。

```
use 教学成绩管理数据库;
go
--1.创建
create function F学生信息表By班级编号(@班级编号 char(6))
returns table
as
return
(select 学号, 姓名, 性别, 出生日期, 年龄, 民族, 身份证号, 班级名称
  from 学生表视图
  where (班级编号= @班级编号));
go
--2.调用 将 201301 换成你的班的班级编号值执行下列查询
```

```
select * From  dbo.F学生信息表By班级编号('201301');
```

② 在“教学成绩管理数据库”中的“学生表视图”基础上，参照导例 7.3 创建存储过程“Get 学生信息表 By 班级编号”，返回学号、姓名、性别、出生日期、年龄、民族、籍贯、政治面貌、身份证号、班级编号，并查询验证。

```
use 教学成绩管理数据库;
go
--1.创建存储过程
create procedure dbo.Get学生信息表By班级编号 @班级编号 char(6)
as
begin
  select 学号, 姓名, 性别, 出生日期, 年龄, 民族, 身份证号, 班级名称
  from 学生表视图
  where (班级编号= @班级编号);
end
go
--2. 执行将'201301'换成你的班的班级编号值执行
exec Get学生信息表By班级编号 '201301';
```

③ 在“教学成绩管理数据库”中，参照导例 7.3 创建存储过程“P 修改学生身份证号”，参数：学号、身份证号，并执行验证。

```
use 教学成绩管理数据库;
go
--1.创建存储过程
create procedure dbo.P修改学生身份证号By学号 @学号 char(10),@新号 char(18)
as
begin
  update 学生信息表 set 身份证号  = @新号
     where 学号 = @学号;
end
go
--2. 执行 将'2013010002','140401198805280414'修改成你的学号和身份证号
exec P修改学生身份证号By学号 '2013010002', '140401198805280414';
```

④ 在“教学成绩管理数据库”中，参照导例 7.8 为表、视图、函数和存储过程定义同义词，并执行验证。

```
use 教学成绩管理数据库;
go
--1. 为表、视图、函数和存储过程定义同义词(别名)
create synonym dbo.Students for dbo.学生信息表;
create synonym dbo.StudentsView for dbo.学生表视图;
create synonym dbo.FGetStudentsByClassId for dbo.F学生信息表By班级编号;
create synonym dbo.GetStudentsByClassId for dbo.Get学生信息表By班级编号;
go
--2. 对同义词进行操作，将'201301'换成你的班的班级编号值执行
select * from Students where 性别 = '男';
select * from StudentsView  where 性别 = '女';
select * from dbo. FGetStudentsByClassId('201301');
exec GetStudentsByClassId '201301';
--3. 删除
```

```
drop synonym dbo.Students ;
drop synonym dbo.StudentsView ;
drop synonym dbo. FGetStudentsByClassId;
drop synonym dbo.GetStudentsByClassId;
```

(2) 参照演练 7.3 创建“教学成绩管理数据库”自动备份，参照演练 7.2 还原“教学成绩管理数据库”。

7.5.4 实训总结

通过本章的上机实训，读者应该掌握创建用户自定义函数、存储过程、触发器的方法和步骤以及调用的方法(注意比较内嵌表值函数和存储过程在使用上的区别)，掌握如何使用 SSMS 进行自动备份和手工还原操作。

7.6 本 章 小 结

本章介绍了自定义表值函数、存储过程、自定义表类型和同义词。自定义函数是用来补充和扩展系统内置函数的，用户可以如同使用系统提供的函数一样将其作为 T-SQL 查询的一部分。存储过程可以由用户直接调用执行，用户能够使用相同的存储过程来保证数据的一致性。同义词可以为数据库对象提供一个备用的名称。自定义函数、存储过程和同义词在数据库开发过程中，在对数据库的维护和管理等任务中，特别是在维护数据完整性等方面具有不可替代的作用。读者应掌握完整备份与还原、差异备份与还原、自动定期备份的技能，了解日志备份与还原到时间点、快照创建与还原方法。表 7-1 是本章 T-SQL 主要语句一览表。

表 7-1 本章 T-SQL 主要语句一览

类 型	功 能	语法格式
自定义函数	创建	1. 内嵌表值函数 create function [所有者].自定义函数名 ([{@参数名 参数数据类型 [= 默认值] [readonly]} [,…n]]) returns table as return(select 查询语句) 2. 多语句表值函数 create function [所有者].自定义函数名 ([{@参数名 参数数据类型 [= 默认值] [readonly]} [,…n]]) returns @表变量名 table (列名 列数据类型, …n) begin 多语句体(至少有 SQL 语句给：@表变量名中填上数据值); return; end
	删除	drop function [所有者].自定义函数名
	执行	select 列名[,…] from 自定义函数名;
自定义表类型	创建	create type 表类型名称 as table
	删除	drop type 表类型名称
	操作	select, insert, update, delete 如同表一样使用

续表

类　型	功　能	语法格式
存 储 过 程	创建	create procedure [架构名.]存储过程名 [[@参数　参数数据类型] [=默认值] [output] [readonly]] [,…n] as begin T-SQL 语句体(语句体中可包含　return　整数或整数变量) end
	删除	drop procedure　存储过程名
	执行	[execute]　存储过程名　[参数 1、…、参数 n]
同义词	创建	create synonym [架构名.]同义词名　for　同义词被引用基对象名
	删除	drop synonym　同义词名
	执行	如同本地的表、视图、函数、存储等一样使用
备份与还原	备份	backup database 数据库名 to disk='物理磁盘文件名'
	还原	restore database 数据库名 from disk='物理磁盘文件名'
快照	创建	create database 数据库快照名称 on (name = 数据库逻辑名,filename = '稀疏文件名') [,…] as snapshot of 源数据库名称
	删除	drop database 数据库快照名称
	还原	restore database 源数据库名 from database_snapshot = 数据库快照名

7.7　本 章 习 题

1. 单项选择题

(1) 调用一个名为 fn1(　)的表值函数，正确的方法为(　　)。

A. select * from　表名　　　　B. select fn1(　) from 表名

C. select * from fn1(　)　　　　D. select fn1(　) from *

(2) 执行带参数的过程，正确的方法为(　　)。

A. 过程名(参数)　　　　B. 过程名　参数

C. 过程名＝参数　　　　D. A，B，C 三种都可以

(3) 当要将一个过程执行的返回状态值给一个整型变量时，正确的方法为(　　)。

A. 过程名　@整型变量　　　　B. 过程名　@整型变量

C. 过程名＝@整型变量　　　　D.　@整型变量＝过程名

(4) 创建一个名为 T1 的用户自定义表类型，正确的语句是(　　)。

A. create type T1　　　　B. create table T1

C. create type T1 as table　　　　D. create type table　T1

(5) 执行存储过程可以返回的结果有(　　)。

A. 通过过程体中 select 语句返回行集

B. 通过过程体中 return　整数语句返回整数状态值

C. 通过 output 参数返回

D. A、B、C 三种都可以

2. 填空题

(1) 自定义函数是接受______、执行____并返回运行______的子程序。输入参数最多 2100 个，输入参数类型除 timestamp(时间戳)、cursor(游标)和 table 以外的其他类型(包括自定义表类型)；执行操作由一个或多个 T-SQL 语句组成，执行操作______改变数据库状态的操作；返回结果可以是______标量值或______结果集(行集)。

(2) 多语句表值函数是内联表值函数的扩展，函数体中至少有一条 SQL 语句给[@表变量名]______，最后一条 end 语句之前必须是________，同样也是返回一个______集，同样实现________查询功能。

(3) 调用自定义函数时，要在调用的时候指明函数架构名和函数______。用 select 语句查询时，select 子句的列表达式、where 或 having 子句的条件表达式、group by 或 order by 子句的分组或排序表达式、update 语句 set 子句或 insert 语句 values 子句中的表达式中可以使用用户定义标量函数，仅在______子句中使用用户定义表值函数。

(4) 存储过程是已保存在数据库中完成特定功能的 T-SQL 语句子程序，可接收并________个参数，可对数据库进行______数据库状态(数据增、删、改)的操作，可查询返回____个行集和执行状态整数值。

(5) 创建存储过程的 T-SQL 语句中，________选项指参数值返回给过程的调用方，同时不能将用户定义____类型参数指定该选项；__________选项指不能在存储过程定义中更新该参数，如果参数类型为用户定义的____类型则必须指定该选项。

(6) 在数据库应用系统的使用中，使用存储过程有执行速度____、______化的程序设计、有利于系统的______性和______网络通信量(指不需要在网络中发送大量 T-SQL 代码)。

(7) 用户自定义表类型是指依据用户所定义的表示表______定义的类型；表变量是根据用户定义表类型定义的一个具体变量，可以认为是存储在______中的数据表，出了批或过程则变量失效______数据。

(8) 用户可以使用用户自定义表类型为存储过程或函数声明表值______类型，或者声明用户要在批处理或存储过程或函数体中使用的____变量类型。

(9) 同义词是已存在数据库的表、视图、过程、函数的______(以架构为作用域)。同义词使得客户端应用程序能够使用________名称的同义词，而不是使用两部分、三部分或四部分名称(服务器.数据库.架构.基对象名)的同义词来引用基对象。同义词可用于跨越服务器或跨越________访问或______访问。

(10) 使用同义词就如同使用基对象一样。基于表、视图的同义词操作可使用 select、update、insert、delete 等操作；基于______函数的同义词操作可用于查询语句的 select 子句的列表达式、where 或 having 子句的条件表达式、group by 或 order by 的分组或排序表达式、update 语句 set 子句或 insert 语句 values 子句的表达式中；基于______函数的同义词操作可用于查询语句的 from 子句或 execute 语句；基于存储过程的同义词操作仅可使用于________语句。

(11) 数据库的恢复模式是指事务日志维护方式，可分为______、______和大容量日志 3 中模式；备份类型分______备份、______备份、事务______备份、数据库文件和文件组备份 4 种类型。

(12) 完整备份是对整个数据库进行备份，代表备份完成______的数据库状态。完整备份是差异备份、事务日志备份、文件和文件组备份的______，其他备份只有在执行完整备份______才能被执行。差异备份是指备份自上一次完整备份之后数据库发生______的部分。

(13) 数据库快照是 SQL Server 数据库(源数据库)的__________视图，主要用途：一是______报表，二是避免用户操作______。

3. 判断题

(1) 内联表值函数的函数体由 return(select 语句)构成、返回一个结果集，实现参数化查询功能。 (　　)

(2) 自定义函数的函数体中可以改变数据表中的数据。 (　　)

(3) 存储过程可分为系统存储过程和用户自定义存储过程。 (　　)

(4) 修改函数、存储过程的语法格式同于 create，只需将 create 换成 alter。 (　　)

(5) 修改同义词定义时，须先删除(drop)同义词然后再创建(create)同义词。 (　　)

(6) 备份事务日志将清空所有旧的事务，为新的事务腾出空间。 (　　)

(7) 数据库快照始终与其源数据库位于同一服务器实例上。 (　　)

(8) 通过 SQL Server 的作业调度可完成定时自动备份。 (　　)

4. 设计题

在“过程化考核数据库 Demo”中，使用 T-SQL 语句编写下列脚本。

(1) 编写自定义内联表值函数“Get 教师信息(教师 ID)”，查询教师 ID，学院 ID，姓名，性别，出生日期，E-mail，QQ 号码，手机号码，备注，照片。

(2) 编写存储过程“Get 教师信息 By 教师 ID”，查询教师 ID，学院 ID，姓名，性别，出生日期，E-mail，QQ 号码，手机号码，备注，照片。

(3) 编写存储过程“Set 考核信息表”，参数有：@考核 ID、@班级 ID、@课程 ID、@考核名称、@考核类型、@批阅类型、@满分分值、@开始时间、@结束时间，如果“考核信息表”中存在“考核 ID”的信息则修改该记录，否则增加新纪录。操作成功：更新返回 1，新增返回“考核 ID”的自动编号。

(4) 编写创建自定义表类型“上课时间表”(学院 ID、节、夏季开始时间 char(8)、夏季结束时间、冬季开始时间、冬季结束时间)，创建存储过程“Set 保存学院上课时间 By 上课时间表”，参数有：@时间表 上课时间表，编程提示：先删除“学院上课时间表”中“学院 ID”等于“@时间表”中“学院 ID”的记录，增加“@时间表”中的记录。

(5) 创建存储过程的主要语法格式。

第8章 数据库的安全访问

教学目标

通过本章学习，使学生掌握安全主体和安全对象层次结构及 sysadmin 等特定角色的权限，掌握服务器和数据库超级管理员的设置，了解平台与网络、访问、运行、加密等方面的安全性知识。

教学要求

知识要点	能力要求	关联知识
安全性概况	了解平台与网络、访问、运行、加密等方面的安全性	端点与通信协议
主体、对象	(1) 掌握安全主体和安全对象层次结构 (2) 掌握 sysadmin、dbcreator、public、sa、db_owner、public(库)、dbo、guest 主体的权限	login、user、role、schema
管理权限	(1) 掌握服务器级和某用户数据库超级管理员的创建和设置 (2) 理解权限的内涵、架构范围内的对象权限 (3) 了解服务器、数据库范围内安全对象的主要权限 (4) 了解架构范围内的对象权限的授予、拒绝和取消	grant、revoke、deny

重点难点

- 安全主体和安全对象层次结构
- sysadmin,dbcreator、public、sa、db_owner、public(库)、dbo、guest 主体权限
- 理解权限的内涵、架构范围内的对象权限

8.1　平台与网络传输安全性

数据安全性对于任何一种数据库管理系统来说都是至关重要的。SQL Server 2008 的安全性主要涉及平台与网络传输安全、安全访问、安全运行(备份还原，见 7.4 节)、敏感数据加密(见第 9 章))等几个方面。

8.1.1　平台安全性

平台安全性主要涉及物理安全性、操作系统补丁升级和病毒防护、SQL Server 程序文件、数据文件(mdf、ndf)和日志文件(ldf)的安全保护。

物理安全性是指防止数据库服务器硬件、联网设备、备份存储介质的非授权接触，以及机房的防震、防火、防尘、防水、恒温、恒湿、断电、停电、防止电源波动等安全措施。

SQL Server 2008 R2 程序文件的默认安装目录是 C:\Program Files\Microsoft SQL Server。通常，用于生产的数据库服务器安装在 Windows 2003、2008 等操作系统环境下，并采用 NTFS 磁盘分区。SQL Server 程序文件的安全保护指使用有限 Windows 登录名对“SQL Server 安装目录”进行文件访问权限的设置，如仅设置 Administrators 组成员对“SQL Server 安装目录”的“完全控制”的访问权限，因此要严格控制 Administrators 组成员的组成。

SQL Server 2008 R2 数据和日志文件(mdf、ldf 等)的默认安装位置是<安装目录>\MSSQL10_50.<实例名>\MSSQL\DATA，在创建数据库或修改数据库以添加新文件、分离或附加、备份或还原时， SQL Server 为特定账户设置了对每个数据库中的物理数据和日志文件的文件访问权限(仅当文件系统支持 Win32 访问控制如 NTFS 文件系统时才可以设置权限)。这些权限可以防止当文件驻留在具有打开权限的目录中时被篡改。

8.1.2　网络传输安全性

网络传输安全主要涉及 SQL Server 网络接口(SNI)协议、TDS 端点、Windows 防火墙和 SSL 连接。有关 Windows 防火墙和 SSL 连接的知识点，有兴趣的读者请搜索联机帮助等有关知识自学。

【演练 8.1】认识 SQL Server 网络接口(SNI)协议和 SQL Server TDS 端点。

(1) 在操作系统桌面上，单击【开始】|【所有程序】|【Microsoft SQL Server 2008 R2】|【配置工具】|【SQL Server 配置管理器】命令，打开如图 8.1 所示的【配置管理器】窗口。

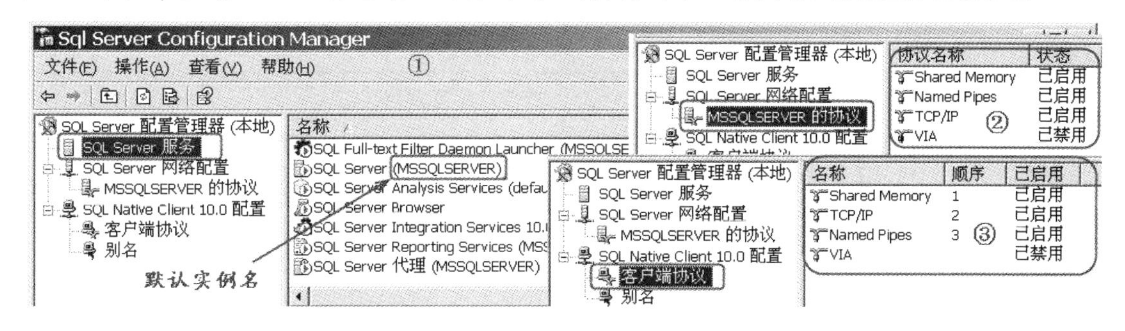

图 8.1　【SQL Server 配置管理器】窗口

(2) 在 SSMS 界面【对象资源管理器】中，打开服务器|【服务器对象】|【端点】|【系统端点】|【TSQL】窗格，显示 TDS 端点(Endpoint)。

【知识点】

(1) 如图 8.1①所示，MSSQLSERVER 是(默认)实例名。SQL Server 是数据库引擎服务，SQL Full-text Filter Daemon Launder 是 SQL 全文检索服务，SQL Server Analysis Services 是分析服务，SQL Server Integration Services 是集成服务，SQL Server Reporting Services 是报表服务，SQL Server 代理是代理服务。

(2) SQL Server 数据库引擎与客户端应用程序(指直接访问 SQL Server 引擎的端点)进行数据通信时，使用微软定义的 TDS(Tabular Data Stream，表格格式数据流)数据包格式格式化通信数据，SQL Server 网络接口(SQL Server Network Interface，SNI)协议层将 TDS 数据包封装在标准通信协议(如 TCP/IP 或 Named Pipes)内交换数据。图 8.1②、③列出了 SQL Server 引擎和 SQL Server Native Client(客户端)支持 4 种协议，其具体说明见表 8-1。

表 8-1 SQL Server 的 4 种通信协议

分 类	说 明
Shared Memory 共享内存	共享内存协议是指 SQL Server 引擎与客户端通过共享内存的方法快来速交换数据，它是 4 种协议中唯一不需要进行配置的最简单协议，仅用于访问同一台计算机上的 SQL Server 实例
Named Pipes 命名管道	命名管道是为局域网而开发的协议。内存的一部分被某个进程①用来向另一个进程②传递信息，因此进程①的输出就是进程②的输入。进程②可以是本地的(与进程①位于同一台计算机上)，也可以是远程的(网络互连的另一台计算机上)
TCP/IP	Internet 上广泛使用的通用协议，用于互联网中硬件结构和操作系统各异的计算机之间进行通信，是目前在商业中最常用的协议
VIA	虚拟接口适配器：不推荐使用，后续版本将删除该功能

(3) TDS 端点(Endpoint)是 SQL 引擎与客户端之间的通信点，是 SQL 服务器级的安全对象，SQL Server 的 TDS 端点有基于 T-SQL 访问数据库引擎的通信接入点(TSQL 端点)、基于 SOAP(简单对象访问协议)和 XML 的 Web Service 通信接入点(SOAP 端点)和数据库镜像服务的通信接入点等。

(4) 在 SQL Server 安装过程中为图 8.1②中每个协议创建一个默认的 TDS 端点，见表 8-2。对于 TCP/IP 和 HTTP 协议，可使用 create/drop endpoint、grant 语句创建/删除、授权端点。

表 8-2 SQL Server 的主要 TDS 协议

协 议	端点名称及说明
Shared Memory	TSQL LocalMachine(TSQL 本地机器)，每个实例只能有一个端点，不可新建
Named Pipes	TSQL Named Pipes(TSQL 命名管道)，每个实例只能有一个端点，不可新建
TCP/IP	TSQL Default TCP(TSQL 默认 TCP)，指定所有 IP 地址或端口，可新建
HTTP	HyperText Transport Protocol(超文本传输协议)，没有默认端点，由用户新建

【演练 8.2】 验证 SQL Server 支持的 Shared Memory、TCP/IP 协议的连接服务器有效服务器名称。

(1) 在【SQL Server 配置管理器】窗口中，配置 SQL Server 协议只有 Shared Memory 已启用，如图 8.2①所示；配置客户端协议只有 Shared Memory 启用，如图 8.2②所示；重启 SQL Server 引擎服务如图 8.2③所示。

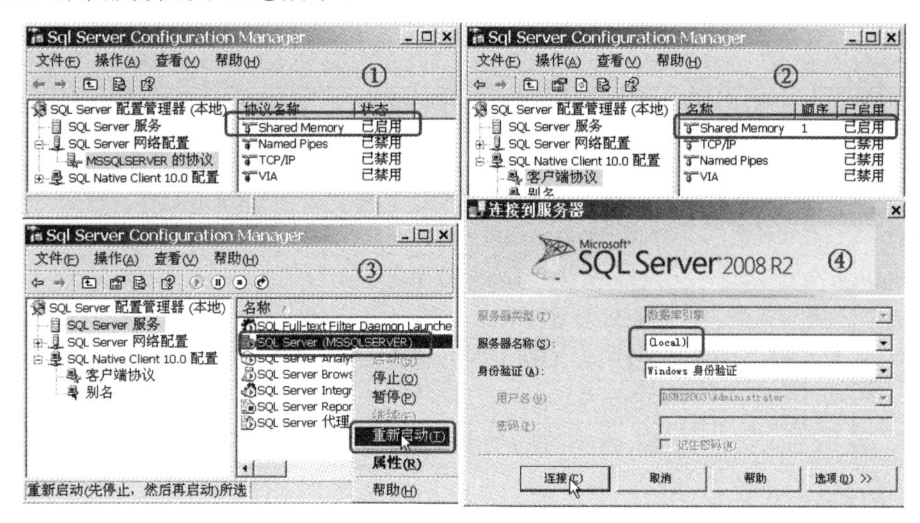

图 8.2　Shared Memory 配置与登录测试

(2) 在 SSMS【对象资源管理器】界面，单击【连接】|【数据库引擎】命令，弹出如图 8.2④所示登录界面，在【服务器名称】文本框输入“(local)”，单击【连接】按钮连接数据库引擎，以验证连接引擎“(local)”服务器名称有效。Shared Memory 协议连接引擎有效服务器名称还有：.(点)、localhost 、<服务器名>、<服务器名>\<实例名>(注：右击【我的电脑】图标单击【属性】|【计算机名】命令，看到“完整的计算机名”获取<服务器名>)，逐一进行连接测试。

(3) TCP/IP 连接数据库引擎有效服务器。其名称有：tcp:127.0.0.1、tcp:<服务器名>、tcp:<IP 地址>(注：在命令提示符窗口运行“ipconfig”命令看到“本地连接”获取<ip 地址>)、tcp:www.duzhaojiang.cn,14898(输入用户名“S 考核游客”、密码“20080808@bj”可查询“学院信息表”和“班级信息表视图”，添加“到此一游留言表”)。请参照步骤(1)设置 SQL Server 协议只有 TCP/IP 并启动，将上述连接名逐一进行登录连接测试。

8.2　认识 SQL Server 安全主体与安全对象

SQL Server 数据库的安全访问指安全主体对安全对象进行操作访问，即指谁对什么资源进行什么样的访问。主体是请求访问 SQL Server 资源的用户实体，对象是指 SQL Server 的资源(如数据库、表、视图、过程等)，访问指主体对对象的操作权限，如在库中创建表(Create Table)、在表中查询数据(Select)、在表中删除数据(Deletet)、在库中的执行存储过程(Excute)等。

【演练 8.3】 认识 SQL Server 2008R2 的安全主体和安全对象。

(1) 启动 SSMS，在【对象资源管理器】窗口中，右击【服务器】选项，选择【属性】命令，打开【服务器属性】界面，在【选择页】窗格选择【安全性】选项卡，在【服务器身份验证】部分显示 2 种身份验证模式。

(2) 展开服务器级的【安全性】|【登录名】选项，显示该服务器的所有登录名。

(3) 展开服务器级的【安全性】|【服务器角色】选项，显示固定服务器角色，见表 8-3。

表 8-3 固定服务器角色

固定服务器角色		权　　力
sysadmin	系统管理员	已授予 CONTROL SERVER 权限，在 SQL Server 中进行任何活动
public	所有登录名	
serveradmin	服务器管理员	配置服务器范围的设置
setupadmin	设置管理员	添加和删除链接服务器，并执行某些系统过程(如 sp_serveroption)
securityadmin	安全管理员	安全性管理：服务器登录账号的管理
processadmin	进程管理员	进程管理
dbcreator	数据库创建员	已授予 ALTER ANY DATABASE 权限，可以创建和改变数据库
diskadmin	磁盘管理员	管理磁盘文件
bulkadmin		这一角色的成员可以为服务器上任意数据库执行 BULK INSERT 语句

(4) 展开【数据库】|【过程化考核数据库 Demo】|【安全性】|【用户】选项，显示“过程化考核数据库 Demo”的所有数据库用户。

(5) 展开【数据库】|【过程化考核数据库 Demo】|【安全性】|【角色】|【数据库角色】选项，显示“过程化考核数据库 Demo”的数据库角色，见表 8-4。

表 8-4 固定数据库角色

角　　色	描　　述
public	**所有用户**，可以授予、拒绝或撤销权限，供库中所有用户使用。最初只有一些本数据库的系统表和系统视图的 select 权限
db_owner	**所有者**，在数据库中拥有全部权限
db_accessadmin	用户管理者，可以添加或删除用户
db_securityadmin	安全管理者，可以管理全部权限、对象所有权、角色和角色成员资格
db_ddladmin	可以发出 all ddl，但不能发出 grant、revoke 或 deny 语句
db_backupoperator	备份操作者，可以发出 dbcc、checkpoint 和 backup 语句
db_datareader	**数据读者**，可以读本数据库内任何表中的数据
db_datawriter	**数据写者**，可以插入、删除、修改本数据库内任何表中的数据
db_denydatareader	不能读库内任何表中任何数据用户
db_denydatawriter	不能改库内任何表中任何数据用户

(6) 展开【数据库】|【过程化考核数据库 Demo】|【安全性】|【架构】选项，显示“过程化考核数据库 Demo”的架构。

【知识点】

1) SQL Server 提供了两种用户身份验证的模式

一种是 Windows 身份验证模式，另一种模式是 SQL Server 和 Windows 混合身份验证模式。建议设置为后一种，这样可以创建与 Windows 操作系统的登录账号名无关的登录名，便于应用系统移植。

(1) Windows 身份验证。指用户使用 Windows 操作系统的登录名登录 SQL 服务器。当用户通过 Windows 身份验证方式登录 SQL Server 时，SQL Server 通过回叫 Windows 操作系统以获得验证信息。Windows 身份验证与 Windows 操作系统的安全系统集成在一起，Windows 身份验证的登录名(Login)与 Windows 操作系统的登录账号名相同。

(2) SQL Server 身份验证。指用户使用 SQL Server 设定的登录名和密码连接 SQL Server。当用户使用在 SQL Server 设定的登录名进行 SQL Server 连接时，SQL Server 会验证登录名和密码。SQL Server 身份验证独立于 Windows 操作系统，SQL Server 身份验证的登录名(Login)与 Windows 操作系统的登录账号名无关。

2) 登录名(Login)

是指用户登录(连接)数据库服务器引擎进行身份验证的通行证户名。登录名的身份验证方式分 Windows 身份验证和“SQL Server 身份验证”两种。SQL Server 2008 R2 安装完成后自动创建的登录名中，各部分的含义分别如下：

(1)“sa”是 SQL Server 的系统超级管理员登录名，属于【SQL Server 身份验证】方式，不可删除、不能更改。该账户拥有最高的管理权限，可以执行该服务器范围内的所有操作，属于“sysadmin”数据库角色的成员。在 SQL Server 2008 R2 中，为安全起见 sa 默认禁用，建议不要启用，不然时刻面临暴力登录的威胁。可另建 SQL Server 身份验证方式、属于“sysadmin”数据库角色的成员、用于超级管理的登录名，且命名为暴力攻击者不易猜测的名字，妥善保管登录密码，以备急用或用于远程 SSMS 连接 SQL Server 引擎管理服务器之用。

(2)“计算机名\Administrator”也是 SQL Server 的系统超级管理员登录名，属于 Windows 身份验证方式，也不可删除、不能更改。该账户拥有最高的管理权限，可以执行该服务器范围内的所有操作，也属于“sysadmin”数据库角色的成员，登录密码也要妥善保管，可用于本地或远程桌面连接登录 Windows 操作系统，然后启动 SSMS 连接数据库引擎管理用之。“计算机名\Administrator”是 SQL Server 2008 R2 安装时登录操作系统的“Administrators 组”的 Windows 登录账号，如果安装时用其他“Administrators 组”的 Windows 登录账号，则会产生相应的其他“Windows 身份验证”方式的登录名。

(3) 由双井号(##)括起来的服务器登录名仅供内部系统使用，是在安装 SQL Server 时创建的，不应删除。

(4)“NT AUTHORITY\SYSTEM”、“NT AUTHORITY\NETWORK SERVICE”、“NT SERVICE\SQLSERVERAGENT”、“NT SERVICE\MSSQLSERVER”登录名是 SQL Server 服务器上内置的本地内置账户，而是否创建这些账户的登录名，依赖于服务器的配置。

3) 角色是安全访问的一种机制，包含两方面的内涵

一是角色的权限，二是角色的成员。角色通过添加或删除成员的方法来增减成员，通过授予、拒绝或撤销方法来增减权限。因此，角色可理解为岗位或职务，通过任免指定职务的人员，通过赋予或撤销增减职务的权限。角色可分为服务器角色和数据库角色。

服务器角色是预先定义的，角色的种类和每个角色的权限都是固定的，不可新建、更名或删除，只允许为其添加或删除成员。因此服务器角色也称为固定服务器角色。SQL Server 设计了 9 个服务器角色，见表 8-3。这些角色定义在服务器级上、存在于用户数据库之外 master 系统数据库之中，完成服务器级特定管理活动的权限，其作用域在本服务器范围内。服务器角色的成员是服务器的登录名(Login)。

4) 数据库用户(User)是数据库级别上的安全主体

对于每个要求访问数据库的登录名(Login)，必须在要访问的数据库中建立该数据库的访问账户，且与其登录名映射，才可进入该数据库访问(注：该数据库中 guest 用户允许连接或该登录名加入相应固定服务器角色除外)。否则，该登录名就无法进入该数据库访问。这个数据库访问账户就是数据库用户(User)。

创建数据库时，从 model 库中复制创建了 dbo、guest、sys 和 INFORMATION_SCHEMA 用户，这些用户不可删除、不可更名，且 guest、sys 和 INFORMATION_SCHEMA 用户禁止连接(Connect)。

(1)“dbo”是数据库所有者用户。具有操作该数据库的最高权力，即可以在数据库范围内执行一切操作。dbo 用户与创建该数据库的登录名映射(关联)，是“db_owner”数据库角色的成员。

(2)“guest”来宾用户。当服务器登录名(Login)在该数据库中没有用户(User)映射(或关联)、且 guest 用户没有禁用(grant connect to guest 允许连接)时，服务器登录名自动关联 guest 用户、以 guest 的权限访问数据库。guest 用户可以同其他用户账户一样被授予权限。除 master 和 tempdb 数据库外的所有数据库都可禁用 guest(revoke connect from guest 禁止连接)。

(3)“INFORMATION_SCHEMA”和“sys”这两个实体是 SQL Server 所必需的，它们作为用户形式出现，但它们不是用户主体，也无法对其授予、拒绝或撤销权限。

5) 在 SQL Server 中数据库级别的角色

可分为应用程序角色和数据库角色，数据库角色又可分为固定数据库角色和用户自定义角色。这里仅讨论数据库角色(Role)。

数据库角色(Role)是定义在数据库级别的角色，同样包含两方面的内涵，一是角色的成员，二是角色的权限。数据库角色的成员是数据库用户(User)。

SQL Server 2008 R2 提供了 10 个内置固定数据库角色，见表 8-4，这些角色不可更名或删除，除 public 角色外，每个角色的权限都是固定的，不可更改权限，只允许为其添加或删除成员。public 角色成员则是所有用户，不用增加或删除成员，但可更改权限。

6) 数据库架构(Schema)

是数据库级别下数据库对象，架构是数据表、视图、函数、过程和同义词等数据库对象的容器。架构中的每个数据库对象都必须有唯一的名称，因此架构也是命名空间。表 8-5 列出了新建数据库时自动创建的不可删除架构。另外新建数据库时系统将自动创建表 8-4 所列除 public 以外的 db_owner 等 9 个与角色同名、角色所有的可删除架构。

表 8-5　新建数据库时自动创建的不可删除架构

架　构	描　述
dbo	dbo 是默认架构，当创建表等对象没有指定架构取此架构，不可删除
guest	guest 用户所有的架构，不可删除
INFORMATION_SCHEMA	容纳信息架构视图的架构，不可删除
sys	容纳系统对象如系统表的架构，不可删除

7) 主体和安全对象层次结构

在 SQL Server 2008 R2 中，安全主体可分为 Windows 操作系统级、SQL Server 服务器级

和数据库级，安全对象范围可分为 SQL Server 服务器、数据库和架构范围，如图 8.3 所示。

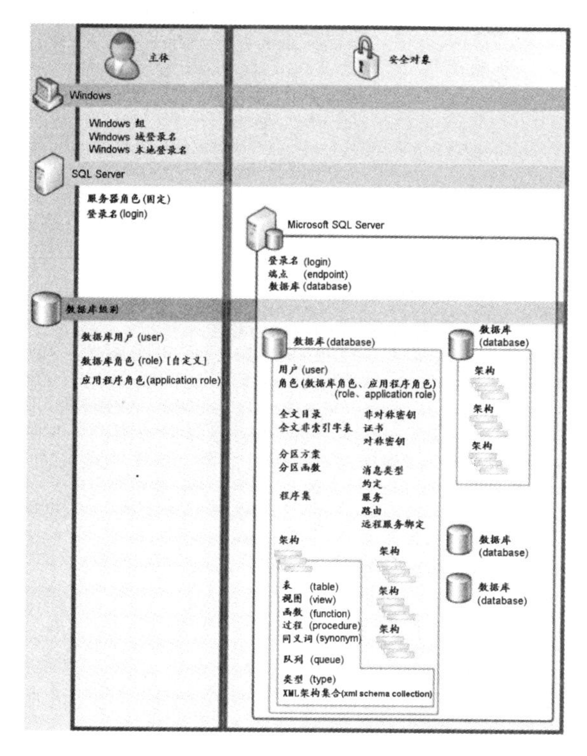

图 8.3　主要安全主体和安全对象层次结构

8.3　登录名与服务器角色管理

8.3.1　SQL Server 身份验证的登录名与服务器角色

【演练 8.4】创建、修改和删除 SQL Server 身份验证的超级管理员登录名“S 系统管理员”，添加或移除服务器角色成员，理解 SQL Server 身份验证的 SQL 登录名和服务器角色的内涵。

1) 新建登录名“S 系统管理员”，查看登录名，连接测试其权限

(1) 打开 SSMS，以“Windows 身份验证”方式和“计算机名\Administrator”登录名连接数据库引擎，展开【服务器】|【安全性】选项，右击【登录名】选项选择【新建登录名】命令，打开【登录名-新建】窗口，然后在【常规】选项卡的【登录名】文本框中输入“S 系统管理员”，选中【SQL Server 身份验证】单选按钮，【密码】及【确认密码】输入“2008”，取消选中【强制实施密码策略】复选框，【默认数据库】和【默认语言】保持默认值，单击【确定】按钮完成新登录名的创建。

(2) 在【对象资源管理器】窗格中展开【服务器】|【安全性】|【登录名】节点，查看“S 系统管理员”登录名。

(3) 在【对象资源管理器】窗格，单击【连接】|【数据库引擎】选项弹出【连接到服务器】的登录界面，在【身份验证】列表框中选择【SQL Server 身份验证】选项、【登录名】列表框选择【S 系统管理员】选项，在【密码】文本框输入“2008”，单击【连接】按钮，连接数据库引擎，进行下列测试。

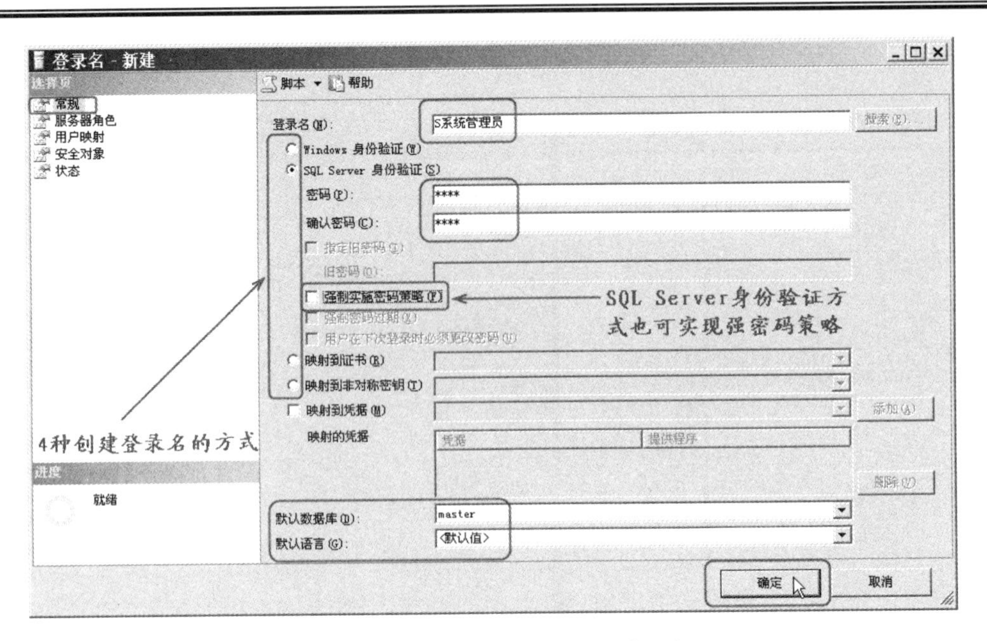

图 8.4 创建登录名的【常规】选项卡

① 展开 master,msdb,tempdb 数据库浏览，在 tempdb 创建新表，出现如图 8.5①所示的错误提示。

② 展开 model、“过程化考核数据库 Demo”或其他用户数据库测试，出现如图 8.5②所示的错误提示。

③“过程化考核数据库 Demo”重命名测试，出现如图 8.5③所示的错误提示。

④ 创建数据库“测试库”，出现如图 8.5④所示的错误提示。

图 8.5 无法创建表、连接数据库、无法重命名数据库和创建数据库的出错提示

2) 将“S 系统管理员”添加为“sysadmin”成员，连接测试其权限

(1) 展开【服务器】|【安全性】|【登录名】节点，右击【S 系统管理员】选项，单击属性命令，弹出【登录属性】窗口，单击【服务器角色】选项卡，取消选中【dbcreator】角色，选中【sysadmin】角色，试着取消选中【public】角色，单击【确定】按钮完成，如图 8.6②所示。

(2) 在【对象资源管理器】窗格，刷新“S 系统管理员”连接进行下列测试。

① 展开 master,msdb,tempdb 数据库浏览，在 tempdb 创建新表并删除新表。

② 展开 model、“过程化考核数据库 Demo”或其他用户数据库测试。

③ 创建数据库“测试库”、在库中新建表，将“测试库”重命名为“测试库 1”、删除“测试库 1”。

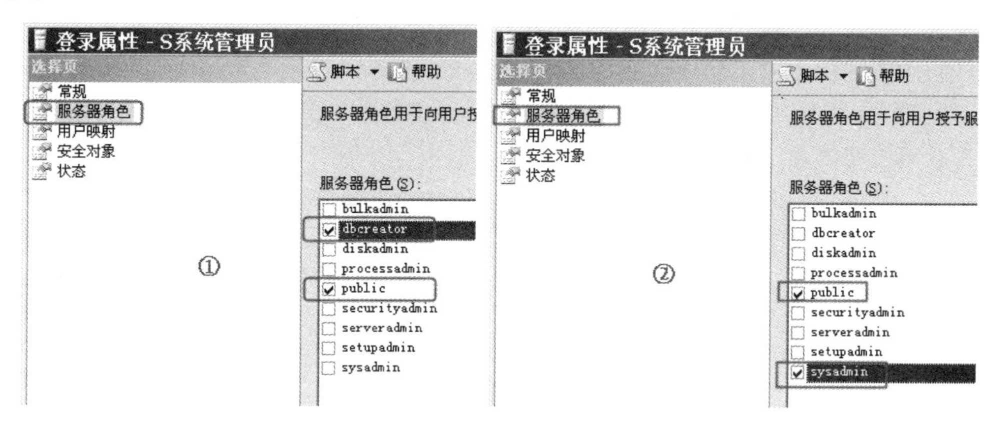

图 8.6 登录名选择服务器角色

3) 修改“S 系统管理员”密码、默认数据库，重命名登录名、删除登录名，进行服务器角色成员管理

(1) 展开【服务器】|【安全性】|【登录名】节点，右击【S 系统管理员】选项，单击【属性】命令，弹出如图 8.4 所示的登录属性窗口，【密码】及【确认密码】可输入新密码修改其登录密码，在【默认数据库】列表框选择【过程化考核数据库 Demo】，修改其默认数据库，单击【确定】按钮完成。

(2) 展开【服务器】|【安全性】|【登录名】节点，右击【S 系统管理员】选项，单击【重命名】命令可修改登录名名字，右击【S 系统管理员】选项，单击【删除】命令将弹出【删除对象】窗口，可删除登录名。

(3) 展开【服务器】|【安全性】|【服务器角色】节点，右击角色如【sysadmin】，单击【属性】命令弹出【服务器角色属性】窗口，选中【S 系统管理员】角色，单击【删除】按钮将删除角色成员，单击【添加】按钮可添加角色成员，单击【确定】按钮完成。

【思考】

将“S 系统管理员”从“sysadmin”成员中移出、添加为“dbcreator”成员，其权限能否创建新数据库、新库重命名、新库中建表、删除新建数据库？能否打开 master 等系统数据库或“过程化考核数据库 Demo”等用户数据库？

【知识点】

(1) 登录名。可分为 Windows 身份验证、SQL Server 身份验证、映射到证书和映射到非对称密钥 4 种创建方式，本书将省略后两种创建方式。SQL Server 身份验证的登录名也可实现强密码策略，如图 8.4 所示。

(2) 如果没有指定为服务器角色且没有映射到用户数据库的用户(User)，此登录名仅可浏览 master、msdb 和 tempdb 3 个系统数据库，无法访问 model 或用户数据库。

(3) 服务器角色“dbcreator”。是数据库创建员角色，其成员具备在服务器中创建和改变数据库的权限(已授予 alter any database 权限)。

(4) 服务器角色“sysadmin”。其是服务器级系统管理员角色，其成员在服务器上具备最高级别的权限，能执行任何服务器范围内的操作。因此，增加成员时要慎重。

(5) 服务器角色“public”。其是所有登录名角色，其成员服务器上所有登录名，无需也无法增加或删除其成员，但可为其授予、拒绝或撤销权限。为安全起见，请慎重为服务器“public”角色授权。

【导例 8.1】使用 T-SQL 语句创建、修改和删除 SQL Server 身份验证的超级管理员登录名“S 系统管理员”，添加或移除服务器角色成员，进一步理解 SQL Server 身份验证的 SQL 登录名和服务器角色的内涵。

```
--1.新建登录名[S 系统管理员]，查看登录名，连接测试其权限
--  以[Windows 身份验证]和[计算机名\Administrator]连接引擎，执行以下代码
use master;
create login S 系统管理员 with password ='2008';
select name from sys.server_principals where type_desc like '%LOGIN%';
-- 以[S 系统管理员]、密码[2008]连接数据库引擎验证:
-- (1) 展开 master,msdb,tempdb 数据库浏览，在 tempdb 创建新表-->出错
-- (2) 展开 model,[过程化考核数据库 Demo]或其他用户数据库测试-->出错
-- (3) [过程化考核数据库 Demo]重命名-->出错
-- (4) 创建新数据库[测试库]-->出错

--2.将[S 系统管理员]添加为[sysadmin]成员，连接测试其权限
--  在以[计算机名\Administrator]连接的查询窗口执行以下代码
exec sp_addsrvrolemember 'S 系统管理员','sysadmin';
-- 在【对象资源管理器】刷新[S 系统管理员]连接，进行下列验证
-- (1) 展开 master,msdb,tempdb 数据库浏览，在 tempdb 创建新表并删除新表
-- (2) 展开 model,[过程化考核数据库 Demo]或其他用户数据库测试
-- (3) 创建新数据库[测试库]、库中新建表、[测试库]重命名为[测试库 1]、删除[测试库 1]

--3.修改登录名密码、默认数据库、默认语言，删除登录名
--  断开[S 系统管理员]连接，在以[计算机名\Administrator]连接的查询窗口执行以下代码
alter login S 系统管理员 with password = '2088';
alter login S 系统管理员 with default_database = 过程化考核数据库 Demo;
alter login S 系统管理员 with default_language = [Simplified Chinese];
alter login S 系统管理员 disable;
alter login S 系统管理员 enable;
alter login S 系统管理员 with name = SQL_教师;
drop login S 系统管理员;  --出错
drop login SQL_教师;

--4.创建 SQL Server 身份验证的超级管理员登录名[S 系统管理员]备用
--  在以[计算机名\Administrator]连接的查询窗口执行以下代码
create login S 系统管理员 with password ='2008',
  default_database  = master,
  default_language = [Simplified Chinese];
exec sp_addsrvrolemember 'S 系统管理员','sysadmin';
```

【思考】

执行下列代码，将“S 系统管理员”从“sysadmin”成员中移出，添加为“dbcreator”成员。在【对象资源管理器】刷新【S 系统管理员】连接，验证其权限能否创建新数据库、重命

名新库、在新库中建表、删除新建数据库？能否打开 master 等系统数据库或“过程化考核数据库 Demo”等用户数据库？

```
-- 在以[计算机名\Administrator]连接的查询窗口执行以下代码
exec sp_dropsrvrolemember 'S系统管理员', 'sysadmin';
exec sp_addsrvrolemember 'S系统管理员','dbcreator';
```

【知识点】

(1) 创建、删除 SQL Server 身份验证的登录名和修改登录密码。其语法格式如下：

```
create login '登录名' with password ='密码',  --新建登录名
  default_database ='默认数据库', default_language= '默认语言';
alter login '登录名' with password = '新密码';--修改登录密码
```

登录名和密码可以包含 1～128 个字符，可以是字母、数字和汉字，但不可以含有反斜线(\)、保留字(如 sa、public、null)等。如果不指定，密码的默认值为 null，数据库的默认值为 master，语言的默认值取服务器当前的默认语言。

(2) 禁止、启用和删除登录名。其语法格式如下：

```
alter login '登录名' disable;
alter login '登录名' enable;
drop login  '登录名';                              --删除登录名
```

(3) 向固定服务器角色中添加、删除成员。其语法格式如下：

```
sp_addsrvrolemember '登录用户名','固定服务器角色名'
sp_dropsrvrolemember '登录用户名','固定服务器角色名'
```

(4) 只有 sysadmin 和 securityadmin 角色成员的登录名(Login)才能创建、删除登录名，才能不提供原密码修改 SQL Server 身份验证的登录名的密码，才能管理固定服务器角色的成员。每个登录名均可以用 alter login 修改自己的密码，但需要提供原密码。

8.3.2　Widows 身份验证的登录名与服务器角色

【演练 8.5】创建、修改和删除 Windows 身份验证的 SQL 超级管理员登录名“计算机名\W系统管理员”，添加或移除服务器角色成员，理解 Windows 身份验证的 SQL 登录名和服务器角色的内涵。

1) 在 Windows 环境下创建其登录名“W 系统管理员”并设置为 Administrators 组成员

(1) 右击【我的电脑】图标，单击【管理】命令，打开【计算机管理】窗口，展开【系统工具】|【本地用户和组】节点，右击【用户】节点，选择【新用户】命令，弹出【新用户】对话框，输入相应信息，设置【用户名】为“W 系统管理员”，在【密码】及【确认密码】文本框输入“w2008”，单击【创建】按钮完成新用户的创建，单击【关闭】按钮退出对话框，如图 8.7 所示。

(2) 在【计算机管理】窗口展开【系统工具】|【本地用户和组】节点，右击【W 系统管理员】账户，单击【属性】命令，弹出【W 系统管理员 属性】对话框，单击【隶属于】选项卡，单击【添加】按钮，弹出【选择组】对话框，输入“Administrators”组名，单击【确定】按钮完成，如图 8.8 所示。这样“W 系统管理员”账户在操作系统级别具有系统管理员的权限。

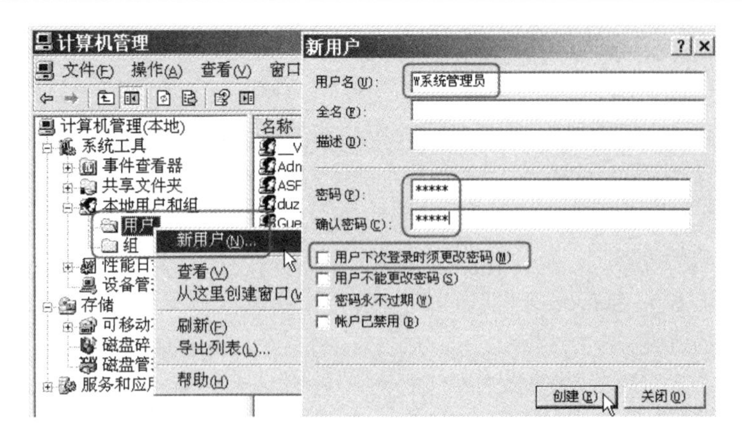

图 8.7　创建 Windows 账户“W 系统管理员”

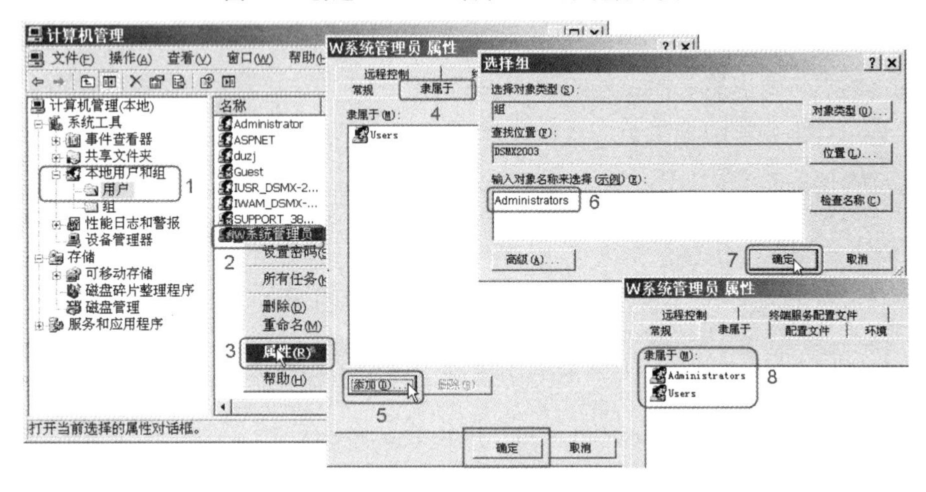

图 8.8　设置“W 系统管理员”账户隶属于“Administrators”组

(3) 单击【开始】|【注销】命令，以“W 系统管理员”账户、密码“w2008”登录操作系统。

2) 新建登录名“计算机名\W 系统管理员”，查看登录名，连接测试其权限

(1) 打开 SSMS，以 SQL Server 身份验证方式和“S 系统管理员”登录名连接数据库引擎，展开【服务器】|【安全性】节点，右击【登录名】选项，选择【新建登录名】命令，打开【登录名-新建】窗口，然后在【常规】选项卡选中【Windows 身份验证】单选按钮，单击【搜索】按钮，弹出【选择用户或组】对话框，单击【高级】|【立即查找】命令，拖曳滚动条双击“计算机名\W 系统管理员”，单击【确定】按钮返回【登录名-新建】窗口，【默认数据库】和【默认语言】保持默认值，单击【确定】按钮完成新登录名的创建，如图 8.9 所示。

(2) 在【对象资源管理器】窗格中展开【服务器】|【安全性】|【登录名】节点，查看“计算机名\W 系统管理员”登录名。

(3) 在【对象资源管理器】窗格，单击【连接】|【数据库引擎】命令，弹出【连接到服务器】的登录界面，在【身份验证】列表框中选择【Windows 身份验证】选项，在【登录名】列表框选择【计算机名\W 系统管理员】选项，单击【连接】按钮连接数据库引擎，进行下列测试。

① 展开 master,msdb,tempdb 数据库浏览，在 tempdb 创建新表出现如图 8.5①所示的错误提示。

② 展开 model、“过程化考核数据库 Demo”或其他用户数据库测试，出现如图 8.5②所示的错误提示。

③ “过程化考核数据库 Demo” 重命名测试，出现如图 8.5③所示的错误提示。

④ 创建数据库“测试库”，出现如图 8.5④所示的错误提示。

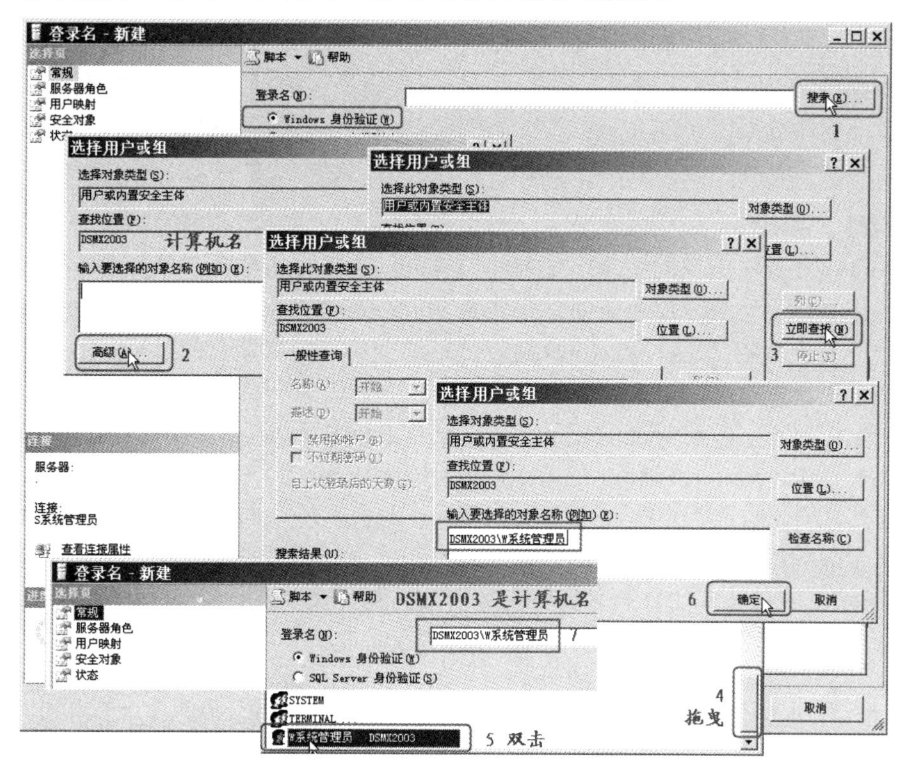

图 8.9 创建 Windows 身份验证的登录名

3) 将“计算机名\W 系统管理员”添加为“sysadmin”成员，连接测试其权限

(1) 展开【服务器】|【安全性】|【登录名】节点，右击【计算机名\W 系统管理员】选项，单击【属性】命令，弹出登录属性窗口，单击【服务器角色】选项卡，取消选中【dbcreator】角色，选中【sysadmin】角色，试着取消选中【public】角色，单击【确定】按钮完成，如图 8.6②所示。

(2) 在【对象资源管理器】窗格，刷新“计算机名\W 系统管理员”连接进行下列测试。

① 展开 master,msdb,tempdb 数据库浏览，在 tempdb 创建新表并删除新表。

② 展开 model、“过程化考核数据库 Demo”或其他用户数据库测试。

③ 创建数据库“测试库”，在库中新建表。将“测试库”重命名为“测试库 1”，删除“测试库 1”。

4) 修改“计算机名\W 系统管理员”为默认数据库，为登录名更名、删除登录名

(1) 展开【服务器】|【安全性】|【登录名】节点，右击【计算机名\W 系统管理员】选项，单击【属性】命令，弹出如图 8.4 所示的登录属性窗口，在【默认数据库】下拉列表框选择【过程化考核数据库 Demo】选项，修改其默认数据库，单击【确定】按钮完成。

(2) 展开【服务器】|【安全性】|【登录名】节点，右击【计算机名\W 系统管理员】选项，单击【重命名】命令，将**出现错误提示**，右击【计算机名\W 系统管理员】选项，单击【删除】

命令将弹出【删除对象】窗口，可删除登录名。

(3) 展开【服务器】|【安全性】|【服务器角色】节点，右击角色如【sysadmin】单击【属性】命令，弹出【服务器角色属性】窗口，选中【计算机名\W 系统管理员】，单击【删除】按钮，将删除角色成员，单击【添加】按钮可添加角色成员，单击【确定】按钮完成。

【思考】

将“计算机名\W 系统管理员”从“sysadmin”成员中移出、添加为“dbcreator”成员，其权限能否创建新数据库、为新库重命名、在新库中建表、删除新建数据库？能否打开 master 等系统数据库或“过程化考核数据库 Demo”等用户数据库？

【知识点】

(1) Windows 身份验证的登录名依赖于 Windows 操作系统的登录账户名，必须先创建 Windows 操作系统的登录账户才能创建同名的 Windows 身份验证的登录名；Windows 身份验证的登录名不能重命名；删除 Windows 身份验证的登录名后其同名的 Windows 操作系统的登录账户依然存在。

(2) 创建 Windows 身份验证的登录名却可以映射到单个 Windows 账户、管理员已创建的 Windows 组和 Windows 内部组(如“BUILTIN\Administrator”)。在创建 Windows 身份验证的登录名之前，必须先确定希望这个登录名映射到上述 3 项之中的哪一项。通常情况下，为安全起见，一般映射到已创建的单个 Windows 账户。

(3) Windows 身份验证的登录名如果没有指定为服务器角色且没有映射到用户数据库的用户(User)，此登录名仅可浏览 master、msdb 和 tempdb 等 3 个系统数据库，无法访问 model 或用户数据库。即使其 Windows 操作系统的登录账户是操作系统 Administrators 组成员也一样。

【导例 8.2】使用 T-SQL 语句创建、修改和删除 Windows 身份验证的 SQL 超级管理员登录名“计算机名\W 系统管理员”，添加或移除服务器角色成员，理解 Windows 身份验证的 SQL 登录名和服务器角色的内涵。

```
* 执行下列代码需将[DSMX2003]换成你的计算机名
1. 创建 SQL Server 身份验证的登录名[DSMX2003\W 系统管理员]，连接引擎测试其权限；
2. 将[DSMX2003\W 系统管理员]添加为服务器角色[dbcreator]的成员，连接引擎测试其权限；
3. 将[DSMX2003\W 系统管理员]添加为服务器角色[sysadmin]的成员，连接引擎测试其权限；
4. 修改、禁止或启用、删除[DSMX2003\W 系统管理员]登录名
*/

--1.新建登录名[DSMX2003\W 系统管理员]，查看登录名，连接测试其权限
--  以[SQL Server 身份验证]和[S 系统管理员]连接引擎，执行以下代码
use master;
create login [DSMX2003\W 系统管理员] from windows;
select name from sys.server_principals where type_desc like '%LOGIN%';
-- 以[DSMX2003\W 系统管理员]连接数据库引擎验证：
-- (1) 展开 master,msdb,tempdb 数据库浏览，在 tempdb 创建新表-->出错
-- (2) 展开 model,[过程化考核数据库 Demo]或其他用户数据库测试-->出错
-- (3) [过程化考核数据库 Demo]重命名-->出错
-- (4) 创建新数据库[测试库]-->出错

--2.将[DSMX2003\W 系统管理员]添加为[sysadmin]成员，连接测试其权限
--  在以[S 系统管理员]连接的查询窗口执行以下代码
```

```
exec sp_dropsrvrolemember [DSMX2003\W系统管理员],'dbcreator';
exec sp_addsrvrolemember [DSMX2003\W系统管理员],'sysadmin';
-- 在【对象资源管理器】刷新[[DSMX2003\W系统管理员]连接，进行下列验证
-- (1) 展开master,msdb,tempdb数据库浏览，在tempdb创建新表并删除新表
-- (2) 展开model,[过程化考核数据库Demo]或其他用户数据库测试
-- (3) 创建新数据库[测试库]、库中新建表、[测试库]重命名为[测试库1]、删除[测试库1]

--3. 修改默认数据库、默认语言，禁止、启用登录名，删除登录名
-- 断开[DSMX2003\W系统管理员]连接，在以[S系统管理员]连接的查询窗口执行以下代码
alter login [DSMX2003\W系统管理员] with default_database = 过程化考核数据库Demo;
alter login [DSMX2003\W系统管理员] with default_language = [Simplified Chinese];
alter login [DSMX2003\W系统管理员] disable;
alter login [DSMX2003\W系统管理员] enable;
drop login [DSMX2003\W系统管理员];

-- 4. 创建Windows身份验证[DSMX2003\W系统管理员]SQL服务器超级管理员登录名
-- 在以[计算机名\Administrator]连接的查询窗口执行以下代码
create login [DSMX2003\W系统管理员] from Windows
   with default_database  = master,
        default_language = [Simplified Chinese];
exec sp_addsrvrolemember [DSMX2003\W系统管理员],'sysadmin';
```

【思考】

执行下列代码，将“DSMX2003\W 系统管理员”从“sysadmin”成员中移出、添加为“dbcreator”成员。在【对象资源管理器】窗口刷新“DSMX2003\W 系统管理员”连接，验证其权限能否创建新数据库、为新库重命名、在新库中建表、删除新建数据库？能否打开 master 等系统数据库或“过程化考核数据库 Demo”等用户数据库？

```
-- 在以[S系统管理员]连接的查询窗口执行以下代码
exec sp_dropsrvrolemember [DSMX2003\W系统管理员],'dbcreator';
exec sp_addsrvrolemember [DSMX2003\W系统管理员],'sysadmin';
```

【知识点】

(1) 创建、删除 Widows 身份验证的登录名的语法格式如下：

```
create login '登录名' from Windows
   with default_database ='默认数据库', default_language= '默认语言';
```

(2) Widows 身份验证的登录名依赖于 Windows 操作系统的用户或组，其登录名格式为“计算机名\组名”或“计算机名\用户名”，如“DSMX2003\W 系统管理员”。

(3) 只有 sysadmin 和 securityadmin 角色的账户可用上述存储过程管理 Windows 身份验证的登录名。

8.4 数据库的用户与角色管理

数据库用户是数据库级的主体，是登录名在数据库中的映射，是在数据库中执行操作和活动的行动者。

8.4.1 数据库用户与固定数据库角色

【演练 8.6】在 SSMS 下，创建专用于“过程化考核数据库 Demo”的库级超级管理员登录名“S 考核管理员”，创建、修改和删除“过程化考核数据库 Demo”用户名“U 管理员”，添加或移除固定数据库角色成员，理解服务器登录名、数据库用户名和固定数据库角色的内涵。

1) 新建登录名“S 考核管理员”(默认库：“过程化考核数据库 Demo”)，连接测试其权限

(1) 打开 SSMS，以 Windows 身份验证方式和“计算机名\Administrator”连接引擎，展开【服务器】|【安全性】节点，右击【登录名】选项，选择【新建登录名】命令，打开【登录名-新建】窗口，创建登录名“S 考核管理员”、身份验证方式“SQL Server 身份验证”、密码“2008”、默认数据库“过程化考核数据库 Demo”，取消选中【强制密码策略】复选框。

(2) 在【对象资源管理器】窗格，单击【连接】|【数据库引擎】命令，弹出【连接到服务器】的登录界面，在【身份验证】列表框中选择【SQL Server 身份验证】选项，在【登录名】文本框输入“S 考核管理员”，单击【连接】按钮连接数据库引擎，弹出无法连接出错提示。在“计算机名\Administrator”连接的查询窗口执行下列代码，再次连接上述连接引擎，在【对象资源管理器】窗格的【S 考核管理员】连接下进行下列测试：

```
use 过程化考核数据库 Demo;
grant connect to guest;
```

① 展开 model 或其他用户数据库测试，出现如图 8.5②所示的错误提示。

② 展开 master,msdb,tempdb 和“过程化考核数据库 Demo”浏览，可连接数据库但看不到用户数据表等对象。

③ 在“过程化考核数据库 Demo”，创建数据表时出现如图 8.5①所示的错误提示。

2) 新建“过程化考核数据库 Demo”用户名“U 管理员”，查看用户名，连接测试其权限

(1) 在【对象资源管理器】窗格中的【计算机名\Administrator】连接下，展开【数据库】|【过程化考核数据库 Demo】|【安全性】节点，右击【用户】选项，单击【新建数据库用户】命令，弹出【数据库用户属性-新建】对话框，在【用户名】文本框中输入数据库用户名“U 管理员”，单击登录名右侧的【...】按钮弹出【选择登录名】对话框，单击【浏览】按钮弹出【查找对象】对话框，拖曳滚动条选择【S 考核管理员】登录名，单击【确定】按钮返回【选择登录名】对话框，单击【确定】按钮返回【数据库用户属性-新建】对话框按钮，单击【确定】按钮完成设置，如图 8.10 所示。

(2) 在【对象资源管理器】窗格中的【计算机名\Administrator】连接下，展开【数据库】|【过程化考核数据库 Demo】|【安全性】|【用户】节点，查看“U 管理员”。

(3) 在【对象资源管理器】窗格，刷新【S 考核管理员】连接进行下列验证。

① 展开 model 或其他用户数据库测试，出现如图 8.5②所示的错误提示。

② 展开 master,msdb,tempdb 和“过程化考核数据库 Demo”浏览，可连接数据库但看不到用户数据表等对象。

③ 在“过程化考核数据库 Demo”，创建数据表时出现如图 8.5①所示的错误提示。

3) 将数据库用户“U 管理员”添加为“db_datareader”成员，连接测试其权限

(1) 在【对象资源管理器】窗格中的【计算机名\Administrator】连接下，展开【数据库】

|【过程化考核数据库 Demo】|【安全性】|【用户】节点，右击【U 管理员】选项，选择【属性】命令，弹出【数据库用户-U 管理员】对话框，在【角色成员】选[db_datareader]，单击【确定】按钮完成设置。

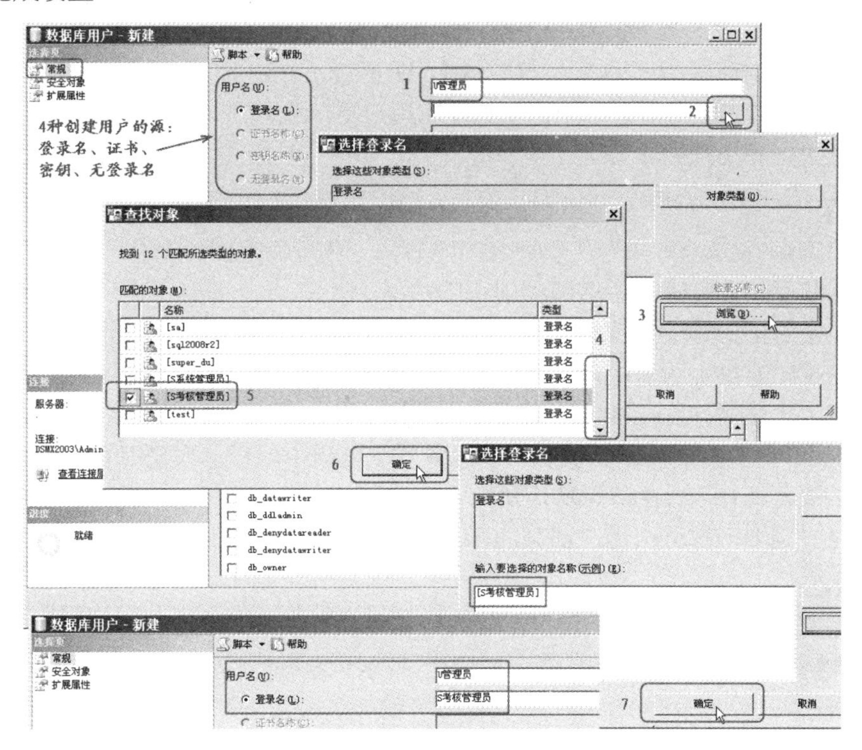

图 8.10　建立数据库用户

(2) 在【对象资源管理器】窗格，刷新【S 考核管理员】连接进行下列验证。

① 展开 model 或其他用户数据库测试，出现如图 8.5②所示的错误提示。

② 展开 master,msdb,tempdb 浏览，可连接数据库但看不到用户数据表等对象。

③ 展开“过程化考核数据库 Demo”浏览，可看到用户数据表等对象，但修改数据、删除数据时出现出错提示。

④ 在“过程化考核数据库 Demo”，创建数据表时出现如图 8.5①所示的错误提示。

4) 将数据库用户“U 管理员”添加“db_owner”角色、去掉“db_datareader”角色，连接测试其权限

(1) 在【对象资源管理器】窗格中的【计算机名\Administrator】连接下，展开【数据库】|【过程化考核数据库 Demo】|【安全性】|【用户】节点，右击【U 管理员】选项，选择【属性】命令弹出【数据库用户-U 管理员】对话框，在【角色成员】列表中取消选中【db_datareader】，选中【db_ owner】，单击【确定】按钮完成设置。

(2) 在【对象资源管理器】窗格，刷新【S 考核管理员】连接进行下列验证：

① 展开 model 或其他用户数据库测试，出现如图 8.5②所示的错误提示。

② 展开 master,msdb,tempdb 浏览，可连接数据库但看不到用户数据表等对象。

③ 展开“过程化考核数据库 Demo”，可以增删改查数据，可进行建新表“测试表”并插入、更改、删除数据，删除“测试表”等所有数据库内的操作。

5) 修改“U 管理员”默认架构名、拥有的架构，重命名用户、删除用户

(1) 在【对象资源管理器】窗格中的【计算机名\Administrator】连接下，展开【数据库】|【过程化考核数据库 Demo】|【安全性】|【用户】节点，右击【U 管理员】选项，单击【属性】命令，在弹出的对话框中完成默认架构名、拥有的架构的更改。

(2) 在【对象资源管理器】窗格中，先断开【S 考核管理员】连接，在【计算机名\Administrator】连接下，展开【数据库】|【过程化考核数据库 Demo】|【安全性】|【用户】节点，右击【U 管理员】选项，单击【重命名】命令完成数据库用户更名或右击【U 管理员】选项，单击【删除】命令完成数据库用户删除。

【知识点】

(1) 数据库用户(User)可分为从登录名、证书名、非对称密钥、无登录名 4 种创建方式。本书主要介绍从登录名和无登录名两种创建方式。

(2) 用户(User)仅映射到服务器登录名(Login)，而用户没有添加成固定数据库角色成员且映射的登录名也没有添加为服务器角色成员，此登录名仅可浏览 master、msdb 和 tempdb 等 3 个系统数据库，无法访问 model 或用户数据库。

(3) 每个用户都具有一个默认架构。当服务器在查询中解析非限定对象时，总是有一个默认的架构提供服务器使用。在访问默认架构中的对象时，不需要指定架构名称。要访问其他架构中的对象时，需要两部分或者三部分的标识符，格式为：[架构名.对象名]或[数据库名.架构名.对象名称]。

(4) 多个数据库用户可以共享单个默认架构。可使用 create use 或 alter user 的 default_schema 选项设置和更改默认架构。如果 default_schema 选项未指定，则以[dbo]架构作为其默认架构。

(5) 数据库角色【db_datareader】的成员具备在数据库中查询数据的权限；数据库角色【db_owner】的成员在数据库中具备最高级别的权限，能执行任何数据库范围内的操作；数据库角色【public】的成员数据库中所有用户名，无需也无法增加或删除其成员。

(6) sysadmin 固定服务器角色、db_accessadmin 和 db_owner 固定数据库角色的成员可在当前数据库中添加/删除数据库用户。

【导例 8.3】使用 T-SQL 语句创建专用于“过程化考核数据库 Demo”的库级超级管理员登录名“S 考核管理员”，创建、修改和删除“过程化考核数据库 Demo”用户名“U 管理员”，添加或移除固定数据库角色成员，进一步理解服务器登录名、数据库用户名和固定数据库角色的内涵。

```
/*
1.新建登录名[S 考核管理员](默认数据库:[过程化考核数据库 Demo])，连接测试其权限
2.新建[过程化考核数据库 Demo]的用户名[U 管理员]，查看用户名，连接测试其权限
3.将[过程化考核数据库 Demo]的[U 管理员]添加为[db_datareader]成员，连接测试其权限
4.将[过程化考核数据库 Demo]的[U 管理员]添加为[db_owner]成员，连接测试其权限
5. 修改[U 管理员]映射的登录名、默认架构名，用户重命名、删除用户
*/

--1.新建登录名[S 考核管理员](默认数据库:[过程化考核数据库 Demo])，连接测试其权限
--  以[Windows 身份验证]和[计算机名\Administrator]连接引擎，执行以下代码
use master;
create login S 考核管理员 with password ='2008',
   default_database = 过程化考核数据库 Demo;
-- 以[S 考核管理员]、密码[2008]连接数据库引擎验证-->出错
```

```
use 过程化考核数据库 Demo;
grant connect to guest;
-- 以[S 考核管理员]、密码[2008]连接数据库引擎验证：
-- (1) 展开 model 或其他用户数据库测试-->出错
-- (2) 展开 master,msdb,tempdb 和[过程化考核数据库 Demo]浏览
-- (3) 读取[过程化考核数据库 Demo]表中数据-->出错
-- (4) 展开[过程化考核数据库 Demo]，建表-->出错，更改、删除数据

--2.新建[过程化考核数据库 Demo]的用户名[U 管理员]，查看用户名，连接测试其权限
--  以[Windows 身份验证]和[计算机名\Administrator]连接引擎，执行以下代码
use 过程化考核数据库 Demo;
create user U 管理员 for login S 考核管理员;
select * from sys.database_principals where type_desc like '%USER%';
-- 在【对象资源管理器】刷新[S 考核管理员]连接，进行下列验证
-- (1) 展开 model 或其他用户数据库测试-->出错
-- (2) 展开 master,msdb,tempdb 和[过程化考核数据库 Demo]浏览
-- (3) 读取[过程化考核数据库 Demo]表中数据-->出错
-- (4) 展开[过程化考核数据库 Demo]，建表-->出错

--3.将[过程化考核数据库 Demo].[U 管理员]添加为[db_datareader]成员，连接测试其权限
--  在以[计算机名\Administrator]连接的查询窗口执行以下代码
exec sp_addrolemember 'db_datareader','U 管理员';
-- 在【对象资源管理器】刷新[S 考核管理员]连接，进行下列验证
-- (1) 展开 model 或其他用户数据库测试-->出错
-- (2) 展开 master,msdb,tempdb 和[过程化考核数据库 Demo]浏览
-- (3) 读取[过程化考核数据库 Demo]表中数据-->出错
-- (4) 展开[过程化考核数据库 Demo]，建[测试表]，插入、更改、删除数据，删除[测试表]

--4.将[过程化考核数据库 Demo]的[U 管理员]添加为[db_owner]成员，连接测试其权限
--  在以[计算机名\Administrator]连接的查询窗口执行以下代码
exec sp_droprolemember 'db_datareader','U 管理员';
exec sp_addrolemember 'db_owner','U 管理员';
-- 在【对象资源管理器】刷新[S 考核管理员]连接，进行下列验证
-- (1) 展开 model 或其他用户数据库测试-->出错
-- (2) 展开 master,msdb,tempdb 和[过程化考核数据库 Demo]浏览
-- (3) 读取[过程化考核数据库 Demo]表中数据-->出错
-- (4) 展开[过程化考核数据库 Demo]，建[测试表]，插入、更改、删除数据，删除[测试表]

--5. 修改[U 管理员]映射的登录名、默认架构名，用户重命名、删除用户
--   断开[S 考核管理员]连接，以[计算机名\Administrator]连接的查询窗口执行以下代码
alter user U 管理员 with login = [DSMX2003\W 考核管理员];
alter user U 管理员 with name = U_管理员;
--alter user U 管理员 with default_scehma = aa;
drop user U_管理员;
drop login S 考核管理员;

-- 6. 创建登录名、用户加入[db_owner]角色备用
--  在以[计算机名\Administrator]连接的查询窗口执行以下代码
use master;
create login S 考核管理员 with password ='2008',
   default_database  = 过程化考核数据库 Demo,
   default_language = [Simplified Chinese];
use 过程化考核数据库 Demo;
```

```
--保留此句 revoke connect from guest;
create user U管理员 for login S考核管理员;
exec sp_addrolemember 'db_owner','U管理员';
```

【知识点】

(1) 添加、修改和删除数据库用户。其主要语法格式如下：

```
create user 用户名
  [from login 登录名|without login]
  [with default_schema = 架构名];
alter user 用户名
  with name = 新用户名|default_schema = 架构名|login = 登录名[,...];
drop user 用户名;
```

(2) 使用 T-SQL 语句增删数据库角色成员，其中：“数据库角色”指当前数据库中的数据库角色的名称，包括固定数据库角色(public 角色除外)和自定义角色；“安全账户”指当前数据库用户、当前数据库角色或 Windows 登录名。

```
sp_addrolemember '数据库角色', '安全账户'
sp_droprolemember '数据库角色', '安全账户'
```

8.4.2 数据库用户与自定义数据库角色

【演练 8.7】在 SSMS 下，创建专用于“过程化考核数据库 Demo”的有限权限的自定义数据库角色“R 教师”，新建用户“U 教师”并添加为“R 教师”成员、映射新建登录名“S 考核教师”，测试“S 考核教师”登录名的权限。理解自定义数据库角色的内涵。

1) 新建登录名“S 考核教师”(默认库:“过程化考核数据库 Demo”)、新建“过程化考核数据库 Demo”用户名“U 教师”，连接测试其权限。

(1) 打开 SSMS，以 Windows 身份验证方式和“计算机名\Administrator”连接引擎，展开【服务器】|【安全性】节点，右击【登录名】选项，单击【新建登录名】命令打开【登录名-新建】窗口，创建登录名“S 考核教师”，身份验证方式“SQL Server 身份验证”、密码“2008”、默认数据库“过程化考核数据库 Demo”、取消选中【强制密码策略】复选框。

(2) 展开【数据库】|【过程化考核数据库 Demo】|【安全性】节点，右击【用户】选项，单击【新建数据库用户】命令，弹出【数据库用户属性-新建】对话框，创建用户名“U 教师”，登录名“S 考核教师”。

2) 创建数据库角色“R 教师”，将“U 教师”添加为“R 教师”成员，连接测试其权限

(1) 展开【数据库】|【过程化考核数据库 Demo】|【安全性】|【角色】节点，右击【数据库角色】选项，选择【新建数据库角色】命令，弹出【数据库角色-新建】窗口，在【角色名称】文本框输入“R 教师”，单击【添加】命令，弹出【选择用户数据库或角色】窗口，单击【浏览】按钮打开【查找对象】对话框，在【匹配的对象】列表中选中【U 教师】选项，单击【确定】按钮返回【选择用户数据库或角色】窗口。单击【确定】按钮返回【数据库角色-新建】窗口，单击【确定】按钮完成。

(2) 在【对象资源管理器】窗格，使用“S 考核教师”“2008”连接数据库引擎进行下列验证。

① 展开 model 或其他用户数据库测试，出现如图 8.5②所示的错误提示。

② 展开 master、msdb、tempdb 和“过程化考核数据库 Demo”浏览，可连接数据库但看

不到用户数据表等对象。

③ 在“过程化考核数据库 Demo”，创建数据表时出现如图 8.5①所示的错误提示。

3) 修改、重命名、删除自定义数据库角色

(1) 在【对象资源管理器】窗格中的【计算机名\Administrator】连接下，展开【数据库】|【过程化考核数据库 Demo】|【安全性】||【角色】|【数据库角色】节点，右击【R 教师】选项，单击【属性】命令弹出修改对话框完成其更改，如单击【添加】/【删除】按钮完成成员的增减。

(2) 展开【数据库】|【过程化考核数据库 Demo】|【安全性】|【角色】|【数据库角色】节点，右击【R 教师】选项，单击【重命名】命令完成更名或右击【R 教师】选项，单击【删除】命令完成数据库角色删除。

```
use 过程化考核数据库 Demo; drop user U 教师; drop role R 教师;
use master; drop login S 考核教师;
```

【知识点】

自定义数据库角色新建初期是空权限。

【导例 8.4】使用 T-SQL 语句创建专用于“过程化考核数据库 Demo”的有限权限的登录名“S 考核教师”，在“过程化考核数据库 Demo”，创建“U 教师”用户并映射到“S 考核教师”，创建“R 教师”自定义数据库角色并添加“U 教师”为其成员，连接测试“S 考核教师”登录名的权限。理解数据库用户和自定义数据库角色的内涵。

```
--1. 新建[过程化考核数据库 Demo]的用户名[U 教师]，连接测试其权限
--  以[Windows 身份验证]和[计算机名\Administrator]连接引擎，执行以下代码
use master;
create login [S 考核教师] with password = '2008',
   default_database  = 过程化考核数据库 Demo;
use 过程化考核数据库 Demo;
create user U 教师 for login [S 考核教师];

create role R 教师;
select * from sys.database_principals where type_desc like '%ROLE%';
exec sp_addrolemember 'R 教师','U 教师';
-- 在【对象资源管理器】刷新[S 考核教师]连接，进行下列验证
--(1) 展开 model 或其他用户数据库测试-->出错
--(2) 展开 master,msdb,tempdb 和[过程化考核数据库 Demo]浏览，可连接看不到具体内容
--(3) 读取[过程化考核数据库 Demo]表中数据-->出错
--(4) 展开[过程化考核数据库 Demo]，建表-->出错

--2. 修改[R 教师]映射的登录名、默认架构名，用户重命名、删除用户
--  断开[S 考核教师]连接，在以[计算机名\Administrator]连接的查询窗口执行以下代码
exec sp_droprolemember 'R 教师','U 教师';
alter role R 教师 with name = R_教师;
drop role R_教师;
```

【知识点】

(1) 创建、修改或删除自定义数据库角色。其语法格式如下：

```
create role 角色名 [ authorization 角色的拥有者 ];
alter role 角色名 with name = 新角色名;
drop role 角色名;
```

角色的拥有者必须是当前数据库中的某个用户或角色，默认值为 dbo。

(2) 在当前数据库中具有 create role 权限者，可创建该数据库的数据库角色。

8.5 架构与架构的对象

在 SQL Server 2008 系统中，用户不再直接拥有数据表、视图、函数、过程和同义词等数据库对象，而是通过架构拥有这些对象。架构是对象的容器，用于在数据库内定义对象的命名空间、用于简化管理和创建可以共同管理的对象子集。

【演练 8.8】在 SSMS 下创建“过程化考核数据库 Demo”数据库中的“S 教师”架构，用来包含(限定)有关教师的表、视图、函数、过程或同义词，并理解数据库架构的内涵。

(1) 在 SSMS【对象资源管理器】窗格中，展开【服务器】|【数据库】|【过程化考核数据库 Demo】|【安全性】节点，右击【架构】选项，选择【新建架构】命令，弹出【新建-架构】窗口。

(2) 在【常规】页面的【架构名称】文本框中输入“S 教师”，单击【搜索】按钮打开【搜索角色和用户】对话框，单击【浏览】按钮打开【查找对象】对话框，在【查找对象】对话框中选择架构的所有者【dbo】，单击【确定】按钮返回【搜索用户和角色】窗口，单击【确定】返回【新建-架构】窗口，单击【确定】按钮完成。

(3) 在【对象资源管理器】窗格中，展开【服务器】|【数据库】|【过程化考核数据库 Demo】|【安全性】|【架构】节点，右击【S 教师】选项，选择【删除】命令可以删除该架构。

【知识点】

(1) 单个架构可以包含多个数据库对象(表、视图、函数、过程和同义词等)，但一个数据库对象只能属于一个架构。

(2) 在不同的数据库中可以包含名称相同的架构，如两个不同的数据库可能都拥有一个名为“管理员”的架构。

(3) 用户不再是对象的直接所有者，删除数据库用户而不必删除其默认架构中的对象。

(4) 固定服务器角色 sysadmin 的任何成员创建的任何对象都自动属于 dbo 架构。

【导例 8.5】使用 T-SQL 语句管理创建删除、“S 教师”架构，在架构之间移动安全对象。

```
--1.创建架构[S 教师]
use 过程化考核数据库 Demo;
go
create schema S 教师 authorization [dbo];
go

--2.从[dbo]到[S 教师]移动相关安全对象(表、视图、函数、过程等)
--  与教师有关的对象：保存教师信息的数据表[教师信息表],
--  更新教师信息个过程[Set 更新教师信息],
--  增加、修改和删除考核信息的过程[Set 考核信息表]、[P 删除考核信息 By 考核 ID]
--  根据班级 ID 获取学生信息的过程[Get 学生信息表 By 班级 Id]
alter schema S 教师 transfer dbo.教师信息表;
alter schema S 教师 transfer dbo.Set 考核信息表;
alter schema S 教师 transfer dbo.Get 学生信息表 By 班级 Id;
```

```
--alter schema [S 教师] transfer dbo.P 删除考核信息 By 考核 ID;
--alter schema [S 教师] transfer dbo.Set 更新教师信息;

--3.删除架构[S 教师]，一条一条执行
drop schema S 教师;  --出错，先将[S 教师]架构内的对象移回[dbo]架构再删除之
alter schema dbo transfer S 教师.教师信息表;
alter schema dbo transfer S 教师.Set 考核信息表;
alter schema dbo transfer S 教师.Get 学生信息表 By 班级 Id;;
drop schema S 教师;
```

【知识点】

创建、修改和删除架构的主要语法格式如下:

```
create schema 架构名 [ authorization 拥有架构的数据库级主体名 ];
alter schema 架构名 transfer 架构名.对象名;
drop schema 架构名;
```

(1) 拥有架构的数据库级别主体。数据库用户、数据库角色或应用程序角色之一，省略时取“dbo”用户。

(2) 要删除的架构不能包含任何对象。如果架构包含对象，删除架构省略将失败。

(3) alter schema 仅用于在同一数据库中的架构之间移动安全对象。

服务器角色和数据库角色具有的权限也称为隐式权限，即将安全主体(如登录名、数据库用户)加入角色，系统自动将角色的权限传递给成员的权限。如上述“S 系统管理员”加入“sysadmin”具有服务器超级管理员的权限，“S 考核管理员”映射的“U 管理员”加入“过程化考核数据库 Demo”的“db_owner”角色自动继承数据库超级管理权限。所以，隐式权限是通过添加或删除角色成员来实现的。

8.6 管理权限

数据库中通常存储着大量的数据，这些数据可能是一个组织的客户资料、储蓄账户的存款额等，这些大都属于极其机密的资料。如果有人未经授权查询或修改了数据库中重要数据，将会造成极大的危害甚至是犯罪。例如：能让某人未经银行相关部门授权在银行数据库中查询别人的存款余额和取款密码，或修改他的存款余额吗？能让某人未经招生部门授权在高考成绩数据库中修改考生的高考分数吗？这就是数据库管理系统的授权访问。

8.6.1 认识权限

权限是指安全主体是否能访问数据库资源(安全对象)的相应操作。在 SQL Server 中权限可分为服务器范围内对象、数据库范围内对象、架构范围内安全对象的权限。

【演练 8.9】使用 SSMS 认识服务器范围内对象、数据库范围内对象、架构范围内安全对象的权限。

(1) 打开 SSMS 连接数据库引擎，在【对象资源管理器】窗格，右击 SQL Server 服务器，单击【属性】命令，弹出【服务器属性】窗口，单击【权限】选择卡，单击登录名如“计算机名\Administrator”，在权限窗格可查看、设置(授予、具有授予权限、拒绝)权限，服务器范围内的主要权限见表 8-8。

(2) 展开【数据库】节点，右击【过程化考核数据库 Demo】选项，单击【属性】命令弹出【数据库属性】窗口，单击【权限】选择卡，单击【搜索】按钮弹出【选择用户或角色】对话框，单击【浏览】按钮，弹出【查找对象】对话框，选择对象如【guest】，2 次单击【确定】按钮，返回【数据库属性】窗口，在权限窗格可查看、设置(授予、具有授予权限、拒绝)权限，如图 8-8 所示，数据库范围内的主要权限见表 8-9。

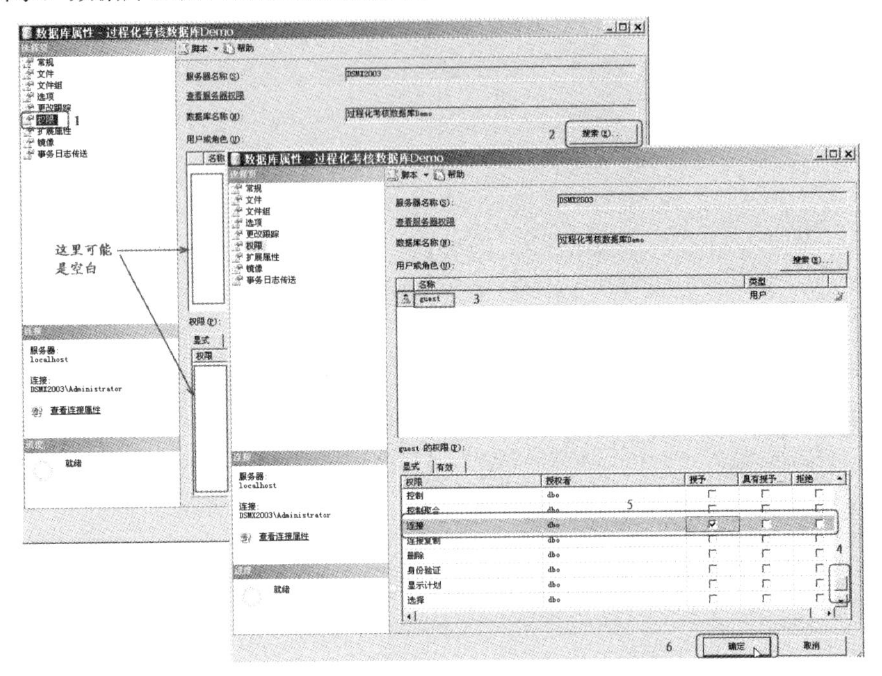

图 8.11　数据库级安全主体之权限及其设置

(3) 展开【数据库】|【过程化考核数据库 Demo】|【安全性】|【架构】节点，右击【dbo】架构，单击【属性】命令弹出【架构属性】窗口，单击【权限】选择卡，单击【搜索】按钮，弹出【选择用户或角色】对话框，单击【浏览】按钮，弹出【查找对象】对话框，选择对象如【guest】，2 次单击【确定】按钮，返回【架构属性】窗口，在权限窗格可查看、设置(授予、具有授予权限、拒绝)权限，架构范围内的主要权限见表 8-10。

(4) 数据表、视图、函数、过程等安全对象的权限查询与设置和上述类似，右击安全对象，单击【属性】命令，弹出属性窗口，单击【权限】选择卡，单击【搜索】按钮弹出【选择用户或角色】对话框，单击【浏览】按钮弹出【查找对象】对话框，选择对象，2 次单击【确定】按钮返回【属性】窗口，在权限窗格可查看、设置(授予、具有授予权限、拒绝)权限。

【知识点】

(1) 命名权限时遵循的一般约定。表 8-6 列出了权限的命名约定，表 8-7 列出了服务器范围内、数据库范围内和架构范围内的主要安全对象(略去数据库范围内的 broker service 安全对象和数据库范围内程序集、分区方案、分区函数等安全对象)。表、视图或表值函数中的列是进行授权访问控制的最小安全单元。

表 8-6　权限命名约定

权　　限	功　　能	描　　述
CONTROL	控制	控制权限
ALTER	修改	创建、修改或删除该范围内包含的任何安全对象
CREATE <安全对象>	创建	服务器、数据库或架构范围内的安全对象
ALTER ANY <服务器或库对象>	更改任意	创建、更改或删除服务器或数据库安全对象的实例
TAKE OWNERSHIP	接管所有权	接管所有权
IMPERSONATE {LOGIN|USER}	模拟	登录名|用户
VIEW DEFINITION	查看定义	访问元数据
REFERENCES	引用	引用：表的外键约束

(2) 服务器范围内安全对象。其主要权限见表 8-18，数据库范围内安全对象的主要权限见表 8-19，架构范围内安全对象的权限见表 8-10，SQL Server 权限的完整列表请查阅联机帮助。

表 8-7　主要安全对象

范围	主要安全对象
服务器	ENDPOINT、LOGIN、DATABASE
数据库	USER、ROLE、APPLICATION ROLE、FULLTEXT CATALOG、FULLTEXT STOPLIST、ASYMMETRIC KEY、CERTIFICATE、SYMMETRIC KEY、SCHEMA
架构	TABLE、VIEW、FUNCTION、PROCEDURE、SYNONYM、TYPE、XML SCHEMA COLLECTION

表 8-8　服务器范围内安全对象的主要权限

权限名	权　　限	权限名	权　　限
CONTROL SERVER	控制服务器	AUTHENTICATE SERVER	验证服务器
SHUTDOWN	关闭	ALTER ANY LOGIN	更改任意登录名
CONNECT SQL	连接 SQL	ALTER SERVER STATE	更改服务器状态
ALTER ANY CONNECTION	更改任意连接	VIEW SERVER STATE	查看服务器状态
CREATE ANY DATABASE	创建任意数据库	ADMINISTER BULK OPERATIONS	管理大容量操作
ALTER ANY DATABASE	更改任意数据库	ALTER SETTINGS	更改设置
VIEW ANY DATABASE	查看任意数据库	VIEW ANY DEFINITION	查看任意定义

表 8-9　数据库范围内安全对象的主要权限

权限名	权　　限	权限名	权　　限	权限名	权　　限
INSERT	插入	CREATE DATABASE	创建数据库	CREATE FULLTEXT CATALOG	创建全文目录
DELETE	删除 w	CREATE TABLE	创建表	ALTER ANY FULLTEXT CATALOG	更改任意全文目录
UPDATE	更新	CREATE VIEW	创建视图	CREATE XML SCHEMA COLLECTION	创建 XML 架构集合
SELECT	选择	CREATE FUNCTION	创建函数	CREATE TYPE	创建类型

续表

权限名	权　　限	权限名	权　　限	权限名	权　　限
EXECUTE	执行	CREATE PROCEDURE	创建过程	CREATE ASYMMETRIC KEY	创建非对称密钥
REFERENCES	引用	CREATE SYNONYM	创建同义词	ALTER ANY ASYMMETRIC KEY	更改任意非对称密钥
CONTROL	控制	CREATE SCHEMA	创建架构	CREATE CERTIFICATE	创建证书
ALTER	更改	ALTER ANY SCHEMA	更改任意架构	ALTER ANY CERTIFICATE	更改任意证书
CONNECT	连接	BACKUP DATABASE	备份数据库	CREATE SYMMETRIC KEY	创建对称密钥
CHECKPOINT	检查点	BACKUP LOG	备份日志	ALTER ANY SYMMETRIC KEY	更改任意对称密钥
SHOWPLAN	显示计划	CREATE ROLE	创建角色	TAKE OWNERSHIP	接管所有权
AUTHENTICATE	身份验证	ALTER ANY ROLE	更改任意角色	VIEW DEFINITION	查看定义
		ALTER ANY USER	更改任意用户	VIEW DATABASE STATE	查看数据库状态

表 8-10　架构范围内的主要对象权限

权限名称	功　　能	适用于安全对象
INSERT、DELETE	插入、删除	表、视图及其同义词
UPDATE	更新	表、视图及其同义词，相应列
SELECT	查询	表和列、视图和列、表值函数和列、同义词
REFERENCES	引用	表和列、视图和列、标量函数和聚合函数、表值函数和列
EXECUTE	执行	标量函数和聚合函数、过程、同义词
CONTROL、ALTER	控制、更改	表、视图、标量函数和聚合函数、表值函数、过程、同义词
VIEW DEFINITION	查看定义	表、视图、标量函数和聚合函数、表值函数、过程、同义词

8.6.2　管理权限

在 SQL Server 中，数据控制语句有 grant、deny 或 revoke 语句，分别为授予、拒绝或取消已授予或已拒绝安全账户的权限，这里只介绍 T-SQL 数据控制语句常用的语法格式，完整语法格式可参看 SQL Server 帮助。

【导例 8.6】设计登录名“S 考核教师”仅具有查询“教师信息表”、“学生考核完成详细信息表”，修改“学生考核完成详细信息表”(批语,得分)，执行“Set 考核信息表”“Get 学生信息表 By 班级 Id”等过程。如何使用 T-SQL 语句编写权限管理的脚本？

```
--  以[计算机名\Administrator]连接数据库引擎执行下列代码
--1.创建安全主体登录名、数据库角色、数据库用户
use master;
create login S考核教师 with password = '2008',
  default_database = [过程化考核数据库 Demo];
use 过程化考核数据库 Demo;
create role R教师 authorization dbo;
create user U教师 from login S考核教师;
go
```

```
sp_addrolemember R教师, U教师;
go

--2.创建数据库架构并移入对象
create schema S教师;
go
alter schema S教师 transfer dbo.教师信息表;
alter schema S教师 transfer dbo.学生考核完成详细信息表;
alter schema S教师 transfer dbo.Set考核信息表;
alter schema S教师 transfer dbo.Get学生信息表By班级Id;
--alter schema S教师 transfer dbo.P删除考核信息By考核ID;
--alter schema S教师 transfer dbo.Set更新教师信息;

--3.授权
grant execute, select on schema::S教师 to R教师;
grant update on object::S教师.学生考核完成详细信息表(批语,得分) to R教师;

--4.以[S考核教师]、密码[2008]连接数据库引擎验证:
-- 在[过程化考核数据库Demo]中
-- (1) 执行架构[S教师]的过程
-- (2) 查询架构[S教师]的表
-- (3) 修改[学生考核完成详细信息表](批语,得分)
-- (4) 删除表、过程或表中数据，修改除(3)以外的表中数据-->出错

--5.移回对象并删除架构、用户、角色，断开[S考核教师]连接并删除
alter schema dbo transfer S教师.教师信息表;
alter schema dbo transfer S教师.学生考核完成详细信息表;
alter schema dbo transfer S教师.Set考核信息表;;
alter schema dbo transfer S教师.Get学生信息表By班级Id;;
drop schema S教师;
drop user U教师;
drop role R教师;
use master;
drop login S考核教师;
```

【知识点】

(1) 授予(Grant)、取消(Revoke)、拒绝(Deny)权限。其简要语法格式是：

```
grant 权限 [,…] [on 类型 :: 安全对象[(列名 [,…])]] to 主体 [,…];
deny 权限 [,…] [on 类型 :: 安全对象[(列名[,…])]] to 主体[,…];
revoke 权限[,…] [on 类型 :: 安全对象[(列名 [,…])]] from 主体 [,…];
```

① 功能。授予是将安全对象的权限授予主体，拒绝指拒绝授予主体权限(防止主体通过其组或角色成员身份继承权限)，取消指取消以前授予或拒绝了的权限。

② to 主体。指定要向其授予或拒绝权限的主体。

③ from 主体。指定要从其取消授予或拒绝权限的主体。

④ 类型。SCHEMA, [OBJECT], LOGIN, USE, ROLE, TYPE, ENDPOINT 等，::表示作用域限定符。

(2) 服务器、数据库、架构和架构内表、视图、函数、过程、同义词等主要安全对象的数据访问控制 grant 语句。其语法主要格式如下：

```
1. 授予对服务器的权限，<权限>见表 8-11 服务器范围内安全对象的主要权限
```

```
    grant <权限>[,...] to <登录名> [,...];
2. 授予对数据库的权限，<权限>见表 8-12 数据库范围内安全对象的主要权限
    grant <权限>[,...] to <数据库级安全主体> [,...];
3. 授予架构权限，<权限>见表 8-13 架构范围内安全对象的权限
    grant <权限>[,...] on schema :: 架构名  to <数据库级安全主体> [,...];
4. 授予对象权限，<权限>见表 8-13 架构范围内安全对象的权限
    grant <权限>[,...] on [object :: ][架构名].对象名[(列名[,...])]
        to <数据库级安全主体> [,...];
    对象名指表、视图、函数、过程、同义词等名称

<登录名> :: = 登录名_SQL Server 身份验证 | 登录名_Windows 身份验证
<数据库级安全主体> ::= 数据库用户 | 数据库角色| 数据库用户_映射到 Windows 账户 |
                      数据库用户_映射到 Windows 组 | 数据库用户_无登录名
```

除上述主要安全对象外，还有端点、登录名、用户、角色、应用程序角色、非对称密钥、证书、对称密钥、全文目录、全文非索引字表、消息类型、约定、队列、路由、服务、远程服务绑定、程序集、类型、XML 架构集合等对象，对于这些安全对象如何授权访问，有兴趣的读者请查阅联机帮助或网络文章。安全主体除上述列出外还有应用程序角色、登录名_来自证书、登录名_来自非对称密钥、数据库用户_映射到证书、 数据库用户_映射到非对称密钥等主体，上述将省略。

(3) 服务器、数据库、架构和架构内表、视图、函数、过程、同义词等。其主要安全对象的数据访问控制 revoke 语句的语法格式类似于 grant 语句的格式(仅需将 grant→revoke、to→from)，deny 语句的语法格式也类似于 grant 语句的格式(仅需将 grant→deny)。

【导例 8.7】设计登录名“S 考核教师”仅具有查询“学生考核完成详细信息表”，修改“学生考核完成详细信息表”(批语,得分)的权限。如何使用 SSMS 管理安全对象如数据表的访问权限？

(1) 打开 SSMS，以“计算机名\Administrator”连接数据库引擎执行下列代码。

```
--创建安全主体登录名、数据库角色、数据库用户
use master;
create login S 考核教师 with password = '2008',
  default_database = [过程化考核数据库 Demo];
use 过程化考核数据库 Demo;
create user U 教师 from login S 考核教师;
go
grant select on object::dbo.学生考核完成详细信息表 to U 教师;
grant update on dbo.学生考核完成详细信息表(批语,得分) to U 教师;
go
```

(2) 展开【数据库】|【过程化考核数据库 Demo】|【表】节点，右击【dbo.学生考核完成详细信息表】选项，单击【属性】按钮弹出【表属性】窗口，单击【权限】选项卡，单击【更新】、【列权限】按钮弹出【列权限】窗口，如图 8.12 所示显示上述 2 条语句的执行结果。

(3) 执行下述 2 条语句，右击【dbo.学生考核完成详细信息表】选项，单击【属性】命令，弹出【表属性】窗口，单击【权限】选项卡，【用户或角色】、【权限】显示空白。

```
revoke select on object::dbo.学生考核完成详细信息表 to U 教师;
revoke update on dbo.学生考核完成详细信息表(批语,得分) to U 教师;
```

(4) 执行下述 2 条语句，右击【dbo.学生考核完成详细信息表】选项，单击【属性】命令弹出【表属性】窗口，单击【权限】选项卡，其结果类似于图 8.12，区别是原是【授予】被选中这里是【拒绝】被选中，取消选中 3 个【拒绝】复选框，然后单击【属性】窗口的【确定】

按钮，等同于下述 2 条语句执行。

```
deny select on object::dbo.学生考核完成详细信息表 to U教师;
deny update on dbo.学生考核完成详细信息表(批语,得分) to U教师;
```

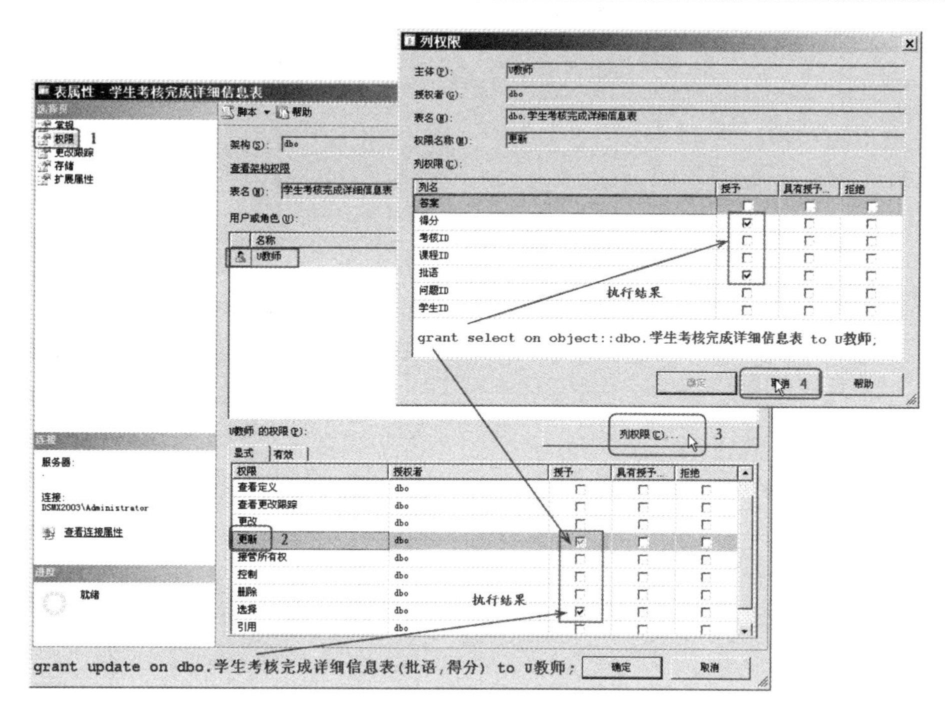

图 8.12　数据表权限设置

【知识点】

原【授予】复选框格空白，选中即等同于 grant；原【授予】复选框被选中，取消选中即等同于 revoke；原【拒绝】复选框空白，选中即等同于 deny；原【拒绝】复选框被选中，取消选中即等同于 revoke；同一权限行，【授予】和【拒绝】不能同时选择，【具有授予权限】必须和【授予】同时选择，【授予】可单独选择，【拒绝】可单独选择。

【演练 8.10】使用 SSMS 为安全主体设置权限，如“过程化考核数据库 Demo”的用户“U 教师”修改“学生考核完成详细信息表”(批语，得分)。

(1) 打开 SSMS，从【对象资源管理器】窗格，展开【服务器】|【数据库】|【过程化考核数据库 Demo】|【安全性】|【用户】节点，右击【U 教师】选项，单击【属性】命令，弹出【数据库用户】对话框，在选项页上单击【安全对象】选项卡。

(2) 在【安全对象】按钮选项卡单击【搜索】按钮，在【添加对象】窗口选中【特定类型的所有对象】单选按钮，单击【确定】按钮，在【选择对象类型】对话框选中【表】复选框，单击【确定】按钮，在【安全对象】选项卡选择【学生考核完成详细信息表】，在下方【权限】选择【修改】选项，单击【列权限】按钮，打开【列权限】对话框，选中【得分】、【批语】与【授予】交叉格复选框，单击【确定】按钮返回，单击【数据库用户】窗口中的【确定】按钮完成，如图 8.13 所示。

管理权限实质就是管理数据库访问的安全性，有 3 方面的内涵，一是安全主体，有服务器登录名、角色中的成员和数据库用户；二是访问的安全对象(数据库资源，有服务器、指定的数据库、数据库中表或视图、自定义函数、存储过程、表或视图中的列；三是操作权限(相应的操作方式)，如数据库备份 backup、数据表或视图删除记录 delete 等。总之，管理权限就是将安全主体对安全对象进行如何操作访问权限的配置。

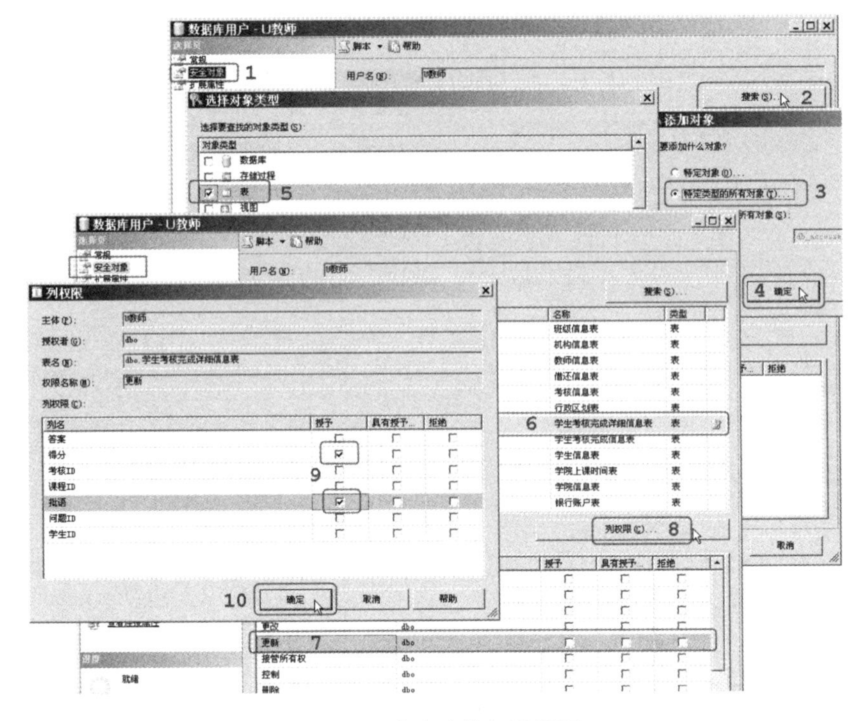

图 8.13　安全主体权限设置

8.7　本 章 实 训

8.7.1　实训目的

通过本章的上机实验，掌握用 T-SQL 语句建立登录名、用户、设置数据库角色成员的语句。

8.7.2　实训内容

在“教学成绩管理数据库”中，参照导例 8.3 用 T-SQL 脚本建立登录名“S 成绩管理员”、数据库用户“U 管理员”并将“U 管理员”设置为“db_owner”成员，使得“S 成绩管理员”在“教学成绩管理数据库”中具有所有权限。

8.7.3　实训过程

打开 SSMS，录入并调试执行下列代码：

```
-- 以[计算机名\Administrator]连接数据库引擎执行下列代码
use master;
create login S成绩管理员 with password = '2008',
  default_database = [教学成绩管理数据库];
use 教学成绩管理数据库;
create user U管理员 from login S成绩管理员;
```

```
go
sp_addrolemember 'db_owner', U管理员;
go
-- 以[S成绩管理员]连接数据库引擎，在[教学成绩管理数据库]验证其访问权限
```

8.7.4 实训总结

通过本章的上机实训，读者应该掌握用 T-SQL 语句建立登录名、用户，设置数据库角色成员的语句。

8.8 本章小结

通过本章的学习，应该熟悉安全主体和安全对象层次结构，熟悉 sysadmin、dbcreator、public、sa、db_owner、public(库)、sa、dbo、guest 等安全主体具有的权限，掌握服务器级超级管理员和用户数据库超级管理员的创建和设置方法；理解权限的内涵，了解服务器、数据库范围内安全对象的主要权限，了解架构范围内的对象权限的授予、拒绝和取消。

管理权限实质就是管理数据库访问的安全性，有三方面的内涵：一是安全主体，二是访问的安全对象，三是如何访问(操作权限)。总之，管理权限就是将安全主体对安全对象进行操作访问权限的配置。表 8-11 列出了要求熟练掌握的 T-SQL 语句。

表 8-11 数据库访问安全性方面常用的 T-SQL 语句和系统存储过程

类 别	说 明	命令/系统存储过程
登录名	创建	create login
	删除	drop login
	修改口令	alter login 登录名 with password = '新密码'
服务器角色成员管理	添加成员	sp_addsrvrolemember
	删除成员	sp_dropsrvrolemember
数据库用户	创建、删除	create user 、 drop user
数据库角色	创建、删除	create role 、drop role
	添加成员	sp_addrolemember
	删除成员	sp_droprolemember
数据库架构	创建	create schema 架构名 authorization 拥有者
	删除	drop schema 架构名
权限管理	授权：grant 权限 [,...] [on 类型::对象[(列名[,...])]] to 主体[,...];	
	撤销：revoke 权限[,...] [on 类型::对象[(列名 [,...])]] from 主体 [,...];	
	拒绝：deny 权限 [,...] [on 类型 :: 安全对象[(列名[,...])]] to 主体[,...];	

8.9 本章习题

1. 填空题

(1) SQL Server 身份验证的模式有________身份验证模式和 SQL Server 和 Windows ______身份验证模式。

(2) 安全主体是指请求 SQL Server 资源的__________，安全对象是指可以请求的 SQL

Server______，权限是安全主体访问安全对象(数据库资源)的______类型。

(3) 登录名(Login)是________级的安全主体，是用户登录(连接)数据库服务器引擎进行身份验证的账户名，登录名的身份验证方式有________身份验证和 SQL ________身份验证；数据库用户(User)是_______级的安全主体，是登录名在数据库中的______，是在数据库中执行操作的______者。

(4) 角色包含两方面的内涵，一是角色的______，二是角色的成员。角色通过添加或删除成员的方法来______成员，通过授予、______或撤销方法来增减权限。角色可分为________角色和数据库角色。

(5) 服务器角色的成员是服务器的________(Login)，________角色(Role)的成员是数据库用户(______)。

(6) SQL Server 2008 中，服务器角色和固定数据库角色是______定义的，角色的种类和每个角色的权限都是______的且不可新建、更名或______，除 public 角色外，只允许为其______或删除成员。

(7) 服务器角色“public”的成员服务器上所有________，______也无法增加或删除其成员，但可更改权限。数据库 public 角色成员则是该数据库做的所有______，无需也无法增加或删除成员，但可______权限。

(8) 服务器角色“__________”的成员在服务器中具备最高级别的权限，能执行该服务器范围内的______操作；数据库角色“__________”的成员在数据库中具备______级别的权限，能执行该数据库范围内的任何操作。

(9) 架构(________)是数据库级别下的数据库对象，架构是数据____、视图、函数、过程和同义词等数据库对象的______，架构也是命名空间(同一架构中的数据库对象______同名)。

(10) sa 是 SQL Server 的系统________登录名，____________身份验证方式，属于__________服务器角色的成员，不可删除、不能更名。该账户拥有最高的管理权限，可以执行该服务器范围内的______操作。在 SQL Server 2008 中，为安全起见，sa 默认禁用。

(11) dbo 是数据库________用户，具有操作该数据库的最高权力，即可以在数据库范围内执行______操作。dbo 用户与创建该数据库的________映射(关联)，是__________数据库角色的成员。

(12) guest 是______用户，当服务器登录名(Login)在该数据库中______用户(User)映射(或关联)、且 guest 用户没有禁用(grant connect to guest 允许连接)时，服务器登录名______关联 guest 用户、以 guest 的权限访问数据库。

(13) 在访问默认架构中的对象时，不需要指定架构名称。要访问其他架构中的对象，需要两部分或者三部分的标识符，格式为：[______名.对象名]或[________名.架构名.______名称]。

(14) 服务器角色和数据库角色具有的权限也称为隐式权限，即将安全主体(如登录名、数据库用户)加入角色，系统______将角色的权限______给成员的权限。

(15) SQL Server 中，表、视图、表值函数及其同义词(或其列)查询权限是 select，表、视图、表值函数及其同义词(或其列)、标量函数、聚合函数引用权限是____________，表、视图及其同义词(或其列)修改权限是________，表、视图及其同义词插入权限是________、删除权限是________，标量函数、聚合函数、过程及其同义词执行权限是__________。

(16) SQL Server 中创建主体或对象的 T-SQL 语句是：创建登录名 create ______、创建数据库角色 create ______、创建数据库用户 create ______、创建数据库架构 create ________。

(17) 在 SQL Server 中，数据控制语句有______、deny 或________语句，分别为授予、______或取销已授予或已拒绝安全账户的权限。

2. 判断题

(1) SQL Server 身份验证的登录名也可实现强密码策略。 (   )

(2) 服务器角色 sysadmin 的任何成员创建的任何对象都自动属于 dbo 架构。 (   )

(3) 服务器角色 dbcreator 的成员具备服务器中创建数据库的权限。 (   )

(4) 系统管理员能够创建和删除服务器角色。 (   )

(5) 每个用户都具有一个默认架构，多个数据库用户可以共享单个默认架构。 (   )

(6) 单个架构可以包含多个数据库对象，但一个数据库对象只能属于一个架构。 (   )

(7) 在不同的数据库中可以包含名称相同的架构。 (   )

3. 编程题

仿照导例 8.6 编写访问 tcp:www.duzhaojiang.cn,14898 的安全脚本。创建数据表“到此一游留言表”、创建登录名“S 考核游客”、密码“20080808@bj”，创建用户名“U 游客”并映射到“S 考核游客”，授权可查询“学院信息表”和“班级信息表视图”，在“到此一游留言表”插入记录。

```
CREATE TABLE 到此一游留言表(游客留言 nvarchar(100) NOT NULL,
    日期时间 datetime NULL DEFAULT(getdate()))
```

第9章 数据加密与解密

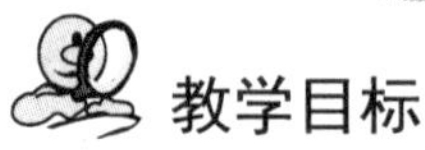

教学目标

数据库中敏感数据的加密保护是数据库安全的重要组成部分之一。SQL Server 2008 数据库敏感数据加密包含了对称密钥、非对称密钥和证书加密与解密，非对称密钥和证书签名与验证，服务和数据库主密钥，数据库透明数据加密等技术。

教学要求

知识要点	能力要求	关联知识
基本概念	(1) 了解数据加密的基本概念 (2) 了解加密的层次结构	明文、密文、加密、解密、密码、密钥、公钥、私钥、对称密钥、非对称密钥、证书
密码对称加密	掌握密码加密及解密	EncryptByPassPhrase() 、DecryptByPassPhrase()
对称密钥加密	掌握对称密钥创建的 4 种方式：密码、对称密钥、非对称密钥和证书	create symmetric key EncryptByKey( )、DecryptByKey( )
非对称密钥	掌握如何使用非对称密钥的加密解密以及如何使用非对称密钥进行签名	create asymmetric key EncryptByAsymKey()、DecryptByAsymKe() SignByAsymKey()
证书	掌握如何使用证书的加密解密以及使用证书进行签名	create certificate EncryptBCert()、DecryptByCert()、SignByCert()
主密钥	服务主密钥(SMK)、数据库主密钥(DMK)	
透明数据加密	了解透明数据加密及加密步骤	create database encryption key with algorithm|server

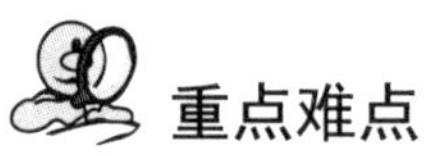

重点难点

- 加密与解密：对称密钥、非对称密钥和证书
- 签名与验证：非对称密钥和证书
- 服务和数据库主密钥、数据库透明数据加密

教学设计

以任课教师身份登录进入“课程教学过程化考核系统”，单击【教师】|【生成过程化考核数据库 Demo 脚本】命令生成密文脚本并下载，执行该脚本创建数据库“过程化考核数据库_密文 Demo”、数据表“学生信息表”并添加加密数据。

9.1　认识 SQL Server 的数据加密

加密(Encrypt)是以某种算法和密钥变换原有的可读文本或数据，使未授权的用户即使获得了已加密的信息，因不知解密的密钥或(和)算法，仍然无法得到原来的文本或数据。其中，原有的可读文本或数据称为明文(Clear Text)，加密获得的不可读数据称为密文(Cipher Text)。将密文变为明文的过程被称为解密(Decrypt)，解密过程也需要算法和密钥。如图 9.1 所示。

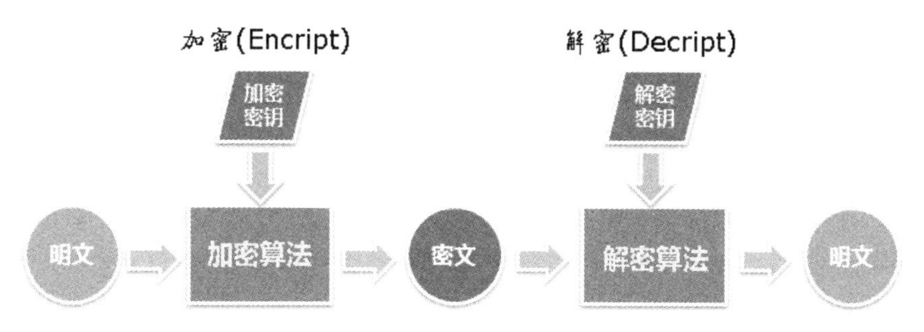

图 9.1　加密过程

9.1.1　登录密码的保护

【导例 9.1】在“课程教学过程化考核系统”中，如何存储用户的登录密码才能使数据库管理员也看不见和猜不着用户的密码呢？又如何验证和修改用户的登录密码呢？

```
use 过程化考核数据库_密文 Demo;
--1. 登录密码是 16 位二进制数据类型存储的
select 学生 ID, 学号, 姓名, 登录密码 from 学生信息表;
go

--2. 密码验证
--   用户名可以是 QQ 号、Email 之一
--   密码验证正确 返回 学生 ID, 否则 返回 0
create procedure P 登录验证 @登录名 Nvarchar(50),@登录密码 varchar(50)
as
begin
  declare @i int, @学生 Id int;
  select @学生 Id = 学生 Id, @i = count(学生 Id)
    from 学生信息表
    where ((QQ 号码 = @登录名) or (EMail = lower(@登录名)))
       and (登录密码 = hashbytes('MD5',姓名 + @登录密码))
    group by 学生 Id;
  if @i = 1
    SELECT @学生 Id '学生 Id';
  else
    select 0 '学生 Id'
end;
go
declare @登录名 varchar(50), @登录密码 varchar(100);
set @登录密码 = '123451';    --明码
```

```
set @登录名 = '123451';        --网络传送前 MD5 散列变换，以防半路截获
set @登录密码 =
  right(sys.fn_VarBinToHexStr(hashbytes('MD5',@登录密码)),32);
exec P 登录验证 @登录名, @登录密码;
go

--3.修改密码
create procedure P 修改密码
  @学生 ID Int, @原密码 varchar(50),@新密码 varchar(50)
as
begin
  if exists(select 学生 ID from 学生信息表
    where (学生 ID = @学生 ID) and (登录密码 = hashbytes('MD5',姓名 + @原密码)))
    update 学生信息表 set 登录密码 = hashbytes('MD5',姓名 + @新密码)
    where 学生 ID = @学生 ID;
end;
go
declare @原密码 varchar(50), @新密码 varchar(50), @学生 Id int;
set @学生 ID = 500360;
set @原密码 = '123451';     --明码
set @新密码 = '666888';     --网络传送前 MD5 散列变换
set @原密码 = right(sys.fn_VarBinToHexStr(hashbytes('MD5',@原密码)),32);
set @新密码 = right(sys.fn_VarBinToHexStr(hashbytes('MD5',@新密码)),32);
exec P 修改密码 @学生 ID, @原密码, @新密码;
```

【思考】

(1) 程序中使用 right 的用意是什么？

(2) 程序中使用 sys.fn_VarBinToHexStr( )的用意是什么？

(3) 程序中使用 lower 的用意是什么？

【知识点】

(1) 散列(Hash，音译哈希，字面意思是剁碎、切碎)，就是把任意长度的字符串或二进制输入通过算法变换成较短的固定长度的二进制输出。输出的二进制长度通常远小于输入的字符串或二进制的长度，不同的输入可能会散列成相同的输出，而不可能从输出值(散列值)来唯一地确定输入值(散列具有单向性)。简单地说就是一种将任意长度的消息(输入)变换成较短的某一固定长度的消息摘要(输出)的函数。

(2) Hash 函数的语法格式。即

```
HashBytes('算法', {@自变量|'输入字符串'})
```

① '算法' 标识用于对输入执行哈希变换的算法，只能取 MD2 | MD4 | MD5 | SHA | SHA1 之一，需要使用单引号，是必选参数，无默认值。

② @自变量|'输入字符串'：@自变量指进行 Hash 运算数据的变量，数据类型为 varchar、nvarchar 或 varbinary；'输入字符串'指定要执行 Hash 运算的字符串。

③ 返回值类型 varbinary(最大为 8000 字节)。其中 MD2、MD4 和 MD5 返回值为 128 位(16 字节)，SHA 和 SHA1 返回值为 160 位(20 字节)。

④ MD5 即信息摘要算法 5(Message Digest Algorithm 5)，是广泛使用的散列算法之一，主流编程语言普遍已有 MD5 实现。MD2、MD3 和 MD4 是 MD5 的前身。

⑤ SHA 即安全散列算法(Secure Hash Algorithm)，现在已成为公认的最安全的散列算法之一，并被广泛使用。SHA1 是 SHA 的后继版本。输入长度不超过 264 比特。

⑥ sys.fn_VarBinToHexStr()是把 varbinary 转换成 16 进制字符 varchar 函数。

(3) Hash 算法在信息安全方面的应用。主要体现在以下方面：

① 数字证书。它是对一个发布的信息(如软件)经过 Hash 运算生成较短的 Hash 值并连同原信息(如软件)公布。如在 UNIX 下有很多软件在下载的时候都有一个文件名相同，文件扩展名为.md5 的文件，在这个文件中通常只有一行文本，大致结构如下所示。

```
MD5 (tanajiya.tar.gz) = 0ca175b9c0f726a831d895e269332461
```

这就是 tanajiya.tar.gz 文件经过 MD5 Hash 运算产生的 16 字节(32 个 16 进制字符)的 Hash 值即 MD5 信息摘要。它的作用就在于用户可以在下载该软件后，对下载回来的文件用专门的软件(如 Windows MD5 Check 等)做一次 MD5 校验，以核对下载的文件与该站点提供的文件为同一文件。以.tar.gz 为扩展名的文件是一种压缩文件。

② 数字签名。由于非对称算法的运算速度较慢，所以在数字签名应用中，先对需要签名的明文文件进行单向散列变换产生一个较短的 Hash 值(又称数字摘要)，发送方用私钥对较短的 Hash 值加密，将需要签名的明文文件和其 Hash 值加密文件传送给接收方，接收方先对 Hash 值的密码文件用公钥进行解密得到其 Hash 值，并再次将明文文件进行单向散列变换产生的 Hash 值与解密的 Hash 值进行比较来认定签名是否有效。国际社会已开始承认数字签名的法律效力。

③ 安全访问认证。在传输信道可被侦听，但不可被篡改的情况下，这是一种简单而安全的方法。在 UNIX 系统中用户的密码是以 MD5(或其他算法)经 Hash 运算后存储在文件系统中的。本书“课程教学过程化考核管理系统”的“登录密码”网络传送是经 MD5 Hash 运算传送，存储则是保存(“姓名”+网络传送 MD5 散列码)再次散列的数据，如导例 9.1。

9.1.2　由密码进行数据加密

【导例 9.2】如何使用密码(口令字 PassPhrase)加密和解密关键数据呢？

```
-- 一次性全段执行
use 过程化考核数据库_密文 Demo;
declare @密码 varchar(20),@信用卡号 varchar(20);
declare @加密卡号 varbinary(300),@姓名 Nchar(3);
set @密码= 'Wstsr1981';    --意思：我是唐山人，1981 年，短有意义好记
set @信用卡号 = '6228480402564890018';

-- 1.比较两次加密的结果
select EncryptByPassPhrase(@密码, @信用卡号) 两次加密的结果
union all
select EncryptByPassPhrase(@密码, @信用卡号);

-- 2.没有验证器的加密与解密
set @加密卡号 = EncryptByPassPhrase(@密码, @信用卡号);
select @信用卡号 原卡号, @加密卡号 加密卡号,
  convert(varchar,DecryptByPassPhrase(@密码,@加密卡号)) 解密卡号 1;

-- 3.带有验证器的加密与解密
```

```
set @姓名 = '牛冲天';
set @加密卡号 = EncryptByPassPhrase(@密码, @信用卡号, 1, @姓名);
select @信用卡号 原卡号, @加密卡号 加密卡号,
  convert(varchar,DecryptByPassPhrase(@密码,@加密卡号)) 解密卡号2;
select @信用卡号 原卡号, @加密卡号 加密卡号,
  convert(varchar,DecryptByPassPhrase(@密码,@加密卡号, 1, @姓名)) 解密卡号3;
```

【思考】

(1) 密码、卡号相同，两次加密的算出的加密结果相同么？

(2) 有验证器的加密和解密与没有验证器的加密和解密区别是什么？

【知识点】

(1) 密码(PassWord 口令、PassPhrase 通行短语)是指可包含空格、相对较短、有含义容易记忆、隐匿于心的字符串(短语或句子)。

(2) 密钥(英文为 Key、中文建议读 mì yào，做名词)是指相对较长、无意义、不易记忆、一般保存在存储介质上的二进制数据。密钥的长度决定了加密、解密的难易程度，密钥分为对称密钥和非对称密钥两种。

(3) EncryptByPassPhrase 使用由 TRIPLE DES 算法和密码生成的 128 位密钥对明文数据加密，同时生成的密钥也不会持久保存。其加密函数的语法格式如下：

```
EncryptByPassPhrase({'密码'|@密码变量}, {'明文'|@明文变量}
  [,{是否验证|@是否验证}, {验证器|@验证器变量}])
```

(4) DecryptByPassPhrase 使用由 TRIPLE DES 算法和密码生成的 128 位密钥对密文数据解密，同时生成的密钥也不会持久保存。解密函数的语法格式如下：

```
DecryptByPassPhrase({'密码'|@密码变量}, {'密文'|@密文变量}
  [,{是否验证|@是否验证}, {验证器|@验证器}])
```

① 这两函数不检查密码复杂性，执行该函数也无需任何权限。

② 如果使用了错误的密码或验证器信息解密，则返回 null。

③ 如果对加密文本进行解密时包括验证器，则必须在解密时提供该验证器。

④ 如果解密时提供的验证器值与使用数据加密的验证器值不匹配，则解密将失败。

9.1.3 由对称密钥进行数据加密

对称密钥是指对明文进行加密运算和对密文进行解密运算使用相同的密钥，这个密钥称为对称密钥(Symmetric Key)。

【导例 9.3】在“课程教学过程化考核系统”中，学生注册的手机号码是加密存储的。如何使用对称密钥加密和解密“学生信息表”中的关键数据“手机号码”呢？

```
use 过程化考核数据库_密文 Demo;     -- 分 4 段执行
select 班级 ID, 学生 ID, 学号, 姓名, 手机号码 from 学生信息表;

--1. 创建由密码加密的对称密钥，单击[安全性][对称密钥]查看是否创建
create symmetric key s 过程化考核密钥
  with algorithm = AES_256,
--数据加密算法 AES-256:密钥长度为 256 位的高级加密标准
  key_source = '不管风吹浪打，胜似闲庭信步！',-- 指定从中派生密钥的通行短语。
  identity_value = '毛泽东主席诗词'
```

```
--指定一个标识短语，根据该短语生成用于标记使用临时密钥加密的数据的 GUID。
  encryption by password = 'P@ssW0rd';
-- 指定一个密码，从该密码派生出用来保护对称密钥的 TRIPLE_DES 密钥。
go

--2. 打开对称密钥、查询我班学生信息表(解密手机号码)并关闭对称密钥
--   单击[可编程性][存储过程]查看是否创建
create procedure Get学生信息表By班级Id @班级ID int
as
begin
  set nocount on;
  open symmetric key s过程化考核密钥  --解密对称密钥并使其可供使用
    decryption by password = 'P@ssW0rd';
  select 班级ID, 学生ID, 学号, 姓名, QQ号码, EMail,        --解密使用对称密钥加密的
数据
    convert(char(11),DecryptByKey(手机号码, 1, convert( varbinary, 姓名))) as '
手机号码'
    from 学生信息表 where 班级ID = @班级ID order by 学号;
  close symmetric key s过程化考核密钥;
end;
go
--将300037换成你班的班级ID值
exec Get学生信息表By班级Id 300037;
go

--3. 更新学生信息(加密手机号码)并代入你的信息更新、查询验证
--   单击[可编程性][存储过程]查看是否创建
create procedure Set更新学生信息
  @班级ID int,@学号 NVarChar(10),@姓名 NVarChar(10),
  @EMail NVarChar(30),@QQ号码 VarChar(15),@手机号码 Char(11),@学生ID Int
as
begin
  set nocount on;
  open symmetric key s过程化考核密钥
    decryption by password = 'P@ssW0rd';
  update 学生信息表 set 班级ID = @班级ID, 学号 = @学号,
   姓名=@姓名, EMail = lower(@EMail), QQ号码=@QQ号码,
   手机号码=EncryptByKey(Key_GUID('s过程化考核密钥'),@手机号码,
      1, convert(varbinary,@姓名))
  where 学生ID=@学生ID;
  close symmetric key s过程化考核密钥;
end;
go
--将下列参数换成你的信息:班级ID,学号,姓名,EMail,QQ号码,手机号码,学生ID
--其中: [学生ID]不变, 其他可变, 特别是[手机号码]要改变一下
exec Set更新学生信息 300037,'2012044102','巴桑','862956134',
     '862956134qq.com','18235142144',500857;
--将300037换成你班的班级ID值，验证下你的手机号变化了吗
exec Get学生信息表By班级Id 300037;

--4.删除对称密钥
select * from sys.openkeys;        --查看打开的对称密钥
--drop symmetric key s过程化考核密钥;
```

【知识点】

(1) 创建、打开对称密钥。其主要语法格式如下：

```
CREATE SYMMETRIC KEY 对称密钥名 [AUTHORIZATION 拥有者名]
  WITH 选项[,...n] ENCRYPTION BY <加密机制>[,...n]

选项::=ALGORITHM=算法|KEY_SOURCE='源密码短语'|IDENTITY_VALUE='标识短语'
算法::=DES|TRIPLE_DES|TRIPLE_DES_3KEY|RC2|RC4|AES_128|AES_192|AES_256
加密机制::= PASSWORD='密码'|ASYMMETRIC KEY 非对称密钥名|CERTIFICATE 证书名 |
          SYMMETRIC KEY 对称密钥名
--打开对称密钥
OPEN SYMMETRIC KEY 对称密钥名;
```

① DES 即数据加密标准(Date Encryption Standard)，TRIPLE_DES(128 位密钥)、TRIPLE_DES_3KEY(192 位密钥)是 DES 的变形即三重 DES。

② AES 即高级加密标准(Advanced Encryption Standard)，是美国联邦政府采用的一种区块加密标准，有 128、192、256 位密钥 3 种，已经被多方分析且广为全世界所使用。

③ RC2、R4 是由著名密码学家 Ron Rivest 设计的对称加密算法。

④ 如果创建密钥时指定了标识值，则其 GUID(Globally Unique Identifier，全局唯一标识符，128 位即 16 字节二进制标识符)为该标识值的 MD5 哈希。如果未指定标识值，则服务器生成 GUID。如果密钥为临时密钥，则密钥名称必须以数字符号(#)开头。

(2) 使用 EncryptByKey 函数加密、DecryptByKey 函数解密。其语法格式如下：

```
EncryptByKey({'密码'|@密码变量}, {'明文'|@明文变量}
    [,{是否验证|@是否验证}, {验证器|@验证器变量}])

DecryptByKey({'密码'|@密码变量}, {'密文'|@密文变量}
    [,{是否验证|@是否验证}, {验证器|@验证器}])
```

(3) 关闭、删除对称密钥。其语法格式如下：

```
close symmetric key 对称密钥名;
drop symmetric key 对称密钥名;
```

(4) 创建对称密钥时，必须至少使用以下项之一来对该对称密钥进行加密：证书、密码、对称密钥、非对称密钥。当使用密码对对称密钥进行加密时，便会使用 TRIPLE DES 加密算法。加密数据列使用起来相对比较烦琐，需要程序在代码中显式地调用 SQL Server 内置的加密和解密函数，这需要额外的工作量(加密或解密的列需要转换成 Varbinary 类型)。导例 9.2 就是一个加密数据列的例子。

(5) 使用对称密钥进行加密和解密非常快，适用于对数据库中大量敏感数据加密和解密。对称密钥加密使用的算法比非对称密钥加密使用的算法简单，所以对称加密比非对称加密的速度要快得多。对称加密的主要缺点之一是使用相同的密钥加密和解密数据。因此，所有的数据发送方和接收方都必须知道或可以访问加密密钥。

【注意】删除和重新创建对称密钥的操作不能逆转或撤销。如果删除对称密钥，则使用此密钥加密的所有现有数据也将被删除。删除的数据包括指向外部报表数据源的连接字符串、存储的连接字符串和某些订阅信息。

9.1.4 视图、存储过程、函数和触发器的加密

【导例 9.4】如何加密数据库中视图、表值函数、存储过程和触发器，使得连数据库管理员也看不到其源代码呢？

```
use 过程化考核数据库_密文 Demo; -- 分 4 段执行
go
--1. 创建加密视图并查询
create view 学生通讯录
with encryption
as
  select top 100 percent 学号, 姓名, QQ 号码, EMail
  from 学生信息表 order by 学号;
go
-- 在 SSMS 中，单击[视图]、右击[学生通讯录]、[设计]菜单
select * from 学生通讯录;
go

--2. 创建加密内联表值函数并查询
create function F 学生通讯录 By 班级 Id(@班级 ID int)
returns table
with encryption
as
return(
  select top 100 percent 学号, 姓名, QQ 号码, EMail
  from 学生信息表
  where ( 班级 ID = @班级 ID )
  order by 学号
);
go
-- 在 SSMS 中，单击[可编程性][函数][表值函数]、右击[F 学生通讯录 By 班级 Id]、[修改]菜单
select * from F 学生通讯录 By 班级 Id(300037);
go

--3. 创建存储过程并执行
create procedure dbo.Get 学生通讯录 By 班级 Id @班级 ID int
with encryption
as
begin
  set nocount on;
  open symmetric key s 过程化考核密钥
  decryption by password = 'P@ssW0rd';
  select 学号, 姓名, QQ 号码, EMail,
    convert(char(11),DecryptByKey(手机号码, 1, CONVERT( varbinary, 姓名))) as '
手机号码'
  from 学生信息表
  where ( 班级 ID = @班级 ID )
  order by 学号;
  close symmetric key s 过程化考核密钥;
end;
```

```
go
-- 在 SSMS 中，单击[可编程性][存储过程]、右击[Get 学生通讯录 By 班级 Id]、[修改]菜单
exec Get 学生通讯录 By 班级 Id 300037;
go

--4. 创建触发器并验证(触发器知识先囫囵吞枣)
create trigger T 禁止更新学生姓名
on 学生信息表
with encryption
after update
as
begin
  if update(姓名)
  begin
    set nocount on;
    declare @学生 ID int, @新姓名 nvarchar(10), @原姓名 nvarchar(10);
    select @学生 ID = 学生 ID, @原姓名 = 姓名 from deleted;
    select @新姓名 = 姓名 from inserted;
    if @原姓名 != @新姓名
     rollback;
  end
end;
go
-- 在 SSMS 中，单击[表][学生信息表][触发器]、右击[T 禁止更新学生姓名]、[修改]菜单
update 学生信息表 set 姓名 = '游丽丽' where 学生 ID = 500360;
update 学生信息表 set 姓名 = '游莉莉' where 学生 ID = 500360;
```

【知识点】

创建加密视图、存储过程、表值函数和触发器对象语法格式是在 AS 之前加 With Encryption 选项，如下所示：

```
create {view | function | procedure | trigger} [架构名.]对象名
...
with encryption
as
定义体;
```

【注意】加密存储过程前应该备份原始存储过程，且加密应该在部署到生产环境前完成。

9.1.5 认识 SQL Server 的加密层次结构

SQL Server 采用层次结构加密数据和进行密钥管理，基层是需要加密的数据，最顶层是服务主密钥(Service Master Key，SMK)，可扩展密钥管理(EKM)模块将密钥保存在 SQL Server 的外部，上一层对其下一层进行加密保护，如图 9.2 所示。

为了获得最佳性能，通常使用对称密钥(而不是证书或非对称密钥)加密数据。图 9.2 显示了最常用的加密方法，导例 9.2 使用密码保护数据的方法如图 9.2①所示，导例 9.3 使用密码创建对称密钥再由对称密钥保护数据的方法如图 9.2②所示，导例 9.5 使用密码创建非对称密钥的方法如图 9.2③上所示，导例 9.6 使用密码创建非对称密钥、再由非对称密钥创建对称密钥、由对称密钥保护数据的方法如图 9.2③所示，导例 9.8 和导例 9.9 使用密码创建证书、再由证书创建对称密钥、由对称密钥保护数据的方法如图 9.2④所示，导例 9.12 使用密码创建数据库主

密钥、再由数据库主密钥创建非对称密钥或证书的方法如图 9.2⑤所示。

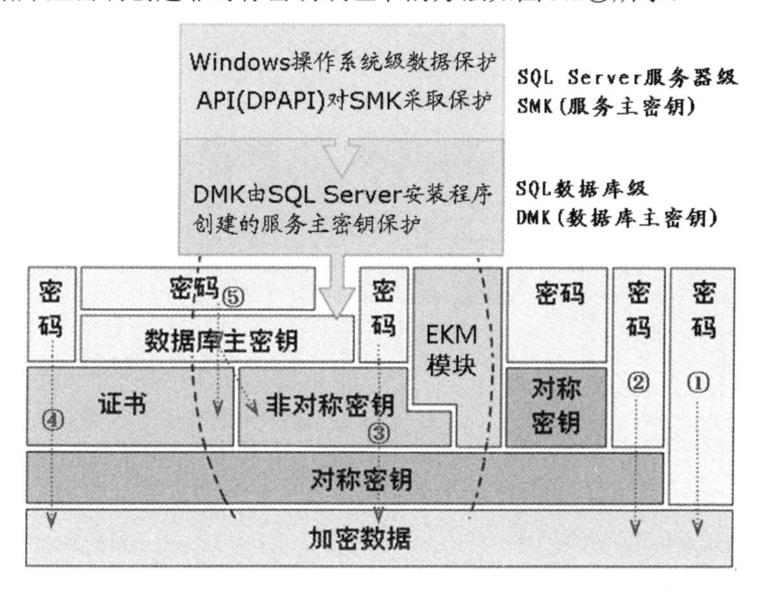

图 9.2　SQL Server 加密层次结构

9.2　非对称密钥加密与签名

在非对称密钥体系中，使用一对不同的密钥进行加密和解密，使用一个密钥来加密数据，使用另一个密钥来解密数据。其中公开的、不需要保密的密钥称之为公钥(Public Key)，所有者持有且须保密的密钥称之为私钥(Private Key)。公钥私钥的原则如下。

(1) 一个公钥对应一个私钥。

(2) 密钥对中，让大家都知道的是公钥，不告诉大家、只有拥有者知道的是私钥。

(3) 如果用其中一个密钥加密数据，则只有对应的那个密钥才可以解密。

(4) 如果用其中一个密钥可以进行解密数据，则该数据必然是对应的那个密钥进行的加密。

9.2.1　加密与解密

非对称密钥加密和解密是指使用接收方的公钥加密，使用接收方的私钥解密。

【导例 9.5】如何创建由密码保护的非对称密钥、修改和删除非对称密钥，如何使用非对称密钥对关键敏感数据进行加密和解密呢？

```
use 过程化考核数据库_密文 Demo;      -- 分 4 段执行
--1. 创建由密码保护的非对称密钥，单击[安全性][非对称密钥]查看是否创建
create asymmetric key a 过程化考核密钥
with algorithm = RSA_512   --512 位 RSA 加密算法
encryption by password = '非对称 P@ssW0rd';
--指定密钥的加密方式。 可以为证书、密码或非对称密钥。
select * from sys.asymmetric_keys;
--可以从视图 sys.asymmetric_keys 中查到该非对称密钥
go
```

```
--2. 修改非对称密钥解密密码
alter asymmetric key a过程化考核密钥
 with private key (
 decryption by password = N'非对称P@ssW0rd',
 encryption by password = N'新非对称P@ssW0rd');

--3. 两次加密比较、加密与解密
select EncryptByAsymKey(AsymKey_ID('a过程化考核密钥'),'我心上的人是我们班长')
union all
select EncryptByAsymKey(AsymKey_ID('a过程化考核密钥'),'我心上的人我们班长');

--4.加密与解密
declare @密文 varbinary(8000);
set @密文=EncryptByAsymKey(AsymKey_ID('a过程化考核密钥'),'我心上的人是我们班长');
select cast(DecryptByAsymKey(AsymKey_ID('a过程化考核密钥'), @密文
  ,N'新非对称P@ssW0rd') as varchar(4000)) 明文;

--4. 删除非对称密钥，暂不删除，下例用到，删除后没法再建同样密钥对的非对称密钥
--drop asymmetric key a过程化考核密钥;
```

【思考】

(1) 使用cast的用意是什么?

(2) 两次加密的算出的加密结果相同么?

【知识点】

(1) 创建、修改密钥、删除非对称密钥。其主要语法格式如下:

```
--1. 生成新的非对称密钥
create asymmetric key 非对称密钥名 [authorization 拥有者名]
with algorithm={RSA_512|RSA_1024|RSA_2048}
[encryption by password='密码'];

--2. 通过文件创建非对称密钥
create asymmetric key 非对称密钥名 [authorization 拥有者名]
{from <非对称密钥对源>
[encryption by password='密码'];

--3. 删除对称密钥
drop asymmetric key 非对称密钥名;
```

RSA是1977年由Ron Rivest、Adi Shamirh和Len Adleman在美国麻省理工学院开发的(RSA取名来自开发他们三者的名字)公钥加密算法，有512、1024、2048位密钥3种，是目前最有影响力的公钥加密算法，它能够抵抗到目前为止已知的所有密码攻击，已被ISO推荐为公钥数据加密标准。

(2) 修改非对称密钥。其语法格式如下:

```
alter asymmetric key 非对称密钥名 with private key
   encryption by password = '强密码'    --新密码
   decryption by password = '旧密码';
```

① encryption by password ='强密码' 指定用于保护私钥的新密码，强密码必须符合运行

SQL Server 实例的计算机的 Windows 密码策略要求。如果省略该选项，则使用数据库主密钥对私钥进行加密。

② decryption by password='旧密码' 指定当前用于保护私钥的旧密码。如果私钥使用数据库主密钥进行加密，则不需要指定旧密码。

(3) EncryptByAsymKey 函数加密、DecryptByAsymKey 函数解密。其语法格式如下：

```
    EncryptByAsymKey(ASYMKEY_ID('数据库中非对称密钥的名称'), {'明文'|@明文变量})
    DecryptByAsymKey(ASYMKEY_ID('数据库中非对称密钥的名称'), {'密文'|@密文变量}[, '密
码' ] )
```

(4) 使用非对称密钥加密技术进行数据加密。其原理是：明文用收件人的公钥加密，密文用收件人的私钥解密。每把密钥执行一种对数据的单向处理，每把的功能恰恰与另一把相反，一把用于加密时，则另一把就用于解密。用公钥加密的文件只能用私钥解密，而私钥加密的文件只能用公钥解密。换句话说，密钥对应的工作是可以任选方向的。这提供了“数字签名”的基础，如果一个用户用自己的私人密钥对数据进行了处理，别人可以用他提供的公共密钥对数据加以处理。

【注意】“非对称密钥”是数据库级的安全对象实体。该实体的默认格式包含公钥和私钥。当未使用 from 子句执行时，create asymmetric key 会生成新的密钥对。当使用 from 子句执行时，create asymmetric key 会从文件中导入密钥对，或从程序集中导入公钥。默认情况下，私钥受数据库主密钥保护，如果尚未创建任何数据库主密钥，则需要使用密码保护私钥。如果不存在数据库主密钥，则可以选择性地使用密码。

【导例 9.6】在“课程教学过程化考核系统”中，学生注册的手机号码是加密存储的。如何创建由非对称密钥保护的对称密钥，再使用对称密钥加密和解密“学生信息表”中的关键数据“手机号码”呢？

```
use 过程化考核数据库_密文 Demo;      -- 分 4 段执行
go
--1. 在[学生信息表]添加临时列[手机号]存储明码
alter table 学生信息表 add 手机号 char(11);
open SYMMETRIC KEY s 过程化考核密钥 DECRYPTION BY PASSWORD = 'P@ssW0rd';
go
update 学生信息表 SET 手机号 =
  convert(char(11),DecryptByKey(手机号码, 1, convert( varbinary, 姓名)));
close symmetric key s 过程化考核密钥;

--2. 创建由非对称密钥保护的对称密钥，单击[安全性][非对称密钥]查看是否创建
create symmetric key sa 过程化考核密钥
  with algorithm = triple_des
  encryption by asymmetric key a 过程化考核密钥;
go

--3. 打开对称密钥[sa 过程化考核密钥]，添加由[sa 过程化考核密钥]加密的[手机号码 2]
alter table 学生信息表 add 手机号码 2 varbinary(300);
go
open symmetric key sa 过程化考核密钥
  decryption by asymmetric key a 过程化考核密钥
  with password = '新非对称 P@ssW0rd';
```

```
  update 学生信息表 set 手机号码2 =
    EncryptByKey(Key_GUID(N'sa 过程化考核密钥'),手机号,1,convert(varbinary,姓
名));
  close symmetric key sa过程化考核密钥;
  alter table 学生信息表 drop column 手机号;
  go

  --4. 打开对称密钥、查询我班学生信息表(解密手机号码)并关闭对称密钥
  --   单击[可编程性][存储过程]查看是否创建
  create procedure Get学生信息表By班级Id2 @班级ID int
  aS
  begin
    set nocount on;
    open symmetric key sa过程化考核密钥
      decryption by asymmetric key a过程化考核密钥
      with password = '新非对称P@ssW0rd';
    select 学号, 姓名, QQ号码, EMail,
      convert(char(11),DecryptByKey(手机号码2, 1, convert( varbinary, 姓名)))
       as '手机号码'
      from 学生信息表 where ( 班级ID = @班级ID ) order by 学号;
    close symmetric key sa过程化考核密钥;
  end;
  go
  exec Get学生信息表By班级Id2 300037;  --将300037换成我班的班级ID值
```

【知识点】

(1) 返回数据库中对称密钥的 GUID。其语法格式如下：

```
Key_GUID('对称密钥名' )
```

(2) 打开对称密钥。其语法格式如下：

```
open symmetric key 对称密钥名;
```

【注意】为提高效率，可用非对称密钥保护对称密钥，再使用对称密钥加密和解密实际数据。

9.2.2 签名和签名验证

数字签名技术的原理是：用发件人的私钥对明文进行加密，用发件人的公钥进行解密，如果能够成功解密，则说明该报文确实是由公钥的原始持有人发送的，即证明是由该人签名认可的。

【导例 9.7】设计“借还信息表”记录借还信息，如何使用非对称密钥对明文(签字文本)进行签名和签名验证呢？

```
  use 过程化考核数据库_密文Demo;      -- 分3段执行
  go
  --1. 创建由非对称密钥保护的对称密钥，单击[安全性][非对称密钥]查看是否创建
  create asymmetric key a杜老师的密钥
    with algorithm = rsa_512 encryption by password = N'wstyr1963';
  create asymmetric key a李老师的密钥
    with algorithm = rsa_512 encryption by password = N'wstsr1981';
```

```
--2. 创建[借还信息表]，使用[非对称密钥]私钥对签名文本进行签名
create table 借还信息表
( 签名人 nvarchar(max), 签字文本 nvarchar(max), 签字数据 varbinary(8000) );
go
declare @签名文本 nvarchar(max);
set @签名文本 =N'今借到: 李老师现金 50000 元人民币，年底还清 50000 元(无利息)。借款人 杜老师 2013.7.2';
insert into 借还信息表(签名人, 签字文本, 签字数据)
   values(N'杜老师', @签名文本, SignByAsymKey(AsymKey_Id( N'a 杜老师的密钥'),
     hashbytes('MD5', @签名文本), N'wstyr1963' ));-- 采用了 MD5 散列后签名
set @签名文本 = N'今收到: 杜兆将老师还来的现金 50000 元人民币，2013.7.2 借条还清。收款人 李老师 2013.12.28';
insert into 借还信息表(签名人, 签字文本, 签字数据)
   values(N'李老师', @签名文本, SignByAsymKey(AsymKey_Id( N'a 李老师的密钥') ,
     hashbytes('MD5', @签名文本), N'wstsr1981' )); -- 采用了 MD5 散列后签名
go

--3. 使用[非对称密钥]公钥对签名文本进行签名验证
select * from 借还信息表;
select 签字文本, VerifySignedByAsymKey(AsymKey_Id('a 杜老师的密钥'),
   hashbytes('MD5', 签字文本), 签字数据 ) as [签字有效]
from 借还信息表 where 签名人 = N'杜老师';
select 签字文本, VerifySignedByAsymKey(AsymKey_Id('a 李老师的密钥'),
   hashbytes('MD5', 签字文本), 签字数据 ) as [签字有效]
from 借还信息表 where 签名人 = N'李老师';
```

【知识点】

(1) 使用非对称密钥签署纯文本。其语法格式如下：

```
SignByAsymKey( Asym_Key_ID('非对称密钥名') , @明码文本 [ , '私钥的密码' ] )
```

① Asym_Key_ID 是当前数据库中非对称密钥的 ID。Asym_Key_ID 的数据类型为 int。

② @明码文本类型为 nvarchar、char、varchar 或 nchar 的变量，其中包含将使用非对称密钥进行签名的数据。

③ 私钥的密码是用于保护私钥的密码，数据类型为 nvarchar(128)。

④ 返回类型最大大小为 8 000 个字节的 varbinary。

(2) 测试经过数字签名的数据在签名后是否发生了更改。其语法格式如下：

```
VerifySignedByAsymKey( Asym_Key_ID('非对称密钥名') , 明码文本 , 签名数据 )
```

① 签名数据是附加到已签名数据中的签名，为 varbinary 类型。

② 返回类型 int 如果签名匹配，则返回 1；否则返回 0。

③ VerifySignedByAsymKey 使用指定的非对称密钥的公钥对数据的签名进行解密，并将解密所得到的值与数据新计算出的 MD5 哈希值进行比较。如果值匹配，则确认签名有效。

(3) 在实际操作中，出于加解密运行效率等原因，并不是直接对明文加密，而是对明文进行摘要运算(MD5 或 SHA1)，对摘要进行加密，形成一个数字化的签名文本，附加在明文之后，收件人可以利用签名文本对明文进行验证，从而确认明文是由发件人签名，该签名摘要保证了数据的不可抵赖性和不可篡改性，即证明了数据是由该私钥的拥有者发出的，并且发出以后没有被有意或无意地篡改过。接收者只要用发送者的公私即可对其进行验证。

【注意】数字签名和密钥加密的区别如下。数字签名：发送者使用自己的私钥加密消息，接收方使用发送者的公钥解密消息，密钥加密：发送者使用接收方的公钥加密消息，接收方使用自己的私钥解密消息。

9.3 证书加密与签名

证书可以在数据库中加密和解密数据。证书包含密钥对、关于证书拥有者的信息、证书可用的开始和结束过期日期。证书同时包含公钥和密钥，在用于数据加密时前者用来加密，后者用来解密。SQL Server 可以生成它自己的证书，也可以从外部文件或程序集载入。因为可以备份然后从文件中载入它们，证书比非对称密钥更易于移植，而非对称密钥却做不到。这意味着可以在数据库中方便地重用同一个证书。注意：证书和非对称密钥同样消耗资源。

9.3.1 加密与解密

【导例 9.8】如何创建由密码保护的证书、备份和还原证书，如何使用证书对关键数据进行加密和解密呢？

```
    use 过程化考核数据库_密文 Demo;         -- 分 4 段执行
    --1. 创建证书、查看证书，单击[安全性][证书]查看是否创建
    create certificate c过程化考核证书
       encryption by password = N'证书 P@ssW0rd'
       with subject = '过程化考核系统使用证书',
       start_date = '2013-1-1', expiry_date ='2020-12-31';
    --查看证书
    select * from sys.certificates;

    --2. 两次加密比较
    select EncryptByCert(Cert_ID('c过程化考核证书'),'我心中的美女是我班赛西施') 两次加
密比较
    union all
    select EncryptByCert(Cert_ID('c过程化考核证书'),'我心中的美女是我班赛西施');
    --加密与解密
    declare @密文 varbinary(8000);
    set @密文=EncryptByCert(Cert_ID('c过程化考核证书'),'我心中的美女是我班赛西施');
    select cast(DecryptByCert(Cert_ID('c过程化考核证书'), @密文
      ,N'证书 P@ssW0rd') as varchar(4000)) 心中的美女;

    --3. 修改证书解密密码
    alter certificate c过程化考核证书
      with private key (
        decryption by password = '证书 P@ssW0rd',
        encryption by password = '新证书 P@ssW0rd'
    );

    --4. 备份、删除和还原证书
    backup certificate c过程化考核证书
      to file='d:\过程化考核系统使用证书.BAK' --证书备份路径,用来加密
```

```
  with private key (file='d:\过程化考核系统使用证书私钥.BAK',--证书私钥文件路径
  encryption by password ='私钥加密密码 P@ssW0rd', --用于还原时解密
  decryption by password ='新证书 P@ssW0rd'); --私钥解密密码
--备份后，可以在其他数据库中使用这个证书，或使用 DROP CERTIFICATE 命令删除它。
drop certificate c过程化考核证书;
--从备份文件中还原证书到数据库中
create certificate c过程化考核证书
  from file='d:\过程化考核系统使用证书.BAK'
  with private key (file='d:\过程化考核系统使用证书私钥.BAK',
  decryption by password ='私钥加密密码 P@ssW0rd' ,--私钥解密密码
  encryption by password ='证书 P@ssW0rd');  --私钥加密密码
```

【知识点】

(1) 创建、还原、删除证书。其主要语法格式如下：

```
--1. 由密钥创建证书
create certificate 证书名 [authorization 拥有者名]
   [encryption by password = '密码'] with subject = '证书主题'
  [,{start_date = 'mm/dd/yyyy'|expiry_date = 'mm/dd/yyyy'}[,…n]];

--2. 还原证书
create certificate 证书名 [authorization 拥有者名]
  from file = '证书备份文件' [with private key (<私钥选项>)]
<私钥选项> ::=
    file = '私钥文件路径及文件名'
    [, decryption by password = '解密密码']
    [, encryption by password = '加密密码'];
--3. 删除证书
drop certificate 证书名;
```

(2) Cert_ID 函数返回证书 ID、EncryptByCert 函数加密和 DecryptByCert 函数解密。其语法格式如下：

```
--1. 返回证书 ID
Cert_ID('证书名')

--2.公钥加密数据
EncryptByCert(证书 ID,{'将使用证书进行加密的数据字符串'|@明文变量})

--3.私钥解密数据
DecryptByCert(证书 ID, {'已用证书的公钥加密的数据' | @密文变量}
    [, {'用来加密证书私钥的密码'|@证书私钥密码变量}])
```

① @明文变量，类型为 nvarchar、char、varchar、binary、varbinary 或 nchar。

② EncryptByCert 返回值：最大大小为 8000 个字节的 varbinary。

③ @密文变量，类型为 varbinary，包含已使用证书进行加密的数据。

④ @证书私钥密码变量，必须为 Unicode 字符类型为 nchar 或 nvarchar，包含用来加密证书私钥的密码。

⑤ 证书名称可以在 sys.certificates 目录视图中看到。

【注意】 该函数使用证书的公钥对数据进行加密。只能使用相应的私钥对加密文本进行解密。此类非对称转换较比使用对称密钥进行加密和解密的方法开销更大。因此，建议在处理大型数据集(如多个表中的用户数据)时不使用非对称加密。

【导例 9.9】 在“课程教学过程化考核系统”中，学生注册的手机号码是加密存储的。如何创建由证书保护的对称密钥，再使用对称密钥加密和解密“学生信息表”中的关键数据“手机号码”呢？

```
use 过程化考核数据库_密文 Demo;  --分 4 段执行
go
--1. 在[学生信息表]添加临时列[手机号]存储明码
alter table 学生信息表 add 手机号 char(11);
open symmetric key s过程化考核密钥 decryption by password = 'P@ssW0rd';
update 学生信息表 set 手机号 =
  convert(char(11),DecryptByKey(手机号码, 1, convert( varbinary, 姓名)));
close symmetric key s过程化考核密钥;

--2. 创建由证书保护的对称密钥，单击[安全性][对称密钥]查看是否创建
create symmetric key sc过程化考核密钥
    with algorithm = AES_256,
    key_source = '不管风吹浪打，胜似闲庭信步！证书保护',
    identity_value = '毛泽东主席诗词(证书保护)'
    encryption by certificate c过程化考核证书;
go

--3. 打开对称密钥[sc过程化考核密钥]，添加由[sc过程化考核密钥]加密的[手机号码3]
alter table 学生信息表 add 手机号码3 varbinary(300);
go
OPEN SYMMETRIC KEY sc过程化考核密钥
  DECRYPTION BY CERTIFICATE c过程化考核证书
  WITH PASSWORD = N'证书 P@ssW0rd';
update 学生信息表 set 手机号码3=EncryptByKey(Key_GUID('sc过程化考核密钥')
    ,手机号,1, CONVERT(varbinary,姓名));
close SYMMETRIC KEY sc过程化考核密钥;
alter table 学生信息表 drop column 手机号;
go

--4. 打开对称密钥、查询我班学生信息表(解密手机号码)并关闭对称密钥
create procedure Get学生信息表By班级Id3 @班级ID int
as
begin
  set nocount on;
  open symmetric key sc过程化考核密钥
    decryption by certificate c过程化考核证书
    with password = '证书 P@ssW0rd';
  select 学号, 姓名, QQ号码, EMail,
    convert(char(11),DecryptByKey(手机号码3, 1, CONVERT( varbinary, 姓名)))
```

```
      as '手机号码'
    from 学生信息表 where ( 班级 ID = @班级 ID ) order by 学号;
    close symmetric key sc过程化考核密钥;
  end;
  go
  exec Get 学生信息表 By 班级 Id3 300037;  --将 300037 换成我班的班级 ID 值
```

9.3.2　签名和签名验证

使用证书进行数字签名的应用过程是，数据源发送方使用自己的私钥对数据校验和其他与数据内容有关的变量进行加密处理，完成对数据的合法“签名”，数据接收方则利用对方的公钥来解读收到的“数字签名”，并将解读结果用于对数据完整性的检验，以确认签名的合法性。

【导例 9.10】设计“借还信息表 2”记录借还信息，如何使用证书进行数字签名和签名验证呢？

```
  use 过程化考核数据库_密文 Demo;   --分 3 段执行
  go
  --1.创建证书，单击[安全性][证书]查看
  create certificate c杜老师的证书 encryption by password = N'wstyr1963'
    with subject = '过程化考核系统使用证书',
    start_date = '2013-1-1', expiry_date ='2020-12-31';
  create certificate c李老师的证书 encryption by password = N'wstsr1981'
    with subject = '过程化考核系统使用证书',
    start_date = '2013-1-1', expiry_date ='2020-12-31';

  --2.创建[借还信息表 2]，使用[证书]私钥对明文[签字文本]进行签名
  create table 借还信息表 2
    (签名人 nvarchar(max), 签字文本 nvarchar(max), 签字数据 varbinary(8000));
  go
  declare @签名文本 nvarchar(max);
  set @签名文本 =N'今借到：李老师现金 50000 元人民币，年底还清 50000 元(无利息)。借款人 杜
老师 2013.7.2';
  insert into 借还信息表 2(签名人, 签字文本, 签字数据)
    values( N'杜老师', @签名文本, SignByCert ( cert_Id( N'c杜老师的证书'),
      hashbytes('MD5',@签名文本), N'wstyr1963'));
  set @签名文本 = N'今收到：杜兆将老师还来的现金 50000 元人民币，2013.7.2 借条还清。收款
人 李老师 2013.12.28';
  insert into 借还信息表 2( 签名人, 签字文本, 签字数据)
      values( N'李老师', @签名文本, SignByCert ( cert_Id( N'c李老师的证书'),
        hashbytes('MD5',@签名文本), N'wstsr1981'));
  go

  --3.使用[证书]公钥对明文[签字文本]进行签名验证
  select * from 借还信息表 2;
  select 签字文本, VerifySignedByCert(cert_Id('c杜老师的证书'),
    hashbytes('MD5',签字文本), 签字数据 ) as 签字有效
    from 借还信息表 2 where 签名人 = N'杜老师';
  select 签字文本, VerifySignedByCert(cert_Id('c李老师的证书'),
    hashbytes('MD5',签字文本), 签字数据 ) as 签字有效
    from 借还信息表 2 where 签名人 = N'李老师';
```

【知识点】

(1) 使用证书对文本进行签名并返回签名的语法格式如下:

```
SignByCert(证书 Id , @明文 [,'密码'])
```

① 证书 Id 是当前数据库中证书的 ID，数据类型为 int。

② @明文类型为 nvarchar、char、varchar 或 nchar 的变量，包含要签名的数据。

③ '密码'用来对证书私钥进行加密的密码，数据类型为 nvarchar(128)。

④ 返回类型最大大小为 8000 个字节的 varbinary。

(2) 测试经过数字签名的数据在签名之后是否发生了更改的语法格式是:

```
VerifySignedByCert(证书 Id , 需签字的原始数据 , 签字后生成的二进制数据 )
```

① 需签字的原始数据：类型为 nvarchar、char、varchar 或 nchar。

② 签字后生成的二进制数据：类型为 varbinary，已用证书签名生成的二进制数据。

③ 返回类型为 int，如果已签名的数据未更改，则返回 1；否则返回 0。

【注意】VerifySignedByCert 使用指定证书的公钥对数据的签名进行解密，并将解密所得到的值与数据新计算出的 MD5 哈希值进行比较。如果值匹配，则确认签名有效。

9.4 服务主密钥与数据库主密钥

9.4.1 服务主密钥

每一个 SQL Server 实例都拥有一个 SMK，这个密钥是整个实例的根密钥，用于加密系统数据、链接的服务器登录名以及数据库主密钥。

【导例 9.11】如何备份、还原 SQL Server 实例的服务主密钥?

```
use master;
go
--1.备份服务主密钥
backup service master key to file = 'D:\服务主密钥.key'
encryption by password = 'SMK_P@ssW0rd';
--2.还原服务主密钥
restore service master key from file = 'D:\服务主密钥.key '
decryption by password = 'SMK_P@ssW0rd';
```

【知识点】

(1) 备份、还原服务主密钥。其语法格式如下:

```
backup service master key to file = '含文件名的完整路径'
   encryption by password = '密码';
restore service master key from file = '含文件名的完整路径'
decryption by password = '密码' [force];
```

① file ='含文件名称的完整路径' 指定要将服务主密钥导出到的文件的完整路径(包括文件名)。 此路径可以是本地路径，也可以是局域网共享文件 UNC(Universal Naming Convention 通用命名约定)路径，即：\\servername\sharename\directory\filename。

② password ='密码' 用于对备份文件中的服务主密钥进行加密的密码。 此密码应通过复杂性检查。

③ force 即使存在数据丢失的风险，也要强制替换服务主密钥。当还原服务主密钥时，SQL Server 将对所有已使用当前服务主密钥加密的密钥和机密内容进行解密，然后使用从备份文件中加载的服务主密钥对这些密钥和机密内容进行加密。如果有任意一种解密操作失败，则还原操作将会失败。使用 force 选项忽略错误，但是该选项会使无法进行解密的数据丢失。

(2) SMK 由 SQL Server 安装程序创建，并且使用 Windows 数据保护 API(DPAPI)进行加密。在第一次通过 SQL Server 使用 SMK 来加密证书、数据库主密钥或链接的服务器主密码时，服务主密钥会自动生成，并且使用 SQL Server 服务账户的 Windows 证书来生成它。如果必须改变 SQL Server 服务账号，微软建议使用 SQL Server 配置管理器，因为这个工具将执行生成新服务主密钥需要的合适的解密和加密方法，而且可以使加密层次结构保持完整。SMK 也用于加密其下的数据库主密钥。

9.4.2　数据库主密钥

所有数据库都可以只包含一个数据库主密钥(Database Master Key，DMK)，由 SQL Server 实例服务主密钥(SMK)保护。创建 DMK 是为了保护其数据库中的非对称密钥和证书安全对象。

【导例 9.12】 在“过程化考核数据库_密文 Demo”中，如何创建、备份、还原、打开、关闭和删除其数据库主密钥，如何利用数据库主密钥创建非对称密钥和证书呢？

```
use 过程化考核数据库_密文 Demo;
go
--1.创建数据库主密钥
create master key encryption by password ='DMK_Pa$$word';

--2.备份数据库主密钥
backup master key to file = 'D:\过程化考核数据库_密文 Demo 数据库主密钥.key'
encryption by password = 'DMK_P@ssW0rd';
drop master key;

--3.还原数据库主密钥
restore master key from file = 'D:\过程化考核数据库_密文 Demo 数据库主密钥.key'
decryption by password = 'DMK_P@ssW0rd'
encryption BY PASSWORD = 'NEW_DMK_P@ssW0rd';

--当数据库主密钥创建成功后，我们就可以使用这个密钥创建对称密钥，非对称密钥和证书了。
--4.打开数据库主密钥
open master key decryption by password = 'NEW_DMK_P@ssW0rd';

--5.创建由数据库主密钥保护的证书，单击[安全性][证书]查看
create certificate c 证书 By 数据库主密钥
with subject = '创建由数据库主密钥保护的证书';
go

--6.创建由数据库主密钥保护的非对称密钥，单击[安全性][非对称密钥]查看
create asymmetric key a 非对称密钥 By 数据库主密钥
   with algorithm = RSA_2048;
go
```

```
--7.创建由[c证书By数据库主密钥]钥保护的对称密钥，单击[安全性][对称密钥]查看
create symmetric key s对称密钥By证书
   with algorithm = AES_256
   encryption by certificate c证书By数据库主密钥;
go

--8.删除安全对象
drop symmetric key s对称密钥By证书;
drop certificate c证书By数据库主密钥;
drop asymmetric key a非对称密钥By数据库主密钥;
close master key;
drop master key;
```

【知识点】

(1) 创建、备份、还原、打开、关闭和删除数据库主密钥。其语法格式如下:

```
--1.创建数据库主密钥
create master key encryption by password ='密码';

--2.备份数据库主密钥
backup master key to file = '含文件名称的完整路径'
encryption by password = '密码';

--3.还原数据库主密钥
restore master key from file = '含文件名称的完整路径'
decryption by password = 'DMK_P@ssW0rd'
encryption BY PASSWORD = 'NEW_DMK_P@ssW0rd' [force];

--4.打开数据库主密钥
open master key decryption by password = 'NEW_DMK_P@ssW0rd';

--5. 关闭、删除
close master key;
drop master key;
```

① file ='含文件名称的完整路径' 指定要将数据库主密钥备份的文件的完整路径(包括文件名)。

② password ='密码' 用于对备份文件中的服务主密钥进行加密的密码。此密码应通过复杂性检查。

force 即使存在数据丢失的风险，也要强制替换服务主密钥。当还原服务主密钥时，SQL Server 将对所有已使用当前服务主密钥加密的密钥和机密内容进行解密，然后使用从备份文件中加载的服务主密钥对这些密钥和机密内容进行加密。如果有任意一种解密操作失败，则还原操作将会失败。使用 force 选项忽略错误，但是该选项会使无法进行解密的数据丢失。

(2) 当创建主密钥时，会使用 AES_256 算法以及用户提供的密码对其进行加密。若要启用主密钥的自动解密功能，请使用服务主密钥对该主密钥的副本进行加密，并将副本存储在数据库和 master。可以使用 open master key 语句并提供加密密码来解密 DMK。DMK 则可以保护数据库中所有证书的私钥和非对称密钥的私钥。DMK 是使用服务主密钥和密码创建的，DMK 可以更改为只使用密码。

9.5　透明数据加密

对一个数据库管理员来说，当要保护数据库时，安全是要考虑的最重要方面之一。可以使用多种机制和技术来保护数据和数据库，例如防火墙、认证和数据加密。不过尽管为环境设置了安全措施，但是关于数据库安全还总是有问题出现。尽管在保护数据库，但是如果有人窃取 MDF 文件或备份文件，那么会怎么样呢？

9.5.1　创建数据库的 TDE

透明数据加密(Transparent Data Encryption, TDE)为整个数据库提供了保护，在使用数据库的程序或用户看来，就好像没有加密一样。TDE 是全数据库级别的加密，保护的是其数据文件和日志文件，数据的加密和解密是以页为单位，由服务器引擎负责在数据页写入时进行加密、在数据页读出时进行解密。客户端程序完全不用做任何操作。

【导例 9.13】 如何进行透明数据加密呢？

```
-- 1. 在Master数据库中创建数据库主密钥[MASTER KEY]
use master;
go
create master key encryption by password = 'Pa$$W0rd4545';
--drop master key;

-- 2. 在Master数据库中创建[DEK证书]，用于透明数据加密
create certificate DEK证书 with subject = 'DEK数据库加密证书，用于透明数据加密'

-- 3. 备份[DEK证书]
backup certificate DEK证书 TO FILE = 'd:\DEK证书.cert'
  with private key (
    file = 'd:\DEK证书私钥.key',
    encryption by password = 'Pa$$W0rd5454'
);

-- 4. 在[过程化考核数据库_密文Demo]创建数据库加密密钥(DEK)并查询
use 过程化考核数据库_密文Demo
go
create database encryption key
with algorithm = AES_128
encryption by server certificate DEK证书;
--警告：用于对数据库加密密钥进行加密的证书尚未备份。
--应当立即备份该证书以及与该证书关联的私钥。
--如果该证书不可用，或者您必须在另一台服务器上还原或附加数据库，
--则必须对该证书和私钥均进行备份，否则将无法打开该数据库。
select db_name(database_id) AS 数据库名, *
from sys.dm_database_encryption_keys;

--5. 在[过程化考核数据库_密文Demo]上启/停透明数据加密并查询
alter database 过程化考核数据库_密文Demo
set encryption on;
```

```
select db_name(database_id) as 数据库名, *
  from sys.dm_database_encryption_keys
--  右击[过程化考核数据库_密文Demo]--属性--选项--状态--已启用加密：True

alter database 过程化考核数据库_密文Demo
set encryption off;
select db_name(database_id) as 数据库名, *
  from sys.dm_database_encryption_keys;

--6. 在[过程化考核数据库_密文Demo]验证数据操作是否透明
select 学号, 姓名 from 学生信息表;
update 学生信息表 set 姓名 = N'游莉莉' where 学号 = '100001';
delete 学生信息表 where 学号 = '100002';
```

【思考】启用、停止和未加密前，encryption_state的状态是什么？

【知识点】

(1) 创建用于以透明方式加密数据库的加密密钥。其语法格式如下：

```
create database encryption key
  with algorithm = {AES_128|AES_192|AES_256|TRIPLE_DES_3KEY}
  encryption by server {certificate 证书名|ASYMMETRIC KEY 非对称密钥名}
```

(2) sys.dm_database_encryption_keys是存储与数据库加密状态以及相关联数据库加密密钥有关的信息，指示数据库是加密的还是未加密的。encryption_state(加密状态)=0：不存在数据库加密密钥；=1：未加密；= 2：正在进行加密；=3：已加密；=4：正在更改密钥；=5：正在进行解密；=6：正在进行保护更改(正在更改对数据库加密密钥进行加密的证书或非对称密钥)。

(3) TDE使用数据库加密密钥(Database Encryption Key，DEK)进行加密。DEK可以由一个放置在硬件安全模块(HSM)中的非对称密钥以及可扩展的密钥管理(Extensible Key Management，EKM)的支持来保护。在一个数据库上的TDE执行对于连接到所选数据库的应用程序来说是非常简单而透明的。它不需要对现有应用程序做任何改变。图9.3显示了SQL Server使用TDE加密数据库的步骤：创建主密钥、创建或获取由主密钥保护的证书、创建数据库加密密钥并通过此证书保护该密钥、将数据库设置为使用加密。

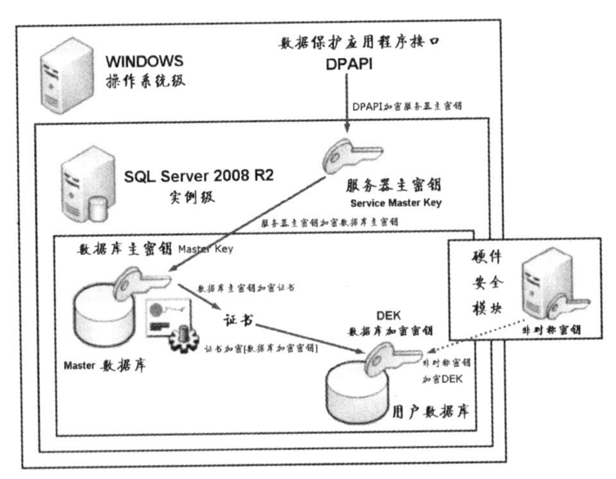

图9.3　TDE加密步骤

【注意】要使用非对称密钥对数据库加密密钥进行加密，非对称密钥必须驻留在可扩展密钥管理提供程序上。在可使用“透明数据库加密”(TDE) 加密数据库之前，需要设置一个数据库加密密钥。以透明方式加密数据库时，将在文件级别上加密整个数据库，而无需对代码进行特殊修改。用于加密数据库加密密钥的证书或非对称密钥必须位于 master 系统数据库中。只允许对用户数据库使用数据库加密语句。数据库加密密钥不能从数据库中导出。它只能供系统、对服务器拥有调试权限的用户以及能够访问证书(用于加密和解密数据库加密密钥)的用户使用，数据库所有者 (dbo) 发生更改时不必重新生成数据库加密密钥。

9.5.2　验证 TDE 数据库的安全效果

TDE 的主要作用是在数据库备份或数据文件被窃取以后，窃取数据库备份或文件的人在没有数据库加密密钥的情况下是无法恢复或附加数据库的。一旦在一个数据库上激活了 TDE，备份恢复到另一个 SQL Server 实例或附加数据文件到另一个 SQL Server 实例上去将是不允许的，除非用来保护数据库加密密钥(DEK)的证书是可用的。

【导例 9.14】经过 TDE 加密的“过程化考核数据库_密文 Demo”数据库安全效果如何呢？

```
-- 1. 备份数据库
backup database [过程化考核数据库_密文 Demo]
to disk = N'd:\过程化考核数据库_密文 Demo.bak'
with noformat, noinit, NAME = N'过程化考核数据库_密文 Demo 完全备份'
GO

-- 2. 在 SQL Server 2008(R2)另一服务器实例(换一台 SQL 电脑)上还原被阻止
restore database [过程化考核数据库_密文 Demo]
from disk = N'd:\过程化考核数据库_密文 Demo.bak'
with file = 1,
move N'过程化考核数据库_密文 Demo' TO N'D:\过程化考核数据库_密文 Demo.mdf',
move N'过程化考核数据库_密文 Demo_log' to N'D:\过程化考核数据库_密文 Demo.ldf',
nounload, stats = 10;

-- 3. SQL Server 2008(R2)另一服务器实例上附加被阻止
use master
go
create database [过程化考核数据库_密文 Demo] ON
( filename = N'D:\过程化考核数据库_密文 Demo.mdf'),
( filename = N'D:\过程化考核数据库_密文 Demo.ldf')
for attach;

--4.还原证书
create certificate DEK 证书
   from file = N'd:\DEK 证书.cert'
   with private key (
     file = 'd:\DEK 证书私钥.key',
     decryption by password = 'Pa$$W0rd5454'
);

--5. 证书还原后，再执行过程上述步骤 2,3
```

【思考】运行2、3后效果如何？进行证书还原后，再执行过程2、3效果如何，为什么？

【知识点】

(1) 在一个数据库上的 TDE 执行对于连接到所选数据库的应用程序来说是非常简单而透明的。它不需要对现有应用程序做任何改变。这个保护应用于数据文件和日志文件以及备份文件。一旦在一个数据库上激活了 TDE，备份恢复到另一个 SQL Server 实例或附加数据文件到另一个 SQL Server 实例上去将是不允许的，除非用来保护数据库加密密钥(DEK)的证书是可用的。

TDE 的加密特性是应用于页面级别的。一旦激活，页面就会在它们写到磁盘之前加密，在读取到内存之前解密。有一点一定要记住，那就是 SQL Server 和客户端应用程序之间的通信渠道没有通过 TDE 来保护和加密。

(2) 在初始数据库加密、密钥更改或数据库解密期间，不允许执行从数据库中的文件组中删除文件、删除数据库、使数据库脱机、分离数据库和将数据库或文件组转换为 READ ONLY 状态的操作。

(3) 在执行 create database encryption key、alter database encryption key、drop database encryption key 或 alter database...set encryption 语句期间，不允许执行下列操作。

① 从数据库中的文件组中删除文件。

② 删除数据库。

③ 使数据库脱机。

④ 分离数据库。

⑤ 将数据库或文件组转换为 read only 状态。

⑥ 使用 alter database 命令。

⑦ 启动数据库或备份数据库文件。

⑧ 启动数据库或还原数据库文件。

⑨ 创建快照。

(4) 下列操作或条件将阻止执行 create database encryption key、alter database encryption key、drop database encryption key 或 alter database…set encryption 语句。

① 数据库为只读或包含任何只读文件组。

② 正在执行 alter database 命令。

③ 正在进行任何数据备份。

④ 数据处于脱机或还原状态。

⑤ 正在创建快照。

⑥ 数据库维护任务。

创建数据库文件时，如果启用了 TDE，则即时文件初始化功能不可用。要使用非对称密钥对数据库加密密钥进行加密，非对称密钥必须驻留在可扩展密钥管理提供程序上。

【注意】透明数据加密(TDE)必须使用称为数据库加密密钥的对称密钥，该密钥受由 master 数据库的数据库主密钥保护的证书保护，或者受存储在 EKM 中的非对称密钥保护。服务主密钥和所有数据库主密钥是对称密钥。

9.6　本章实训

9.6.1　实训目的

通过本章的上机实验，帮助读者理解 SQL Server 的数据加密机制，掌握使用密码、对称密钥、非对称密钥和证书加密、使用非对称密钥和证书进行签名、创建修改删除还原备份服务主密钥和数据库主密钥的方法、创建透明数据加密以及视图、存储过程、函数和触发器的加密。

9.6.2　实训内容

(1) 参照导例 9.5、导例 9.6 在“教学成绩管理数据库”中，用 T-SQL 脚本方法创建由密码保护的非对称密钥和由新建非对称密钥保护的对称密钥，为“学生信息表”添加“加密身份证号”列并设置为“身份证号”加密内容，编写存储过程查询某班级“学生信息表”中的“学号, 姓名、身份证号(解密内容)”。

(2) 参照导例 9.8、导例 9.9 在“教学成绩管理数据库”中，用 T-SQL 脚本方法创建由密码保护的证书和由刚才新建的证书保护的对称密钥，为“学生信息表”添加“保密身份证号”列并设置为“身份证号”加密内容，编写存储过程查询某班级“学生信息表”中的“学号, 姓名、身份证号(解密内容)”。

(3) 参照导例 9.13、导例 9.14 用 T-SQL 脚本方法为“教学成绩管理数据库”创建透明数据加密，并到另一台计算机附加或还原验证。

9.6.3　实训过程

(1) 在查询窗口中录入并调试执行下列代码。

```
use 教学成绩管理数据库;
--1.创建非对称密钥
create asymmetric key a 教学成绩管理密钥
with algorithm = rsa_512   --512 位 rsa 加密算法
encryption by password = '非对称 P@ssW0rd';

-- 2.创建由非对称密钥保护的对称密钥
create symmetric key sa 教学成绩管理密钥
with algorithm = triple_des
encryption by asymmetric key a 教学成绩管理密钥;

--3. 打开对称密钥[sa 教学成绩管理密钥], 添加[学生信息表.加密身份证号]列及其内容
alter table 学生信息表 add 加密身份证号 varbinary(300);
go
open symmetric key sa 教学成绩管理密钥
  decryption by asymmetric key a 教学成绩管理密钥
  with password = '非对称 P@ssW0rd';
update 学生信息表 set 加密身份证号=
  EncryptByKey(Key_GUID(N'sa 教学成绩管理密钥'),身份证号,1,CONVERT(varbinary,姓名))
close symmetric key sa 教学成绩管理密钥;
select 学号, 姓名, 身份证号, 加密身份证号 from dbo.学生信息表
Go
```

```
--4．打开对称密钥、查询我班学生信息表(解密[电话])并关闭对称密钥
create procedure Get 学生信息表 By 班级编号 2 @班级编号 char(8)
as
begin
  set nocount on;
  open symmetric key sa 教学成绩管理密钥
    decryption by asymmetric key a 教学成绩管理密钥
    with password = '非对称 P@ssW0rd';
  SELECT 学号, 姓名,
    convert(char(18),DecryptByKey(加密身份证号, 1, convert(varbinary, 姓名)))
    as '身份证号'
  from 学生信息表 where ( 班级编号= @班级编号 ) order by 学号;
  close symmetric key sa 教学成绩管理密钥;
end;
go
exec Get 学生信息表 By 班级编号 2 '200303';  --将换成数据库中的班级编号值
```

(2) 参照导例 9.8、导例 9.9 加密和解密“学生信息表”中的“身份证号”字段。

(3) 参照导例 9.13、导例 9.14 创建透明数据加密。

9.6.4 实训总结

通过本章的上机实验，读者应理解 SQL Server 的安全机制，学会使用密码、对称密钥、非对称密钥和证书加密、学会创建透明数据加密。

9.7 本 章 小 结

本章介绍了加密技术，内容包括数据加密、公钥私钥、明文密文的含义、SQL Server 的加密层次结构、使用密码、对称密钥、非对称密钥和证书加密、使用非对称密钥和证书进行签名、创建修改删除还原备份服务主密钥和数据库主密钥的方法、创建透明数据加密以及视图、存储过程、函数和触发器的加密。在实际应用中，应根据用户需求选择合适的加密方法。表 9-1 对这些技术做了一个总结，要求读者熟练掌握使用证书、对称密钥非对称密钥和密码进行加密以及创建透明数据加密的方法。

表 9-1 数据加密技术

类型	技　术	语法格式
密码	加密	EncryptByPassPhrase({'密码'|@密码变量}, {'明文'|@明文变量}[,{是否验证|@是否验证},{验证器|@验证器变量}])
	解密	DecryptByPassPhrase({'密码'|@密码变量}, {'密文'|@密文变量} [,{是否验证|@是否验证},{验证器|@验证器}])
对称密钥	创建	create symmetric key 对称密钥名 [authorization 拥有者名] with <选项>[,…n] encryption by <加密机制>[,…n] <选项>::=algorithm=<算法>|key_source='源密码短语'|identity_value='标识短语' <算法>::=DES|TRIPLE_DES|TRIPLE_DES_3KEY|RC2|RC4|AES_128|AES_192|AES_256 <加密机制>::= certificate 证书名 |password='密码'| symmetric key 对称密钥名|asymmetric key 非对称密钥名
	打开	open symmetric key 对称密钥名;
	关闭	close symmetric key 对称密钥名;

续表

<table>
<tr><th>类型</th><th>技　术</th><th>语法格式</th></tr>
<tr><td rowspan="3"></td><td>删除</td><td>drop symmetric key 对称密钥名；</td></tr>
<tr><td>加密</td><td>EncryptByKey({'密码'|@密码变量},{'明文'|@明文变量}[,{是否验证|@是否验证},{验证器|@验证器变量}])</td></tr>
<tr><td>解密</td><td>DecryptByKey({'密码'|@密码变量}, {'密文'|@密文变量}
[,{是否验证|@是否验证}, {验证器|@验证器}])</td></tr>
<tr><td rowspan="9">非对称密钥</td><td>创建</td><td>create asymmetric key 非对称密钥名 [authorization 拥有者名]
with algorithm={RSA_512|RSA_1024|RSA_2048}
[encryption by password='密码'];</td></tr>
<tr><td>修改密钥</td><td>alter asymmetric key 非对称密钥名 with private key
encryption by password='新强密码' decryption by password='旧密码'</td></tr>
<tr><td>打开</td><td>open asymmetric key 非对称密钥名；</td></tr>
<tr><td>加密</td><td>EncryptByAsymKey(ASYMKEY_ID('数据库中非对称密钥的名称'),{'明文'|@明文变量})</td></tr>
<tr><td>解密</td><td>DecryptByAsymKey(ASYMKEY_ID('数据库中非对称密钥的名称'),{'密文'|@密文变量}[,'密码'])</td></tr>
<tr><td>签名</td><td>SignByAsymKey(Asym_Key_ID('非对称密钥名'),@明码文本[, '私钥密码'])</td></tr>
<tr><td>验证</td><td>测试经过签名的数据在签名后是否发生了更改
VerifySignedByAsymKey(Asym_Key_ID('非对称密钥名'),明码文本,签名数据)</td></tr>
<tr><td>关闭</td><td>close asymmetric key 非对称密钥名；</td></tr>
<tr><td>删除</td><td>drop asymmetric key 非对称密钥名；</td></tr>
<tr><td rowspan="7">证书</td><td rowspan="2">创建</td><td>创建新的证书
create certificate 证书名 [authorization 拥有者名]
[encryption by password = '密码'] with subject = '证书主题'
[,{start_date = 'mm/dd/yyyy'|EXPIRY_DATE = 'mm/dd/yyyy'}[,...n]]</td></tr>
<tr><td>从证书备份文件中还原
create certificate 证书名 [authorization 拥有者名]
from file = '证书备份文件' [with private key (<私钥选项>)]
<私钥选项> ::=
file = '私钥文件路径及文件名'[, decryption by password = '解密密码']
[, encryption by password = '加密密码']</td></tr>
<tr><td>加密</td><td>EncryptByCert({'密码'|@密码变量}, {'明文'|@明文变量}[,{是否验证|@是否验证}, {验证器|@验证器变量}])</td></tr>
<tr><td>解密</td><td>DecryptByCert{'密码'|@密码变量}, {'密文'|@密文变量}[,{是否验证|@是否验证}, {验证器|@验证器}])</td></tr>
<tr><td>签名</td><td>SignByCert(certificate_ID , @明文变量[, '密码'])</td></tr>
<tr><td>验证</td><td>测试经过签名的数据在签名之后是否发生了更改
VerifySignedByCert(证书 ID,需签字的原始数据,签字后生成的二进制数据)</td></tr>
<tr><td>删除</td><td>drop certificate 证书名</td></tr>
<tr><td rowspan="3">服务主密钥</td><td>备份</td><td>backup service master key to file = '含文件名的完整路径'
encryption by password = '密码'</td></tr>
<tr><td>修改</td><td>alter service master key regenerate;</td></tr>
<tr><td>还原</td><td>restore service master key from file = '含文件名的完整路径'
decryption by password = '密码' [force]</td></tr>
</table>

续表

类型	技　术	语法格式
数据库主密钥	创建	create master key encryption by password = '密码'
	打开	open master key decryption by password = '密码'
	备份	backup master key to file = '含文件名的完整路径' encryption by password = '密码'
	还原	restore master key from file = '含文件名的完整路径' decryption by password = '导入 DMK 解密时所需的密码' encryption by password = '加载 DMK 后对该密钥加密的密码' [force]
	关闭	close master key
	删除	drop master key
透明数据加密	创建	create database encryption key with algorithm = { AES_128 | AES_192 | AES_256 | TRIPLE_DES_3KEY } encryption by server {certificate 证书名|asymmetric key 非对称密钥名}
	修改	改变用于以透明方式加密数据库的加密非对称密钥或证书 alter database encryption key regenerate with algorithm={AES_128|AES_192|AES_256| TRIPLE_DES_3KEY}| encryption by server {certificate 证书名|asymmetric key 非对称密钥名}
	删除	drop database encryption key;

9.8 本 章 习 题

1. 填空题

(1) 加密是以某种______和______变换原有的可读文本或数据，使未授权的用户即使获得了已加密的信息，因不知解密的密钥或(和)算法，仍然无法得到原来的文本或数据。原有的可读文本或数据称为______，加密获得的不可读数据称为______。将密文变为明文的过程被称为______。

(2) ______ (字面意思为剁碎、切碎)，就是把任意长度的字符串或二进制输入通过算法变换成较短的______长度的二进制输出。输出的二进制长度通常____小于输入的字符串或二进制的长度，不同的输入可能会散列成相同的输出，而不可能从输出值来______地确定输入值。

(3) ______是指可包含空格、相对较短、有含义容易记忆、隐匿于心的字符串、短语或句子。______是指相对较长、无意义、不易记忆、一般保存在存储介质上________数据。

(4) ______密钥是指对明文进行加密运算和对密文进行解密运算使用相同的密钥。在________密钥体系中，使用一对不同的密钥进行加密和解密，使用一个密钥来加密数据，使用另一个密钥来解密数据。其中公开的、不需要保密的密钥称之为____钥，所有者持有且须保密的密钥称之为____钥。

(5) 非对称密钥数字签名和密钥加密的区别是：数字签名发送者使用自己的____钥加密消息，接收方使用发送者的____钥解密消息；非对称密钥加密发送者使用接收方的____钥加密消息，接收方使用自己的____钥解密消息。

(6) 证书包含密钥对、拥有者、证书可用的开始和结束过期日期等信息。证书的使用____钥对数据进行加密，使用相应的____钥对加密数据进行解密。证书进行数字签名使用____钥对数据校验进行加密处理，完成对数据的“签名”，使用证书的____钥来解读收到的“数字签名”，并将解读结果用于对数据完整性的检验，以确认签名的合法性。。

(7) 每一个 SQL Server 实例都拥有一个______主密钥(SMK)，这个密钥是整个实例的根密钥，用于加密系统数据、链接的服务器登录名以及数据库主密钥。所有数据库都可以只包含一个__________密钥(DMK)，由 SQL Server 实例的 SMK 保护。创建 DMK 是用来保护其数据库中的非对称密钥和证书安全对象。

(8) 透明数据加密(TDE)对整个数据库提供了保护，在使用数据库的程序或用户看来，就好像没有加密一样。TDE 是__________级别的加密，保护的是其数据文件和日志文件，数据的加密和解密是以页为单位，由服务器引擎负责在数据页______时进行____密、在数据页______时进行____密。TDE 的主要作用是防止数据库备份或数据文件被偷了以后，偷数据库备份或文件的人在没有数据库加密密钥的情况下是无法恢复或附加数据库。

(9) 填写下列概念的英文单词：明文__________、密文__________、散列__________、密码__________、密钥________、公钥__________ key、私钥__________ key。

(10) 填写下列概念的英文单词：加密__________、解密__________、签名__________、验证__________、对称密钥__________ key、非对称密钥_____________ key、证书__________。

(11) 填写下列功能的函数名：

使用密码加密数据_________________及其解密数据_________________；

使用对称密钥加密数据________________及其解密数据________________，

根据对称密钥名返回 ID 值________________。

(12) 填写下列功能的函数名：

使用非对称密钥加密数据_______________及其解密数据______________，

使用非对称密钥数据签名_______________及其数据验证______________，

根据非对称密钥名返回 ID 值______________。

(13) 填写下列功能的函数名：

使用证书加密数据_________________及其解密数据_________________，

使用证书数据签名_________________及其数据验证_________________，

根据证书名返回 ID 值________________。

(14) 填写下列术语的英文单词：

服务主密钥(SMK)________ __________ Key；

数据库主密钥(DMK)___________ __________ Key；

透明数据加密(TDE)____________ Data __________。

(15) 填写下列术语的英文单词：

消息摘要算法 5(MD5)__________ ___________ Algorithm 5；

安全散列算法(SHA)______________ Hash ______________；

数据加密标准(DES)Data ____________ Standard；

高级加密标准(AES)______________ Encryption ______________。

2. 判断题

(1) 数据加密可以替代数据库的其他安全机制。 (　　)

(2) 使用对称密钥加密更安全。 (　　)

(3) 可以使用密码、对称密钥、非对称密钥、证书来对对称密钥加密。 (　　)

(4) 创建加密视图、存储过程、表值函数和触发器对象的语法格式是在 AS 之前加 With Encryption 选项。 (　　)

(5) SQL Server 可以生成创建证书，可以备份证书、还可以从备份文件中载入证书。因此，证书比非对称密钥更易于移植，而非对称密钥却不能备份或还可以从备份文件中载入。 (　　)

3. 编程题

(1) 编写创建、打开和关闭由密码“P@ssW0rd”保护、名为“s_对称密钥”、采用 DES 算法的对称密钥，创建由密码“P@ssW0rd”保护、名为“a_非对称密钥”、采用 RSA_512 算法的非对称密钥，创建由密码“P@ssW0rd”保护、名为“c_证书”、主题为[]的证书，删除对称密钥、非对称密钥、证书等 T-SQL 语句。

(2) 参照导例 9.2，编写使用密码加密和解密“我暗恋的同学是 XXX”的 T-SQL 脚本。

(3) 参照导例 9.4，编写创建和验证加密视图“女生通讯录”、加密表值函数“F 女生通讯录 By 班级 Id”和加密存储过程“Get 女生通讯录 By 班级 Id”(注：用到导例 9.3 创建的“s 过程化考核密钥”对称密钥)的 T-SQL 脚本。

(4) 参照导例 9.7，在“过程化考核数据库_密文 Demo”中，设计“发誓信息表”(发誓人，发誓文本，签字数据)记录发誓信息，使用非对称密钥将你对你恋人的誓言(明文)进行签名和签名验证。

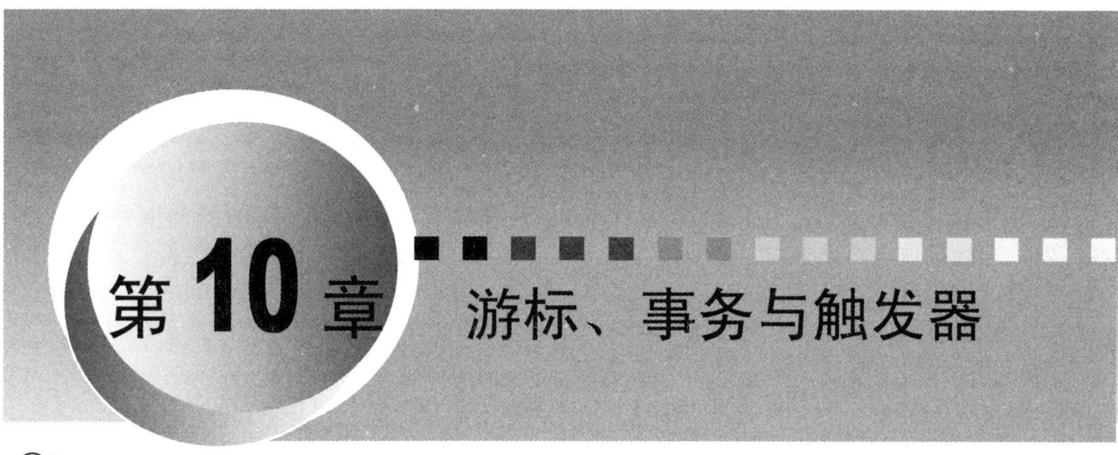

第10章 游标、事务与触发器

教学目标

通过本章学习，使学生理解游标、事务和触发器的概念和用途，基本掌握游标、事务的编程方法，掌握触发器创建方法。

教学要求

<table>
<tr><th>知识要点</th><th>能力要求</th><th>关联知识</th></tr>
<tr><td>游标</td><td>(1) 理解游标机制和用途
(2) 了解游标创建和使用等编程方法</td><td>select 语句返回多条记录，可以使用 Cursor 逐条访问并处理；
declare 游标名 cursor for select 语句；
open 游标名；
fetch 游标名 [into @变量名,…]；
close 游标名；
deallocate 游标名；</td></tr>
<tr><td>事务</td><td>(1) 理解事务的概念和用途
(2) 掌握事务控制方法
(3) 根据处理需求进行事务编程</td><td>事务(Transaction) 是对数据库操作的一条或者多条 T-SQL 语句组成的单元，具有原子性(Atomicity)、一致性(Consistency)、隔离性(Isolation)、持久性(Durability)等属性；
begin transaction [事务名]
commit transaction [事务名]
save transaction (事务保存点)
rollback transaction [事务名] | [事务保存点]</td></tr>
<tr><td>触发器</td><td>(1) 理解触发器的概念和用途
(2) 掌握触发器创建方法</td><td>触发 trigger 用于保持数据库数据的一致性，数据发生改变时，自动激活相应的触发器，并执行相关操作；
create trigger 触发器名 {before|after}<触发事件> on 表名 [when <触发条件>]<触发动作>；
drop trigger 触发器名 on 表名；</td></tr>
</table>

重点难点

- ➢ 游标对记录集中数据的处理方法
- ➢ 事务的定义和使用方法
- ➢ DML 触发器的作用和使用方法

10.1 游　　标

由 select 语句查询的结果是一个记录集，即由若干条记录组成的一个完整的单元。在实际应用中处理复杂业务逻辑时有时需要对这种记录集逐行逐条进行访问。如：账务管理系统的月度结转汇总统计中，对“科目信息表”中“科目代码”希望逐行访问提取，提取一条“科目代码”后再对这条科目代码进行当月合计、当月累计和余额统计汇总。使用游标便可解决这类问题。

【导例 10.1】使用游标统计某班学生体质状况，即分性别统计过轻、适中、过重、肥胖、非常肥胖的人数及其百分比。其中：体质指数(BMI)=体重(kg)/身高(m)的平方，判断标准如下。男生：过轻(<20)、适中(20～25)、过重(25～30)、肥胖(30～35)、非常肥胖(>35)；女生：过轻(<19)、适中(19～24)、过重(24～29)、肥胖(29～34)、非常肥胖(>34)。

```
use 过程化考核数据库Demo;
go
create procedure Get学生体质状况By班级ID
@班级ID int, @人数 int output
as
begin
  declare @过轻_男 int = 0, @适中_男 int = 0, @过重_男 int = 0,
        @肥胖_男 int = 0, @过胖_男 int = 0, @人数_男 int = 0;
  declare @过轻_女 int = 0, @适中_女 int = 0, @过重_女 int = 0,
        @肥胖_女 int = 0, @过胖_女 int = 0, @人数_女 int = 0;

  declare @性别 nchar(1), @身高 decimal, @体重 decimal, @BMI decimal;

  declare c学生 cursor static for
    select 性别, 身高, 体重 from 学生信息表
      where 班级ID = @班级ID;

  open c学生;
  set @人数 =  @@cursor_rows;
  fetch c学生 into @性别, @身高, @体重;
  while @@fetch_status = 0
  begin
    set @BMI = @体重/(@身高*@身高);
    if @性别 = '男'
    begin
      set @人数_男 = @人数_男 + 1;
      if @BMI > 35 set @过胖_男 = @过胖_男 + 1;
      if @BMI > 30 and @BMI <= 35 set @肥胖_男 = @肥胖_男 + 1;
      if @BMI > 25 and @BMI <= 30 set @过重_男 = @过重_男 + 1;
      if @BMI > 20 and @BMI <= 25 set @适中_男 = @适中_男 + 1;
      if @BMI <= 20 set @过轻_男 = @过轻_男 + 1;
    end
    else
    begin
      set @人数_女 = @人数_女 + 1;
```

```
      if @BMI > 34 set @过胖_女 = @过胖_女 + 1;
      if @BMI > 29 and @BMI <= 34 set @肥胖_女 = @肥胖_女 + 1;
      if @BMI > 24 and @BMI <= 29 set @过重_女 = @过重_女 + 1;
      if @BMI > 19 and @BMI <= 24 set @适中_女 = @适中_女 + 1;
      if @BMI <= 19 set @过轻_女 = @过轻_女 + 1;
    end
    fetch c学生 into @性别, @身高, @体重;
  end;
  close c学生;
  deallocate c学生;

  select '男' 性别,@过轻_男 过轻,@适中_男 适中,@过重_男 过重,@肥胖_男 肥胖,
    @过胖_男 过胖,@人数_男 人数
  union
  select '女' 性别,@过轻_女 过轻,@适中_女 适中,@过重_女 过重,@肥胖_女 肥胖,
    @过胖_女 过胖,@人数_女 人数;
end;
go

-- 将300037换成所在班的ID值，执行验证之
declare @人数 int;
execute [get学生体质状况by班级id] 300037,@人数 output;
print @人数;
```

【知识点】

1) 游标是一种数据访问处理机制

它允许用户从 select 语句查询的结果集中逐条逐行地访问记录，按照需要逐行查询、修改或删除这些记录。可以将其理解为数据表记录逐行访问(移动当前记录和在当前记录上进行访问)的位置指针。

2) 使用游标编程的操作步骤(类似于把大象关进冰箱的步骤)

(1) 声明、打开游标：

```
declare 游标名 cursor for select语句
open 游标名
```

(2) 处理数据：

```
--移动到下一条并读取当前行数据
fetch 游标名 [into @变量名,…]
--移动到下一条并删除当前行数据
delete from 表或视图名 where current of 游标名
--移动到下一条并修改当前行数据
update from 表或视图名 set 列名=表达式,… where current of 游标名
```

(3) 关闭、释放游标：

```
close 游标名
deallocate 游标名
```

3) 声明游标 T-SQL 语句

其主要语法格式为

```
declare 游标名 cursor
[forward_only | scroll]
```

```
[static | keyset | dynamic | fast_forward]
for select语句
[for update [of 列名 [,…n]]]
```

① forward_only。只能前进，仅支持 next 提取选项。

② scroll，滚动。支持所有提取选项：next、prior、first、last、absolute、relative。

③ static，静态。游标 open 时在 tempdb 创建一个临时表(复本)保存结果集，供用户游标提取。不允许通过静态游标修改记录。

④ dynamic，动态。行的值、顺序等在每次提取时都可能因其他用户的更改而变动。不支持 absolute 提取选项。

⑤ keyset，键集。当游标打开时，在 tempdb 内创建名字为 keyset 的表，用来记录游标结果集中每条记录的关键字段(标识字段)值和顺序。对基表中的非关键字段所做的更改(由游标所有者或其他用户)在用户滚动游标时是可以看到的；其他用户不能通过游标插入数据。如果某行已删除，则对该行使用提取操作状态函数@@fetch_status 返回-2。如果通过指定 where current of 子句用游标完成更新，则新值可视。如果通过非游标语句更新键值，相当于删除旧行后接着插入新行的操作，新值的行不能看到，对含有旧值的行的提取操作@@fetch_status 返回-2。

⑥ fast_forward，快速向前。它是性能优化的 forward_only、read_only 游标，与 scroll、for_update、 forward_only 不能同时使用。

⑦ select，语句。用来定义游标结果集的标准 select 语句，且不允许使用 compute、compute by、for browse 和 into 子句。

⑧ for update [of 列名,…]，修改。定义游标内可更新的列。如果在 update 中未指定列的列表，除非同时指定了 read_only 选项，否则所有列均可更新。

4) 游标打开

当游标被打开时，行指针会指在第一行之前。

打开游标后，如果@@error = 0 表示游标打开操作成功。

打开游标后，可用@@cursor_rows 返回游标记录数：

① −m：游标被异步填充，返回值(−m)是键集中当前的行数。

② −1：游标为动态，符合条件记录的行数不断变化。

③ 0：没有符合的记录、游标没打开、已关闭或被释放。

④ n：游标已完全填充，返回值(n)是在游标中的总行数。

5) 数据处理

游标被打开后，可以用 fetch 语句从 select 语句查询的结果集中移动位置指针并提取一行数据。其主要语法格式如下：

```
fetch [[ next | prior | first | last] from]
    游标名 [into @变量名 [ ,…n ]]
```

first:第一行；next:下一行；prior：上一行；last：最后一行。

(1) 可以把查询到的数据用 into 子句写入局部变量，但必须先声明该局部变量的类型和宽度，且必须与 select 语句中指定的列的顺序、类型和宽度相同。

(2) 打开游标后第一次执行 fetch next，则将获取查询结果集中的第一行数据。

(3) 打开游标后第一次执行 fetch prior，则得不到任何数据。

(4) 可用@@fetch_status 返回执行 fetch 操作之后，当前游标指针的状态。状态值如下。

① 0：表示行已成功地读取。

② -1：表示读取操作已超出了结果集。

③ -2：表示行在表中不存在。

可使用游标更新游标名指定的当前指定行字段的值或删除游标名指定的当前行数据。

6) 关闭、释放游标

打开游标的同时锁定与其关联的当前结果集。因此在使用完游标之后，应该关闭它，释放与游标关联的当前结果集。如果不再使用一个游标了，应将此游标释放，即释放其占用的系统资源。

10.2　事务的使用

在数据库对数据进行插入、删除、修改时，要用到一条或一组 insert、delete、update 语句，这一条或一组语句在执行过程中因意外故障中断语句的执行时，会出现数据插入、删除、修改一半的情况，即半途而废。如何防止这种“半拉子”数据操作呢？

10.2.1　事务的概念

1. 事务

【导例 10.2】事务：从“杨百万”账户转给“邱发财”账户 8 万元。

```
use 过程化考核数据库Demo;
go
create table 银行账户表(账号 char(6), 账户 nvarchar(10), 存款余额 money);
insert 银行账户表(账号, 账户, 存款余额) values
('100001','杨百万',1000000),
('100002','李有财',80000),
('100003','邱发财',10);
select * from 银行账户表;
update 银行账户表 set 存款余额=存款余额-80000 where 账号='100001';
update 银行账户表 set 存款余额=存款余额+80000 where 账号='100003';
select * from 银行账户表;
```

运行结果如图 10.1 所示。

	账号	账户	存款余额
1	100001	杨百万	1000000.0000
2	100002	李有财	80000.0000
3	100003	邱发财	10.0000

	账号	账户	存款余额
1	100001	杨百万	920000.0000
2	100002	李有财	80000.0000
3	100003	邱发财	80010.0000

图 10.1　银行转账

假设在执行完第 1 条 update 语句时，计算机突然停电或崩溃，使第 2 条语句无法执行，出现这样的结果：杨百万的钱被减去 80000 元，但邱发财并没有增加这 80000 元。为防止这种情况发生，上述两条 update 语句要么全部执行，要么全部不执行。事务就是处理这类问题的一种机制。

SQL Server 中，事务(Transaction) 是对数据库操作的一条或者多条 T-SQL 语句组成的单元，此单元中的所有操作要么都正常完成，要么因任何一条操作不能正常完成而取消单元中的所有操作。SQL Server 利用事务机制保证数据修改的一致性，并且在系统出错时确保数据的可恢复性。

事务对所有数据库管理系统而言都是一个重要概念，不管是数据库管理人员还是数据库应用开发人员都应该对事务有较深刻的理解。

2. 事务的 ACID 属性

(1) 原子性(Atomicity)。原子性是指事务中的操作对于数据的修改，要么都完成，要么都取消。

(2) 一致性(Consistency)。事务在完成时，必须使所有的数据都保持一致状态、保持所有数据的完整性。

(3) 隔离性(Isolation)。并发事务所作的数据修改与任何其他并发事务所作的数据修改隔离，即对于一个事务，可以看到另一个事务修改完后的数据或者是修改之前的数据，而不能看到另一个事务正在修改中的数据。

(4) 持久性(Durability)。持久性是指当一个事务完成之后，对数据所做的所有修改都已经保存到数据库中。

3. 事务的特点

(1) 可以保证操作的一致性和可恢复性。

(2) 可以由用户定义，它包括一系列的操作或语句。

(3) 每一条 T-SQL 语句都可以是一个事务。

(4) 在多服务器环境中，可使用用户定义的分布式事务以保证操作的一致性。

10.2.2 事务的模式

在 SQL Server 中事务有 3 种模式：显式事务、隐性事务和自动提交事务。

1. 显式事务

【导例 10.3】显式事务方式的案例。

```
use 过程化考核数据库 Demo;
go
create table 学生会干部表(
  姓名 nvarchar(4),
  性别 nchar(1) check(性别 in ('男','女')),
  职务 nvarchar(5)
);
set xact_abort on      --当事务中有任一条语句出错不能执行时，取消整个事务
begin transaction      --事务开始
insert 学生会干部表(姓名,性别,职务) values ('任重','男','主席');
insert 学生会干部表(姓名,性别,职务) values ('张驰','女','副主席');
insert 学生会干部表(姓名,性别,职务) values ('陈钧 ','南','体育部长');
insert 学生会干部表(姓名,性别,职务) values ('梁美娟','女','宣传文艺部长');
insert 学生会干部表(姓名,性别,职务) values ('乔美佳','女','组织部长');
if @@error = 0
  commit               --事务提交(全部执行)
else
  rollback;            --事务回滚(取消所有语句执行)
go
select * from 学生会干部表;
drop table 学生会干部表;
```

运行结果：第 3 条插入性别字段出错时取消整个事务执行。结果如图 10.2 所示。

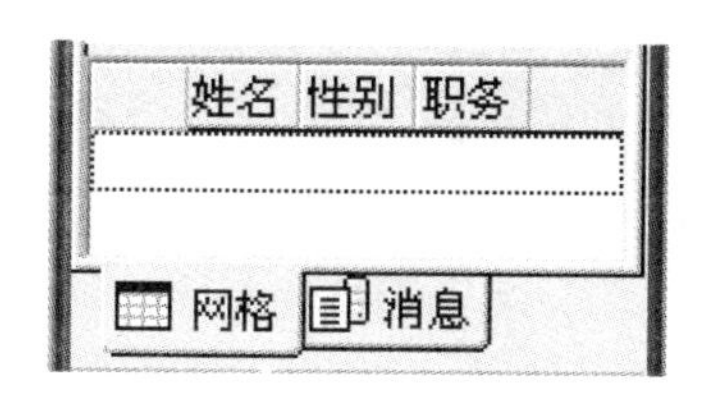

图 10.2 显式事务方式

显式事务是明确地用 begin transaction 语句定义事务开始、用 commit 或 rollback 语句定义事务结束的事务。

2. 隐性事务

【导例 10.4】隐性事务方式的案例。

```
use 过程化考核数据库 Demo;
go
set xact_abort on;
set implicit_transactions on;       --启动隐性事务模式(事务开始)
create table 学生会干部表(
  姓名 nvarchar(4),
  性别 nchar(1) check(性别 in ('男','女')),
  职务 nvarchar(5)
);
insert 学生会干部表(姓名,性别,职务) values ('任重','男','主席');
insert 学生会干部表(姓名,性别,职务) values ('张驰','女','副主席');
insert 学生会干部表(姓名,性别,职务) values ('陈钧 ','南','体育部长');
insert 学生会干部表(姓名,性别,职务) values ('梁美娟','女','宣传文艺部长');
insert 学生会干部表(姓名,性别,职务) values ('乔美佳','女','组织部长');
commit;
```

运行结果：第 3 条插入性别字段出错时取消整个事务执行，即建表和插入数据操作均未完成。

定义一个事务需要定义事务开始和事务结束。事务开始可用 begin transaction 语句明显定义，或者用 set implicit_transactions 不明显定义；事务结束可用 commit 或 rollback 语句明显定义和不明显定义：如果事务能成功执行则自动提交，如果事务不能成功执行则自动回滚。

在 SQL Server 中，set implicit_transactions on 设置在前一个事务完成时自动启动新事务开始，SQL Server 首次执行下列语句时，都会自动启动一个事务：alter table、create、delete、drop、fetch、grant、insert、open、revoke、select、truncate table、update；在 SQL Server 中，set implicit_transactions off 设置在前一条语句完成时自动启动新事务开始，即一条语句一个事务。

隐性事务是用 set implicit_transactions on 不明显地定义事务开始，用 commit 或 rollback 语句明显地定义事务结束的事务。直到发出 commit 或 rollback 语句之前，该事务将一直保持有效。

3. 自动提交事务

【导例 10.5】自动提交事务方式的案例。

```
use 过程化考核数据库 Demo;
go
set xact_abort off;
```

```
create table 学生会干部表(
  姓名 nvarchar(4),
  性别 nchar(1) check(性别 in ('男','女')),
  职务 nvarchar(5)
);
insert 学生会干部表(姓名,性别,职务) values ('任重','男','主席');
insert 学生会干部表(姓名,性别,职务) values ('张驰','女','副主席');
insert 学生会干部表(姓名,性别,职务) values ('陈钧','南','体育部长');
insert 学生会干部表(姓名,性别,职务) values ('梁美娟','女','宣传文艺部长');
insert 学生会干部表(姓名,性别,职务) values ('乔美佳','女','组织部长');
select * from 学生会干部表;
drop table 学生会干部表;
```

运行结果：第 3 条插入性别字段、第 4 条插入语句职务字段时出错取消执行，如图 10.3 所示。

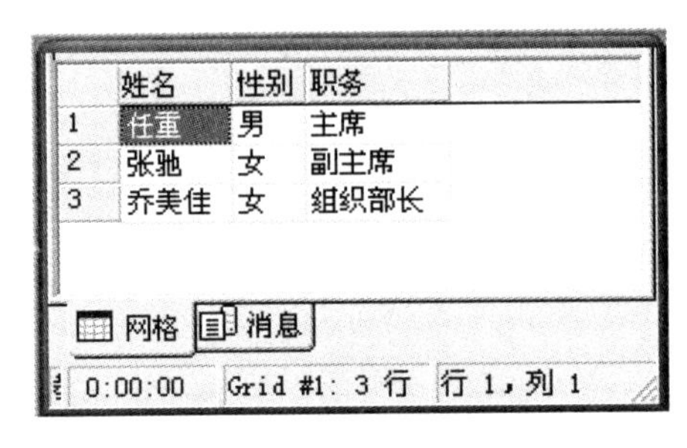

图 10.3　自动提交事务方式

在 SQL Server2008 中，set implicit_transactions 设置为 off 时，SQL Server 在前一条语句完成时自动启动新事务开始。如果这条语句能够成功地被执行，则提交该语句，否则自动回滚该语句的操作。即每条单独的 T-SQL 语句都是一个事务，这就是自动事务模式。自动提交事务是 SQL Server 默认的事务模式。

另外，用户还可以定义分布式事务。使用分布式事务，可以对多个服务器中的数据库同时进行操作，当操作成功时，将把所有操作提交到相应服务器上的数据库中，可对所有数据库同时进行修改，如果这些操作中有一个失败，就取消该分布式事务中的全部操作。即分布式事务是跨越两个或多个数据库的事务。

10.2.3　事务控制

1. 事务设置语句

设置隐性事务模式：

```
set implicit_transactions on     --启动隐性事务模式。
set implicit_transactions off    --关闭隐性事务模式。
```

设置自动回滚模式：

```
(1) set xact_abort on 当事务中任意一条语句产生运行时错误，整个事务将终止并整体回滚。
(2) set xact_abort off 当事务中语句产生运行时错误，将终止本条语句且只回滚本条语句。
```

set xact_abort 的设置是在执行或运行时设置，而不是在分析时设置。

2. 事务控制语句

1) 显式定义事务开始

```
begin transaction [事务名]
```

2) 提交事务

```
commit transaction [事务名]
commit [ work ]
```

提交事务中的一切操作，结束一个用户定义的事务，使得事务对数据库的修改有效。

3) 回滚事务

```
rollback transaction [事务名] | [事务保存点]
rollback [ work ]
```

回滚事务中的一切操作，结束一个用户定义的事务，使得事务对数据库的修改无效。

4) 设置保存点

```
save transaction (事务保存点)
```

在事务内设置保存点或标记，部分取消事务的返回的位置，用于回滚部分事务。

5) 事务控制语句的使用方法

```
begin transaction
  …          --  A 组语句序列
save transaction 保存点 1
  …          --  B 组语句序列
if @@error <> 0
  rollback transaction 保存点 1   --回滚到保存点 1
else
  commit transaction       --提交 A 组语句，同时如果未回滚 B 组语句则提交 B 组语句。
```

3. 用于事务控制中的全局变量

全局变量@@rowcount、@@error 和@@trancount 可用于判断和控制事务，其中@@rowcount 变量返回受上一条语句影响的行数；@@error 变量返回检测或使用@@error 时最后一条语句执行时的错误代码，如果@@error=0 表示语句执行成功；@@trancount 返回当前连接的活动事务数。

4. 事务中不可使用的语句

在事务中除以下语句不可使用外，其他所有 T-SQL 语句均可使用。因为这些语句是不能够撤销的，即便 SQL Server 取消了事务执行，这些操作也对数据库造成了无法恢复的影响。不能用于事务处理中的操作有以下几条。

(1) 数据库 DDL：create database；alter database；drop database。

(2) 数据库备份与还原：dump database、backup database；load database、restore database。

(3) 日志备份与还原：dump transaction、backup log；load transaction、restore log。

(4) 配置：reconfigure；磁盘初始化：disk init；更新统计数据：update statistics。

(5) 显示或设置数据库选项：sp_dboption。

5. 事务回滚机制

如果服务器错误使事务无法成功完成，SQL Server 将自动回滚该事务，并释放该事务占用的所有资源。如果客户端与 SQL Server 的网络连接中断了，那么当网络告知 SQL Server 连接中断时，将回滚该连接的所有未完成事务。如果客户端应用程序失败或客户计算机崩溃或重启，也会中断该连接，而且当网络告知 SQL Server 该连接中断时，也会回滚所有未完成的事务。如果客户从应用程序注销，所有未完成的事务也会被回滚。

如果批处理中出现运行时语句错误(如违反约束)，那么 SQL Server 中默认的行为是只回滚产生该错误的语句。但在 set xact_abort on 语句执行之后，任何运行错误都将导致当前事务自动回滚。编译错误(如语法错误)不受 set xact_abort 的影响。

如果出现运行时错误或编译错误，那么程序员应该编写应用程序代码以便指定正确的操作(commit 或 rollback)。

【导例 10.6】在“课程教学过程化考核系统”中根据给定的学生 ID 删除该学生有关的信息。

```
use 过程化考核数据库 Demo;
go
create procedure P删除学生信息By学生ID @学生ID int
as
begin
  set nocount on;
  Begin TransAction;
    --delete from 学生考核完成详细信息表_重考 where 学生ID = @学生ID;
    --delete from 学生出勤考核记录表 where 学生ID = @学生ID;
    --delete from 学生上课机位表 where 学生ID = @学生ID;
    delete from 学生考核完成详细信息表 where 学生ID = @学生ID;
    delete from 学生考核完成信息表 where 学生ID = @学生ID;
    delete from 学生信息表 where 学生ID = @学生ID;
    --根据是否产生错误决定事务是提交还是撤销
  If @@error >0
  begin
    rollback TransAction;
    select - 1;
  end
  Else
  Begin
    Commit TransAction;
    select 1;
  End;
end;
go
--将 500858 换成学生信息表中存在的学生 ID 执行验证之
exec P删除学生信息By学生ID 500858;
```

10.3 触 发 器

触发器(Trigger)是一种特殊的子程序，它不是由程序或手工调用执行，而是由服务器登录、数据库对象定义或数据表数据变化等事件触发自动执行，同时也不传送或接收参数。触发器常用于加强数据的完整性约束和业务规则等。在 SQL SERVER 2008 中，有 3 种类型的触发器：DML 触发器、DDL 触发器、登录触发器。

10.3.1 DML 触发器

DML 触发器在数据库中发生数据操作语言(DML)事件时将启用。当表或视图中的某些重要数据发生变化(添加 insert、修改 update 或删除 delete)时，需要自动执行某段程序保证相关联的数据也跟着进行相应的变化或根据某些条件判断是否允许其发生变化，以保持数据的一致性和完整性。

1. 创建触发器和应用触发器

【导例 10.7】在“借还信息表”中，假设只允许添加记录不许修改和删除记录，并且使用非对称密钥进行签名和签名验证。如何实现呢？

```
use 过程化考核数据库 Demo;
go

--1.创建非对称密钥用于签名和验证
create asymmetric key a 杜老师的密钥
  with algorithm = rsa_512 encryption by password = N'wstyr1963';
create asymmetric key a 李老师的密钥
  with algorithm = rsa_512 encryption by password = N'wstsr1981';

--2.创建[借还信息表]并创建[T 禁止修改借还信息]和[T 禁止删除借还信息]触发器，
--  禁止在[借还信息表]修改和删除借还信息，只允许添加信息
create table 借还信息表
( 签名人 nvarchar(max), 签字文本 nvarchar(max), 签字数据 varbinary(8000));
go
create trigger T 禁止修改借还信息
on 借还信息表
after update
as
begin
  rollback;
end;
go
create trigger T 禁止删除借还信息
on 借还信息表
after delete
as
begin
    rollback;
end;
--  单击[表][借还信息表][触发器]查看创建信息

--3.允许添加信息验证
declare @签名文本 nvarchar(max);
set @签名文本 = N'今借到：李老师现金 50000 元人民币，年底还清 50000 元(无利息)。借款人 杜老师 2013.7.2';
```

```
insert into 借还信息表(签名人, 签字文本, 签字数据)
   values(N'杜老师', @签名文本, SignByAsymKey(AsymKey_Id( N'a杜老师的密钥'),
    hashbytes('MD5', @签名文本), N'wstyr1963' ));-- 采用了MD5散列后签名
set @签名文本 = N'今收到：杜兆将老师还来的现金50000元人民币，2013.7.2借条还清。
收款人 李老师 2013.12.28';
insert into 借还信息表(签名人, 签字文本, 签字数据)
   values(N'李老师', @签名文本, SignByAsymKey(AsymKey_Id( N'a李老师的密钥') ,
    hashbytes('MD5', @签名文本), N'wstsr1981' )); -- 采用了MD5散列后签名
go

--4.签名验证
select * from 借还信息表;
select 签字文本, VerifySignedByAsymKey(AsymKey_Id('a杜老师的密钥'),
   hashbytes('MD5', 签字文本), 签字数据 ) as [签字有效]
FROM 借还信息表 WHERE 签名人 = N'杜老师';
SELECT 签字文本, VerifySignedByAsymKey(AsymKey_Id('a李老师的密钥'),
   hashbytes('MD5', 签字文本), 签字数据 ) as [签字有效]
FROM 借还信息表 WHERE 签名人 = N'李老师';

--5.不允许修改或删除信息验证，一条一条执行
update 借还信息表
  set 签字文本 =N'今借到：李老师现金90000元人民币，年底还清90000元(无利息)。借款人 杜
老师 2013.7.2'
  where 签名人 = '杜老师';
delete from 借还信息表 where 签名人 = '李老师';
select * from 借还信息表;
```

【知识点】

1) 创建 DML 触发器的主要语法格式

```
create trigger 触发器名
on 表名或视图名
{ [for | after] | instead of }
{ [insert] [update] [delete]}
as
[ if update(列名1) [{and|or} update(列名2)] […n ] ]
SQL语句
```

① 何处触发：表名或视图名。

② 何时激发：for|after 指定为 after 触发器，instead of 指定为 instead 触发器。

③ 何种数据修改语句触发：insert 指定为 insert 触发器；update 指定为 update 触发器；delete 指定为 delete 触发器。

④ 何列数据修改时触发：可选项 if update(列名 1) [{and|or} update(列名 2)] […n]用于指定测试到在[列名 1]或[列名 2]上进行的 insert 或 update 操作时触发。不能用于 delete 语句触发器。

⑤ 触发动作：SQL 语句指定触发器触发时所进行的操作。

2) 触发器在创建和使用中的限制

create trigger 语句只能作为批处理的第一条语句。

在表中如果既有约束又有 DML 触发器，则在执行中约束优先于 DML 触发器；而且如果

在操作中 DML 触发器与约束发生冲突，DML 触发器将不执行。

① DML 触发器中不允许包含以下 SQL 语句：alter database、create database、drop database、restore database、restore log 等。

② DML 不能在视图或临时表上建立触发器，但是在触发器定义中可以引用视图或临时表。当触发器引用视图或临时表时，将产生两个特殊的表：deleted 表和 inserted 表。这两个表由系统进行创建和管理，用户不能直接修改其中的内容，其结构与触发表相同，可以用于触发器的条件测试。

3) DML 触发器的知识点

① DML 触发器是特殊类型的存储过程，它能在任何试图改变表或视图中由触发器保护的数据时执行。触发器主要通过操作事件(insert、update、delete)进行触发而被自动执行，不能直接调用执行，也不能被传送和接受参数。

② DML 触发器与表或视图是不能分开的，触发器定义在一个表或视图中，当在表或视图中执行插入(insert)、修改(update)、删除(delete)操作时触发器被触发并自动执行。当表或视图被删除时，与它关联的触发器也一同被删除。

③ DML 触发器根据引起触发的数据修改语句可分为 insert 触发器、update 触发器和 delete 触发器。

④ DML 触发器根据引起触发的时刻可分为 after 触发器和 instead of 触发器，其中 after 触发器是在执行触发操作(insert、update 或 delete)和处理完约束之后激发，而 instead of 触发器是由触发器的程序代替 insert、update 或 delete 语句执行，在处理约束之前激发。所以，若执行 insert、update 或 delete 语句违犯约束条件时，将不执行 after 触发器；而在定义 instead of 触发器的表或视图上执行 insert、update 或 delete 语句时，会激发触发器而不执行这些数据操作语句本身。

⑤ 一个表或视图可以定义多个 after DML 触发器，一个表或视图只可以定义一个 instead DML 触发器。

4) DML 触发器的 deleted 表和 inserted 表

DML 触发器运行时，SQL Server 会在内存中自动创建和管理 deleted 表和 inserted 表，用于在触发器内部测试某些数据修改的效果及设置触发器操作的条件，用户不能直接对表中的数据进行更改。

delete DML 触发器会将删除的数据保存在 deleted 表中，insert 触发器会将添加的数据保存在 inserted 表中，而 update 触发器将被替换的旧数据保存在 deleted 表中、替换的新数据保存 inserted 表中。

2. 修改、删除触发器

【知识点】

(1) 用 alter trigger 命令修改触发器的语法格式类似于 create trigger，只需将 create 换成 alter。

(2) 用系统过程 sp_rename 修改触发器名字的语法格式如下：

```
sp_rename  旧的触发器名  新的触发器名
```

(3) 用户可以删除不再需要的触发器，此时原来的触发表以及表中的数据不受影响。如果删除表，则表中所有的触发器将被自动删除。使用 drop trigger 删除触发器的语法格式如下：

```
drop trigger 触发器名
```

【思考】

如何避免重复创建、删除同一个触发器？(可以开启或禁用某一个触发器)

3. 使用 DML 触发器的优点

DML 触发器类似于约束，可以强制实体完整性、域完整性及参照完整性。在数据库的开发和管理中，使用 DML 触发器有如下优点。

(1) 引用完整性(外键)的级联更新、级联删除用来实现主键与引用键之间的级联，而触发器可实现数据库中的表间记录数据的级联更改和级联删除。

(2) 触发器可以强制比引用完整性(外键)、check 约束更为复杂的约束。

(3) 触发器也可以评估数据修改前后的表状态，并根据其差异采取对策。

4. try-catch 异常捕捉语句

【导例 10.8】在“学生信息表”中“手机号码”是加密存储并使用其“姓名”值进行验证的，因此设计此触发器保证“姓名”和“手机号码”的加密值同时修改，不允许只更新“姓名”值而不更新“手机号码”的加密值(如果只更新“姓名”值而不更新“手机号码”的加密值，其手机号码解密时读不出其明文)。使用 try-catch 处理异常。

```
use 过程化考核数据库_密文 Demo;
go
--1. 创建[T 修改学生信息表姓名]触发器
create trigger T 修改学生信息表姓名
on [dbo].[学生信息表]
after update
as
if update(姓名)
begin
  set nocount on;
  declare @新姓名 nvarchar(10), @新手机号码 varbinary(100);
  declare @新手机号码_ varchar(11);
  select @新姓名 = 姓名, @新手机号码 = 手机号码 from inserted;

  open symmetric key s 过程化考核密钥  --解密对称密钥并使其可供使用
    decryption by password = 'P@ssW0rd';
  select @新手机号码_ = convert(varchar(11),DecryptByKey(@新手机号码, 1,
CONVERT( varbinary, @新姓名)))      --解密使用对称密钥加密的数据
  close symmetric key s 过程化考核密钥;

  if @新手机号码_ is null
    rollback;
end;
go

--2.创建存储过程[Set 更新学生信息]
create procedure dbo.Set 更新学生信息
  @班级 ID int,@学号 NVarChar(10),@姓名 NVarChar(10),
  @EMail NVarChar(30),@QQ 号码 VarChar(15),@手机号码 Char(11),@学生 ID Int
as
```

```
    begin
      set nocount on;
      open symmetric key s过程化考核密钥  --解密对称密钥并使其可供使用
         decryption by password = 'P@ssW0rd';
      update 学生信息表 set 班级 ID = @班级 ID, 学号 = @学号,
       姓名=@姓名, EMail = lower(@EMail), QQ 号码=@QQ 号码,
       手 机 号 码 =EncryptByKey(Key_GUID('s 过 程 化 考 核 密 钥 '),@ 手 机 号 码 ,1,
CONVERT(varbinary,@姓名))
      where 学生 ID=@学生 ID;
      close symmetric key s过程化考核密钥;
    end;
    go
    --更新验证将出错
    exec Set更新学生信息 300044,'100001','游丽','123451@qq.com',
         '123451','13903510001',500360;
    go

    --3.使用 try-catch 处理异常修改[Set更新学生信息]
    alter procedure [dbo].[Set更新学生信息]
      @班级 ID int,@学号 NVarChar(10),@姓名 NVarChar(10),
      @EMail NVarChar(30),@QQ 号码 VarChar(15),@手机号码 Char(11),@学生 ID Int
    as
    begin
      set nocount on;
      open symmetric key s过程化考核密钥  --解密对称密钥并使其可供使用
         decryption by password = 'P@ssW0rd';

      update 学生信息表 set 班级 ID = @班级 ID, 学号 = @学号,
       姓名=@姓名, EMail = lower(@EMail), QQ 号码=@QQ 号码,
       手 机 号 码 =EncryptByKey(Key_GUID('s 过 程 化 考 核 密 钥 '),@ 手 机 号 码 ,1,
CONVERT(varbinary,@姓名))
      where 学生 ID=@学生 ID;

      --原来是：close symmetric key s过程化考核密钥;  出错
      begin try
        close symmetric key s过程化考核密钥;
      end try
      begin catch
      end catch;
    end

    --4. 再次同时更新姓名和手机号码验证
    exec Set更新学生信息 300044,'100001','游丽','123451@qq.com',
         '123451','13903510001',500360;

    --5. 验证只更新姓名
    update 学生信息表 set 姓名 = '游丽' where 学生 id = 500360;
    update 学生信息表 set 姓名 = '游丽丽' where 学生 id = 500360;
```

【知识点】

(1) T-SQL 中可使用 try…catch 构造处理，此功能类似于 C# 语言的异常处理功能。try…

catch 构造包括两部分：一个 try 块和一个 catch 块。

(2) 语法格式如下：

```
begin try
    {sql 语句|sql 语句块}
end try
begin catch
    [{{sql 语句|sql 语句块}]
end catch;
```

(3) 如果在 try 块内中检测到错误条件，则控制将被传递到 catch 块。如果 try 块中没有错误，控制将传递到关联的 end catch 语句后紧跟的语句。

(4) catch 块必须紧跟 try 块，每个 try 块仅与一个 catch 块相关联。

10.3.2 DDL 触发器

DDL 触发器在响应数据定义语言(DDL)语句时触发。这些事件与以关键字 create、alter 和 drop 开头的 T-SQL 语句对应，主要用于在数据库中执行管理任务，例如，审核以及规范数据库操作。

【导例 10.9】在服务器上创建一个触发器，以阻止添加登录账号和新建数据库。

```
use master
go

create trigger tr_阻止创建登录账号或新库
on all server
for create_login, create_database
as
begin
  print 'dba 禁止添加新登录账号或创建新的数据库.'
  rollback
end
go

--试图创建一个登录账号
create login johny with password = '123456';
create database 狗不理数据库;
go

--删除演示触发器
drop trigger tr_阻止创建登录账号或新库 on all server;
go

create login johny with password = '123456';
drop login johny;
create database 狗不理数据库;
drop database 狗不理数据库;
```

【导例 10.10】在数据库上创建触发器，用来禁止在数据库中创建或删除表视图过程函数等对象。

```
use 过程化考核数据库 Demo
go

create trigger tr_禁止建删表视图过程函数触发器
on database
for create_table, create_view, create_procedure, create_function,
   create_trigger, drop_table, drop_view, drop_procedure, drop_function
as
begin
  print 'dba 禁止建删表视图过程函数触发器.';
  rollback;
end;
go

--试图创建表、视图、过程和函数
create table t 狗不理(x char(1));
go
create view v 狗不理 as select 姓名 from 学生信息表;
go
create procedure p 狗不理 as select 姓名 from 学生信息表;
go
create function f 狗不理() returns table as return(select 姓名 from 学生信息表);
go

--删除触发器，再测试上述 4 条并删除
drop trigger tr_禁止建删表视图过程函数触发器 on database;

drop table t 狗不理;
drop view v 狗不理;
drop procedure p 狗不理;
drop function f 狗不理;
```

【知识点】

(1) DDL 触发器在运行 DDL 语句后才会激发，所以没有 instead of 触发方式。

(2) 设计 DDL 触发器之前，必须了解 DDL 触发器的作用域，确定激发触发器的 T-SQL 语句或语句组。触发器的作用域取决于事件，常见的 DDL 事件见表 10-1。

表 10-1　常见的 DDL 事件

服务器作用域的 DDL 事件		
CREATE_DATABASE	ALTER_DATABASE	DROP_DATABASE
CREATE_LOGIN	ALTER_LOGIN	DROP_LOGIN
ADD_SERVER_ROLE_MEMBER	DROP_SERVER_ROLE_MEMBER	
服务器、数据库作用域 DDL 事件(数据库对象 DDL)		
CREATE_TABLE	ALTER_TABLE	DROP_TABLE
CREATE_VIEW	ALTER_VIEW	DROP_VIEW

续表

服务器、数据库作用域 DDL 事件(数据库对象 DDL)		
CREATE_PROCEDURE	ALTER_PROCEDURE	DROP_PROCEDURE
CREATE_FUNCTION	ALTER_FUNCTION	DROP_FUNCTION
CREATE_TRIGGER	ALTER_TRIGGER	DROP_TRIGGER
CREATE_SYNONYM	DROP_SYNONYM	
CREATE_INDEX	ALTER_INDEX	DROP_INDEX
CREATE_SCHEMA	ALTER_SCHEMA	DROP_SCHEMA
RENAME		
服务器、数据库作用域 DDL 事件(数据加密)		
CREATE_MASTER_KEY	ALTER_MASTER_KEY	DROP_MASTER_KEY
CREATE_CERTIFICATE	ALTER_CERTIFICATE	DROP_CERTIFICATE
CREATE_ASYMMETRIC_KEY	ALTER_ASYMMETRIC_KEY	DROP_ASYMMETRIC_KEY
CREATE_SYMMETRIC_KEY	ALTER_SYMMETRIC_KEY	DROP_SYMMETRIC_KEY
ALTER_SERVICE_MASTER_KEY	BACKUP_SERVICE_MASTER_KEY	RESTORE_SERVICE_MASTER_KEY

(3) 创建 DDL 触发器。其语法格式如下：

```
create trigger 触发器名
on {all server|database}
[with [encryption] [execute as 登录名]]
{ for | after } ddl 事件 [,…n]
as {sql 语句[;] [,…n]}
```

(4) 删除 DDL 触发器。其语法格式如下：

```
drop trigger 触发器名
```

10.3.3 登录触发器

登录触发器将为响应用户 Logon 事件而自动执行存储过程，与 SQL Server 实例建立用户会话时将引发此事件。登录触发器将在登录的身份验证阶段完成之后，用户会话实际建立之前激发。因此，来自触发器内部且通常将到达用户的所有消息(例如错误消息和来自 PRINT 语句的消息)会传送到 SQL Server 错误日志。如果身份验证失败，将不激发登录触发器。

【导例 10.11】假设公司规定除“sa”用户外，所有数据库用户只能是周一至周五、9：00～17：00 的时间段内登录数据库服务器，如有违反将记录在案。如何从技术角度实施此规定呢？

```
use master
go
--1. 修改 sa 登录密码并且允许登录，创建登录审核记录表
alter login sa with password = '200888';  --记住该密码用于系统救急
alter login sa enable;                    --允许 sa 登录用于系统救急
create table 登录审核记录表(
 登录名 sysname not null,
 登录时间 datetime not null
);
go
```

```
--2. 创建登录触发器,如果不是在 9:00-17:00 登录，则记录审核日志
--   单击[服务器对象][触发器]查看
create trigger tr_禁止非上班时间登录
on all server
with execute as 'sa'
for logon
as
begin
  if original_login()!='sa' and not (datepart(hh,getdate()) between 9
      and 17 and datepart(dw,getdate()) between 2 and 6)
  begin
    rollback;
    insert 登录审核记录表(登录名, 登录时间)
    values (original_login(), getdate());
  end;
end;

--3. 修改服务器时间到 9:00-17:00 以外，并以[sa]以外的账户连接服务器
--   查看审核记录，将服务器时间修改回正常时间
select * from 登录审核记录表;

--4. 禁止或允许触发器
disable trigger tr_禁止非上班时间登录 on all server;
go
enable trigger tr_禁止非上班时间登录 on all server;
go

--清除
drop trigger tr_禁止非上班时间登录 on all server;
drop table 登录审核记录表;
alter login sa disable;    --禁止 sa 登录为于系统安全
```

【知识点】

(1) 可以使用登录触发器来审核和控制服务器会话，例如通过跟踪登录活动、限制 SQL Server 的登录名或限制特定登录名的会话数。

(2) 登录触发器可从任何数据库创建，但在服务器级注册，并驻留在 master 数据库中。

(3) 创建登录触发器的语法格式如下：

```
create trigger 触发器名
on all server
[with [encryption] [execute as 登录名]]
{for | after} logon
as {sql 语句; [,…n]}
```

删除登录触发器的语法格式与 DML、DDL 触发器类似：

```
drop trigger 触发器名 [,…n ] on all server
```

10.4 本 章 实 训

10.4.1 实训目的

通过本章上机实训，了解游标的使用过程、体会事务模式、理解触发器的作用。

10.4.2 实训内容

附加第 10 章专用“教学成绩管理数据库”，做如下处理。

(1) 创建游标“c 名称”，从“系部信息表”中逐条提取系部名称并显示。

(2) 体会事务的 3 种模式：自动事务模式、隐性事务模式、显式事务模式。

(3) 在“教学成绩管理数据库”创建“T 禁止建删表视图过程和函数”的触发器。

10.4.3 实训过程

(1) 创建游标“c 姓名”，从“同学表”中逐条提取同学姓名并显示。

实训步骤如下。

① 在查询分析器中，录入并执行下列脚本。

【实训 10.1】创建游标“c 名称”，从“教学成绩管理数据库”的“系部信息表”中逐条提取系部名称。

```
--附加第 10 章专用[教学成绩管理数据库]
use 教学成绩管理数据库;
declare @名称 nchar(20);
declare c 名称 cursor for
  select 名称 from 系部信息表;
open c 名称;
fetch next from c 名称 into @名称;
while @@fetch_status = 0
  begin
    print @名称;
    fetch next from c 名称 into @名称;
  end
close c 名称;
deallocate c 名称;
```

② 在消息窗格中，查看执行结果。

③ 体会游标的声明、打开、提取、关闭、释放的使用过程。

(2) 体会事务的 3 种模式：自动提交事务模式、隐性事务模式、显式事务模式。

【实训 10.2】在“教学成绩管理数据库”中的“系部信息表”中，其系部“编号”的前 2 位必须是“学院信息表”中存在的学院“编号”，由“is 学院信息表编号”判断约束。分段执行下列脚本，分析产生这样结果的原因，指出事务的类型，体会交事务模式。

```
use 教学成绩管理数据库;
select 编号, 名称 from 学院信息表;
--1. 自动提交事务模式
```

```
insert 系部信息表(编号, 名称) values ('0104', '基础部');
insert 系部信息表(编号, 名称) values ('0201', '编播系'); --出错
go
select 编号, 名称 from 系部信息表;

--2. 隐性事务模式的案例。
set xact_abort on;      --当事务中有任一条语句出错取消时，取消整个事务
set implicit_transactions on;      --启动隐性事务模式(事务开始)
insert 系部信息表(编号, 名称) values ('0105', '贸易系');
insert 系部信息表(编号, 名称) values ('0202', '制作系');  --出错
if @@error = 0
  commit
else
  rollback;
go
select 编号, 名称 from 系部信息表;

--3. 显式事务方式
set xact_abort on       --当事务中有任一条语句出错不能执行时，取消整个事务
begin transaction       --事务开始
insert 系部信息表(编号, 名称) values ('0106', '培训部');
insert 系部信息表(编号, 名称) values ('0203', '动画系');
if @@error = 0
  commit                --事务提交(全部执行)
else
  rollback              --事务回滚(取消所有语句执行)
go
select 编号, 名称 from 系部信息表;
```

(3) 参照导例 10.10 在“教学成绩管理数据库”创建“T 禁止建删表视图过程和函数”的触发器。

10.4.4　实训总结

通过了本章的上机实验，读者应该能够理解和掌握游标的操作步骤：声明、打开、提取/修改/删除、关闭、释放；体会事务的 3 种模式：自动事务模式、隐性事务模式、显式事务模式和 set xact_abort on 语句的整个事务的含义；了解 DDL 触发器的创建和作用。

10.5　本 章 小 结

本章主要讨论了 SQL Server 2008 R2 的游标与事务的概念与使用方法，触发器的概念和 DML 触发器、DDL 触发器和登录触发器 3 种触发器的用途与创建方法，其中介绍了异常捕捉(try-cacth)语句。

游标(Cursor)是允许用户在查询结果集中，逐条逐行地进行记录访问的数据处理机制。游标的使用方法如下。

(1) 声明游标：declare 游标名 cursor　for　select 语句。

(2) 打开游标：open 游标名。

(3) 处理数据：

```
移动当前行并读取数据：fetch 游标名 [into @变量名,…]
删除当前行数据：delete from 表或视图名 where current of 游标名
修改当前行数据：update from 表或视图名 set 列名=表达式,…
                where current of 游标名
```

(4) 关闭游标：close 游标名。

(5) 释放游标：deallocate 游标名。

事务(Transaction)是由对数据库的若干操作组成的一个运行单元，这些操作要么都完成，要么都取消(如果在操作执行过程中不能完成其中任一操作)，从而保证数据修改的一致性，并且在系统出错时确保数据的可恢复性机制。事务控制语句的使用方法如下：

```
begin transaction   --  事务开始
  …          --  A 组语句序列
save transaction 保存点 1    --定义保存点
  …          --  B 组语句序列
if @@error <> 0
  rollback transaction 保存点 1   --回滚到保存点 1
else
  commit transaction   --提交 A 组语句，同时如果未回滚 B 组语句则提交 B 组语句。
```

触发器(Trigger)是一种特殊的存储过程，它的执行不是由程序调用，也不是手工启动，而是由事件来触发，常用于加强数据的完整性约束和业务规则等。

① 创建 DML 触发器。其语句格式如下：

```
create trigger 触发器名
on 表名或视图名
{[for | after] | instead of}
{[insert] [update] [delete]}
as
[ if update(列名 1) [{and | or} update(列名 2)] […n ] ]
SQL 语句
```

② 创建 DDL 触发器。其语句格式如下：

```
create trigger 触发器名
on {all server | database}
[with [encryption] [execute as 登录名]]
{ for | after } ddl 事件 [,…n]
as {sql 语句[;] [,…n]}
```

③ 创建登录触发器。其语句格式如下：

```
create trigger 触发器名
on all server
[with [encryption] [execute as 登录名]]
{for | after} logon
as {sql 语句; [,...n]}
```

④ 删除触发器。其语句格式如下：

```
drop trigger 触发器名 [,...n ] [on all server]
```

⑤ try…catch。其语句格式如下：

```
begin try
    {sql 语句|sql 语句块}
end try
begin catch
    [{{sql 语句|sql 语句块}]
end catch;
```

10.6　本章习题

1. 填空题

(1) 游标(Cursor)是从查询结果记录集中__________地访问记录，可以按照自己的意愿逐行地______、______或删除这些记录的数据访问处理机制。

(2) 游标的类型有静态游标和______游标、只进游标和______游标。

(3) 游标被打开后，可以用 fetch next _______、fetch _______、fetch ________、fetch ________和 fetch ________语句从该游标集合中移动位置指针并提取一行数据。

(4) 使用游标的步骤是声明游标、______打开游标、______处理数据(提取、删除、修改)、______关闭游标和______释放游标。

(5) 事务(Transaction) 是对数据库操作的一条或者多条 T-SQL 语句组成的单元，此单元中的所有操作要么都正常完成，要么因任何一条操作不能正常完成而取消单元中的所有操作。

(6) 事务的 ACID 属性指__________、__________、__________和__________。

(7) 在 SQL Server 中事务模式有__________、__________和__________。

(8) 事务控制语句 begin transaction 表示______事务，save transaction 表示______事务，commit transaction 表示______事务 rollback 表示______事务。

(9) 用于事务控制中的全局变量有__________、__________和__________。

(10) 触发器是一种特殊的子程序，它的执行不是由程序或手工调用执行，而是由服务器登录、数据库对象定义或数据表数据变化等______触发______执行。触发器常用于加强数据的______性约束和业务规则等。

(11) SQL Server 2008 中，触发器类型有______触发器、______触发器和______触发器。

(12) 在执行触发操作(insert、update 或 delete)和处理完约束之后而激发的触发器是__________触发器，而由触发器的程序代替 insert、update 或 delete 语句执行，在处理约束之前激发的触发器是__________触发器。

2. 判断题

(1) 能在游标中插入数据记录吗？　(　　)

(2) 能在游标中修改数据记录吗？　(　　)

(3) 能在游标中删除数据记录吗？　(　　)

(4) 关闭游标是将游标放入缓冲池中，没有完全释放资源，可重新打开。　(　　)

(5) 释放游标则释放其对应的内存空间，游标释放后不能重新打开游标。　(　　)

(6) 在事务中能包含 create database 语句吗？　(　　)

(7) 在事务中能包含 create table 语句吗？ ( )

(8) 可以在视图上创建触发器吗？ ( )

(9) 删除基于表的 DML 触发器时其基表结构及表中的数据不受影响。 ( )

(10) 由数据库中发生 CREATE_TABLE 事件时激发的触发器属于 DDL 触发器。 ( )

3. 设计题

(1) 在“教学成绩管理数据库”中，使用游标方法从“教学成绩表视图”中统计某班某课程学生成绩分布，即逐行访问成绩记录，据此判断成绩是优、良、中、及格还是不及格，统计其分布。

(2) 参照导例 10.6 和下列代码，在“过程化考核数据库 Demo”中根据给定的班级 ID 删除该班级有关的信息“P 删除班级信息 By 班级 ID”。

```
delete from 学生考核完成详细信息表
where 学生 ID in (select 学生 ID from 学生信息表 where 班级 ID = @班级 ID);
delete from 学生考核完成信息表
where 学生 ID in (select 学生 ID from 学生信息表 where 班级 ID = @班级 ID);
delete from 考核信息表 where 班级 ID = @班级 ID;
delete from 学生信息表 where 班级 ID = @班级 ID;
delete from 班级信息表 where 班级 ID = @班级 ID;
```

(3) 在“过程化考核数据库 Demo”中，创建“学生姓名变更登记表”(学生 ID int, 原姓名 nvarchar(10), 新姓名 nvarchar(10), 变更时间 datetime default getdate())，创建“T 学生姓名变更登记”触发器，当学生姓名发生变更时将变更情况记入“学生姓名变更登记表”。

(4) 写出事务控制语句的使用方法(主要语法格式)。

教学目标

通过本章学习，使学生了解 SQL Server 2008 的一些实用新功能，包括层次结构数据类型，空间数据类型，数据库邮件的配置以及文件流技术。

教学要求

知识要点	能力要求	关联知识
XQuery 方法	(1) 掌握 XML 数据类型的 XQuery 方法 (2) 掌握 for xml 和 openxml	XML 的 XQuery 方法，见表 11-1、表 11-2 for xml 和 openxml
数据库邮件配置	掌握数据库邮件的配置和使用	sp_send_dbmail
HierarchyId 类型	了解 HierarchyId 数据类型方法	HierarchyId 方法，见表 11-3
空间数据类型	(1) 了解平面空间类型 geometry 的使用 (2) 了解地理空间类型 geography 的使用	具体内容见表 11-4
文件流技术	(1) 了解如何启用和更改 filestream 设置 (2) 了解如何使用 filestream	

重点难点

- XML 数据类型(重点)
- 数据库邮件配置(重点)
- 层次结构数据类型
- 空间数据类型

11.1 层次结构数据类型

在 SQL Server 2008 中，表现层次结构的数据类型有 XML 类型和 HierarchyId 类型两种。XML 数据类型在第 2 章、第 3 章等章节中已经介绍，本节仅将实例的 XQuery 方法、表查询中使用 for xml 和 openxml 发布和处理 XML 数据做重点介绍，对 HierarchyId 数据类型做一般介绍。

11.1.1 XML 实例的 XQuery 方法

XML 类型数据以一个纯文本形式存在，因此用户能够方便地阅读和使用，对文档的修改和维护也很容易，还可以通过 HTTP 或者 SMTP 等标准协议进行传送。

XQuery(XML Query)是 W3C 所制定的一套标准，是建立在 XPath 表达式之上，用来查询类型化或非类型化 XML 数据的查询语言。XPath 即为 XML 路径语言，它是一种用来确定 XML 数据中某部分位置的语言。表 11-1 列出了 SQL Server 2008 系统提供的一些内置的 XQuery 方法。

表 11-1 XML 数据类型的 XQuery 方法

方法名	描　述
实例.query('XPath 字符串')	对 XML 数据类型的实例查询，返回 XML 类型结果
实例.value('XPath 字符串', '数据类型')	对 XML 数据类型的实例查询，返回 SQL 类型的标量值
实例.exists('XPath 表达式')	对 XML 数据类型的实例查询，返回逻辑值 1(存在)或 0
实例.modify(XML_DML)	对 XML 数据类型的实例的适当位置执行一个修改操作
实例.nodes('XPath 表达式') [as] 表名(列名)	允许把 XML 分解到一个表结构中

【导例 11.1】认识 XPath 字符串表达式。

```
declare @xmldoc xml
set @xmldoc='<学院 院名= "传媒学院">
  <班级>
    <学生>
      <姓名 手机号="13903510008">王林</姓名>
      <年龄>20</年龄>
    </学生>
    <学生>
      <姓名 性别="女">白云</姓名>
      <年龄>21</年龄>
    </学生>
    <学生>
      <姓名 性别="女" QQ 号="122234434">何丽</姓名>
      <年龄>22</年龄>
    </学生>
  </班级>
</学院>';
select @xmldoc.query('/') 全部;
select @xmldoc.query('/学院/班级') 班级;
```

```
select @xmldoc.query('/学院/班级/学生') 学生;
select @xmldoc.query('//姓名') 姓名;
select @xmldoc.query('/学院/班级/学生[2]') 第 2 学生;
select @xmldoc.query('//姓名[@手机号]') 带手机学生姓名;
select @xmldoc.query('//姓名[@性别="女"]') 女生姓名;
select @xmldoc.query('//姓名[@*]') 带属性姓名;
--
```

查询结果如图 11.1 所示。

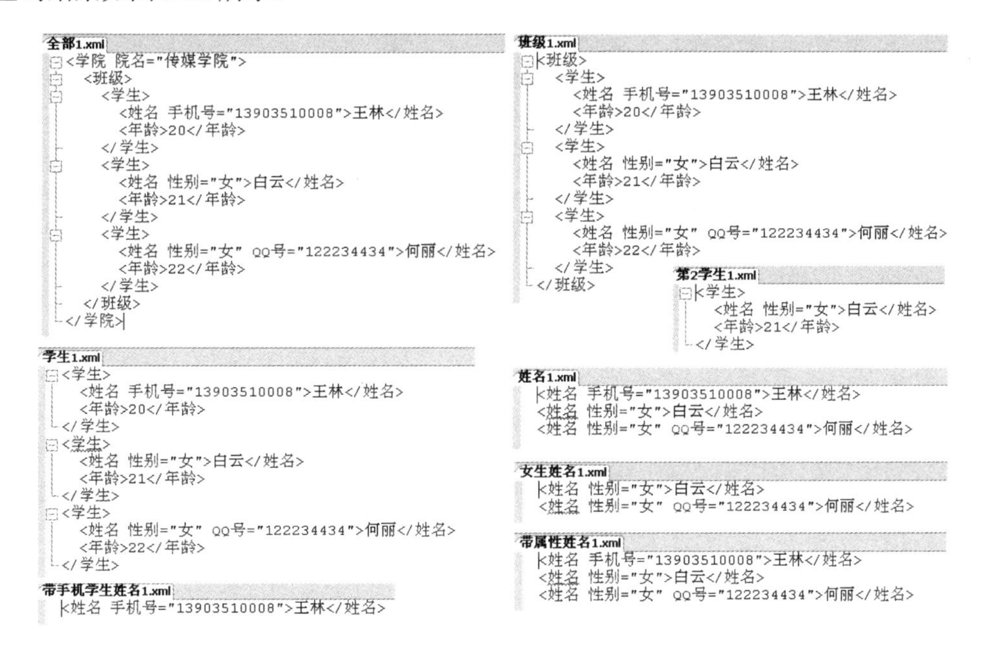

图 11.1 使用 XQuery 查询结果

【知识点】

Query()方法用于查询 XML 实例中的 XML 节点(包括元素、属性)，返回值是 XML 数据，语法格式如下，XPath 表达式的含义见表 11-2。

```
实例名.query('XPath 表达式')
```

表 11-2 XPath 表达式含义

表达式	含 义	示 例	说 明
节点名	选取<节点名>的所有子节点	学院	选取<学院>节点的所有子节点
/	从根节点选取	/学院	从根节点选取<学院>所有子孙节点
//	从任意一个位置开始选	//姓名	从任意位置开始选取<姓名>标记的子标记
@	选取属性	@手机号	选取有手机号属性的标记
.	当前节点	/.	根节点木身
..	当前节点的父节点	//学生/..	选择含有<学生>节点及其的所有子节点
*	任意节点		
@*	任意属性节点		

【导例 11.2】使用 FLWOR 方法从 XML 中检索“身高”>1.75m 的“学生”节点，且按姓名排序。

```
declare @xmldoc XML = N'
<我的学生>
 <学生 姓名="王林" 身高="1.78" />
 <学生 姓名="何丽" 身高="1.72" />
 <学生 姓名="大山" 身高="1.85"/>
</我的学生>';
Select @xmldoc.query('
for $x in /我的学生/学生
where $x/@身高>1.75
order by $x/@姓名
return $x');

/*
$x 变量表示满足路径表达式/我的学生/学生的子 XML 树。$x 变量除了必须以“$”符号开头外，后面的名称无特殊要求，可以自行命名一个表达清晰的名称。循环迭代中一共有两个语句，where 语句用于判断当前的学生信息的身高属性是不是大于 1,75，如果满足就用 return 语句返回$x。
*/
```

上面的例子执行后返回如下的结果。

```
<学生 姓名="大山" 身高="1.85" />
<学生 姓名="王林" 身高="1.78" />
```

【知识点】

FLWOR 是 for、let、where、order by 和 return 单词首字母的连接缩写,分别表示循环、赋值、条件、排序和返回 5 类 XQuery 查询语句。

【导例 11.3】使用 value( )方法从 XML 中检索第 1 个学生的“学号”属性值和“姓名”值。

```
declare @学号 char(6), @姓名 nvarchar(4), @xmldoc xml = N'
<学校>
  <班级>
    <学生 学号="081101">
      <姓名>王林</姓名>
      <性别>男</性别>
      <年龄>20</年龄>
    </学生>
    <学生 学号="081102">
      <姓名>何丽</姓名>
      <性别>女</性别>
      <年龄>21</年龄>
    </学生>
  </班级>
</学校>';
set @学号 = @xmldoc.value('(/学校/班级/学生/@学号)[1]','char(6)');
set @姓名 = @xmldoc.value('(/学校/班级/学生/姓名)[1]','nvarchar(4)');
select @学号 as 学号, @姓名 as 姓名;
```

上面的例子执行后返回如下的结果。

```
学号      姓名
081101    王林
```

【知识点】

(1) Value(　)方法返回一个 SQL 类型的标量值。其语法格式如下：

```
实例名.value('XPath 表达式', 'SQL 数据类型')
```

(2) SQL 数据类型不能是 XML、image、text、ntext、sql_variant 系统数据类型或公共语言运行时(CLR)用户定义的类型，但可以是用户定义数据类型。

(3) Query(　)和 Value(　)的区别是：Query(　)方法返回结果是 XML 数据类型，而 Value(　)方法仅能返回单个标量值。

【导例 11.4】判断 XML 类型的数据中是否存在给定的节点或属性。

```
declare @x xml = N'<学生 姓名="王林"><性别>男</性别></学生>';
select @x.exist('/学生/@姓名') 姓名属性, @x.exist('/学生/@性别') 性别属性;
select @x.exist('/学生/姓名') 姓名节点, @x.exist('/学生/性别') 性别节点;
```

上面的例子执行后返回如下的结果。

```
姓名属性    性别属性
1           0
姓名节点    性别节点
0           1
```

【知识点】

Exist(　)方法用于判断一个 XML 类型的数据中是否存在给定的节点或属性。其语法格式如下：

```
实例名.exist('XPath 表达式')
```

该方法返回一个“位”值。

① 1：表示 True，存在。

② 0：表示 False，不存在。

③ null：执行查询的 XML 数据类型实例包含 null。

【导例 11.5】使用 XML DML 语句在 XML 数据中一个节点的后面添加一个节点，添加其身高属性，修改姓名属性，然后删除该节点。

```
declare @xmldoc xml =
   N'<我的学生><学生 姓名="王林" 性别="男" 年龄 ="20" /></我的学生>';
select @xmldoc as 原数据

set @xmldoc.modify('insert <学生 姓名="何丽" 性别="女" 年龄 ="21" /> after (/我的学生/学生)[1]');
select @xmldoc 插入何丽

set @xmldoc.modify(N'
   insert attribute 身高 {"1.75"} into (/我的学生/学生)[2]');
select @xmldoc 插入身高属性;
```

```
set @xmldoc.modify('replace value of (/我的学生/学生/@姓名)[2] with "何丽丽"');
select @xmldoc 修改姓名属性;

set @xmldoc.modify('delete /我的学生/学生[2]');
select @xmldoc 删除节点;
```

上面的例子执行后返回如下的结果。

```
原数据
<我的学生><学生 姓名="王林" 性别="男" 年龄="20" /></我的学生>

插入何丽
<我的学生><学生 姓名="王林" 性别="男" 年龄="20" />
        <学生 姓名="何丽" 性别="女" 年龄="21" /></我的学生>

插入身高属性
<我的学生><学生 姓名="王林" 性别="男" 年龄="20" />
        <学生 姓名="何丽" 身高="1.75" 性别="女" 年龄="21" /></我的学生><学生>

修改姓名属性
<我的学生><学生 姓名="王林" 性别="男" 年龄="20" />
        <学生 姓名="何丽丽" 身高="1.75" 性别="女" 年龄="21" /></我的学生>

删除节点
<我的学生><学生 姓名="王林" 性别="男" 年龄="20" /></我的学生>
```

【知识点】

modify( )方法用于修改 XML 类型局部变量或列变量的内容，此方法将执行 XML DML 语句，在 XML 数据中插入、更新或删除节点。modify( )方法的语法格式如下：

```
实例名.modify(XML_DML)
```

① XML 数据类型的列变量 modify( )方法只能在 update 语句的 set 子句中使用。

② XML_DML 是 XML 数据操作语言(DML)中的字符串，插入、修改和删除 XML 中数据的保留字是 insert、replace 和 delete。

【注意】 如果针对 null 值或以 null 值表示的结果调用 modify( )方法，则会返回错误。

【导例 11.6】 使用 Nodes( )方法查找并列的学生节点。

```
declare @x xml = N'
<班级>
  <学生 学号="081101">
    <姓名>王林</姓名>
    <性别>男</性别>
    <年龄>20</年龄>
  </学生>
  <学生 学号="081102">
    <姓名>何丽</姓名>
    <性别>女</性别>
    <年龄>21</年龄>
  </学生>
</班级>';
select 班级学生表.学生XML.query('.') 结果
```

```
  from @x.nodes('/班级/学生') 班级学生表(学生 XML);
```

上面的例子执行后返回如下的结果。

```
结果
<学生 学号="081101"><姓名>王林</姓名><性别>男</性别><年龄>20</年龄></学生>
<学生 学号="081102"><姓名>何丽</姓名><性别>女</性别><年龄>21</年龄></学生>
```

【知识点】

nodes 方法将 XML 数据类型实例拆分为仅含 1 个 XML 数据类型列的关系数据表，其语法格式如下:

```
from 实例名.nodes('XPath 表达式') [as] 表名(列名)
```

① 如果 XPath 表达式构造节点，这些已构造的节点将在结果行集中显示。

② 如果 XPath 表达式生成一个空序列，则行集将为空。

11.1.2　使用 FOR XML 和 OPENXML 发布和处理 XML 数据

尽管在 SQL Server 2008 中 XML 数据类型与其他数据类型一样，但使用时还是有如下一些限制。

(1) 一个表中最多只能拥有 32 个 XML 列，XML 数据仅支持 128 级层次，XML 实例的存储不能超过 2GB。

(2) XML 列不能成为主键或者外健的一部分、不能指定为唯一的。

(3) 除了字符串类型外，没有其他数据类型能够转换成 XML。

(4) XML 列不能用于 GROUP BY 子句中。

(5) 可应用于 XML 列的内置标量函数只有 isnull 和 coalesce。

【导例 11.7】如何将关系数据表的查询结果转换为 XML 类型的数据?

```
use 过程化考核数据库 Demo;
create table 学生表(学号 char(9), 姓名 nvarchar(3));
insert into 学生表 values
  ('200933037','卫芳'),('200933016','李霞');

select 学号, 姓名
  from 学生表 学生 for xml auto;

select 学号, 姓名
  from 学生表 学生
  for xml path('学生'), root('学生花名表');

select 学号 as '@学号', 姓名
  from 学生表 学生
  for xml path('学生'), root('学生表');

select 学号 as '@学号', 姓名 as '@姓名'
  from 学生表 学生
  for xml path('学生'), root('学生表');

drop table 学生表;
```

【知识点】

(1) FOR XML 子句有 4 种最基本的模式。

① AUTO 模式：返回数据表为起表名的元素，每一列的值返回为属性。

② RAW 模式：返回数据行为元素，每一列的值作为元素的属性。

③ PATH 模式：通过简单的 XPath 语法来允许用户自定义嵌套的 XML 结构、元素、属性值。

④ EXPLICIT 模式：通过 select 语法定义输出 XML 的结构。

其语法格式为：

```
FOR XML RAW('元素名')|AUTO|EXPLICIT|PATH [('元素名')], ROOT('根节点名')
```

(2) 使用 FOR XML AUTO 可以返回 XML 文档,在 AUTO 模式中，SQL Server 2008 使用表名称作为元素名，使用列名称作为属性名，而在 SELECT 关键字后而，列的顺序用于确定 XML 文档的层次。

(3) 在 PATH 模式中，列名或列别名被作为 XPath 表达式来处理。这些表达式指明如何将值映射到 XML。每个 XPath 表达式都是一个相对 XPath (例如属性、元素和标量值)及将相对于行元素而生成的节点的名称和层次结构。

【导例 11.8】如何使用 OPENXML 将 XML 类型的数据转换为关系数据表？

```
declare @doc nvarchar(1000) = N'
<班级 班级名称 = "11 软件">
  <学生 姓名="卫芳" 年龄="20"/>
  <学生 姓名="李霞" 年龄="21"/>
</班级>';
declare @iDoc int;
exec sp_xml_preparedocument @iDoc output, @doc;
select * from
  openxml(@iDoc, '班级/学生', 1)
  with(班级名称 nvarchar(4) '../@班级名称',
     姓名 nvarchar(4), 年龄 int);
exec sp_xml_removedocument @iDoc;
--sp_xml_preparedocument 返回一个整数句柄，可用于访问 XML 文档的新创建的内部
--表示形式。该句柄在会话的持续时间内有效，或者通过执行 sp_xml_removedocument
--使其在句柄失效前一直有效。;
```

上面的例子执行后返回如下的结果。

```
班级名称    姓名    年龄
11 软件     卫芳    20
11 软件     李霞    21
```

【知识点】

OPENXML 是一个提供 XML 文档的行集函数，类似于表或视图。OPENXML 用于 SELECT 语句的 FROM 子句中。OPENXML 的语法格式如下：

```
FROM OPENXML(@文档句柄 int, 'XPath 表达式', [标志])
[WITH (行集列名 列数据类型 ['列 XPath 表达式'])]
```

标志：指示在 XML 文档和关系行集之间如何映射。

① 0：默认为“以属性为中心”的映射。

② 1：使用“以属性为中心”的映射。

③ 2：使用“以元素为中心”的映射。

11.1.3 HierarchyId 数据类型

HierarchyId 数据类型是一种长度可变的系统数据类型，其值用于表示层次结构中的位置。

【导例 11.9】使用 HierarchyId 类型建立具有层次结构的行政区划表，并插入中国、山西省、河北省、太原市、唐山市、万柏林区、临汾市等数据。

```
use 过程化考核数据库 Demo;
--创建表
create table 行政区划表(
  分层 ID HierarchyId primary key,
  区划代码 int NOT NULL,
  行政名称 varchar(50) not null
)
--接着插入一个根, '/'被用来表示层次的根,会自动转换成二进制格式
insert 行政区划表(分层 ID,区划代码,行政名称)values('/',0,'中国');
--插入河北省、山西省、太原市、万柏林区、临汾市、唐山市
insert 行政区划表(分层 ID,区划代码,行政名称) values
('/13/',130000,'河北省'),
('/14/',140000,'山西省'),
('/14/1/',140100,'太原市'),
('/14/1/9/',140109,'万柏林区'),
('/14/10/',141000,'临汾市'),
('/13/2/',130200,'唐山市');

select 分层 ID,分层 ID.ToString() 分层, 分层 ID.GetLevel() 级别,
       区划代码,行政名称 from 行政区划表;
select 分层 ID.ToString() as 分层 ,
       case 分层 ID.GetLevel() when 0 then '国家' when 1 then '省市'
       when 2 then '地市' when 3 then '县市' end as 级别, 区划代码,行政名称
  from 行政区划表 order by 分层 ID;
select * from 行政区划表 where 分层 ID = '/14/1/9/';
```

运行结果如图11.2所示。

	分层ID	分层	级别	区划代码	行政名称
1	0x	/	0	0	中国
2	0xB6	/13/	1	130000	河北省
3	0xB6D0	/13/2/	2	130200	唐山市
4	0xBA	/14/	1	140000	山西省
5	0xBAB0	/14/1/	2	140100	太原市
6	0xBABA60	/14/1/9/	3	140109	万柏林区
7	0xBB54	/14/10/	2	141000	临汾市

	分层	级别	区划代码	行政名称
1	/	国家	0	中国
2	/13/	省市	130000	河北省
3	/13/2/	地市	130200	唐山市
4	/14/	省市	140000	山西省
5	/14/1/	地市	140100	太原市
6	/14/...	县市	140109	万柏林区
7	/14/...	地市	141000	临汾市

	分层ID	区划代码	行政名称
1	0xBABA60	140109	万柏林区

图 11.2 层次结构运行结果

【知识点】

(1) HierarchyId 数据类型的值表示树层次结构中的位置。用于对层次结构数据进行索引的策略有深度优先和广度优先，如图 11.3 所示。

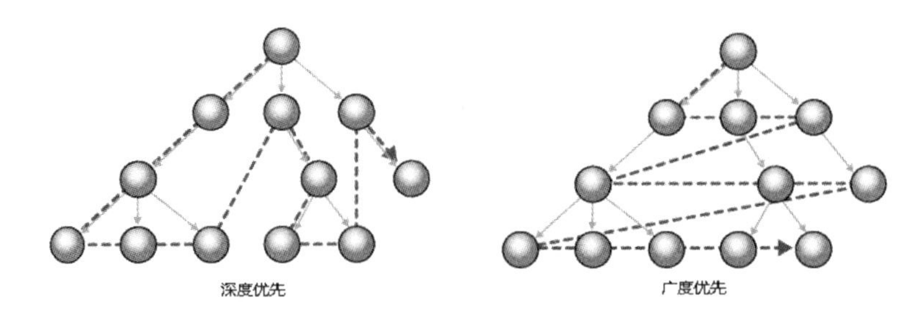

图 11.3　深度优先与广度优先

① 深度优先索引在子树中相邻位置存储行，可理解为儿孙优先于兄弟。例如，一位经理管理的所有雇员都存储在其经理的记录附近。在深度优先索引中，一个节点的子树中的所有节点存储在一起。因此，深度优先索引能高效地响应有关子树的查询。

② 广度优先将层次结构中每个级别的各行存储在一起,可理解为兄弟优先于儿孙。例如，同一经理直属的各雇员的记录存储在相邻位置。在广度优先索引中，一个节点的所有直属子级存储在一起。因此，广度优先索引在响应有关直属子级的查询方面效率很高。

(2) HierarchyId 有关的一些方法见表 11-3。

表 11-3　HierarchyId 方法

方　　法	说　　明
GetRoot(　)	返回该层次结构树的根 HierarchyId 节点，静态
GetLevel(　)	返回一个整数，代表该 HierarchyId 节点在整个层次结构中的深度
GetDescendant	返回该 HierarchyId 节点的子节点
GetAncestor(n)	返回代表该 HierarchyId 节点第 *n* 代前辈的 HierarchyId
IsDescendant	如果传入的子节点是该 HierarchyId 节点的后代，则返回 true
Reparent	将层次结构中的某个节点移动另一个位置
Parse	将层次结构的字符串表示转换成 HierarchyId 值，静态
ToString(　)	返回包含该 HierarchyId 逻辑表示的字符串

【注意】查询后应该发现“/”被重新定义成十六进制值。使用斜杠字符来表示层次路径,一个表示的是根,用斜杠分隔的整数值来组成连续的层次。

11.2　空间数据类型

随着 IT 软硬件技术的发展和人们消费需求的深入,计算机处理的数据类型从传统的数字、文字数据类型向基于视频、音频等媒体数据类型延伸，现在又向 GPS(Global Positioning System，全球定位系统)、GIS(Geographic Information System，地理信息系统)应用的空间数据类型延伸。

11.2.1　空间模型与 SQL Server 空间数据类型

空间数据是指用来表示空间实体的位置、形状、大小及其分布特征诸多方面信息的数据，是用点、线、面等基本空间数据结构来表示空间特性。

常用的空间模型(即坐标系)有投影坐标系(Projected Coordinate System, PCS)和地理坐标系(Geographic Coordinate System, GCS)两种，相应的 SQL Server 2008 中支持的空间数据类型也是平面空间类型 geometry 和地理空间类型 geography 两种，这两种类型都是可变长度的二进制数据类型、都是.NET Framework 通用语言运行时(CLR)类型。

Geometry 和 Geography 数据类型所基于的 geometry 层次结构，支持 11 种空间数据对象或实例类型，但只有 7 种矢量对象可实例化，如图 11.4(b)所示。Geometry 和 Geography 类型由 WKT(Well-Known Text，熟知文本)或 WKB(Well-Known Binary，熟知二进制)格式的矢量对象构建，其实例化方法见表 11-4。WKT 和 WKB 是 OGC(Open Geospatial Consortium，开放地理空间联盟)制定的简单特征规范空间数据格式。

表 11-4 7 种矢量对象类型及其实例 WKT 构建方法

对　　象	对象说明	方法名	方法说明
Point	一个点(置点)	STPointFromText	根据 WKT 构建 Point 实例
MultiPoint	一组点	STMPointFromText	根据 WKT 构建 MultiPoint 实例
LineString	由 0 或 *n* 个点连接的线	STLineFromText	根据 WKT 构建 LineString 实例
MultiLineString	一组线	STMLineFromText	根据 WKT 构建 MultiLineString 实例
Polygon	一组封闭线形成多边形	STPolyFromText	根据 WKT 构建 Polygon 实例
MultiPolygon	一组多边形	STMPolyFromText	根据 WKT 构建 MultiPolygon 实例
GeometryCollection	上述类型的集合	STGeomCollFromText	根据 WKT 构建 GeometryCollection 实例
		STGeomFromText	根据 WKT 构建任意类型的空间实例

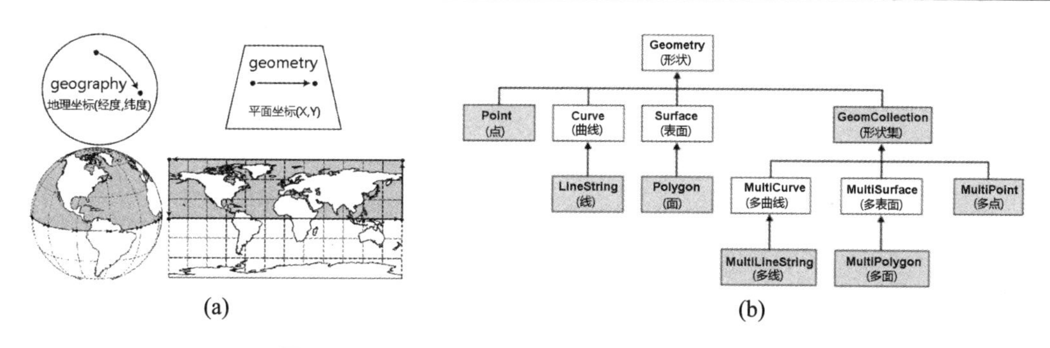

图 11.4 geography 和 geometry 的空间示意图

11.2.2 geometry 数据类型

Geometry 数据类型处理平面空间模型，位置信息由 *X* 和 *Y* 平面坐标组成。平地模型不考虑地球的弯曲，因此主要用于描述较短的距离，如厂区平面图、土木建筑物平面布置图等，如图 11.5 所示。

【导例 11.10】使用 geometry 数据类型创建天安门广场平面空间表。

```
use 过程化考核数据库 Demo;
create table 平面空间表
   ( id int identity (1,1),
     名称 nvarchar(30),
     形状 geometry check(形状.STSrid = 4326),
```

```
        形状文本 AS 形状.STAsText()
      );
    go
    insert into 平面空间表 (名称, 形状) values    --WKT 太长，进行了省略，具体程序请参看素材
    ('天安门', geometry::STGeomFromText('POLYGON((420 -10, 423 -50,..., 420 -10))',
0)),
    ('长安大街', geometry::STGeomFromText('LINESTRING(7 -164,..., 977 -126)',
4326)),
    ('广场', geometry::STGeomFromText('LINESTRING(341 -189, 375 -955, ..., 341
-189)', 0)),
    --('国旗处', geometry::STGeomFromText('POINT(488 224)', 0)),
    ('大会堂', geometry::STGeomFromText('POLYGON((68 -293, 70 -320,..., 68 -293))',
0)),
    ('纪念堂', geometry::STGeomFromText('POLYGON((467 -671, 472 -752, ..., 467
-671))', 0)),
    ('博物馆', geometry::STGeomFromText('POLYGON((747 -278,748 -304, ..., 747
-278))', 0)),
    ('正阳门', geometry::STGeomFromText('POLYGON((459 -919, 462 -941, ..., 459
-919))', 0)),
    ('前门大街', geometry::STGeomFromText('LINESTRING(0 -956,363 -979,...,1000
-918)',0));
    select * from 平面空间表;
    select 形状.STArea() [面积(m²)] from 平面空间表 where 名称 = '纪念堂';
    select 形状.STLength() [周长(m)] from 平面空间表 where 名称 = '广场';
    drop table 平面空间表;
```

【知识点】

(1) STArea()返回 geometry 实例的总表面积。如果 geometry 实例仅包含零维和一维图形，或者为空，则 STArea 返回 0。如果 geometry 实例尚未初始化，则 STArea()返回 null。

(2) STLength()返回 geometry 实例的周长。

(3) 从开放地理空间联盟(OGC)熟知文本(WKT)表示形式返回 geometry 实例。STGeomFromText 语法格式如下：

```
geometry::STGeomFromText('平面实例的 WKT 文本', SRID )
```

SRID：空间参考标识符(Spatial Reference Identifier)，整数值，geometry 实例默认 SRID 为 0。

11.2.3 geography 数据类型

geography 数据类型为空间数据提供了一个由经度和纬度联合定义的存储结构。使用这种数据的典型用法包括定义道路、建筑或者地理特性，如可以覆盖到一个光栅图上的向量数据，它考虑了地球的弯曲性，或者计算真实的圆弧距离和空中传播轨道，而这些在一个平面模型中所存在的固有失真引起的错误程度是不可接受的。

【导例 11.11】使用 geography 数据类型创建天安门广场地理空间表。

```
use 过程化考核数据库 Demo;
create table 地理空间表
    ( id int identity (1,1),
    名称 nvarchar(30),
    地理 geography check(地理.STSrid = 4326),
```

```
        地理文本 AS 地理.STAsText()
    );
    go
    insert into 地理空间表 (名称, 地理) values
    ('天安门', geography::STGeomFromText('polygon((116.39668 39.90853, ...))',
4326)),
    ('长安大街', geography::STGeomFromText('linestring(116.39177 39.90752,...)',
4326)),
    ('广场', geography::STGeomFromText('linestring(116.39576 39.90749, ...)',
4326)),
    --('国旗处', geography::STGeomFromText('POINT(116.39754 39.90696)', 4326)),
    ('大会堂', geography::STGeomFromText('linestring(116.39256 39.90632,...)',
4326)),
    ('纪念堂', geography::STGeomFromText('polygon((116.39732 39.90282, ...))',
4326)),
    ('博物馆', geography::STGeomFromText('polygon((116.40049 39.90649, ...))',
4326)),
    ('正阳门', geography::STGeomFromText('polygon((116.39735 39.90072, ...))',
4326)),
    ('前门大街', geography::STGeomFromText('linestring(116.3918 39.90038, ...)',
4326));
    select * from 地理空间表;
    select 地理.STArea() [面积(m²)] from 地理空间表 where 名称 = '纪念堂';
    select 地理.STLength() [周长(m)] from 地理空间表 where 名称 = '广场';
    drop table 地理空间表;
```

该实例的地理空间查询结果如图 11.5 所示。

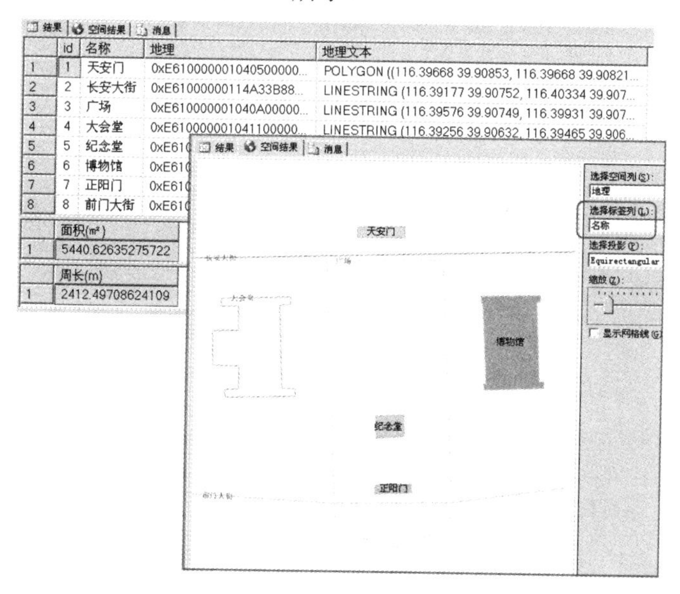

图 11.5　“天安门广场”地理空间查询结果

【知识点】

(1) STAsText(　)返回 geography 实例的开放地理空间联盟(OGC)熟知文本(WKT)表示形式。

(2) STGeomFromText 从开放地理空间联盟(OGC)熟知文本(WKT)表示形式返回 geography 实例，语法格式为:

```
STGeomFromText('地理实例的 WKT 文本' , SRID )
```

SRID：geography 实例默认 SRID 为 4326，表示 WGS-84 世界大地坐标系(World Geodetic System 1984)，它是美国国防局为进行 GPS 导航定位于 1984 年建立的地心坐标系。

11.3 数据库邮件技术

SQL Server 2008 提供了通过 SMTP(Simple Mail Transfer Protocol, 简单邮件传输协议)发送邮件功能，允许从数据库服务器生成和发送电子邮件消息。这样当数据库服务器有突发事件发生或特定事件完成可通过邮件通知数据库管理人员，也可使用 sp_send_dbmail 系统存储过程完成应用系统的邮件发送。

11.3.1 配置数据库邮件

【演练 11.1】如何使用 SSMS 中的数据库邮件配置向导配置 SQL Server 数据库邮件?

(1) 进入 SSMS，单击【管理】|【数据库邮件】命令。右键单击，选择【配置数据库邮件】命令，然后弹出向导窗口，单击【下一步】按钮。选中第一个单选按钮，如图 11.6 所示。

(2) 数据库邮件默认是禁用的。如果是第一次运行该向导，并且没有手动启用数据库邮件，那么系统会提示启用它。一旦启用了数据库邮件，下一屏幕就会要求为一个新的数据库邮件配置文件提供信息。输入配置文件的名称，另外也可以提供一个说明，用于标识该配置文件以及描述如何使用它。在这个例子中，输入“sqlmail”作为配置文件的名称。单击【添加】按钮，如图 11.7 所示。

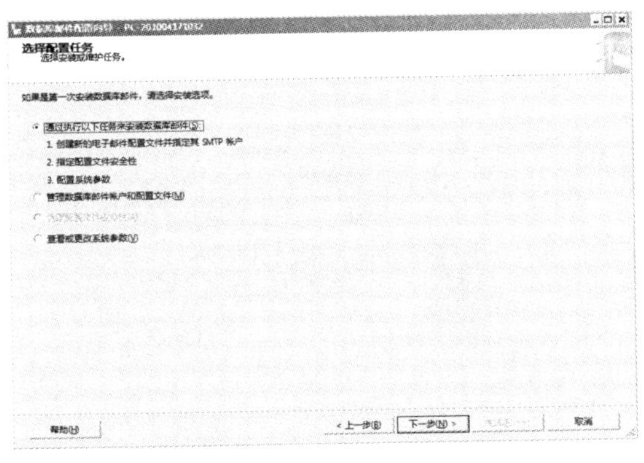

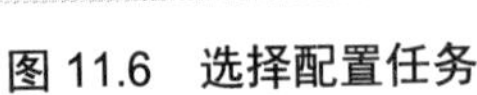

图 11.6 选择配置任务

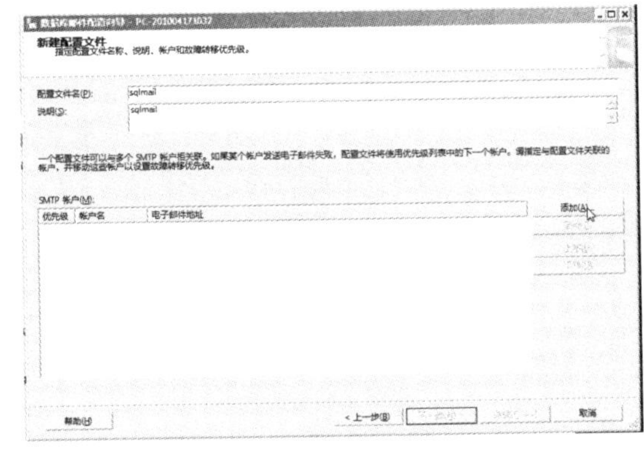

图 11.7 新建配置文件

(3) 在【新建数据库邮件账户】界面中，输入账户名和说明，然后输入有关账户的信息，包括生成邮件的电子邮件地址、该地址的显示名称、答复电子邮件和 SMTP 服务器的名称或 IP 地址。另外还有一个文本框，可以在其中输入 SMTP 服务器使用的端口号。除非知道服务器使用了一个不同的端口,否则应该使用标准的 SMTP 端口 25。如果服务器使用了安全套接字层(SSL)保护传输中的数据，那么就需要选中合适的复选框。SMTP 身份验证选择基本身份验证，用户名是账户名，密码是邮箱密码，如图 11.8 所示。在输入账户的信息之后，单击【确定】按钮关闭【新建数据库邮件账户】窗口。

(4) 单击【下一步】按钮进入【管理配置文件安全性】界面，选择公共配置文件，在该步骤选中【公共】复选框，如图 11.9 所示。

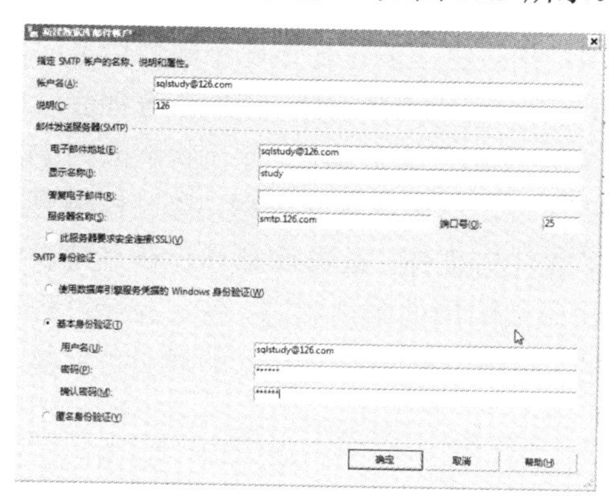

图 11.8　新建数据库邮件账户

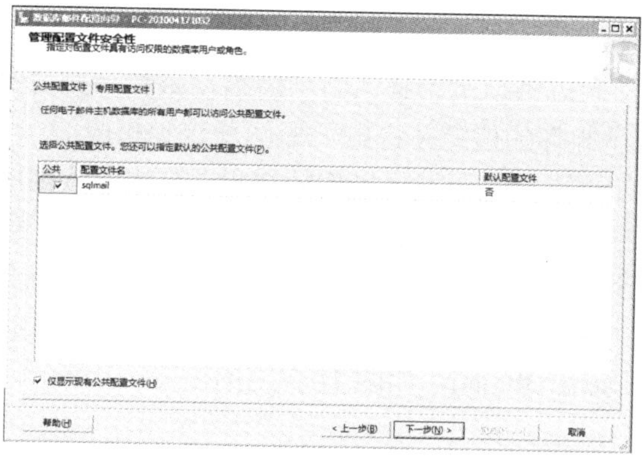

图 11.9　管理配置文件安全性

(5) 单击【下一步】按钮，此步骤主要是配置数据库邮件参数，若无特殊要求，按默认即可，如图 11.10 所示。

(6) 单击【配置系统参数】页面上的【下一步】按钮，进入向导的最后一页。在为向导提供了合适的值后，它会显示一个摘要页面，列出已选择的选项，如图11.11所示。单击【完成】按钮将提交更改，向导会返回一个说明每一步成功与否的快速报告，如图11.12所示。

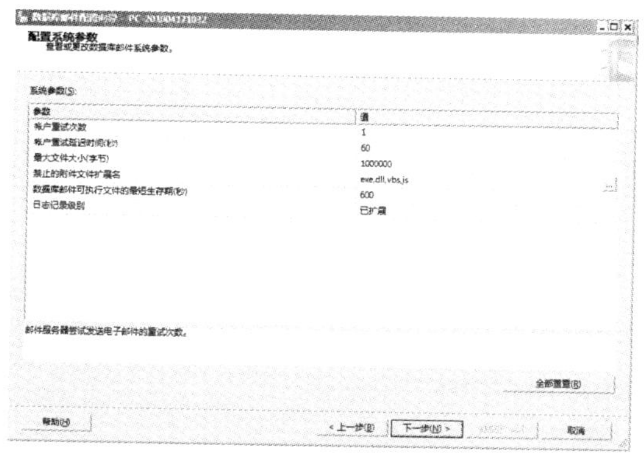

图 11.10　配置系统参数

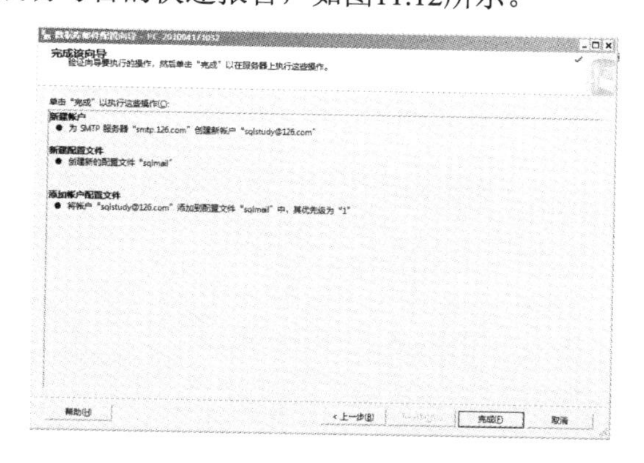

图 11.11　完成配置

(7) 配置完毕后，发送测试电子邮件测试一下。选择数据库配置文件，写上收件人的电子邮件地址、主题和正文，如图11.13所示。打开电子邮箱，可以看到电子邮件。

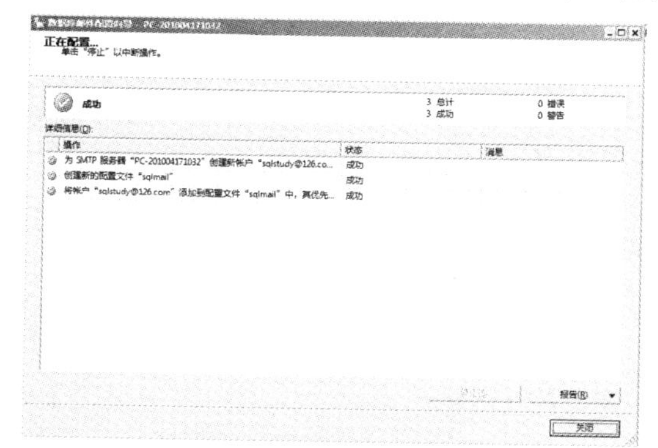

图 11.12　配置详细信息

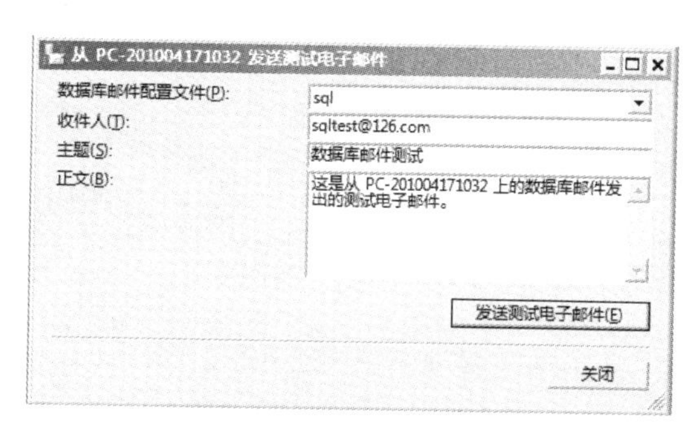

图 11.13　发送测试邮件

【知识点】

数据库邮件的设计基于使用 Service Broker 技术的排队体系结构。当用户执行 sp_send_dbmail 时，存储过程将向邮件队列中插入一项，并创建一条包含该电子邮件信息的记录。在邮件队列中插入新项将启动数据库邮件外部进程(DatabaseMail.exe)。该外部进程会读取电子邮件的信息并将电子邮件发送到相应的一台或多台电子邮件服务器，还会在状态队列中插入一项，来指示发送操作的结果。在状态队列中插入新项将启动内部存储过程，该过程将更新电子邮件信息的状态。除存储已发送(或未发送)的电子邮件信息外，数据库邮件还在系统表中记录所有电子邮件的附件。数据库邮件视图提供了供排除故障用的邮件状态，使用存储过程可以对数据库邮件队列进行管理。只有 msdb 数据库中的 DatabaseMailUserRole 的成员可以执行 sp_send_dbmail，如图 11.14 所示。

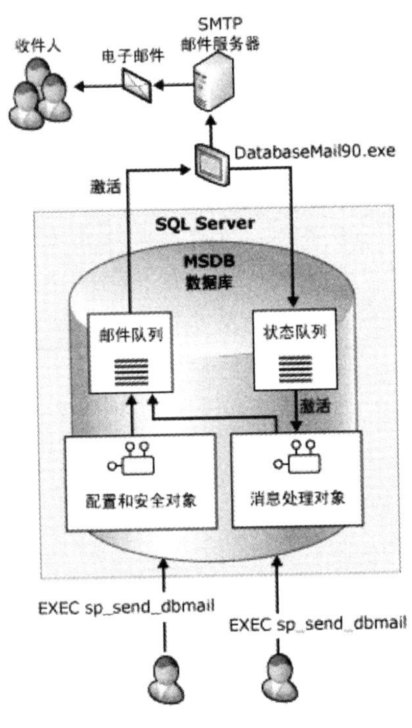

图 11.14 数据库邮件体系结构

11.3.2 数据库邮件应用

【导例 11.12】在“课程教学过程化考核系统”中，当用户注册成功后，如何给用户发送一份欢迎使用的电子邮件和短信？

```
-- 使用系统存储过程给你的电子邮箱发一份邮件
EXEC msdb.dbo.sp_send_dbmail
    @profile_name = 'sql',  --换成你的数据库邮件配置文件
    @recipients = '122234434@qq.com',  --换成你的邮箱
    @body = ' 您好：挚诚天下工作室欢迎您使用【课程教学过程化考核系统】，教学过程中请联系
QQ:122234434, Email:dzjiang@139.com',
    @subject = '欢迎使用【课程教学过程化考核系统】';

--课程教学过程化考核系统中为用户发送邮件和短信的存储过程
```

```
create PROCEDURE [dbo].[Set 新增教师信息]
  @学院 ID int, @姓名 NVarChar(10), @性别 NChar(1), @出生日期 Date,
  @EMail NVarChar(30), @登录密码 VarChar(32), @QQ 号码 VarChar(15),
  @手机号码 Char(11), @备注 NText, @照片 Image
AS
begin
  insert into 教师信息表
    (学院 ID,姓名,性别,出生日期,EMail,登录密码,QQ 号码,手机号码,备注,照片)
  values(@学院 ID,@姓名,@性别,@出生日期,@EMail,hashbytes('MD5',@姓名 + @登录密
码),@QQ 号码, @手机号码, ,@备注,@照片);

  declare @内容 nvarchar(100) = @姓名 + N' 您好：挚诚天下工作室欢迎您使用【课程教学
过程化考核系统】，教学过程中有什么需要或建议请联系 QQ:122234434，Email:dzjiang@139.com
13834574489';
  EXEC msdb.dbo.sp_send_dbmail
  @profile_name = 'SQL_Mail',
  @recipients = @EMail,
  @body = @内容,
  @subject = '欢迎使用【课程教学过程化考核系统】';

 insert into 英语单词.dbo.T_SENDMSG(TO_MOBILE, CONTENT, qb, STATUS, 提交人)
   VALUES(@手机号码, '杜兆将老师欢迎使用【课程教学过程化考核系统】,13834574489',1,0,'
自动');

end;
```

【知识点】

(1) sp_send_dbmail 是微软开发的向指定收件人发送电子邮件的系统存储过程，功能是将邮件写数据库邮件队列中并将返回消息的 mailitem_id。该存储过程位于 msdb 数据库中。其中：

@profile_name = '现有数据库邮件配置文件的名称'。

@recipients= '发送邮件的电子邮件地址列表'，类型 varchar(max)，电子邮件之间用分号分隔。

@subject= '电子邮件的主题'，类型 nvarchar(255)，如果未指定主题，则默认为“SQL Server 消息”。

@body= '电子邮件的正文 body'，类型 nvarchar(max)，默认值为 null。

(2) T_SENDMSG(TO_MOBILE, CONTENT, qb, STATUS, 提交人)是一短信公司开发的数据库短信接口表，该公司开发了短信程序监控该表的数据变化，只要将数据写入这个表就可发送短信。其中 TO_MOBILE 列示接收短信的手机号，CONTENT 列是短信内容，STATUS 短信发送状态(0 表示未发送)。

11.4 FILESTREAM

在 SQL Server 中，BLOB(Binary Large Object，二进制大对象)可以是将数据存储在表中的标准 varbinary(max)数据，也可以是将数据存储在文件系统中的 FILESTREAM varbinary(max)对象。数据的大小和应用情况决定应该使用数据库存储还是文件系统存储。如果应用系统所存储的 BLOB 对象平均大于 1MB 而且非常需要快速读取访问，则应考虑使用文件流技术(FILESTREAM)。

11.4.1　启用和更改 FILESTREAM 设置

【演练 11.2】如何启用和更改 FILESTREAM 设置?

(1) 在【开始】菜单中，依次指向【所有程序】、【Microsoft SQL Server 2008 R2】和【配置工具】选项，然后单击【SQL Server 配置管理器】命令。

(2) 在服务列表中，右键单击【SQL Server 服务】选项，然后单击【打开】按钮。

(3) 在【SQL Server 配置管理器】管理单元中，找到要在其中启用 FILESTREAM 的 SQL Server 实例。右键单击该实例，然后单击【属性】命令。

(4) 在【SQL Server 属性】对话框中，单击【FILESTREAM】选项卡，选中【针对 Transact-SQL 访问启用 FILESTREAM】复选框。

(5) 如果要在 Windows 中读取和写入 FILESTREAM 数据，请单击【针对文件 I/O 流访问启用 FILESTREAM】选项。在【Windows 共享名】文本框中输入 Windows 共享的名称。

(6) 如果远程客户端必须访问存储在此共享中的 FILESTREAM 数据，请选中【允许远程客户端针对 FILESTREAM 数据启用流访问】复选框。单击【应用】按钮。

(7) 在 SSMS 中，单击【新建查询】按钮以显示查询编辑器。在查询编辑器中，输入以下 Transact-SQL 代码，单击【执行】按钮。

```
EXEC sp_configure filestream_access_level, 2
RECONFIGURE
```

11.4.2　使用 FILESTREAM

【导例 11.13】使用 FILESTREAM。

```
-- 1. 创建 FILESTREAM 文件组和文件(夹)
use master;
alter database 过程化考核数据库 Demo
add filegroup fsg1 contains filestream;
alter database 过程化考核数据库 Demo
add file(name = 过程化考核数据库 Demo 文件流,
   filename = 'd:\工程图库文件夹')
to filegroup fsg1;
GO

-- 2. 创建表以存储 FILESTREAM 数据
use 过程化考核数据库 Demo;
go
create table 工程图库集(
  图号 nvarchar(30) unique,
  图纸名称 nvarchar(30) not null,
  图文件 id uniqueidentifier rowguidcol not null unique,
  工程图 varbinary(max) filestream null
);
--3. 使用 T-SQL 管理 FILESTREAM 数据， 准备 2 份 Cad 图纸文件
insert into 工程图库集 values
('04 设 GJ01-001 J-01', '太原市丽华苑 A 栋(土建)', newid(), null),
('04 设 GJ01-001 D-01', '太原市丽华苑 A 栋(电气)', newid(), null),
```

```
('04 设 GJ01-001 F-01', '太原市丽华苑 A 栋(通风)', newid(), null);
select * from 工程图库集;

declare @vb varbinary(max);
select @vb = BulkColumn
from openrowset(bulk N'd:\04 设 GJ01_001_J_01.cad', single_blob) AS 工程图;
update 工程图库集 set 工程图 = @vb where 图号 = '04 设 GJ01-001 J-01';
delete 工程图库集 where 图号 = '04 设 GJ01-001 D-01';
```

【知识点】

(1) 即使启用了透明数据加密，也不会加密 FILESTREAM 数据。FILESTREAM 数据不支持加密。

(2) FILESTREAM 功能在文件系统中存储非结构化数据，并把文件的指针保存在数据库中。FILESTREAM 数据类型作为 varbinary(max)列实现，数据存储在 NTFS 文件系统，数据库中存放的是指针。FileStream 是默认禁止的，所以需要对 varbinary(max)列指定 FILESTREAM 属性。这样 SQL Server 才不会把 BLOB 存到 SQL Server 数据库，而是存到 NTFS 文件系统。

(3) 对于较小的 BLOB 对象，使用 varbinary(max)类型存储将数据存储在数据库中系统会提供更为优异的流性能。

另外，捕获数据变化(Change Data Capture CDC)是 SQL Server 2008 的一项新功能，能够方便地监控到表的变化，有兴趣的读者可在网上搜索有关博文学习。

11.5 本章小结

本章主要讨论了 SQL Server 2008 新实用功能，通过本章的学习，读者应该理解 XML 数据类型，学会使用 XML 实例的 XQuery 方法，能够使用 FOR XML 和 OPENXML 发布和处理 XML 数据；掌握数据库邮件技术，能够使用数据库邮件配置向导进行邮件配置；了解 HierarchyId 数据类型及其应用，了解空间数据类型及其应用，了解文件流技术。

11.6 本章习题

1. 填空题

(1) XQuery 是建立在 XPath 表达式之上用来______类型化或非类型化 XML 数据的查询语言。XPath 即为 XML______语言，它是一种用来确定 XML 数据中某部分______的语言。

(2) XML 数据类型的 XQuery 方法有 query(查询)、________(值)、________(存在)、________(修改)、________(节点)。

(3) XQuery 查询语句中，FLWOR 是____、____、______、order by 和________单词首字母的连接缩写，分别表示循环、赋值、条件、排序和返回。

(4) 在 SQL Server 2008 中，一个表中最多只能拥有____个 XML 列、XML 数据仅支持 128 级层次、XML 实例的存储不能超过__GB，XML 列不能指定为____键、外键或唯一。

(5) HierarchyId 数据类型是一种长度______可变的系统数据类型，其值表示______树层次结构中的位置，用于对层次结构数据进行索引的策略有深度优先和广度______优先。

(6) SQL Server 2008 支持的空间数据类型是平面空间类型__________和地理空间类型__________，这两种类型都是______长度的________数据类型，都是.NET Framework 通用语言运行时(CLR)类型。

(7) Geometry 数据类型处理______空间模型，位置信息是由__和 *Y* 平面坐标组成；Geography 数据类型为空间数据提供了一个由______和纬度联合定义的存储结构。

(8) Geometry 和 Geography 数据类型所基于的 geometry 层次结构，支持 11 种空间数据对象或实例类型，但只有 7 种矢量对象可实例化，它们是________(点)、MultiPoint(多点)、____________(折线)、MultiLineString(多折线)、________(多边形)、MultiPolygon(一组多边形)和 GeometryCollection(几何图形集合)。

(9) SQL Server 2008 提供了通过 SMTP______邮件功能，允许从数据库服务器生成和发送电子邮件消息，当数据库服务器有突发事件发生时可通过邮件通知数据库管理人员，也可使用________________系统存储过程完成应用系统的邮件发送。

(10) 在 SQL Server 中，如果你的应用系统所存储的__________对象平均大于____MB 而且______需要______读取访问，则应考虑使用文件流技术(FILESTREAM)。

2. 判断题

(1) XML 类型数据以一个纯文本形式存在。 (　)

(2) SQL Server 中只有字符串类型的数据才可以转换成 XML 类型的数据。 (　)

(3) 在 select 语句中，使用 for xml 子句可以将关系数据表的查询结果转换为 XML 类型的数据。 (　)

(4) Geometry 数据类型处理平面模型时，不考虑地球的弯曲，主要用于描述较短的距离，如厂区平面图、土木建筑物平面布置图等。 (　)

(5) SQL Server 中，只有 msdb 系统数据库的 DatabaseMailUserRole 的成员才可以执行 sp_send_dbmail 系统存储过程。 (　)

3. 设计题

(1) 参照导例 11.1～导例 11.5 对下列 XML 数据进行操作。

① 定义 XML 类型的局部变量，使用 value()方法带出版社图书。

② 使用 FLWOR 方法从 XML 中检索“页数”>300 的“学生”节点，且按页数排序。

③ 使用 value( )方法从 XML 中检索第 2 本图书的“书名”“作者”属性值。

④ 使用 modify( )方法为第 2 本图书添加“出版社”属性。

⑤ 使用 modify( )方法修改第 1 本图书的“单价”属性值为 29。

⑥ 使用 modify( )方法删除第 3 本图书。

```
<我的图书>
 <图书 书名="致我们终将逝去的青春" 页数="298" 单价="29.8" 作者="辛夷坞"/>
 <图书 书名="杜拉拉升职记" 页数="308" 单价="32" 作者="李可"/>
 <图书 书名="山楂树之恋" 页数="331" 单价="28" 作者="艾米"/>
</我的图书>
```

(2) 参照导例 11.7 将从“过程化考核数据库 Demo”中的“学生信息表”查询到的学号、姓名、性别、身高、体重结果转换为 XML 类型的数据，要求根节点是“学生信息表”、根下子节点“学生”，查询结果有两种：“学生”节点下一种全是子节点、另“学生”节点下一种全是属性。

(3) 参照导例 11.9，在“过程化考核数据库 Demo”库中，对下列层次结构的数据建立使用 HierarchyId 类型的数据表“机构信息表”(ID HierarchyId,单位名称)，插入数据并查询数据。

```
单位名称
管理学院
  计算机系
    软件教研室
    网络教研室
  管理系
  财会系
    电算化教研室
    电子理财教研室
```

(4) 参照演练 11.1，进行数据库邮件的配置；参照导例 11.12，给你自己的邮箱发送一封测试邮件。

(5) 参照演练 11.2，进行数据库 FilesStream 的配置；参照导例 11.13，创建[患者病历数据库].[患者图库集](患者 id int unique,图片 id uniqueidentifier rowguidcol not null unique,CT 图 varbinary(max) filestream null)，并进行数据操作。

第12章 基于Web过程化考核系统的实现

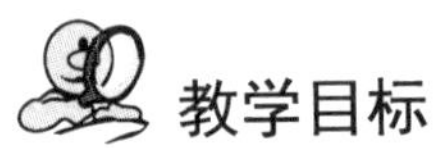

教学目标

通过本章的学习，特别是通过本章实训，应该掌握基于 SQL Server 2008 的数据库设计与实现、Web 服务器层 C#编程实现和浏览器富客户端编程技能技巧。

教学要求

知识要点	能力要求
三层系统架构	了解数据库层、Web 服务器层和富客户端三层系统架构
数据库设计与实现	掌握数据库、数据表、视图的设计与实现，存储过程的编程技能
Web 服务器层编程	掌握动软代码生成器生成 Web 服务器端程序的技能
富客户层(端)编程	了解 AS3 编程语言，熟悉 Flash Builder 编写和调试富客户应用程序的技能

重点难点

- 数据库的设计与实现(重点)
- Demo 系统实现(重点)

教学提示

本章主要通过本书数据库应用案例“课程教学过程化考核系统”，展现数据库层、Web 服务器层和 Web 富客户层(端)三层架构，讨论用 SQL Server 脚本语言编写数据库层脚本程序、用 C#语言编写 Web 服务器层程序和用 AS3 语言编写客户层(端)应用程序的技能。本教材提供了本案例数据库层全部源代码，同时也提供了基于数据库层、Web 服务器层和浏览器富客户层(端)三层架构的 Demo 应用系统的开发编程步骤及其源代码，读者须认真阅读、研究和上机实现，理解系统的总体架构，熟悉各层的编程技巧。

12.1　需求分析与功能设计

为了有效地组织本课程的教学和过程化考核，本书在开学第 1 堂课到结课考试、上报成绩表的整个教学过程中使用了“课程教学过程化考核系统”，包含上课考勤、平时作业、平时测验、期中考试、期末结课考试等环节。

12.1.1　需求分析

本系统开发任务是实现本课程及其类似课程、不同院校、不同班级的多个任课老师、多个上课同学基于 Web 互联网的过程化考核(富客户端应用)，包含上课考勤、平时作业、平时测验、期中考试、期末结课考试等环节。作业、测验和考试包括选择题(单选或多选)、判断题、填空题、文字题、文件题、文图题(文字和上传图像)，其中选择题、判断题和填空题等客观题由系统自动批阅，文字题、文件题、文图题等主观题由小组组长、课代表和代课教师手工批阅。

12.1.2　系统三层架构设计

本“课程教学过程化考核系统”案例采用数据库端、Web 服务器端和 Web 富客户端三层架构。数据库端使用 SQL Server 脚本语言编写相应的视图、函数和大量的存储过程等程序以提高应用系统的安全性和执行效率，Web 服务器采用.Net FrameWork 架构的 IIS Web 服务器并使用 C#语言编写 Web 服务器程序，客户端使用 Flash Builder AS3 语言编写富应用客户程序。系统整体架构如图 12.1 所示。

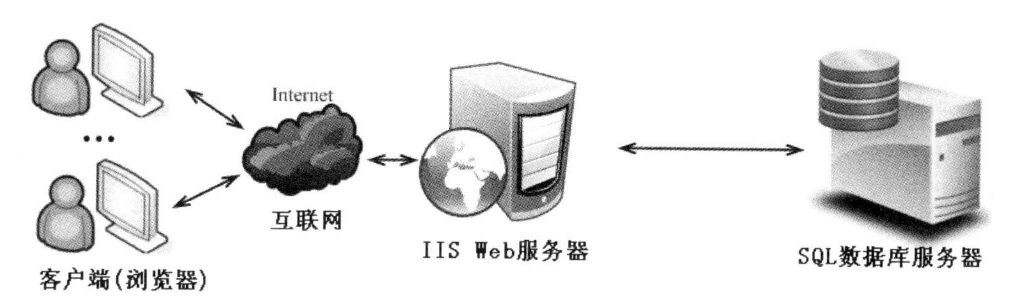

图 12.1　“课程教学过程化考核系统”的三层架构图

12.1.3　系统功能设计

系统目标的实现是通过系统的各功能模块来达到的。由于每个系统功能又可以划分为若干个具体的功能模块，因此从目标开始层层分解，直到每个子功能模块只执行一个具体的任务。子功能模块是独立的，有明显的输入和输出信息。通常将按功能关系画成的图称为功能结构图，如图 12.2 所示。

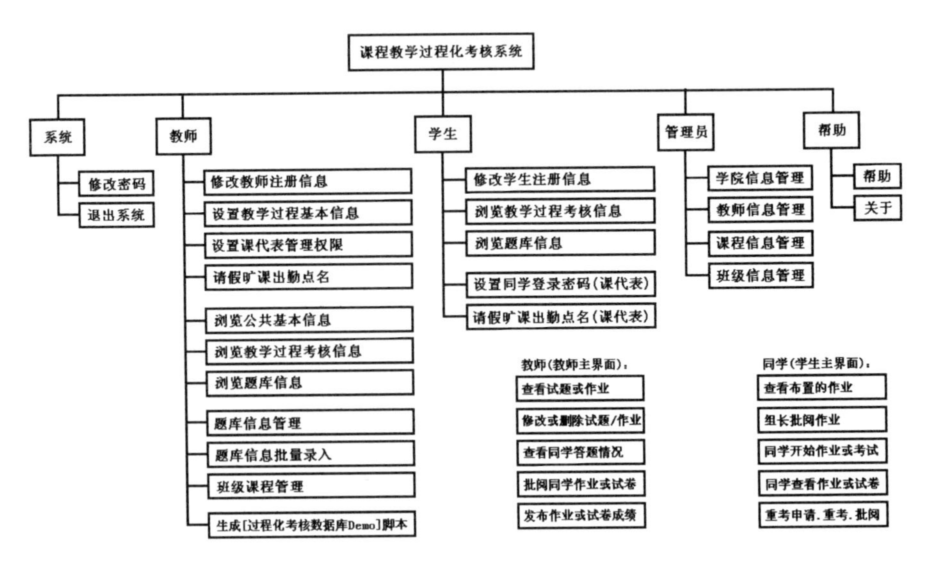

图 12.2 “课程教学过程化考核系统”的功能结构图

12.2 数据库设计与实现

12.2.1 数据库设计

1. E-R 图

在课程教学过程化考核系统中，通过分析得出本应用系统具有课程、学院、班级、教师、学生和考核 6 个实体信息表(系部、教研室、专业等不属于本应用的管理范围)，班级和课程之间的联系有班级课程表，学生和课程之间的联系有学生上课机位表，学生和考核之间的联系有学生考核完成信息表，班级信息表、教师信息表、学院上课时间表是学院信息表的子表，课程题库信息表是课程信息表的子表等。课程教学过程化考核系统的 E-R 图如图 5.8 所示。

2. 代码(编号)设计

代码(编号)是一组有序的易于计算机和人识别与处理的符号，具有鉴别、分类、排序 3 种功能，本系统代码设计见表 12-1。

表 12-1 过程化考核系统代码表

表　名	代　码	类　型	说　明
课程信息表	课程 ID	int	6 位数字，自动编号(种子 100001，增量 1)
学院信息表	学院 ID	int	6 位数字，自动编号(种子 200001，增量 1)
班级信息表	班级 ID	int	6 位数字，自动编号(种子 300001，增量 1)
教师信息表	教师 ID	int	6 位数字，自动编号(种子 400001，增量 1)
学生信息表	学生 ID	int	6 位数字，自动编号(种子 500001，增量 1)
考核信息表	考核 ID	int	6 位数字，自动编号(种子 600001，增量 1)

3. 数据库设计

数据表用于存储数据代码，根据需求，本系统设计了 17 个数据表、8 个视图、85 个存储过程、10 个用户定义表类型用户、1 个定义标量函数和 1 个 XML 架构集合，见表 12-2、表 12-3、表 12-4 和表 12-5。

表 12-2　数据表一览(17 个)

名　　称	说　　明
学院信息表	(实体) *学院 ID、学院名称、备注
学院上课时间表	*(学院 ID,节),夏季开始时间,夏季结束时间,冬季开始时间,冬季结束时间
班级信息表	(实体) *班级 ID、学院 ID、班级名称、注册认证码
班级课程表	*(班级 ID、课程 ID)、教师 ID、开课日期、结课日期、学时等
班级课程教学进度表	*(班级 ID,课程 ID,上课开始时间),上课结束时间,节,教学内容,周次,类型
教师信息表	(实体) *教师 ID、学院 ID、姓名、登录密码、手机号码等
学生信息表	(实体) *学生 ID、班级 ID、学号、姓名、身高、教育经历、照片等
学生出勤考核记录表	*(学生 ID,课程 ID,周次),登录时间,退出时间,出勤标记
学生上课机位表	*(学生 ID,课程 ID),第 1 机位,第 2 机位
课程信息表	(实体) *课程 ID、课程名称、备注
题型信息表	序号,*题型,类型
课程题库信息表	*(课程 ID、问题 ID)、题型、题号、问题、答案、分值、教师 ID 等
考核信息表	(实体) *考核 ID、班级 ID、课程 ID、考核名称、开始时间、满分等
考核试题信息表	*(考核 ID、课程 ID、问题 ID)、题号、分值
学生考核完成信息表	*(学生 ID、考核 ID)、分数、开始时间、批阅时间、批阅人等
学生考核完成详细信息表	*(学生 ID、考核 ID、课程 ID、问题 ID)、答案、批语、得分
学生考核完成详细信息表重考	同学生考核完成详细信息表

注：题型信息表的题型包括标题 1，标题 2，标题 3，判断题，单选题，复选题，填空题，文本题，文图题，文件题，上传题。

表 12-3　视图一览(8 个)

名　　称	说　　明
班级信息表视图	from 班级信息表，学院信息表
班级课程表视图	from 班级课程表，课程信息表，教师信息表，班级信息表，学院信息表
教师信息表视图	from 教师信息表，学院信息表
学生信息表视图	from 学生信息表，班级信息表视图
考核信息表视图	from 考核信息表，课程信息表，班级课程表，班级信息表视图
学生考核成绩表	from 学生考核完成信息表，考核信息表，学生信息表
学生上课机位表视图	from 学生上课机位表，学生信息表
用户登录信息表	from 教师信息表，学生信息表

表 12-4　主要存储过程一览

<table>
<tr><th></th><th>名　称</th><th></th><th>名　称</th></tr>
<tr><td rowspan="15">提取信息</td><td>Get 课程信息表、Get 学院信息表</td><td rowspan="3">提取信息</td><td>Get 试卷信息表 By 考核 ID 学生 ID</td></tr>
<tr><td>Get 教师信息表、Get 班级信息表</td><td>Get 问题 ID 重发 By 问题 ID 检验表</td></tr>
<tr><td>Get 上课时间表 By 学院 Id</td><td>Get 学生花名表 By 班级 Id 考核 ID_重考</td></tr>
<tr><td>Get 班级信息表 By 学院 Id</td><td>登录</td><td>pLogIn、P 修改密码、Set 同学密码</td></tr>
<tr><td>Get 班级开课表 By 教师 Id 班级 Id</td><td rowspan="3">批阅处理</td><td>P 标记在阅 By 考核 ID、P 标记阅完 By 考核 ID</td></tr>
<tr><td>Get 教师信息 By 教师 Id、学生</td><td>P 登记缺考 By 学生 ID 考核 ID 批阅人</td></tr>
<tr><td>Get 当前班级表 By 教师 Id</td><td>P 清空重阅 By 考核 ID</td></tr>
<tr><td>Get 运行课程表 By 教师 Id 班级 Id</td><td rowspan="4">删除处理</td><td>P 删除学院信息 By 学院 ID、课程、教师</td></tr>
<tr><td>Get 学生信息表 By 班级 Id</td><td>P 删除班级信息 By 班级 ID、学生、考核</td></tr>
<tr><td>Get 运行课程表 By 班级 Id</td><td>P 删除课程题库信息 By 课程 ID 问题 ID</td></tr>
<tr><td>Get 学生出勤记录表 By 班级 ID 课程 ID</td><td>P 删除班级课程 By 班级 ID 课程 ID 教师 ID</td></tr>
<tr><td>Get 学生机位表 By 班级 Id 课程 Id</td><td rowspan="3">生成</td><td>P 生成 Demo 数据库脚本 By 班级 Id 课程 Id</td></tr>
<tr><td>Get 用户照片 By 用户 Id</td><td>Get 加密数据库 By 班级 Id</td></tr>
<tr><td>Get 教学进度表 By 班级 Id 课程 Id</td><td>p 题库信息表 1 级、2 级、3 级</td></tr>
<tr><td>Get 考核布置表 By 班级 Id 课程 Id</td><td rowspan="14">设置处理(新增或修改)</td><td>Set 新增教师信息、Set 新增学生信息</td></tr>
<tr><td rowspan="7">提取成绩信息</td><td>Get 出勤记录表 By 班级 Id 课程 Id</td><td>Set 更新教师信息、Set 更新学生信息</td></tr>
<tr><td>Get 出勤成绩表 By 班级 Id 课程 Id</td><td>Set 考核信息表、Set 课代表权限</td></tr>
<tr><td>Get 考核分数表 By 班级 Id 课程 Id</td><td>Set 保存学院上课时间 By 上课时间表</td></tr>
<tr><td>Get 平时成绩表 By 班级 Id 课程 Id</td><td>Set 保存教学进度 By 教学进度表</td></tr>
<tr><td>Get 考试成绩表 By 班级 Id 课程 Id</td><td>Set 更新学生课程职务 By 课程职务表</td></tr>
<tr><td>Get 考核成绩表 By 班级 Id 课程 Id</td><td>Set 上课签到 By 班级 ID 课程 ID 学生 ID、签退</td></tr>
<tr><td>Get 考核成绩表 By 学生 Id 课程 Id</td><td>Set 上课点名 By 课程 ID 周次</td></tr>
<tr><td rowspan="7">提取信息</td><td>Get 题库目录 By 课程 ID</td><td>Set 保存考核试题 By 考核试题表</td></tr>
<tr><td>Get 题库信息表 By 课程 ID 问题 ID_2 级</td><td>Set 初始化试卷答案 By 学生 ID 考核 IDMac</td></tr>
<tr><td>Get 试题信息表 By 考核 ID</td><td>Set 更新试卷答案 By 试卷答案表</td></tr>
<tr><td>Get 布置试题修改信息表 By 考核 ID</td><td>Set 更新试卷批阅 By 试卷批阅表</td></tr>
<tr><td>Get 是否开始阅卷 By 考核 ID</td><td>Set 保存课程题库信息表 By 题库录入表</td></tr>
<tr><td>Get 考核批阅状态 By 考核 ID</td><td></td></tr>
<tr><td>Get 重考申请花名表 By 考核 ID</td><td></td><td>--P 生成 Demo 数据库 By 班级 Id 课程 Id</td></tr>
</table>

表 12-5　用户定义标量函数、XML 架构集合、表类型一览

名　称	说　明
用户定义标量函数	f 时长(　)、f 重考未批申请(　)
用户定义 XML 架构集合	xsc 教育经历
用户定义表类型(10)	出勤点名表、教学进度表、考核试题表、课程题库录入表、课程职务表 上课时间表、试卷答案表、试卷批阅表、问题 ID 检验表、允许重考表

12.2.2　数据库实现

数据库实现即数据库物理设计与实现。数据库物理设计是利用已确定的逻辑结构以及数据库管理系统提供的方法、技术，以较优的存储结构、较好的数据存取路径、合理的数据存储位置以及存储分配，设计出一个高效的、可实现的物理数据库结构。

执行脚本文件“创建[课程教学过程化考核数据库].sql”，创建数据库、服务器登录名、数据库用户、证书、对称密钥、数据表、XML 架构集合、10 个自定义表类型、17 个数据表、8 个视图、2 个自定义标量函数、85 个存储过程等。鉴于篇幅限制，以下仅列出了该脚本的目录部分，建议读者下载本脚本文件研读其详细内容。

```
--    创建[课程教学过程化考核数据库]目录
--1. 创建数据库[课程教学过程化考核数据库]
--2. 创建服务器登录名[s 考核游客]
--3. 创建数据库用户[U 游客]并关联登录名[s 考核游客]
--4. 创建用于敏感数据[学生.手机号码、身份证号和教师.手机号码]加密的证书、对称密钥
--5. 创建用户定义 XML 架构集合[xsc 教育经历]用于[学生信息表.教育经历]
--6. 创建[试卷答案表]、[试卷批阅表]等 10 个自定义表类型用于批量录入数据
--7. 创建[学院信息表]、[学生信息表]、[课程信息表]等 17 个数据表并赋初值
--8. 创建[班级信息表视图]、[学生信息表视图]等 8 个视图
--9. 创建[f 时长]、[f 时长]等 2 个自定义标量函数
--10. 创建[Get 学院信息表]、[pLogIn]、[Set 新增学生信息]等 85 个存储过程
```

12.3　Web 服务器端和客户端实现

12.3.1　编程工具简介

1. Visual Studio 和 C#编程语言简介

Visual Studio 是微软公司推出的、目前最流行的 Windows 平台应用程序集成开发环境。

C#是微软发布的一种面向对象的、运行于.NET Framework 之上的高级程序设计语言。C#是一种安全、稳定、简单、优雅，由 C 和 C++衍生出来的面向对象的编程语言，它在继承 C 和 C++强大功能的同时去掉了它们的一些复杂特性(例如没有宏以及不允许多重继承)。C#综合了 VB 简单的可视化操作和 C++的高运行效率，以其强大的操作能力、优雅的语法风格、创新的语言特性和便捷的面向组件编程的支持成为.NET 开发的首选语言。

C#看起来与 Java 有着惊人的相似，它包括了诸如单一继承、接口、与 Java 几乎同样的语法和编译成中间代码再运行的过程。但是 C#与 Java 有着明显的不同，它借鉴了 Delphi 的一个特点，与 COM(组件对象模型)是直接集成的，而且它是微软公司.NET Framework 的主角。

2. Flash Builder IDE 和 AS3 语言简介

Adobe Flash Builder 是一款在 Eclipse 上构建的集成开发环境(IDE)，用于构建跨平台的、使用 Flex 框架和 ActionScript 脚本语言的富 Internet 应用程序(RIA)。

ActionScript 3.0 是一种面向对象的 Flash 脚本语言，运行于 Adobe Flash Player 运行时环境，它在 Flash 内容和应用程序中实现了交互性、数据处理以及其他许多功能。ActionScript 是由 Flash Player 中的 ActionScript 虚拟机(AVM)来执行的，ActionScript 3.0 源代码通常被编译器编

译成字节码并嵌入 SWF 文件中，由运行时环境 Flash Player 执行。

3. 动软代码生成器简介

动软代码生成器是一款结合了 Petshop 经典思想和设计模式(融入了工厂模式、反射机制等)、为 C#数据库程序员设计的自动代码生成器。它主要实现在对应数据库中表、视图、过程的基类代码的自动生成，包括生成属性、添加、修改、删除、查询、存在性、Model 类构造等 C#基础代码，支持工厂模式等 3 种架构代码生成，支持如 SQL Server、Oracle、MySQL、OleDb 等多种数据库，使程序员可以节省大量机械录入的时间和重复劳动，而将精力集中于核心业务逻辑的开发，让开发变得轻松而快乐。

4. FluorineFx 开源库简介

FluorineFX 是一个开源库，是专门针对.NET 平台与 Flex 通信提供的 AMF 协议通信网关，通过 FluorineFx 可以很方便地完成 Flex/Flash 与.NET Framework 远程通信，Flex 数据服务和实时数据的使用技术。

12.3.2 Web 服务器端实现

Web 服务器端程序采用工厂模式架构，在简单三层(Model、DAL、BLL)的基础上对 DAL 层增加了一个接口层(IDAL)，如图 12.3 所示。架构各层的功能如下：

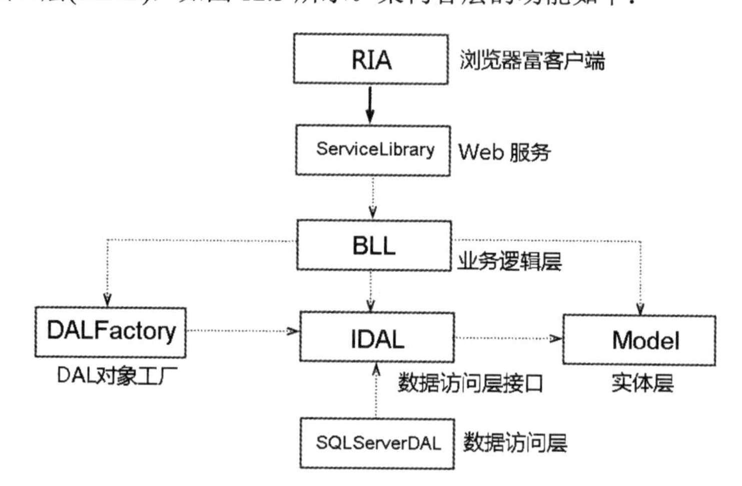

图 12.3 Web 服务器端方案架构图

(1) DAL。数据访问层，数据库增删改查(SQLServerDAL：SQL Server 数据访问层)。

(2) IDAL。数据访问层接口定义，引入接口就可以避免对具体类的依赖，针对接口编程。

(3) DALFactory。数据访问层的抽象工厂(决定创建哪种数据库类型的数据访问层，可以选择 SQLServer，Oracle 等)。对 IDAL 层编程不依赖于具体数据库处理类，通过 DALFactory 中的反射生成实例的方法生成具体的数据库处理类。

(4) Model。数据实体，主要是每个数据表生成一个类，表中的字段对应类中的属性。

(5) BLL。业务逻辑层，Web 服务通过 BLL 调用 IDAL 处理业务逻辑。

(6) ServiceLibrary。Web 服务，RIA 浏览器富客户端通过 Web 服务调用 BLL 主完成客户端远程调用。

本系统通过动软代码生成器、FluorineFX 开源库和 Visual Studio IDE 生成的解决方案有 9

个项目，其中 IDAL、DAL(SQLServerDAL)和 BLL 层包含的类名类似 Model 层，DBUtility 程序集提供了访问数据库的基础方法(其中 PubConstant 是用于获取数据库连接字符串的辅助类，DbHelperMySQL、DbHelperOleDb、DbHelperSQL、DbHelperSQLite 是对不同数据库进行访问的方法，DESEncrypt 是加密解密辅助类，CommandInfo 类是程序集中的辅助类)，DALFactory 使用的是工厂方法模式生成具体类的程序集(其中 DataAccess 是该程序集的主要类、DataCache 类是 DataAccess 类使用 Cache 提高性能的辅助类)，Common 是常用处理组件程序集，ServiceLibrary 是 RIA 浏览器富客户端调用 Web 服务的程序集，如图 12.4 所示。

图 12.4　Web 服务器端方案组成图

12.3.3　客户端实现

使用 Flash Builder IDE 开发的 RIA 浏览器富客户端应用程序项目组成如图 12.5 所示，根据系统分析与用户需求，本系统模块设计见表 12-6。

表 12-6　客户端功能模块一览

Model	PExam.Model	Model	PExam.Model
College	学院信息表	Student	学生信息表
MyClass	班级信息表	Examining	考核信息表
Course	课程信息表	TestInformation	课程题库信息表
Teacher	教师信息表	Answer	考核完成详细表
ClassCourse	班级课程表		

续表

主界面视图名	功能说明	主界面视图名	功能说明
LoginView	教师、学生登录界面	SecureView	教师、学生主界面
RegisterView	教师、学生注册界面		
窗口名	功能说明	窗口名	功能说明
ChangePassword	修改登录密码	SetPassword	设置同学登录密码
CollegeAdmin	学院信息管理	ClassAdmin	班级信息管理
CollegeAdd	学院信息添加	ClassAdd	添加班级信息
CollegeModify	修改学院信息	ClassModify	修改班级信息
CourseAdmin	课程信息管理	ClassCourseAdmin	班级课程管理
CourseAdd	课程信息添加	ClassCourseAdd	增加班级课程
CourseModify	修改课程信息	TeacherAdmin	教师信息管理
Student_Modify	修改学生注册信息	Teacher_Modify	修改教师信息
StudenPhotoDisplay	学生照片显示	PublicBasicInformationView	公共基本信息浏览
CourseRepresentaitve	设置科代表权限	ClassCourseAttendance	班级课程出勤点名
Student_Exam	在线完成作业、考试	TestInformationAdmin	题库信息管理
ExamArragementAdd	添加作业考试布置	TestInformationAdd	题库信息添加
ExamArragementModify	修改作业考试布置	TestInformationModify	题库信息修改
		TestInformationInput	题库信息批量录入
ApplyForApproval_Re	核准重考申请	TestInformationView	题库信息浏览
PasteFromClip1	粘贴到[进度表]	PasteFromClip2	粘贴到[题库信息表]
TeachingInformationSet	班级课程教学信息设置	TeachingInformationRead	班级课程教学信息浏览
ReadOver_Exam	批阅试卷	View_Exam	在线查看试卷
ReadOver_Exam_chargehand	批阅作试卷	View_Exam_Re	在线查看试卷_补
ReadOver_Exam_Teacher	教师批阅试卷	View_Exam_Teacher	在线查看试卷
ReadOver_Exam_Teacher_Re	教师批阅试卷_补	View_Questions	查看布置试题
ExamReadOverStatusSet	管理考核批阅状态	ExamReadOverStatusSet_Re	管理批阅状态_补
GenDemoDB	生成【Demo】	GenDemoDBScript	生成【Demo】脚本

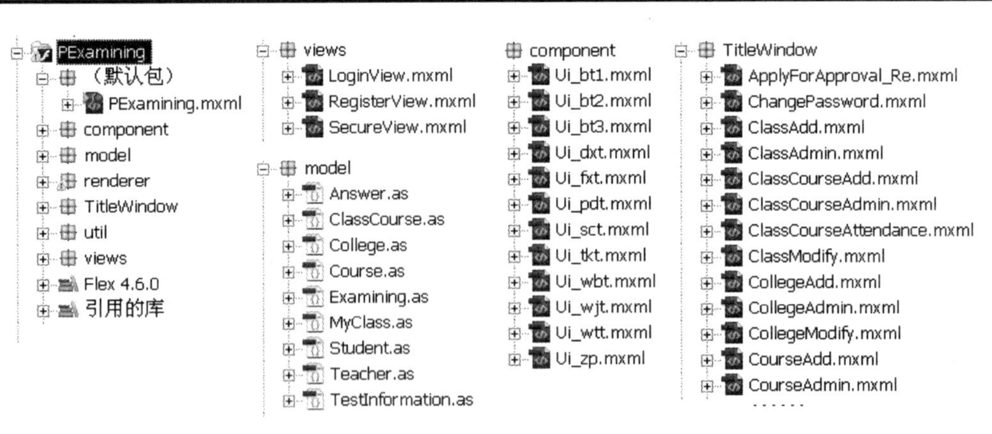

图 12.5 客户端项目组成

12.4　本 章 实 训

本章实训仅以“班级信息表”和“学生信息表”为基础数据，实现学生信息注册、登录、密码修改、学生注册信息修改、学生信息查询以及班级信息管理(添加、修改)和浏览等功能，阐述如何在数据库层、Web 服务器层和浏览器富客户端设计和实现本系统。本实训将给出需要的开发工具、开发过程中的局部代码、开发阶段的完整阶段代码、开发步骤和全部完整代码。

12.4.1　数据库服务器端设计与实现

在 SSMS 中执行下列代码，完成：创建数据库“过程化考核数据库_Demo”，创建该数据库全权管理员的登录名“L 过程化考核”，创建“班级信息表”和“学生信息表”数据表，其中“班级信息表”是“学生信息表”的父表，“学生信息表”中的“手机号码”进行加密存储，创建“xsc 教育经历”XML 架构集合，用于“学生信息表”中“教育经历”XML 类型字段进行格式化存储，根据需求创建了视图、证书、对称密钥各 1 个和 8 个存储过程，详见“程序文件\过程化考核数据库_Demo.sql”。

```
--1. 创建数据库、登录名
use master;
create database 过程化考核数据库_Demo
create login L过程化考核 with password = '20080808',
   default_database = 过程化考核数据库_Demo;

--2. 创建数据库用户、添加到[db_owner]
use 过程化考核数据库_Demo;
create user U过程化考核 from login L过程化考核;
exec sp_addrolemember 'db_owner', 'U过程化考核';

--3. 创建XML架构集合、数据表
create XML schema collection dbo.xsc教育经历
create table dbo.班级信息表(... );
create table dbo.学生信息表(...)

--4. 向数据表中插入数据
set identity_insert 班级信息表 on;
insert into 班级信息表(班级ID, 学院名称, 班级名称, 注册认证码)
  values(...),(...),(...);
set identity_insert 班级信息表 off;
insert into 学生信息表(学生ID, 班级ID, 学号, ...) values ...

--5. 创建视图、证书、对称密钥
create view dbo.学生信息表视图
create certificate c过程化考核证书
create symmetric key s过程化考核密钥

--6. 创建不用[s过程化考核密钥]对称密钥的存储过程
create procedure dbo.Get班级信息表
create procedure dbo.P删除班级信息By班级ID @班级ID int
```

```
create procedure dbo.P登录验证 @登录名 Nvarchar(50), @登录密码 varchar(50)
create procedure dbo.P修改密码
  @用户ID Int, @原密码 varchar(50), @新密码 varchar(50)
create procedure dbo.Get学生照片By学生Id @学生ID int

--7. 创建使用[s过程化考核密钥]对称密钥的存储过程
create procedure dbo.Set新增学生信息
   @班级ID int, @学号 NVarChar(10),...,@照片 Image
create procedure dbo.Set更新学生信息
   @班级ID int, @学号 NVarChar(10), ..., @照片 Image, @学生ID Int
create procedure dbo.Get学生信息By学生Id @学生ID int
create procedure dbo.Get学生信息表By班级Id @班级ID int
```

12.4.2 Web 服务器端实现

1. 动软代码生成器生成 Web 服务器端 C#基本代码

从动软代码生成器官网 http://www.maticsoft.com 下载或附件本章“程序文件\动软代码生成器.rar”并进行默认安装，本实训使用的版本是 2.78，更新日期 2014-03-06。

(1) 创建项目文件夹“D:\过程化考核数据库_Demo”。

(2) 单击【开始】|【所有程序】|【动软代码生成器】|【动软代码生成器】命令，弹出动软生成器主界面。

(3) 右击【服务器】选项，选择【添加服务器】命令，在【选择数据库类型】对话框选中【SQL Server】单选按钮，单击【下一步】按钮，在【连接到服务器】对话框选择【服务器类型】为【SQL Server 2008】、选择【身份验证】为【SQL Server 身份验证】、【登录名】输入“L过程化考核”、【密码】输入“20080808”、单击【连接/测试】按钮，然后在【数据库】列表框选择【过程化考核数据库_Demo】，单击【确定】按钮完成，如图 12.6 所示。

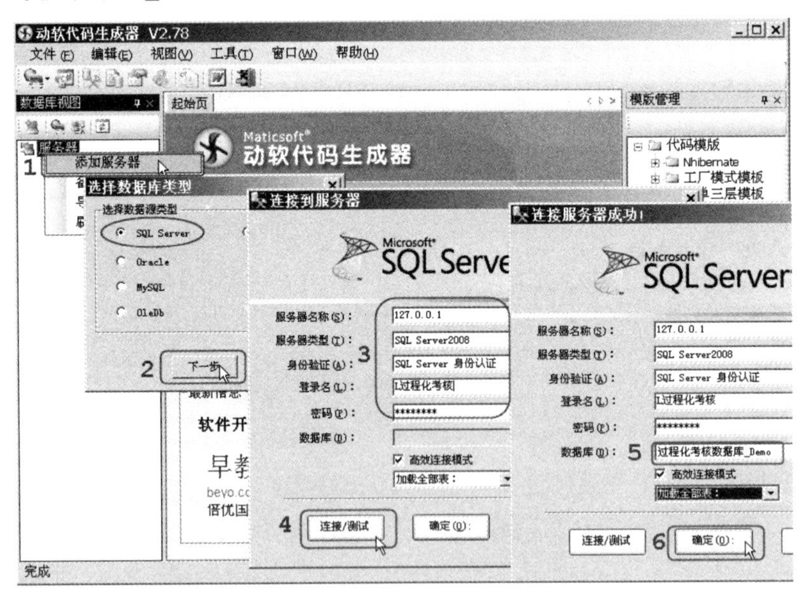

图 12.6 动软代码生成器连接数据库

(4) 在如图 12.7 所示界面，展开服务器、数据库、表、视图和存储过程浏览“过程化考核数据库_Demo”，右击“过程化考核数据库_Demo”，单击【新建 NET 项目】选项，在【新建项目】对话框选择【工厂模式结构】选项在【名称】文本框输入“PExamingDemo”，在【位置】文本框输入“D:\过程化考核数据库_Demo”，在【开发工具脚本】下拉列表框选择【Visual Studio 2010】选项，单击【下一步】按钮，弹出【选择要生成的数据表，输出代码文件】对话框，单击【>>】按钮选择所有数据表，在【命名空间】文本框输入“ExamDemo”，然后单击【开始生成】按钮生成代码，单击【确定】按钮完成，如图 12.7 所示。生成的代码详见“程序文件\过程化考核数据库_Demo_1.rar”。

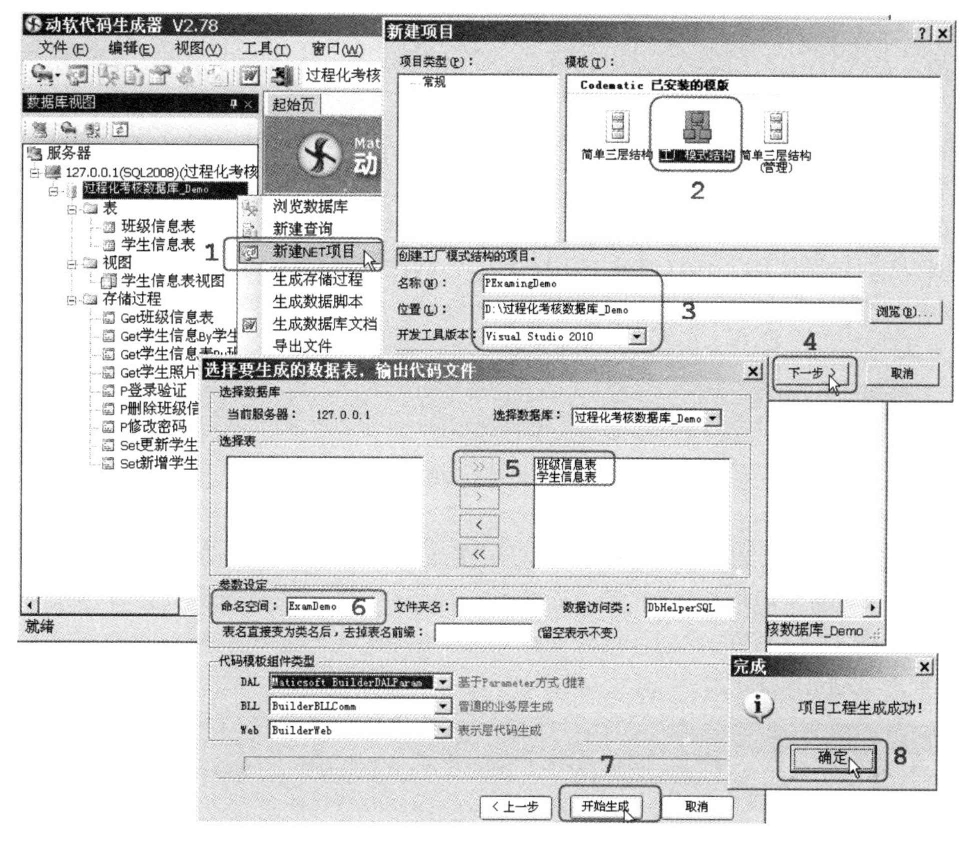

图 12.7　动软代码生成器生成 Web 端代码

2. 修改生成器生成的 C#代码

从微软官网 http://www.microsoft.com/visualstudio/zh-cn 下载并安装 VS2010，软件更新日期为 2010 年 4 月 12 日，下载设置.NetFrameWork 4.0。

(1) 单击【开始】|【所有程序】|【Microsoft Visual Studio 2010】|【Microsoft Visual Studio 2010】命令，弹出 Microsoft Visual Studio 2010 主界面。

(2) 单击【文件】|【项目/解决方案】命令弹出【打开项目】对话框，选择“D:\过程化考核数据库_Demo\PExamingDemo\PExamingDemo.sln”。

(3) 打开“model\学生信息表.cs”，修改“教育经历”的数据类型：xml-->string，修改“手机号码”的数据类型：byte[]-->string。

(4) 打开“SQLServerDAL\学生信息表.cs”，修改“教育经历”和“教育经历”的数据类型：

```
教育经历：SqlDbType.xml-->SqlDbType.Xml
出生日期：SqlDbType.date-->SqlDbType.Date
```

修改“手机号码”：

```
(byte[])row["手机号码"]-->row["手机号码"].ToString()
@手机号码", SqlDbType.VarBinary,100-->@手机号码", SqlDbType.NVarChar,8
```

(5) 打开“Web\学生信息表\Add.aspx.cs”和“Web\学生信息表\Modify.aspx.cs”：

```
byte[] 手机号码-->string 手机号码
new UnicodeEncoding().GetBytes(this.txt 手机号码.Text)-->this.txt 手机号码.Text
(5) 打开“Web\学生信息表\Add.aspx.cs”：
byte[] 手机号码-->string 手机号码
new UnicodeEncoding().GetBytes(this.txt 手机号码.Text)-->this.txt 手机号码.Text
```

(6) 打开“Web\Web.config”，在 add key="ConnectionString"与"ConnectionStringAccounts"中修改数据库连接参数如下列代码 1，注释掉 add key="ConnectionString2"数据库连接参数，修改<add key="DAL" value="Maticsoft.SQLServerDAL"/>中的代码如下列代码 2。

```
1.  codematic2;uid=sa;pwd=1-->
     过程化考核数据库_Demo;uid=L 过程化考核;pwd=20080808
2.  "Maticsoft.SQLServerDAL"-->"ExamDemo.SQLServerDAL"
```

(7) 展开“Web”节点，右击“班级信息表”选择[包括在项目中]命令，右击“学生信息表”选择[包括在项目中]。

(8) 右击解决方案“PExamingDemo”选择[重新生成解决方案]命令。

(9) 展开[Web]|[班级信息表]节点，右击“List.aspx”单击[在浏览器中查看]命令，如果在浏览器弹出如图 12.8 所示的界面，则表明代码生成成功。修改后的代码详见“程序文件\过程化考核数据库_Demo_2.rar”。

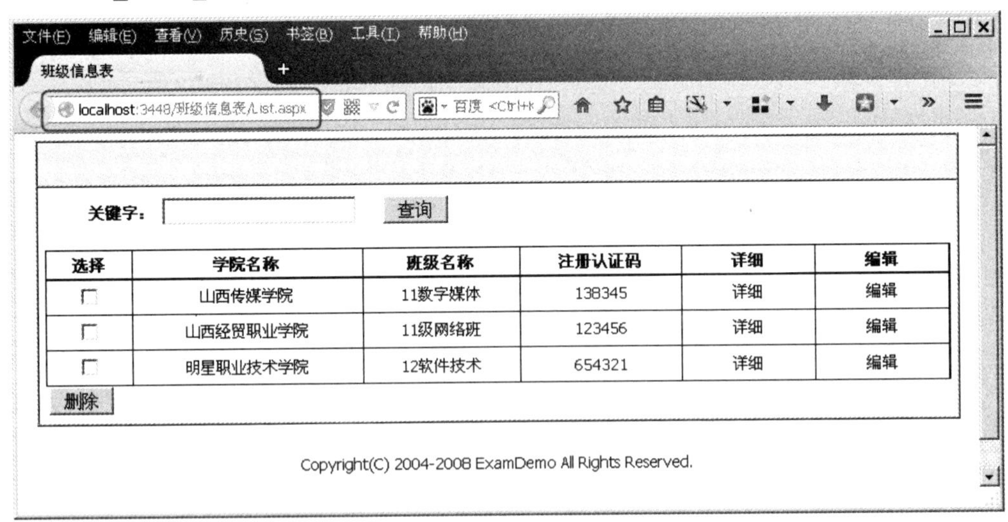

图 12.8 浏览班级信息表测试 Web 服务器代码

3. 生成 FluorineFx Web 服务器端 C#基本代码

从 FluorineFx 官网 http://www.fluorinefx.com/download.html 下载或打开本章“程序文件\FluorineFx v1.0.0.15.rar”，并解压执行“FluorineFx v1.0.0.15.exe”进行默认安装，本实训使用的版本是 v1.0.0.15。

(1) 将“C:\Program Files\FluorineFx\Samples\Flex\Remoting”文件夹之下的“Authentication”文件夹粘贴到“D:\过程化考核数据库_Demo”文件夹之下。

(2) 用记事本等编辑器修改“D:\过程化考核数据库_Demo\Authentication\WebSite\Bin”之下的扩展名为“refresh”的 4 个文件。

```
..\..\..\..\..\Bin\net\2.0  ==>  C:\Program Files\FluorineFx\Bin\net\3.5
```

(3) 用 VS2010 打开“D:\过程化考核数据库_Demo\Authentication”文件夹下的解决方案文件“Authentication.sln”弹出【Visual Studio 转换向导】对话框，单击【下一步】按钮，【在转换之前，是否创建备份】选【否】，单击【完成】按钮进行项目转换。

(4) 在 VS2010【解决方案资源管理器】界面，右击“ServiceLibrary”，单击【属性】命令弹出对话框，修改【目标框架】“.NET Framework 2.0”为“.NET Framework 4.0”。

(5) 在 VS2010【解决方案资源管理器】界面，右击“WebSite”网站，选择【设置为启动项目】命令，右击“解决方案 Authentication”，(2 个项目)选择【重新生成解决方案】命令，编译项目代码。

(6) 展开“WebSite”网站，右击“Default.aspx”，选择【在浏览器中查看】命令，弹出如图 12.9①所示的界面，在【Username】和【Password】文本框均输入“admin”，单击【Login】按钮。修改后的代码详见“程序文件\Authentication.rar”。

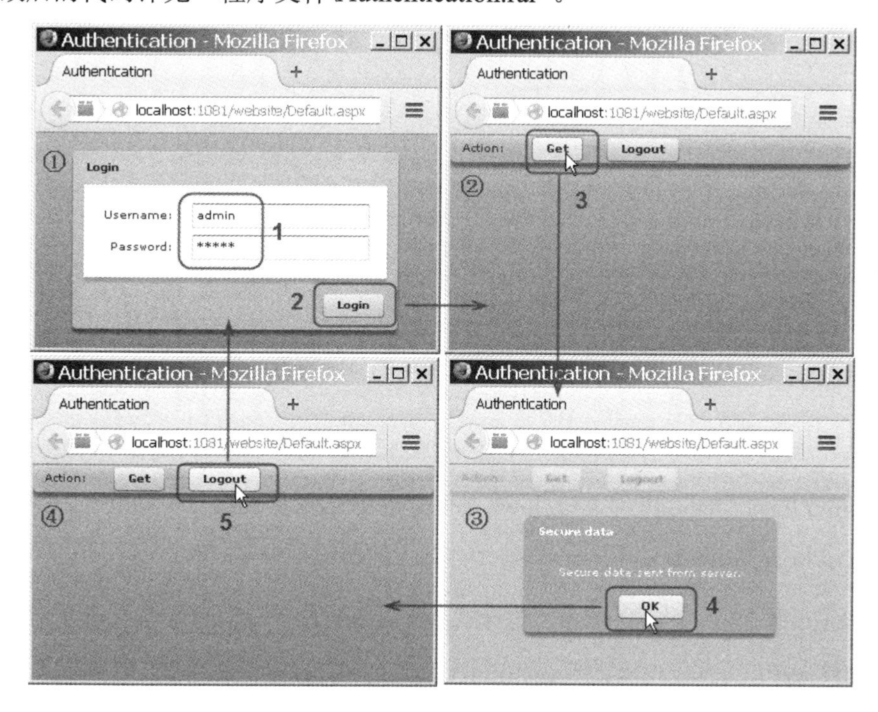

图 12.9　FluorineFx 登录验证界面

4. 合并动软和 FluorineFx 代码并完善

(1) 将“D:\过程化考核数据库_Demo\Authentication”下的“WebSite”和“ServiceLibrary”2 个文件夹复制到“D:\过程化考核数据库_Demo\PExamingDemo”。

(2) 在 VS2010【解决方案资源管理器】界面，右击“解决方案' PExamingDemo'(9 个项目)”，选择【添加】|【现有项目】命令，弹出对话框，选“D:\过程化考核数据库_Demo\PExamingDemo\ServiceLibrary”下“ServiceLibrary.csproj”添加之。

(3) 在 VS2010【解决方案资源管理器】界面，右击“解决方案' PExamingDemo'(9 个项目)”，选择【添加】|【现有网站】命令弹出对话框，选择“D:\过程化考核数据库_Demo\PExamingDemo\WebSite” 添加之，并右击“WebSite”网站选择【设置为启动项目】命令。

(4) 修改“WebSite\Web.config”。将“Web\Web.config”中的<appSettings>…</appSettings>复制粘贴到“WebSite\Web.config”文件<configuration>之下，修改“WebSite\Web.config”文件<system.web>，具体参考：

(5) 修改“IDAL\I 班级信息表”。“#region 成员方法”之下添加下列 1 个接口方法：

```
DataSet Get班级信息表();
```

修改“SQLServerDAL\班级信息表”添加下列 1 个方法的具体实现如下。

```
public DataSet Get班级信息表(){......};
```

修改“BLL\班级信息表”添加下列 1 个方法：

```
public DataSet Get班级信息表(){return dal.Get班级信息表();}
```

(6) 修改“IDAL\I 学生信息表”。“#region 成员方法”之下添加下列 5 个方法：

```
int Login(string logName, string password);
int P修改密码(int UserId, string OldPw, string NewPw);
DataSet Get学生信息By学生Id(int 学生Id);
byte[] Get学生照片By学生Id(int 学生Id);
DataSet Get学生信息表By班级Id(int 班级Id);
```

修改“SQLServerDAL\学生信息表”。在“#region ExtensionMethod”中添加下列 5 个方法：

```
public int Login(string logName, string password){......};
public int P修改密码(int UserId, string OldPw, string NewPw){......};
public DataSet Get学生信息By学生Id(int 学生Id){......};
public byte[] Get学生照片By学生Id(int 学生Id){......};
public DataSet Get学生信息表By班级Id(int 班级Id){......};
```

在“#region BasicMethod”中修改下列 4 个方法的具体实现：

```
public int Add(ExamDemo.Model.学生信息表 model)  去掉[录入时间]
public bool Update(ExamDemo.Model.学生信息表 model)  全部替换
public ExamDemo.Model.学生信息表 GetModel(int 学生ID)  全部替换
```

修改“BLL\学生信息表”。在“#region ExtensionMethod”中添加下列 5 个方法：

```
public int Login(string logName, string password){
   return dal.Login(logName, password);}
```

```
        public int P修改密码(int UserId, string OldPw, string NewPw){
            return dal.P修改密码(UserId, OldPw, NewPw);}
        public DataSet Get学生信息By学生Id(int 学生Id){
            return dal.Get学生信息By学生Id(学生Id); }
        public DataSet Get学生信息表By班级Id(int 班级Id){
            return dal.Get学生信息表By班级Id(班级Id);}
        public byte[] Get学生照片By学生Id(int 学生Id){
            return dal.Get学生照片By学生Id(学生Id);}
```

(7) 修改“ServiceLibrary\MyLoginCommand.cs”，替换“DoAuthentication”方法：

```
public override IPrincipal DoAuthentication
(string username, Hashtable credentials){
  string password = credentials["password"] as string;
  ExamDemo.BLL.学生信息表 users = new ExamDemo.BLL.学生信息表();
  int i = users.Login(username, password);
  if (i > 0){
    GenericIdentity identity = new GenericIdentity(username);
GenericPrincipal principal =
 new GenericPrincipal(identity, new string[]{"admin","privilegeduser"});
    return principal;
  }
  return null;
}
```

(8) 修改“ServiceLibrary\MyLoginService.cs”，新增 2 个方法：

```
       public DataSet Get班级信息表() {
           ExamDemo.BLL.班级信息表 cls = new ExamDemo.BLL.班级信息表();
           return cls.Get班级信息表();
        }
        public string Add学生(ExamDemo.Model.学生信息表 model){
           ExamDemo.BLL.学生信息表 stu = new ExamDemo.BLL.学生信息表();
           int i = stu.Add(model);
           if (i == 0)
              return "新增学生信息，操作失败。";
           else
              return i.ToString();
        }
```

(9) 修改“ServiceLibrary\SecureService.cs”，新增 11 个方法：

```
        public int Get用户ID(string logName, string password){...}
        public int P修改密码(int UserId, string OldPw, string NewPw){...}
        public DataSet Get学生信息By学生Id(int 学生Id){...}
        public ByteArray Get学生照片By学生Id(int 学生Id){...}
        public DataSet Get学生信息表By班级Id(int 班级Id){...}
        public bool P删除学生信息By学生ID(int 学生ID){...}
        public ExamDemo.Model.学生信息表 Get学生信息By学生ID(int 学生ID){...}
        public string Set更新学生信息By学生Model(Model.学生信息表 model){...}
```

```
public int Add班级(ExamDemo.Model.班级信息表 model){...}
public bool P删除班级信息By班级ID(int 班级ID){...}
public bool Update班级(ExamDemo.Model.班级信息表 model){...}
```

(10) 展开“WebSite”网站，右击“Console.aspx”，选择【在浏览器中查看】命令，弹出如图 12.10①所示的界面，网址显示“localhost:1081/ExamDeom/Fluorine.aspx”，单击[ExamDemo]、[Project Setting]，弹出如图 12.10②所示的项目设置界面，其中项目名称“ExamDemo”、上下文根路径“ExamDemo”、应用程序 URL“http://localhost:1081/ExamDemo”、应用程序根本地路径“D:\过程化考核数据库_Demo\PExamingDemo\WebSite”、包名“ServiceLibrary”。

(11) 在如图 12.10③所示界面，展开[ExamDemo]|[Services]|[ServicesLibrary]|[{} ServicesLibrary]节点下[SecureService]和[MyLoginService]显示器客户端调用方法“Get 用户 ID”、“P 修改密码”等以及“Login”、“Logout”“Get 班级信息表”等方法，单击[Get 班级信息表]、界面中的[Call]按钮【Results】选项卡将显示其返回结果。

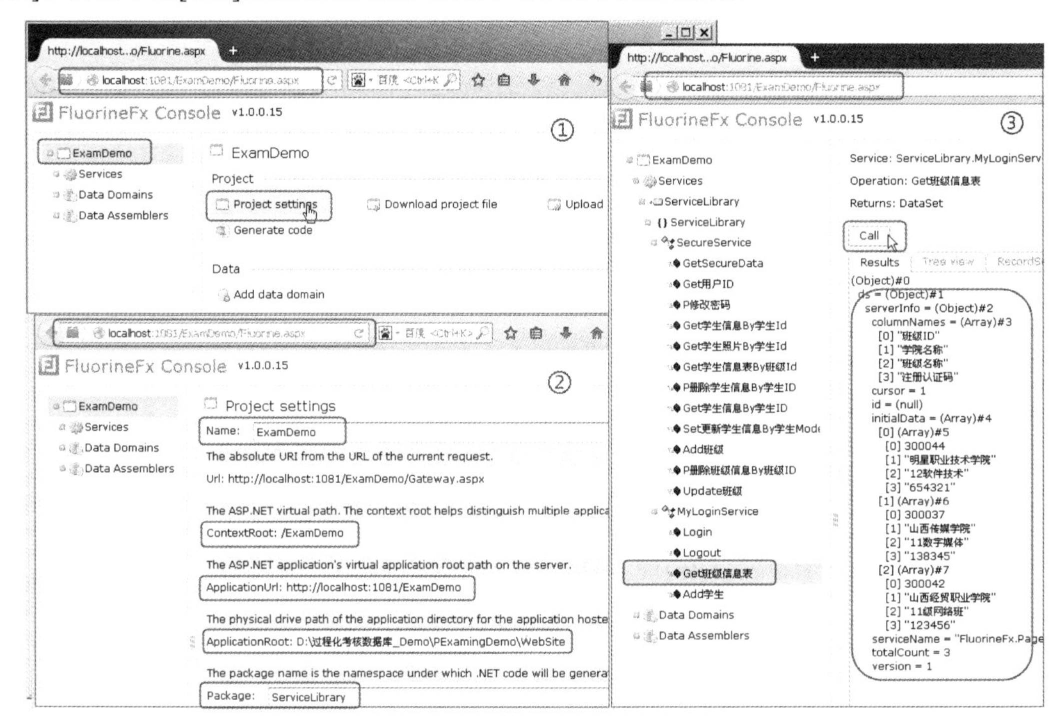

图 12.10　Fluorine 控制台界面

本次修改合并后的代码详见“过程化考核数据库_Demo_3.rar”。

12.4.3　Web 客户端实现

从 Flash Builder 官网 https://www.adobe.com/cn/downloads.html 下载 Flash Builder 4.6 或打开本章“程序文件\FlashBuilder_4_6_LS10_325268.rar”，并解压执行进行默认安装，本实训使用的版本是 4.6。

本客户端 Demo 系统的模块结构图如图 12.11 所示，表 12-7 列出了客户端 Demo 系统的菜单结构与功能模块。

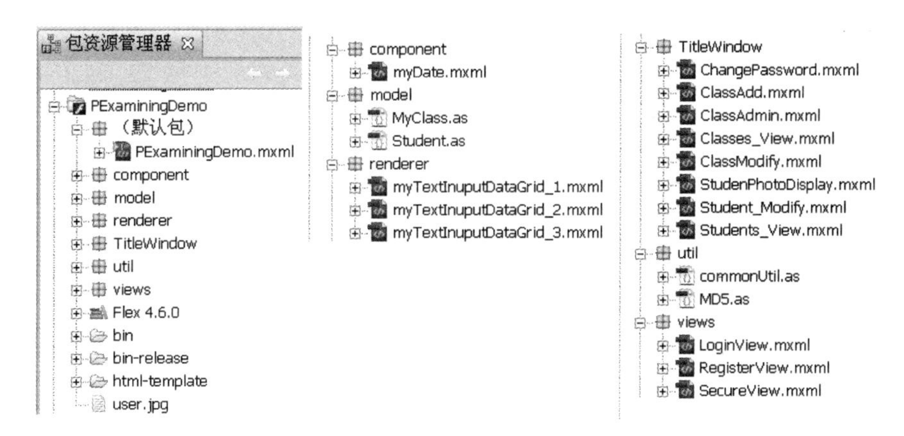

图 12.11　Demo 系统模块结构图

表 12-7　Demo 系统菜单结构与功能模块表

主界面视图名	功能说明	图　示	主界面视图名	功能说明	图　示
LoginView	学生登录界面	图 12.11①	SecureView	学生主界面	图 12.11③
RegisterView	学生注册界面	图 12.12①			
窗口名	**功能说明**	**图　示**	**窗口名**	**功能说明**	**图　示**
ChangePassword	修改登录密码	图 12.11②	ClassAdmin	班级信息管理	图 12.14①
StudenPhotoDisplay	学生照片显示	图 12.13③	ClassAdd	添加班级信息	图 12.14③
Student_Modify	修改学生信息	图 12.12②	ClassModify	修改班级信息	图 12.14②
Students_View	学生信息浏览	图 12.13②	Classes_View	班级信息浏览	图 12.15①
MyClass.as	班级信息表	model	Student.as	.学生信息表	model
模块名	**功能说明**	**文件夹**	**模块名**	**功能说明**	**文件夹**
PExaminingDemo	主程序	\	user.jpg	无照片头像	\
myTextInuputDataGrid_1	年月输入	renderer	myDate	日期输入组件	component
myTextInuputDataGrid_2	年月输入	renderer	MD5.as	MD5 散列程序	util
myTextInuputDataGrid_3	简历输入	renderer	commonUtil.as	实用程序集	util

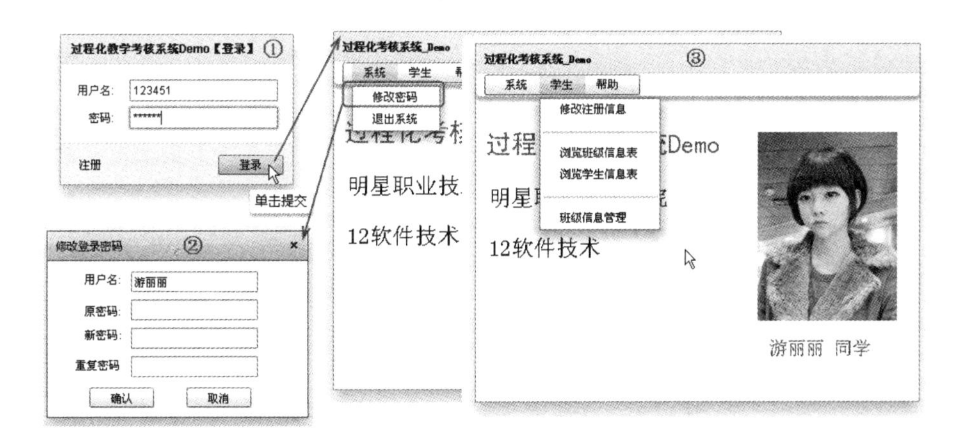

图 12.12　登录、修改密码和习题主界面

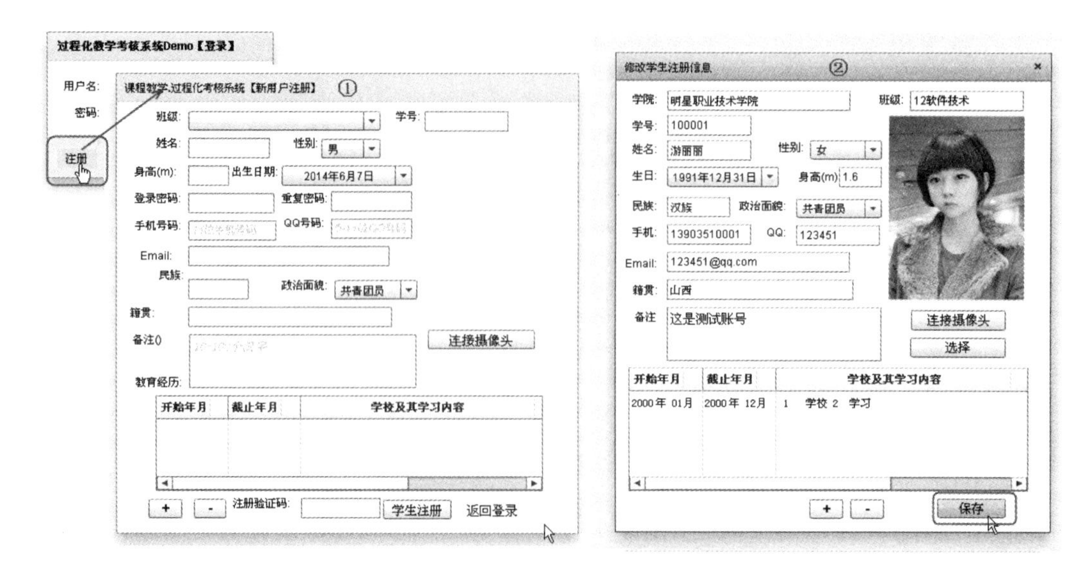

图 12.13　学生注册和修改学生信息窗口

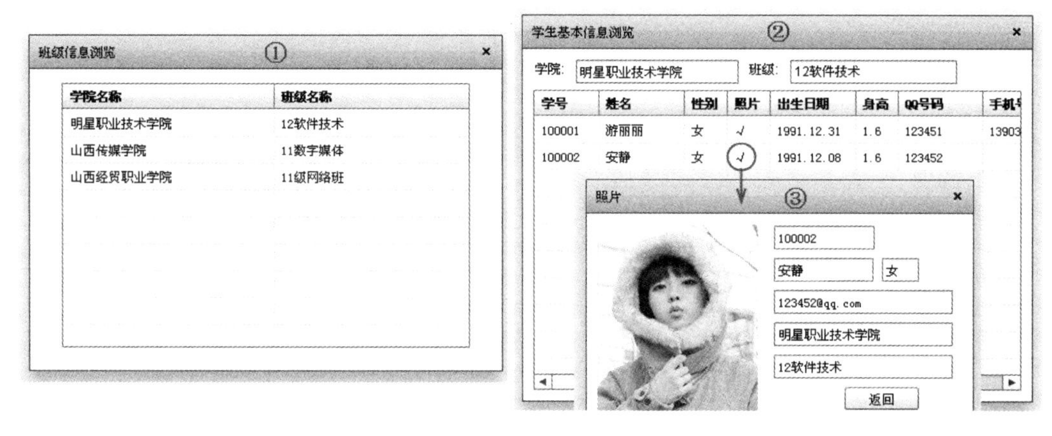

图 12.14　班级、学生信息浏览

图 12.15　班级信息管理(添加、修改和删除)

(1) 单击【开始】|【所有程序】|【Adobe Flash Builder 4.6】|【Adobe Flash Builder 4.6】命令，弹出【Flash Builder】IDE 界面。

(2) 在【Flash Builder】IDE 界面，单击【文件】|【新建】|【Flex 项目】命令，弹出【新建 Flex 项目】对话框，在【项目名】文本框输入“PExaminingDemo”，在【项目位置-文件夹】文本框输入“D:\过程化考核数据库_Demo\PExamingDemo\WebSite\Flex”，在【应用程序类型】选项区域选中“Web”单选按钮，在【Flex SDK 版本】选项区域选中【使用默认 SDK】单选按钮，单击【下一步】按钮。

(3) 在【新建 Flex 项目】之【服务器设置】界面，【服务器技术】选择【ASP.NET】选项，在【服务器】选项区域选中【使用 ASP.NET Development Server】单选按钮，单击【下一步】按钮。在【新建 Flex 项目】之【构建路径】界面选默认值，单击【完成】按钮，如图 12.16 所示。

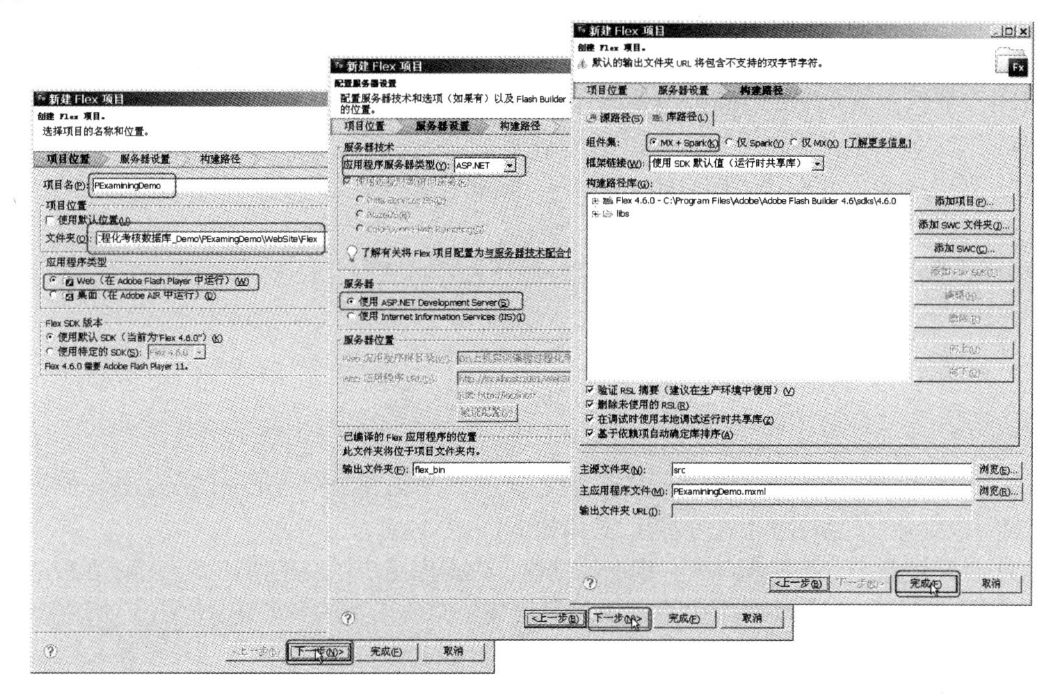

图 12.16　新建 Flex 项目

(4) 在【Flash Builder】IDE 界面，右击“PExamingDemo”，选择【属性】|【编译器】命令，修改【附加编译参数】“-locale zh_CN -services "..\WEB-INF\flex\services-config.xml" -context-root /ExamDemo”。

(5) 在“PExamingDemo”新建包，参考“程序代码\客户端代码.rar”填写其代码。

① 新建“model”实体类包，并在此包下新建【ActionScript 类】“MyClass.as”和“Student.as”并填写其代码。

② 新建“util”实用类包，并在此包下新建【ActionScript 类】“commonUtil.as”和“MD5.as”并填写其代码。

③ 新建“component”组件包，并在此包下新建【MXML 组件】“myDate.mxml”日期输入组件并填写其代码。

④ 新建“renderer”渲染包，并在此包下新建【MXML组件】“myTextInputDataGrid_1,2,3.mxml”文本输入组件并填写其代码。

⑤ 新建“views”视图组件包，并在此包下新建【MXML 组件】“LoginView.mxml”、“RegisterView.mxml”、“SecureView.mxml”等登录、注册和安全视图组件并填写其代码。

⑥ 新建“TitleWindow”弹出式窗口组件包，并在此包下新建【MXML 组件】“ChangePassword.mxml”等修改密码、班级添加、班级管理、班级浏览、学生照片浏览、学生信息修改、学生信息浏览等8个弹出式窗口组件并填写其代码。

(6) 在“PExamingDemo”默认包，参考“程序代码\客户端代码.rar”修改填写“PExaminingDemo.mxml”程序代码。

(7) 在“PExamingDemo”默认包，参考“程序代码\客户端代码.rar”修改填写“PExaminingDemo.mxml”程序代码。

12.4.4 有关编程技巧方面的网络文章

(1) 动软代码帮助中心，http://www.maticsoft.com/help/default.htm。

(2) Flex 与.NET 互操作 1-16，http://blog.csdn.net/beniao277/article/details/3832996。

(3) 利用 fluorineFx 将 DataTable 从.Net 传递到 Flash，http://www.cnblogs.com/yjmyzz/archive/2010/08/24/1807486.html。

(4) Adobe® Flash® Builder 4.7 开发指南 简体中文版.pdf。

(5) 深入浅出设计模式(中文版)。

12.5 本章小结

本章主要讲解了基于数据库层、Web 服务器层和 Web 富客户层(端)的三层架构的数据库 Web 应用程序开发的步骤和编程技巧，具体如下。

(1) 创建登录名、数据库、表、视图、过程、数据库用户以及使用证书、对称密钥进行数据加密解密的技巧，更详细技巧可研读数据库脚本。

(2) 使用动软代码生成器生成工厂模式的 Web 服务器层 C#代码技巧，理解工厂模式的内涵。

(3) 了解 AS3 语言、使用 Flash Builder 开发 B/S 结构数据库 Web 应用程序的技巧。

真正掌握基于 Web 的数据库应用系统的编程技能，首先需要下载源代码进行阅读和研究，理解其总体结构、编程技巧；更需要参照本章教程上机实训，花费一定的工夫实现本案例。这样读者的编程水平将会有一个飞跃，将会青出于蓝而胜于蓝，达到社会、时代的要求。

参 考 文 献

[1] 杜兆将．SQL Server 数据库管理与开发教程与实训[M]．2 版．北京：北京大学出版社，2009．
[2] [美] 科林．SQL Server 2005 XML 高级编程[M]．王馨，译．北京：清华大学出版社，2007．
[3] [美] Tariq Ahmed．Flex 4 实战[M]．郭俊凤，译．北京：清华大学出版社，2012．
[4] 微软．SQL Server 联机丛书[EB/OL]．http://msdn.microsoft.com/zh-cn/library/ms130214(v=SQL.105).aspx.
[5] 笨鸟．Flex 与.NET 互操作[EB/OL]．http://beniao.blog.51cto.com/389148/126538/,2009-1-15.
[6] 风舞烟．Flex4.0+.NET+SOA+Web Service 构建企业级应用电子商务交易平台[Z]. http://www.ibeifeng.com/goods-82.html,2009-1-15.

全国高职高专计算机、电子商务系列教材推荐书目

【语言编程与算法类】

序号	书号	书名	作者	定价	出版日期	配套情况
1	978-7-301-15476-2	C 语言程序设计(第 2 版)(2010 年度高职高专计算机类专业优秀教材)	刘迎春	32	2013 年第 3 次印刷	课件、代码
2	978-7-301-14463-3	C 语言程序设计案例教程	徐翠霞	28	2008	课件、代码、答案
3	978-7-301-20879-3	Java 程序设计教程与实训(第 2 版)	许文宪	28	2013	课件、代码、答案
4	978-7-301-13570-9	Java 程序设计案例教程	徐翠霞	33	2008	课件、代码、习题答案
5	978-7-301-13997-4	Java 程序设计与应用开发案例教程	汪志达	28	2008	课件、代码、答案
6	978-7-301-22587-5	C#程序设计基础教程与实训(第 2 版)	陈　广	40	2013	课件、代码、视频、答案
7	978-7-301-14672-9	C#面向对象程序设计案例教程	陈向东	28	2012 年第 3 次印刷	课件、代码、答案
8	978-7-301-16935-3	C#程序设计项目教程	宋桂岭	26	2010	课件
9	978-7-301-15519-6	软件工程与项目管理案例教程	刘新航	28	2011	课件、答案
10	978-7-301-24776-1	数据结构(C#语言描述)(第 2 版)	陈　广	38	2014	课件、代码、答案
11	978-7-301-14463-3	数据结构案例教程(C 语言版)	徐翠霞	28	2013 年第 2 次印刷	课件、代码、答案
12	978-7-301-23014-5	数据结构(C/C#/Java 版)	唐懿芳等	32	2013	课件、代码、答案
13	978-7-301-18800-2	Java 面向对象项目化教程	张雪松	33	2011	课件、代码、答案
14	978-7-301-18947-4	JSP 应用开发项目化教程	王志勃	26	2011	课件、代码、答案
15	978-7-301-19821-6	运用 JSP 开发 Web 系统	涂　刚	34	2012	课件、代码、答案
16	978-7-301-19890-2	嵌入式 C 程序设计	冯　刚	29	2012	课件、代码、答案
17	978-7-301-19801-8	数据结构及应用	朱　珍	28	2012	课件、代码、答案
18	978-7-301-19940-4	C#项目开发教程	徐　超	34	2012	课件
19	978-7-301-20542-6	基于项目开发的 C#程序设计	李　娟	32	2012	课件、代码、答案
20	978-7-301-19935-0	J2SE 项目开发教程	何广军	25	2012	素材、答案
21	978-7-301-24308-4	JavaScript 程序设计案例教程(第 2 版)	许　旻	33	2014	课件、代码、答案
22	978-7-301-17736-5	.NET 桌面应用程序开发教程	黄　河	30	2010	课件、代码、答案
23	978-7-301-19348-8	Java 程序设计项目化教程	徐义晗	36	2011	课件、代码、答案
24	978-7-301-19367-9	基于.NET 平台的 Web 开发	严月浩	37	2011	课件、代码、答案
25	978-7-301-23465-5	基于.NET 平台的企业应用开发	严月浩	44	2014	课件、代码、答案
26	978-7-301-13632-4	单片机 C 语言程序设计教程与实训	张秀国	25	2014 年第 5 次印刷	课件
27		软件测试设计与实施(第 2 版)	蒋方纯			

【网络技术与硬件及操作系统类】

序号	书号	书名	作者	定价	出版日期	配套情况
1	978-7-301-14084-0	计算机网络安全案例教程	陈　昶	30	2008	课件
2	978-7-301-23521-8	网络安全基础教程与实训(第 3 版)	尹少平	38	2014	课件、素材、答案
3	978-7-301-18564-3	计算机网络技术案例教程	宁芳露	35	2011	课件、答案
4	978-7-301-21754-2	计算机系统安全与维护	吕新荣	30	2013	课件、素材、答案
5	978-7-301-09635-2	网络互联及路由器技术教程与实训(第 2 版)	宁芳露	27	2012	课件、答案
6	978-7-301-15466-3	综合布线技术教程与实训(第 2 版)	刘省贤	36	2012	课件、答案
7	978-7-301-14673-6	计算机组装与维护案例教程	谭　宁	33	2012 年第 3 次印刷	课件、答案
8	978-7-301-13320-0	计算机硬件组装和评测及数码产品评测教程	周　奇	36	2008	课件
9	978-7-301-12345-4	微型计算机组成原理教程与实训	刘辉珞	22	2010	课件、答案
10	978-7-301-16736-6	Linux 系统管理与维护(江苏省省级精品课程)	王秀平	29	2013 年第 3 次印刷	课件、答案
11	978-7-301-22967-5	计算机操作系统原理与实训（第 2 版）	周　峰	36	2013	课件、答案
12	978-7-301-16047-3	Windows 服务器维护与管理教程与实训(第 2 版)	鞠光明	33	2010	课件、答案
13	978-7-301-14476-3	Windows2003 维护与管理技能教程	王　伟	29	2009	课件、答案
14	978-7-301-18472-1	Windows Server 2003 服务器配置与管理情境教程	顾红燕	24	2012 年第 2 次印刷	课件、答案
15	978-7-301-23414-3	企业网络技术基础实训	董宇峰	38	2014	课件
16	978-7-301-24152-3	Linux 网络操作系统	王　勇	38	2014	课件、代码、答案

【网页设计与网站建设类】						
序号	书号	书名	作者	定价	出版日期	配套情况
1	978-7-301-15725-1	网页设计与制作案例教程	杨森香	34	2011	课件、素材、答案
2	978-7-301-21777-1	ASP .NET 动态网页设计案例教程(C#版)(第 2 版)	冯　涛	35	2013	课件、素材、答案
3	978-7-301-21776-4	网站建设与管理案例教程(第 2 版)	徐洪祥	31	2013	课件、素材、答案
4	978-7-301-17736-5	.NET 桌面应用程序开发教程	黄　河	30	2010	课件、素材、答案
5	978-7-301-19846-9	ASP .NET Web 应用案例教程	于　洋	26	2012	课件、素材
6	978-7-301-20565-5	ASP.NET 动态网站开发	崔　宁	30	2012	课件、素材、答案
7	978-7-301-20634-8	网页设计与制作基础	徐文平	28	2012	课件、素材、答案
8	978-7-301-20659-1	人机界面设计	张　丽	25	2012	课件、素材、答案
9	978-7-301-22532-5	网页设计案例教程(DIV+CSS 版)	马　涛	32	2013	课件、素材、答案
10	978-7-301-23045-9	基于项目的 Web 网页设计技术	苗彩霞	36	2013	课件、素材、答案
11	978-7-301-23429-7	网页设计与制作教程与实训(第 3 版)	于巧娥	34	2014	课件、素材、答案

【图形图像与多媒体类】						
序号	书号	书名	作者	定价	出版日期	配套情况
1	978-7-301-21778-8	图像处理技术教程与实训(Photoshop 版)(第 2 版)	钱　民	40	2013	课件、素材、答案
2	978-7-301-14670-5	Photoshop CS3 图形图像处理案例教程	洪　光	32	2010	课件、素材、答案
3	978-7-301-13568-6	Flash CS3 动画制作案例教程	俞　欣	25	2012 年第 4 次印刷	课件、素材、答案
4	978-7-301-18946-7	多媒体技术与应用教程与实训(第 2 版)	钱　民	33	2012	课件、素材、答案
5	978-7-301-17136-3	Photoshop 案例教程	沈道云	25	2011	课件、素材、视频
6	978-7-301-19304-4	多媒体技术与应用案例教程	刘辉珞	34	2011	课件、素材、答案
7	978-7-301-24103-5	多媒体作品设计与制作项目化教程	张敬斋	38	2014	课件、素材
8	978-7-301-24919-2	Photoshop CS5 图形图像处理案例教程(第 2 版)	李　琴	41	2014	课件、素材

【数据库类】						
序号	书号	书名	作者	定价	出版日期	配套情况
1	978-7-301-13663-8	数据库原理及应用案例教程(SQL Server 版)	胡锦丽	40	2010	课件、素材、答案
2	978-7-301-16900-1	数据库原理及应用(SQL Server 2008 版)	马桂婷	31	2011	课件、素材、答案
3	978-7-301-15533-2	SQL Server 数据库管理与开发教程与实训(第 2 版)	杜兆将	32	2012	课件、素材、答案
4	978-7-301-25674-9	SQL Server 2012 数据库原理与应用案例教程(第 2 版)	李　军	35	2015	课件、代码、答案
5	978-7-301-16901-8	SQL Server 2005 数据库系统应用开发技能教程	王　伟	28	2010	课件
6	978-7-301-17174-5	SQL Server 数据库实例教程	汤承林	38	2010	课件、答案
7	978-7-301-17196-7	SQL Server 数据库基础与应用	贾艳宇	39	2010	课件、答案
8	978-7-301-17605-4	SQL Server 2005 应用教程	梁庆枫	25	2012 年第 2 次印刷	课件、答案
9	978-7-301-18750-0	大型数据库及其应用	孔勇奇	32	2011	课件、素材、答案

【电子商务类】						
序号	书号	书名	作者	定价	出版日期	配套情况
1	978-7-301-12344-7	电子商务物流基础与实务	邓之宏	38	2010	课件、答案
2	978-7-301-12474-1	电子商务原理	王　震	34	2008	课件
3	978-7-301-12346-1	电子商务案例教程	龚　民	24	2010	课件、答案
4	978-7-301-25404-2	电子商务概论（第 3 版）	于巧娥等	33	2015	课件、答案

【专业基础课与应用技术类】						
序号	书号	书名	作者	定价	出版日期	配套情况
1	978-7-301-13569-3	新编计算机应用基础案例教程	郭丽春	30	2009	课件、答案
2	978-7-301-16046-6	计算机专业英语教程(第 2 版)	李　莉	26	2010	课件、答案
3	978-7-301-19803-2	计算机专业英语	徐　娜	30	2012	课件、素材、答案

如您需要更多教学资源如电子课件、电子样章、习题答案等，请登录北京大学出版社第六事业部官网 www.pup6.cn 搜索下载。

如您需要浏览更多专业教材，请扫下面的二维码，关注北京大学出版社第六事业部官方微信（微信号：pup6book），随时查询专业教材、浏览教材目录、内容简介等信息，并可在线申请纸质样书用于教学。

感谢您使用我们的教材，欢迎您随时与我们联系，我们将及时做好全方位的服务。联系方式：010-62750667，liyanhong1999@126.com，pup_6@163.com，lihu80@163.com，欢迎来电来信。客户服务 QQ 号：1292552107，欢迎随时咨询。